KLEINE GEOGRAPHISCHE SCHRIFTEN

Herausgegeben von
Professor Dr. Hanno Beck

Band 4

DIETRICH REIMER VERLAG IN BERLIN

SÜDASIEN

und andere ausgewählte Beiträge aus Forschung und Praxis

von

ANGELIKA SIEVERS

1982

DIETRICH REIMER VERLAG IN BERLIN

CIP-Kurztitelaufnahme der Deutschen Bibliothek

Sievers, Angelika:
Südasien und andere ausgewählte Beiträge aus Forschung und Praxis / von Angelika Sievers.
— Berlin: Reimer, 1982.
 (Kleine geographische Schriften; Bd. 4)
 ISBN 3–496–00695–1
NE: GT

© by Dietrich Reimer Verlag, Berlin 1982
 Dr. Friedrich Kaufman
 Unter den Eichen 57
 1000 Berlin 45
Alle Recht vorbehalten. Nachdruck verboten
Printed in Germany

INHALTSVERZEICHNIS

Angelika Sievers – Geographische Regionalforschung und didaktischer Transfer, von Enno Seele 9

I. Von der Agrargeographie zur Sozialgeographie 13

Merkmale der Binnenwanderung in den Vereinigten Staaten. Ergebnisse der amerikanischen Forschung 15

Methodische Anregungen für landwirtschaftsgeographische Untersuchungen im Deutschen Reiche 30

Der Einfluß der Siedlungsformen auf das Wirtschafts- und Sozialgefüge des Dorfes 36

Agrargeographisches Profil vom Agro Pontino hinauf auf den Vorapennin 84

II. Entwicklungsländerforschung, Schwerpunkt Ceylon (Sri Lanka) 107

Ceylon, ein Glied des indischen Kulturkreises 108

Schrifttum zu den Beiträgen aus Sievers, Ceylon (1964) 114

Das singhalesische Dorf 116

Die bäuerliche Reiskultur (Paddykultur) 128

Christentum und Landschaft in Südwest-Ceylon: eine sozialgeographische Studie . 139

Nuwarakalawiya 155

Konfliktbereiche im südasiatischen Tourismus, dargestellt am Beispiel Sri Lanka (Ceylon) 165

Die Christengruppe in Kerala (Indien), ihr Lebensraum und das Problem der christlichen Einheit. Ein missionsgeographischer Beitrag 178

Nigeria und die vielen Stämme 201

Im Brennspiegel: Lagos und Kano, ein Vergleich zweier nigerianischer Zentren ... 205

Stammeskulturlandschaften: Haussaland – sudanesisches Afrika. Islam, Erdnüsse, Baumwolle 211

III. Von der Feldforschung zum didaktischen Transfer 221

Ceylon im Erdkundeunterricht 222

Die Relevanz der Entwicklungsländer im Geographiestudium. Gedanken zur Konzeptualisierung 234

Probleme der Bildungshilfe und Hochschuldidaktik in Nigeria 249

Verzeichnis der Publikationen 258

ANGELIKA SIEVERS
Geographische Regionalforschung und didaktischer Transfer

von
Enno Seele

Das wissenschaftliche Wirken von Angelika Sievers in der Geographie ist vielleicht am besten mit den Worten allgemeingeographische Vielseitigkeit, regionale Schwerpunktsetzung und didaktischer Transfer zu kennzeichnen. Die Jubilarin gehört zu dem Kreis deutscher Hochschulgeographen, die, zu Beginn dieses Jahrhunderts geboren, der deutschen Geographie Profil gegeben und bleibende Akzente gesetzt haben. Begründet ist ihr über die Landesgrenzen hinausgehender Ruf als Wissenschaftlerin vor allem durch ihre engagierten Untersuchungen in Ceylon (Sri Lanka) und Nigeria.

Die Voraussetzung für die vielseitige, über 25-jährige Tätigkeit von A. Sievers ergab sich ansich erst nach dem II. Weltkrieg, als für sie nach der Währungsreform die Rückkehr in die Hochschultätigkeit möglich wurde. Es war ein aus der Zeit verständlicher, aber dennoch mutiger Entschluß, 1949 in die Provinz nach Südoldenburg zu übersiedeln, um an der zwar überschaubaren, im Aufbau befindlichen, aber relativ kleinen Pädagogischen Hochschule in Vechta das Fach „Heimatkunde und Didaktik der Erdkunde" zu vertreten. Das umso mehr, weil das kollegiale Verständnis für geographische Feldforschung wegen des pädagogischen Konzeptes des Standortes Vechta nicht unbedingt vorausgesetzt werden konnte.

Angelika Sievers wurde am 28. September 1912 in Stolp/Pommern geboren, wohin ihre Eltern aus Berlin übergesiedelt waren. Nach dem Abitur (1932) an der Staatlichen Lessingschule in Stolp begann sie sofort ihr Philologiestudium mit den Fächerschwerpunkten Geographie, Englisch, Geschichte und Pädagogik. Die Stationen ihres Studiums waren Heidelberg, Bonn, Worcester/Mass. (U.S.A.) und Berlin. Entscheidende und für ihre wissenschaftliche Laufbahn prägende Impulse erhielt sie besonders in den U.S.A. Von 1933 bis 1934 studierte sie als Stipendiatin des DAAD an der Clark-University (Graduate School of Geography), wo sie besonders durch die Professoren Atwood Sr. und Ekblaw eine wiss. Förderung erfuhr. So legte sie im Jahre 1936 an der Clark-University ihre Prüfung als „Master of Arts" ab, und zwar mit einer Arbeit über Pommern: „Agricultural Regions of Pomerania". Aufgrund des schon in Bonn erfahrenen, einflußreichen Kontaktes mit Leo Waibel und den nunmehr reichen Erfahrungen aus den U.S.A. begann sie in Berlin eine Dissertation bei Carl Troll, – jenem damals 40-jährigen Gelehrten, der sie durch seine spontane Begeisterungsfähigkeit wegweisend förderte. Im Januar 1939 promovierte sie bei ihm mit der Arbeit „Die Rindviehwirtschaft der Vereinigten Staaten von Amerika". Damit war sie die 7. Doktorandin in der langen Liste von 125 von ihm angeregten Dissertationen.

Nach Abschluß der Promotion folgten sogenannte „Wanderjahre". Sie waren zunächst geprägt durch die Übernahme der Schriftleitung der „Reichsarbeitsgemeinschaft für Raumforschung" in Berlin für ein halbes Jahr. Nach diesen redaktionellen Erfahrungen übernahm A. Sievers für fast 3 Jahre die Stelle einer wissenschaftlichen Sachbearbeiterin am „Institut für Agrarwesen und Agrarpolitik" der Universität Berlin. Dieses war von ihrer Ausbildung her gesehen eine folgerichtige Tätigkeit. In dieser Zeit erwies sich die Zusammenarbeit mit H. Morgen als besonders anregend, vor allem durch die Beschäftigung mit agrarsoziologischen Fragestellungen.

Im Rahmen des Deutsch-Italienischen Kulturabkommens konnte A. Sievers im Herbst 1942 eine fast einjährige Studienreise nach Italien antreten. Als Austausch-Assistentin lehrte sie an der Universität Rom und im Deutschen Kulturinstitut. Italienische Sprach- und Landeskenntnisse gaben ihr diese speziellen Möglichkeiten zur Auslandsforschung. Besonders den agrargeographischen und agrarsozialen Fragestellungen und Problemen ging sie durch Feldforschung und Quellenstudium nach, — letztlich mit dem Ziel einer umfassenderen Arbeit — der Habilitation. Leider wurden Material und Konzepte ein Opfer der Bombardierung Berlins. Lediglich die kulturgeographische Studie über Latium konnte erscheinen.

Schon vor dieser Italienreise hatte E. Meynen Frau Sievers zur Mitarbeit an seinem Institut gewonnen, der „Abteilung für Landeskunde im Reichsamt für Landesaufnahme" (Berlin-Worbis-Scheinfeld/Mfr.). Hier übernahm A. Sievers als wiss. Sachbearbeiterin u. a. die Schriftleitung der „Berichte zur deutschen Landeskunde" und wirkte als Mitarbeiterin an der ersten Landeskunde eines Kreises mit, der Kreisbeschreibung Scheinfeld/Mfr.

Als sich für das damalige Institut — der heutigen Bundesforschungsanstalt für Landeskunde und Raumordnung in Bad Godesberg — Probleme der weiteren Existenz abzeichneten und sich gleichzeitig für A. Sievers die Möglichkeit ergab, in die eigentliche Hochschultätigkeit zurückzukehren, nahm sie 1949 eine Berufung als Dozentin an die im Aufbau befindliche Pädagogische Hochschule Vechta an. In der wechselvollen Geschichte dieses Standortes — heute Universität Osnabrück, Abt. Vechta — wurde die Professur noch unter der Denomination „Heimatkunde und Didaktik der Erdkunde", später dann als „Geographie und ihre Didaktik" geführt. Diesen Lehrstuhl hatte A. Sievers bis zu ihrer beantragten Emeritierung am 31.3.1976 inne.

Für die Zeit ihrer vielseitigen, fast 27-jährigen Tätigkeiten als Geographin und Hochschullehrerin in Vechta lassen sich drei Schwerpunkte ihres Wirkens umreißen: Lehrerausbildung, Forschung in NW-Niedersachsen und Forschung in den Tropen.

Die Struktur der Pädagogischen Hochschule in Vechta — später auch Päd. Hochschule Niedersachsen, Abt. Vechta — erforderte den vollen Einsatz in der Lehrtätigkeit. Waren die Zahlen der Studenten verglichen mit heute auch noch bescheiden, so war der Aufbau der Geographie als Lehrfach unter den sich allmählich normalisierenden Nachkriegsverhältnissen nicht leicht. Die spartanische räumliche, sachliche und personelle Ausstattung erforderte ein besonders hohes Maß an Verantwortungsbewußtsein und Engagement, sowie große Flexibilität und mutiges Stehvermögen. Erst 1962 wurde eine Assistentenstelle bewilligt. Die große Schar der Absolventen der PH Vechta respektieren A. Sievers wegen ihrer didaktischen Fähigkeiten und pädagogischen Fairneß. Ihre Fachkollegen zollen ihr Respekt wegen der Vielseitigkeit ihres Wissens und der kritischen und engagierten Mitarbeit in den Gremien.

Eng verbunden mit der Lehrtätigkeit in Vechta ist die wiss. Einarbeitung in diesen nordwestniedersächsischen Raum. Durch die Initiative von A. Sievers und das Verhältnis von wechselseitiger wiss.-didaktischer Verzahnung zwischen Lehrer und Schüler sind zahlreiche Arbeiten angefertigt worden, die wertvolle Mosaiksteine zur Landeskunde des Südoldenburger Raumes darstellen. Die Beschäftigung mit der südoldenburgischen Wahlheimat trat bei Frau Sievers immer dann etwas in den Hintergrund, sobald die Südasien-Forschung die ganze Kraft erforderte.

Die erste große Reise zum Studium des für sie so faszinierenden indischen Kulturraumes erfolgte im Wintersemester 1955/56, zusammen mit dem Hamburger Indologen L. Alsdorf. In Colombo reifte dann sehr schnell das Konzept, das wenig bearbeitete Ceylon durch eine großangelegte monographische Darstellung zu erschließen, wobei Schwerpunkte im sozialgeographischen Bereich, wie in der regionalen Differenzierung zu setzen waren. Es war ein Entschluß, der wegen der Überschaubarkeit der Insel und der ausreichenden Quellenlage nahelag. Doch war es für die folgenden Jahre in Vechta ein physisch und zeitlich belastendes Unterfangen, da weder ein Assistent zur Verfügung stand, noch Gesprächspartner vorhanden waren, geschweige denn ein uneingeschränktes Verständnis für dieses Forschungsengagement.

Zur Ergänzung der Feldforschungen unternahm A. Sievers, wieder mit Unterstützung der Deutschen Forschungsgemeinschaft, im Wintersemester 1958/59 eine weitere Forschungsreise nach Ceylon und Kerala/Südindien. Im Sommersemester 1962 wurde sie noch einmal für ein Semester zu Archivstudien (u. a. in London) beurlaubt, um ihr Ceylon-Projekt nunmehr abzuschließen. Erste Teilergebnisse wurden in zahlreichen fachwissenschaftlichen und fachdidaktischen Publikationen vorgelegt, bzw. auf Kongressen vorgetragen, – so u. a. 1964 auf dem Internationalen Geographenkongress in London und 1967 auf dem Ceylon Symposium in Philadelphia/U.S.A.

Schon 2 Jahre später, 1964, erschien dann die umfassende sozialgeographische Landeskunde von Ceylon, die in der bekannten Reihe „Bibliothek Länderkundlicher Handbücher" erschien und im In- und Ausland bemerkenswerte Beachtung gefunden hat.

Die jahrelange Beschäftigung mit Problemen der Entwicklungsländer der Tropen, die fachwissenschaftliche Tiefe, die Kunst des didaktischen Transfers, wie auch die Sprachbegabung von A. Sievers ließen die UNO auf sie aufmerksam werden. So wurde sie von 1964 an für 2 Jahre von ihren Verpflichtungen in Vechta beurlaubt, um in Nigeria ein von der UNESCO gefördertes Programm zur Lehrerbildung aufzubauen und zu leiten. In Zaria/Nordnigeria wurde sie für zwei Jahre „Head of Department" im Fach Geographie. Es war das Ziel, in dem neu eingerichteten Advanced (Secondary) Teachers College ein Konzept für den Studienaufbau im Fach Geographie zu entwerfen und in echter Pionierarbeit zu praktizieren. Es war ein Konzept, das auf afrikanisch-tropischen Grundlagen und Vorstellungen aufgebaut war und sich nicht an den bisherigen, europazentrischen Vorstellungen orientierte. Diese UN-Expertentätigkeit auf dem Sektor Bildungshilfe war wirkliche Pioniertätigkeit, da die Realisierung wegen der räumlichen und personellen Ausstattung sich als äußerst schwierig erwies.

Nach dieser „Afrika-Mission", aus der u. a. das Nigeria Buch und zahlreiche andere, didaktische Veröffentlichungen hervorgegangen sind, wandte sich A. Sievers wieder ihrem südasiatischen Raum zu. Mit Unterstützung durch die DFG konnte sie weitere 3 Monate Ceylon und West-Malaysia bereisen. In Ceylon galten ihre nunmehr fast

10 Jahre unterbrochenen Untersuchungen der ceylonesischen sozioökonomischen Entwicklung und in Malaysia dem Vergleich mit Ceylon, um die historisch bedingte, unterschiedliche Entwicklung beider Räume aufzuzeigen.

Nach ihrer Emeritierung im Jahre 1976 läßt A. Sievers nicht an zielgerichteter Tatkraft und permanentem Engagement für das Fach Geographie nach. Sie unternimmt weitere Forschungsreisen nach Afrika und Südasien. Nunmehr jedoch mit neuem Konzept und Arbeitstitel wie: Entwicklung und innovative Bedeutung und Regionalstruktur des Tourismus in Sri Lanka/Ceylon. Nach kategorialen Vorstudien im Winter 1976/77 in Südafrika reist sie 1978/79 für drei Monate nach Sri Lanka und Thailand, im Herbst 1980 noch einmal nach Ceylon und in die Provinz Kerala/Indien. Die letzte Reise erfolgte im Anschluß an den 24. Geographiekongress in Japan im September 1980, der sich schwerpunktmäßig auch mit Themen Asiens beschäftigte, und an dem sie mit einem Vortrag teilnahm.

Diese erneuten Feldstudien, die immer mehr unter dem Gesichtspunkt sozialgeographischer Fragestellungen stehen und den Tourismus in seiner innovativen Bedeutung für ein tropisches Entwicklungsland betrachten, runden nunmehr einen weiteren Forschungskomplex von A. Sievers ab. Eine umfangreiche Studie, die sowohl im Rahmen des Tourismus den südasiatischen Pilgerverkehr berücksichtigt und auch die regionalen Schwerpunkte und Konflikte zwischen Fern- und Lokaltourismus untersucht, wurde vor kurzem abgeschlossen.

Diese Arbeit wird jedoch sicher nicht den Abschluß des universitären Wirkens und der über 25-jährigen Forschungstätigkeit in Südasien darstellen. Der „dritte Lebensabschnitt", nach der Emeritierung, hat A. Sievers zwar nach 54 Semestern die wohlverdiente Ruhe im Bereich der Lehre gebracht, nicht hingegen in ihrem Bemühen, ihre eigenen wissenschaftlichen Kenntnisse und Erkenntnisse immer noch weiter zu erweitern und zu vervollkommen. So hoffen wir, daß sie weiterhin ihre Vitalität und Reiselust behält.

A. Sievers war eine engagierte und äußerst anregende Hochschullehrerin, die ihre Begeisterung und ihr Wissen kritisch und didaktisch gefiltert weitergeben konnte. Sie lehrte in Vechta, einem universitären Ministandort mit allen Vor- und Nachteilen der geringen Kommunikation. Umso erstaunlicher ist ihr begeisterndes Schaffen für die Geographie, für die sie wegen ihrer Leistungen von bleibender Anregung ist.

So ist das vorliegende Buch ein gewisser Querschnitt aus ihren differenzierten Interessen und forschenden Auseinandersetzungen mit den Problemen der Tropen, der Dritten Welt, des Heimatraumes und nicht zuletzt des didaktischen Transfers.

Wir wünschen A. Sievers weiterhin ein Schaffen, das ihren regionalen Neigungen, dem fachlichen Engagement und dem persönlichen Temperament zu entsprechen vermag.

Unser Wunsch, Dank und Glückwunsch gilt ihrem 70. Geburtstag.

I.
VON DER AGRARGEOGRAPHIE ZUR SOZIALGEOGRAPHIE

Merkmale der Binnenwanderung in den Vereinigten Staaten
Ergebnisse der amerikanischen Forschung

aus: Raumforschung und Raumordnung, 4. Jg., 1940, Heft 11/12, S. 506—514

Die Binnenwanderung ist durchaus nicht ohne weiteres eine Ausgleichsbewegung zwischen Gebieten hohen und solchen niedrigen Bevölkerungsdruckes. Wir würden sie dafür halten, wenn die Motive rein wirtschaftlicher Natur wären. Solch ein Kräfteausgleich hat in den Vereinigten Staaten wohl auch stattgefunden, und zwar in jenen letzten Jahrzehnten des 19. Jahrhunderts, als ein leerer zukunftsreicher Raum im Westen die Menschen aus dem Osten zur Betätigung lockte. Mit zunehmender Verknappung des Bodens ist in den Vereinigten Staaten die wirtschaftliche Not gekommen, auf dem Lande wie in den Städten. Zu den wirschaftlichen Motiven sind soziale getreten, wenn auch nicht in dem Ausmaße wie in Deutschland. Die Binnenwanderung ist damit heute zu einer sehr viel komplizierteren Erscheinung geworden und ist außerordentlich vielseitig — im Gegensatz zur früheren, aber auch zur deutschen. Die innerdeutsche Wanderung hat seit ihrem Beginn in den 70er Jahren des vorigen Jahrhunderts eine einheitliche Richtung gehabt: vom Land in die Stadt, eine Bewegung, die sich mit zunehmender Not so verstärkt hat, daß wir sie heute als Landflucht zu charakterisieren gewohnt sind.

Die größte und jüngste Massenabwanderung vom Lande — eine Land*flucht* ist sie nicht, weil sie vom Staat organisiert, also nicht freiwillig ist — geht heute in der *Sowjetunion* vor sich, wo die Stalinschen Fünfjahrespläne mit Kollektivierung und Industrialisierung von der Volkszählung 1926 bis 1939, eine Zunahme der Stadtbevölkerung von 1939 auf 212,5 v.H. derjenigen von 1926 zur Folge hatten und eine Abnahme der Landbevölkerung auf 95 v. H. bei einer Gesamtzunahme der Bevölkerung von 1939 auf 116 v. H. derjenigen von 1926!

Die Erkenntnis der drohenden Gefahr, die die Landfluchtbewegung in Deutschland in sich birgt, hat zu einer großen Auseinandersetzung im Schrifttum der letzten Jahrzehnte geführt[1]. In den Vereinigten Staaten, wo die Probleme der Binnenwanderung auf einer ganz anderen Ebene liegen, ist erst vor kurzem, seit den letzten 10 Jahren etwa, eine wachsende Zahl von Arbeiten erschienen, die sich mit den Tatsachen, weniger mit den Mitteln zur sinnvollen Lenkung der Binnenwanderung auseinandersetzen. Es verlohnt sich, an dieser Stelle auf Quellen- und Untersuchungen aufmerksam zu machen, die für uns schwer zugänglich sind[2]. Regionale Arbeiten sind schon seit längerem erschienen, besonders in Gebieten mit großer Arbeitsspitze während der kurzen Erntezeit wie in der Baumwollzone von Texas, in den Bewässerungsgebieten

---

[1] Erwähnt sei hier lediglich der Literaturbericht von Elisabeth *Nutt* „Die wichtigsten Ursachen der Landflucht und die Möglichkeiten ihrer Bekämpfung" in der Internationalen Agrar-Rundschau 1940, Heft 9, S. 25 ff. und das von der *Reichsarbeitsgemeinschaft für Raumforschung* herausgebebene Sammelwerk: Die ländliche Arbeitsverfassung im Westen und Süden des Reiches, Beiträge zur Landfluchtfrage, 1941.

[2] Laufend wird über den Stand und die Probleme der Binnenwanderung berichtet bzw. hingewiesen im *Land Policy Review*, dem neuen Organ des *Bureau of Agricultural Economics* im U. S. Department of Agriculture (erscheint jeden 2. Monat seit 1938); z. B. die Aufsatzfolge „The Migrants" (vol. II, No. 5, 1939 ff.)

des Westens (Zuckerrüben- und Kartoffelbau für den Großmarkt) und den Zuckerrübenbetrieben im Gebiet der Großen Seen[3]. Zu diesen Spezialarbeiten sind in den letzten Jahren mehrere Schriften gekommen, die von der Gesamterscheinung der Binnenwanderung in den Vereinigten Staaten an Hand zahlreicher Karten und statistischer Tabellen ein umfassendes Bild vermitteln[4].

Perioden der Binnenwanderung

Die früheste und einfachste Wanderung großen Stils, die Westwanderung, führte in Neuland. Weder wirtschaftliche Not noch soziale Beweggründe bildeten den Anlaß dazu, sondern der vorwärtsdrängende Pioniergeist, der im unerschlossenen, zukunftsreichen Westen ein größeres Betätigungsfeld erblickte als es ihm der Osten bieten konnte. Die Lücken im Osten wurden durch europäische Einwanderer aufgefüllt. Charakteristisch ist für diese Zeit das Fehlen jeglichen Zwanges infolge irgendeiner Not.

Zu diesen Triebkräften kamen fördernd hinzu die gewaltige Mechanisierung der nordamerikanischen Landwirtschaft, die viele Arbeitskräfte überflüssig machte, und die betriebliche Umstellung von der bäuerlichen Selbstversorgerwirtschaft der Pionierzeit zur großzügigen Marktwirtschaft des 20. Jahrhunderts („subsistence farming" — „cash crop farming"). Damit wuchs nicht nur die *Fern*wanderung in den Westen, sondern gleichzeitig setzte eine andere Richtung ein: die *Wanderung vom Land in die Stadt*. Während der Anteil der Gesamtbevölkerung in den Städten 1880 noch 28 v. H. betrug, wuchs er bis 1930 auf 50 v. H. an, also auf das Doppelte innerhalb von 50 Jahren! Gerade die Nachkriegsjahrzehnte waren für den Anstrom in die Städte am entscheidendsten, eine Zeit in der sich infolge der Absperrung europäischer Zuwanderung die Stadtwanderer aus dem Inland allein rekrutieren mußten. Begünstigt wurde diese Massenbewegung durch die moderne Verkehrserschließung und -erleichterungen, wie ein weitverzweigtes gutes Straßennetz und nicht zuletzt durch das billige „second-hand"-Auto, das den Menschen beweglicher und wanderlustiger macht.

Im Gegensatz zu allen früheren Westwärtswanderungen stehen die Bewegungen der letzten Jahre. Seit der Depression sind sie zu einem Zeichen der Armut, der Wirtschaftsnot und Arbeitslosigkeit geworden. Diese größtenteils städtischen Übel haben wiederum zu einer *Abwanderung aus den Städten* geführt, zur „back-to-the-land-movement". Ziel der jüngsten Wanderungen ist vielfach das sogenannte „submarginal land", Grenzland im Sinne der Bodenkultur, also mit Kampf und Mühsal gleichbedeutend. Als „stump"-

---

[3] Arbeiten von Paul S. *Taylor* über die mexikanischen Wanderarbeiter in California University Publ. in Econom., Berkeley 1928/29/30; vor allem „Migratory Farm Labor in the United States" in Monthly Labor Review, März 1937.

[4] C. Warren *Thornthwaite*, „Internal Migration in the United States". — Univ. of Pennsylvania Press, Philadelphia 1934, 52 Seiten.
John N. *Webb* und Malcolm *Brown*, „Migrant Families". — Works Progress Administration, Div. of Social Research Monograph XVIII, Washington 1931, 192 Seiten.
C. E. *Lively* und Conrad *Taeuber*, „Rural Migration in the United States". — ebda. Research Monograph XIX, Washington 1939, 192 Seiten.
Carl C. *Taylor* u. a., „Disadvantaged Classes in American Agriculture". — U. St. Dept. of Agriculture, Social Research Report No. VIII, Washington 1938, 124 Seiten.

Ranchers, als Saisonarbeiter, als Wanderarbeiter, vermehrt durch den Zustrom tausender von Flüchtlingsfamilien aus den Notstandsgebieten der Großen Ebenen und des Baumwollgürtels, fristen sie, besonders im pazifischen Westen, ein kümmerliches Dasein.

Geburtenhöhe und Wanderung

Die Beziehungen zwischen Fruchtbarkeit und Wanderungsgrad sind naturgemäß sehr eng. Allgemein läßt sich deshalb eine Übereinstimmung zwischen Gebieten hoher Geburtenziffern und hoher Wanderungsziffern feststellen. Einmal wächst der Fruchtbarkeitsgrad mit abnehmender Gemeindegröße, d. h. er ist in ländlichen Bezirken am größten, zum andern nimmt er, rassisch bedingt, südwärts zu. Die höchsten Geburtenziffern weisen die Südstaaten mit Ausnahme des verstädterten Florida und des westlichen Texas auf, die westlichen Ebenen, große Gebiete in der Gebirs- und Beckenprovinz des Westens (in Arizona, New Mexico, Utah und Colorado), die armen Rodungsgebiete im nördlichen Seengebiet von Michigan, Wisconsin und Minnesota und das Hügelland der Appalachen. Relativ niedrige Geburtenziffern haben dagegen die Neu-England-Staaten, der Maisgürtel im Herzen des Landes, Florida und die pazifischen Staaten. Außergewöhnlich niedrige Ziffern haben die beiden größten Zusammenballungen an der atlantischen und pazifischen Küste, New York und San Franzisco und Umgebung. Auffallend ist die Verbreitung höchster Geburtenziffern gerade in Gebieten relativ geringer Wirtschaftskraft und umgekehrt.

Die Geburtenbewegung der letzten 20 Jahre ist allgemein rückläufig. 1930 betrugen die Geburtenziffern allein in der ländlichen Bevölkerung, wo sie bedeutend größer sind als in den Städten, nur noch 91 v. H. derjenigen von 1920 im Landesdurchschnitt, wenig über 100 lediglich in etlichen Staaten des Nordostens.

Motive zur Wanderung

Bei der Vielseitigkeit der Binnenwanderung in den Vereinigten Staaten kann man auch eine Fülle von Beweggründen annehmen. Wertvolle Ergebnisse bilden dafür die statistischen Erhebungen der *Works Progress Administration*[5], die sie über die Wanderfamilien seit der Depressionszeit durchgeführt hat. Sie geben über alle die Auskunft, die sich auf den Durchgangsbüros der „*Federal Emergency Relief Administration*" (drüben kurz FERA. genannt) eintrugen, um eine staatliche Unterstützung im Rahmen des „*transient relief program*" (Übergangshilfswerk) zu erlangen.

Die Triebkräfte zum Verlassen des Wohnortes und der Arbeitsstätte sind vorwiegend wirtschaftlicher Natur. Die Überfüllung der Großstädte und der wirtschaftliche Niedergang insgesamt, aber auch die Mechanisierung der Landwirtschaft haben zu einer Arbeitslosigkeit geführt, daß sie als wichtigster Anlaß der Wanderbewegungen der letzten

---

[5] *Webb* und *Brown*, a. a. O.

10 Jahre anzusehen ist. Obengenannten Erhebungen zufolge gaben von 4250 Familien 69 v. H. wirtschaftliche Not als Motiv an, wobei Arbeitslosigkeit mit 40 v. H. die wichtigste Rolle spielte. In Neu-England wurde die Abwanderung zu 58 v. H. mit Arbeitslosigkeit begründet. In kurzem Abstand folgten dann Iowa und die anderen Mittelweststaaten. Der zweitwichtigste Anlaß wirtschaftlicher Natur insgesamt ist der Farmfehlschlag (8 v. H.), der in den Dakotas mit 54 v. H. an der Spitze aller Beweggründe steht, gefolgt von den übrigen Staaten der Großen Ebenen. Die Unsicherheit der Ernten durch die häufigen Witterungsunbilden spricht sich hierin aus. Schließlich liefern einen nicht unwesentlichen Beitrag zur Fernwanderung Kranke und Schwache (11 v. H. hatten als Motiv Krankheit angegeben), die in den trockenen Höhenzonen des gebirgigen Südwestens oder den milden pazifischen Küstenstrichen (Arizona, Colorado, Kalifornien) günstigere Lebensbedingungen finden.

Soziale Herkunft der Wandernden

Aus dem bisher Gesagten geht hervor, daß seit Beginn der eigentlichen Binnenwanderung die verschiedensten Stände beteiligt waren. Waren es zur Zeit der großen Westwärtsbewegung vorwiegend unternehmungslustige, vorwärtsstrebende, landhungrige Farmer des Ostens und der Mitte — oder solche, die es werden wollten —, Menschen, die ihr Glück im kalifornischen Bergbau versuchen wollten, Kaufleute, die dem Strome folgten, um an dem wirtschaftlichen Aufschwung im Westen teilzuhaben, also allgemein durchaus bürgerliche und bäuerliche Gesellschaftschichten, so änderte sich mit beginnender wirtschaftlicher Not nach dem Weltkriege die Zusammensetzung der Wandernden entschieden zugunsten des Proletariats. Dem Drang in den damals noch Raum bietenden Westen einerseits und in die Städte anderseits ist seit der Depression in steigendem Maße die Flucht aus den Städten heraus aufs platte Land oder in die Stadtnähe oder in die Großstädte des pazifischen Westens gefolgt, wo auch heute noch viele Ostamerikaner eine Existenz zu finden glauben. Arbeitslose aus den Industriestädten des Ostens und der Mitte, Geschäftsleute, die bei der steigenden Not in den Städten vor dem Ruin stehen ebenso wie verarmte Farmer aus den Dürregebieten der westlichen Großen Ebenen und arme Pächter und Landarbeiter aus dem Süden und dem Appalachenhügelland bilden heute den Stamm der Wandernden.

Berufszugehörigkeit 1935 nach den Erhebungen der FERA.

Zahl der festgestellten Familien 4 663

	davon in v. H.	Landesdurchschnitt 1930 zum Vergleich
Landwirtschaft, Forstwirtschaft und Fischerei	17	22
Bergbau	4	35
Handwerk und Industrie	37	
Verkehrsgewerbe	13	27
Handel	13	

Die Untersuchungen der FERA. haben ergeben, daß im letzten Jahrzehnt die städtische Herkunft im ganzen überwiegt; nur aus den Notstandsgebieten („*problem areas*" genannt) einiger Staaten der Großen Ebenen und des Westens wie des alten Südens stammen hauptsächlich ländliche Wanderelemente (aus den Dakotas zu 74—85 v. H., aus Wyoming zu 61 v. H., Idaho zu 56 v. H., Arkansas zu 62 v. H., Kentucky und Mississippi zu je 53 v. H.). Die Abwanderung ist überall da am größten, wo der Anteil der nichtseßhaften Bevölkerung hoch ist — in den Industriestädten also und in ländlichen Bezirken mit hohem Landarbeiterbesatz.

Der Anteil der Neger an der Binnenwanderung ist geringer als es ihrem Anteil an der Gesamtbevölkerung entspricht. Das herrschende Element sind die weißen Amerikaner (*native-born whites*), wobei die Statistik leider nicht die europäische Herkunft erkennen läßt; lediglich die im Ausland geborenen Amerikaner *(foreign-born whites)*, die aber prozentual von geringer Bedeutung sind, werden nach ihrer staatlichen Zugehörigkeit unterschieden; von den von der FERA. gezählten bilden die Italiener mit 20 v. H. die größte Gruppe, gefolgt von Engländern mit 13, Russen mit 9, Kanadiern mit 9, Deutschen mit 8, Polen, Griechen und Österreichern mit je 6 und Skandinaviern mit 5 v. H.

Farbe und Geburt	v. d. FERA untersuchte Wanderfamilien	Familien der Gesamtbevölkerung
Gesamtzahl	5 447	29 904 663
davon in v. H.		
Weiße	91	89
in USA geborene	84	70
im Ausland geborene	7	19
Neger	8	10
andere (einschl. Mexikaner)	1	1

Zahlenmäßiger Umfang der Binnenwanderung und Wanderungsdichte nach Staaten

Allein aus den ländlichen Bezirken, wofür sichere Angaben vorliegen, sind im Jahrzehnt stärkster Wanderung, von 1920 bis 1930, mehr als 5,7 Mill. Menschen gewandert, wovon 11 v. H. Neger waren. Hinzu kommen also noch alle die von Stadt zu Stadt Wandernden, so daß wir gut mit rund 8 bis 9 Mill. insgesamt rechnen können.

Unter *Wanderungsdichte* seien die in einen Staat Zu- bzw. aus einem Staat Abwandernden, bezogen auf die Gesamtbevölkerung, verstanden. Wanderungsdichte und zahlenmäßiger Umfang der Wanderungen in einem Staat stimmen durchaus nicht überein. Während die bei weiten höchste Reingewinnziffer[6] (d. i. die Bilanz aus Zu- und Abwanderung) in Kalifornien erzielt wird, steht es, was die Dichte der Zuwanderung

---

[6] Wobei im folgenden nur an Fernwanderungen, d. h. von Staat zu Staat, gedacht ist.

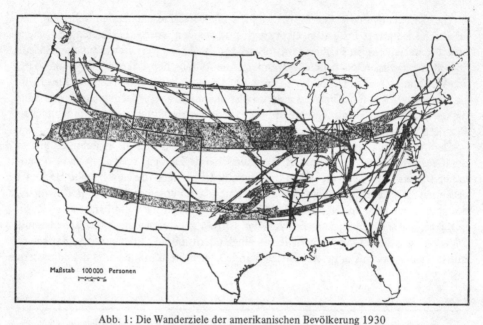

Abb. 1: Die Wanderziele der amerikanischen Bevölkerung 1930
Wohnortwechsel seit der Geburt aufgrund der Geburtsstaatsstatistik im Zensus von 1930
Bevölkerungsveränderungen von weniger als 10 000 sind nicht berücksichtigt. Die Pfeilstärke
entspricht der zahlenmäßigen Veränderung. Die Wanderungen der weißen Bevölkerung sind
durch helle Pfeile, die der farbigen Bevölkerung durch dunkle Pfeile dargestellt.
(aus: Thornthwaite, Internal Migration in the United States. Philadelphia 1934)

betrifft, erst an 4. Stelle unter allen Staaten. Die höchsten Dichten wurden nach den Untersuchungen der FERA. erreicht in:
Idaho mit 10.2 Wanderfamilien je 1000 der Gesamtbevölk. (1930)
New Mexico mit 8,0 " " " " "
Colorado " 7,8 " " " " "
Kalifornien " 4,4 " " " " "
Washington " 3,8 " " " " " usw.

Es folgen des weitern die übrigen Staaten des Fernen Westens, dann die des Mittelwestens, Südens und Ostens ohne klare regionale Gliederung. Als vereinsstaatlicher Durchschnitt wurde eine Dichte von 1,1 errechnet. Die höchsten Reingewinnziffern weist nach Kalifornien in weitem Abstand (nach Erhebungen der FERA. seit 1933) Colorado auf, dann Washington (Staat), Idaho und Ohio, während im Zeitraum von 1920 bis 1930 (Erfassung der Gesamtbevölkerung) in kurzem Abstand der Staat New York folgt (Kalifornien 1 738 000 Personen, New York 1 229 000 Personen), in weiterem Abstand dann erst Michigan, Illinois, New Jersey, Florida, Texas und Ohio.

Die höchsten Reinverlustziffern werden nach den Untersuchungen der FERA. bei weitem in Oklahoma erreicht, gefolgt von Texas, Missouri und Kentucky, Staaten, die eine vorwiegend ländliche Bevölkerung abgeben. 1920–1930 war der Reinverlust durch Wanderung am höchsten in den Südstaaten, voran Süd-Carolina (416 000 Personen), in einigem Abstand dann Nord-Carolina, Virginia, Arkansas und Kentucky. Daß neuerdings Texas und Oklahoma zu den verlustreichsten Staaten zählen, liegt einmal an den Dürreperioden der 30er Jahre und an der fortschreitenden Mechanisierung der Baumwollwirtschaft, die zur Abwanderung zwingt. Die höchsten *Dichten* der Abwanderung wurden, nach der FERA. wiederum, erreicht in:

Nevada   mit 6,4 Wanderfamilien je 1000 d. Gesamtbevölk. (1930)
Arizona   " 5,1   "   "   "   "   "
Oklahoma   " 5,0   "   "   "   "   "
Wyoming   " 4,7   "   "   "   "   "
New Mexico " 4,1   "   "   "   "   "   usw.

Es folgen zunächst ebenfalls Staaten des Westens, dann der Mitte und des Südens, ausgesprochen zuletzt erst die des mittleren Nordostens. Vergleichen wir nunmehr die räumliche Verteilung der *Dichtezahlen* für Ab- und Zuwanderung, so ergibt sich das interessante Bild, daß in beiden Fällen der Westen, und zwar der gebirgige Westen,

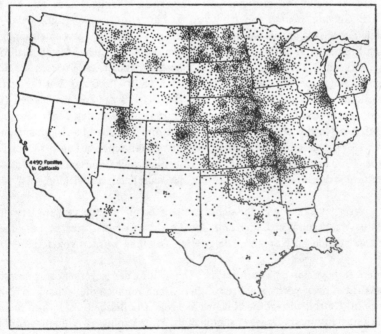

Abb. 2: Herkunft der nach dem pazifischen Nordwesten Wandernden
Wohnorte von 1930 der bis 1939 nach Oregon, Washington und Idaho Zugewanderten
· = 5 Familien
(aus: Land Policy Review, vol. III, No. 1, 1940)

die größten Bewegungen aufweist. Die *Bilanz* läßt allerdings den Fernen Westen ebenso wie den Nordosten als Gewinnräume auftreten – mit zahlenmäßiger Überlegenheit des letzteren, aber mit anteilmäßiger Überlegenheit des ersteren –, während ein breiter Bogen, der von der Ohio-Mississippi-Linie im Norden und Nordosten und von den Gebirgsstaaten im Westen begrenzt ist, das Verlustgebiet darstellt.

Wanderrichtungen

Zwei Richtungen müssen wir von vornherein trennen: die Bewegung zwischen Stadt und Land, also sowohl inner- wie zwischenstaatlich, Nah- und Fernwanderung, und die rein räumlich aufgefaßte Bewegung unter Außerachtlassung der Stadt-Landdynamik, also die reine *Fernwanderung*. Beide sind getrennt zu betrachten, vor allem im Hinblick auf die ländliche Wanderbewegung, der ein besonderer Abschnitt gewidmet sei.

Im Zensus finden sich seit 1850 staatenweise folgende Zahlenangaben, getrennt für beide Rassen seit 1870: 1. Geboren in Staat X, Wohnort in anderem Staat; 2. Wohnort in Staat X, geboren in anderem Staat; aus beiden Zahlenwerten läßt sich der Bevölkerungsverlust bzw. -gewinn errechnen. Auf Grund dieser Geburtsstaatsstatistik im Zensus hat *Thornthwaite*[7] ab 1850 für jedes Jahrzehnt die durch Wanderung entstehende Gewinn- und Verlustbilanz kartographisch dargestellt. Wie nicht anders zu erwarten, nehmen die „Gewinn"staaten von Jahrzehnt zu Jahrzehnt *westwärts* zu: 1850–1860 noch bildete der Mississippi die westliche Grenze, von 1870–1890 gewannen am meisten die Großen Ebenen, von 1900–1910 am meisten die pazifischen Staaten, Kalifornien noch bis 1920, mit Nachdruck auf dem 2. Jahrzehnt. Gleichzeitig wiesen die atlantischen Staaten stets einen Gewinn auf, am meisten 1890–1900 zur Zeit der stärksten süd- und osteuropäischen Einwanderung und 1920–1930 zur Zeit des letzten großen Einwanderungsstromes. Die „Verlust"staaten konzentrieren sich in der frühesten Zählperiode auf den Nordosten bis nach Indiana hin und auf den Mississippilauf im Südwesten. Ab 1890 etwa schieben sich die „Verlust"staaten schon auf die östlichen Plains-Staaten vor, 1900 erst folgt Texas, bis auch schließlich viele Gebirgsstaaten 1920–1930 einen Verlustüberschuß aufweisen. Soweit die räumliche Entwicklung der *weißen* Wanderung.

Für die *Neger*bevölkerung ergibt sich das ebenfalls nicht anders zu erwartende Bild der *Nordwärts*wanderung: im Süden eine Zunahme der „Verlust"staaten, entsprechend den „Gewinn"staaten im Norden[8]. Die größten Gewinne wurden von 1910–1930 erzielt.

Besonders zu begrüßen ist Thornthwaites Darstellung der Negerherkunft nach ihrem Geburtsstaat in einigen wichtigen Großstädten. Danach haben die Weltstädte Chikago, New York und Detroit die größte Reichweite, vom atlantischen Osten und Süden bis in die Präriestaaten hinein. Dagegen stammen die Philadelphia-, Washington- und Baltimore-Neger fast ausschließlich von der atlantischen Küste in ihrer ganzen Länge, die

---

[7] *Thornthwaite*, a.a.O.
[8] Bezeichnenderweise ist Florida der einzige, von 1920–1930 durchaus bedeutsame „Gewinn"-staat im Süden.

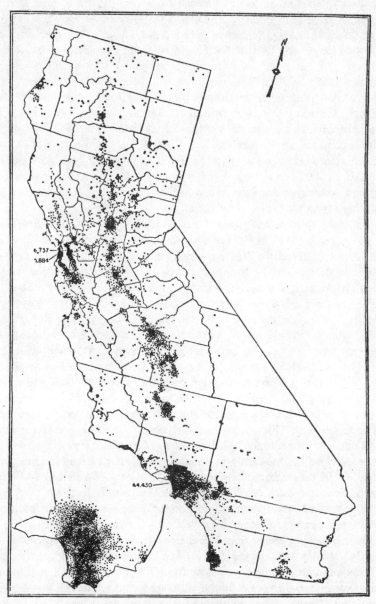

Abb. 3: Zuwanderung nach Kalifornien 1930 bis 1939
Zahl der Kinder von Wanderfamilien in kalifornischen Public Schools
· = 50 Kinder   · = 10 Kinder
(aus: Land Policy Review, vol. II, No. 5, 1939)

aus St. Louis, Memphis, New Orleans, Birmingham und Atlanta – Städten des Südens mit ohnehin stärkerem seßhaftem Farbigenanteil – sogar aus den Nachbarstaaten.

Das weitaus wichtigste *Wanderziel*, das eine der größten Bewegungen der Welt entfacht hat, ist *Kalifornien*. Die großen Wanderbewegungen haben überhaupt erst den fernen Westen aufgebaut. 1930 waren nur 44 v. H. der Bevölkerung des Nordwestens beispielsweise dort geboren! Bildlich gesprochen wälzt sich ein breiter Strom vom Nordosten, vornehmlich aus Pennsylvania und dem Staat New York durch den Maisgürtel, wo er den stärksten Zuwachs aus Illinois und Iowa erhält, nach Kalifornien; relativ geringe Mengen gibt er nach Oregon und Washington ab: der *Ost-Westpfeil nach Kalifornien* beherrscht die gesamte Wanderrichtung (Abb. 1). Ein schwächerer, Immerhin der zweitstärkste Strom geht durch den Süden von Osten nach Westen, gibt aber unterwegs in den westlichen Baumwollstaaten Oklahoma und Texas eine große Menge Menschen ab. Er setzt sich aus Wandernden von den südlichen Appalachenstaaten, vom Missouri und Arkansas zusammen. Auch von den nördlichen Mittelweststaaten zieht ein schwacher Strom westwärts in die nördlichen Pazifikstaaten.

Der pazifische Nordwesten[9] nimmt heute neben den Nachbarstaaten (1930/39: 25 v. H.) in erster Linie Menschen aus den nördlichen Ebenen-Staaten (25 v. H.) auf, während Kalifornien[10] seinen Zustrom vorwiegend aus den südlichen Ebenen (etwa 45 v. H.), aus Oklahoma und Texas, erhält (Abb. 3). Wanderziele im Nordwesten sind zwar die dichtest besiedelten, aber vorwiegend ländlichen Gebiete, Portland und das Willamette-Tal, die Puget-Sund-Küste, das Yakims und Snake Rivertal, ferner Spokane. 51 v. H. der Wanderfamilien zogen 1930 in ländliche Bezirke, nur 19 v. H. in Großstädte über 100 000 Einwohner. In *Kalifornien*, wo im letzten Jahrzehnt ähnliche Erhebungen gemacht wurden, waren die Hauptanziehungspunkte auch die dichtest bevölkerten Gebiete (Abb.3): um die San Francisco Bucht und um Los Angeles herum, außerden im Großen Tal von Kalifornien. Hier waren aber die Großstädte selbst das wichtigste Ziel (zu 1/3), am meisten Los Angeles, während nur 25 v. H. aufs Land zogen.

Die einzige neben diesen ausgesprochenen Ost-Westrichtungen bestehende ist die *südliche*. Ausschließlich Florida ist das Ziel vieler Wanderer aus Ohio, Kentucky, Tennessee und den angrenzenden Staaten wie aus dem Nordosten. Neben den das Bild beherrschenden Hauptrichtungen, von denen eigentlich nur die kalifornische von großer Bedeutung ist, fällt als einzige Nahwanderung die hohe Abwanderung von Kentucky, geringer von Tennessee nach den Nachbarstaaten Ohio und Indiana auf.

Was für die weiße Bevölkerung in eindeutiger Weise von der Westrichtung, gilt für die *Farbigen* von der *Nordrichtung*. Von West nach Ost zunehmend, müssen drei Hauptströme unterschieden werden: vom westlichen Negerreservoir, Louisiana und Mississippi, nordwärts nach Missouri (St. Louis!) und Illinois (Chikago!); von Georgia, Alabama, Tennessee und Kentucky nord- und nordwestwärts nach Ohio (Cinicinnati!), Michigan (Detroit!), Indiana und Illinois (Chikago!) und schließlich von den südatlantischen Staaten Georgia, den Carolinas und am meisten von Virginia in die mittel- und nordatlantischen Staaten (wiederum die Großstädte!), mit stärkeren Zuwanderungen

---

[9] Washington, Oregon, Idaho, vgl. „*The Migrants*", Teil III. Land Policy Review, a. a. O. Alle Wanderer wurden statistisch erfaßt.

[10] vgl. „The Migrants", Teil I, a. a. O.

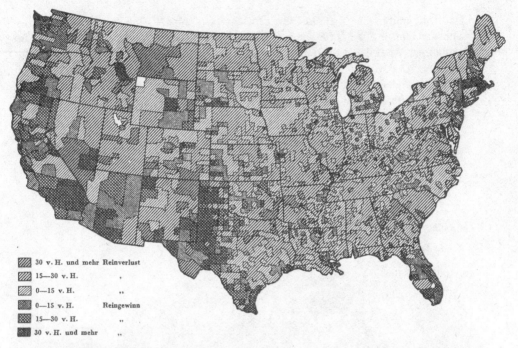

Abb. 4: Prozentualer Reingewinn bzw. Reinverlust der ländlichen Bevölkerung infolge Wanderung von 1920 bis 1930 (Schätzung)
(aus: Lively a. Taeuber, Rural Migration in the United States. Washington 1939)

in die mittelatlantischen. Das Wanderziel der Farbigen sind stets die Städte, und zwar die Industriegroßstädte.

Die eben genannten *Wanderziele* sind *nicht immer die gleichen gewesen*. Zwar haben sich die Richtungen in keiner Weise geändert, aber der zahlenmäßige Anteil der einzelnen Zielstaaten war noch um die Jahrhundertwende völlig anders. Damals war Kalifornien wohl auch schon ein lohnendes Ziel, weit bedeutender waren aber die Plains-Staaten (Weizenzone), am bedeutendsten Texas, das im letzten Jahrzehnt des 19. Jahrhunderts allein 79 000 Menschen anzog, die sich aus den östlich an den Mississippi grenzenden Staaten rekrutierten, während die Plains-Staaten ebenfalls aus den östlich angrenzenden Präriestaaten (Maisgürtel) Zuwachs erhielten. In jedem Fall stehen die dabei zurückgelegten Entfernungen um vieles hinter den Wanderungen zurück, die schon das folgende, noch mehr das zuletzt statistisch erfaßte Jahrzehnt von 1920–1930 zeitigte.

Weniger gut als über den räumlichen Umfang der großen Wanderbewegungen sind wir über die *Stadt-Landbewegungen* orientiert. Im großen und ganzen ist festzustellen, daß mit der Depression der seit Weltkriegsende bestehende Strom vom Land in die Stadt[11] nachgelassen und einer zunehmenden Rückbewegung aufs Land oder in die

[11] Von einer *Landflucht* in unserem Sinne kann man nicht sprechen, weil darin ja eine negative Bedeutung liegt, die für die Vereinigten Staaten nicht zutrifft.

Stadtnähe und in die Vorstädte Platz gemacht hat. Der pazifische Westen lockt ebensosehr Wanderer in die Städte wie aufs Land. Zwar gibt es noch genügend Spielraum im Westen der Vereinigten Staaten, nur mangelt es an einer planvollen Verteilung der Zuwanderer. Der Wunsch nach einer staatlichen Lenkung des Wanderstromes bricht sich in den leitenden Stellen immer mehr Bahn. Die Stadt-Landbewegung ist von so weitreichender Bedeutung, daß wir ihre Hauptprobleme einer eingehenden Betrachtung unterziehen wollen.

Die ländliche Binnenwanderung

Gerade hier ergeben sich die größten *Unterschiede zur deutschen Binnenwanderung*, die sich einseitig nur in einer Abwanderung vom Lande mit allen seinen negativen Seiten, in einer regelrechten *Landflucht* äußert.

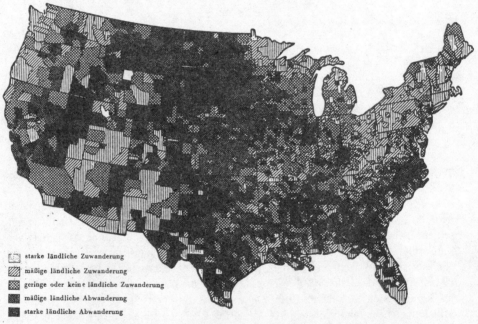

Abb. 5: Die Binnenwanderung der ländlichen Bevölkerung von 1930 bis 1934
(aus: Lively a. Taeuber, Rural Migration in the United States. Washington 1939)

In den Vereinigten Staaten wird die Wanderung vom Land in die Stadt allgemein als wohltuend für beide Teile angesehen[12] . Sie bedeutet für das Land eine geringere Zunahme der Bevölkerung, was bei der fortschreitenden Mechanisierung der Landwirtschaft und dem abnehmenden Bedarf Europas an Agrarprodukten seit dem Weltkriege als günstig erachtet wird; andererseits ist die Auffüllung der Städte mit großenteils länd-

[12] vgl. *Lively* und *Taeuber*, a. a. O.

lichem Blut, sowohl von der Heimat wie von Übersee in früheren Zeiten, äußerst gesund. Um die Größe des Problems ländlicher Binnenwanderung ermessen und mit dem deutschen vergleichen zu können, müssen wir zuerst einen Blick auf die *Entwicklung der Landbevölkerung* werfen (Abb. 4). Die *Geburtenfreudigkeit* ist nirgends so groß wie bei der Landbevölkerung, und trotzdem betrug 1920–1930 der Reinverlust 1,2 Mill. Menschen, ein Ergebnis des Abwanderungsüberschusses von 6 Mill. Die Geburtenziffern sind im übrigen auch bei der ländlichen Bevölkerung im Sinken begriffen; im Rahmen des ersten Abschnittes wurden die Gebiete relativ hoher und niedriger Geburtenziffern schon genannt.

In den Vereinigten Staaten gibt es auch heute noch eine wenn auch geringe *Zunahme der Landbevölkerung*.

Sie betrug:
1900–1910 9,2 v. H., wobei 60 v. H. aller Grafschaften zunahmen
1910–1920 3,2   "   "   48 "   "   "   "   und
1920–1930 4,7   "   "   34 "   "   "   "

Diese Zunahme der Landbevölkerung von immerhin fast 5 v. H. hat den Verlust durch überwiegende Abwanderung vom Lande etwas gemildert; er betrug im selben Zeitraum 11 v. H. der 1920er Bevölkerung, hätte bei etwaigem Stillstand des Bevölkerungswachstums also entsprechend mehr ausgemacht.

Das Ergebnis aus Geburtenentwicklung und Zu- und Abwanderung in den ländlichen Bezirken sieht regional folgendermaßen aus: Die Gebiete größter Abnahme infolge überwiegender Abwanderung dehnten sich, wie nicht anders zu erwarten, von Jahrzehnt zu Jahrzehnt immer weiter westwärts aus, bis sie zuletzt fast das ganze Land überzogen haben mit Ausnahme der Westhälfte von Texas, der Grafschaft Los Angeles in Kalifornien und vieler kleiner verstreuter Gebiete, vornehmlich im Westen in Florida und Neu-England. Lediglich 8 Staaten hatten von 1920 bis 1930 durch Zuwanderung eine *Zunahme* der Landbevölkerung zu verzeichnen, im äußersten Nordosten und im äußersten Westen: New Hampshire, Massachusetts, Rhode Island, New York, Delaware und Arizona, Kalifornien, Oregon. Die *größten Abnahmen* durch Abwanderung erlebten Pennsylvania, Illinois, die ganze nordwestliche und südöstliche Mitte, Virginia, Süd-Carolina, Georgia, Arkansas, Oklahoma, die westlichen Gebirgsstaaten bis auf Arizona.

Die *seit 1930*, also seit Beginn des wirtschaftlichen Niedergangs und damit der Arbeitslosigkeit in den Städten, wieder wachsende *Zuwanderung in die ländlichen Bezirke* erfolgte einmal in die Kümmergebiete der Appalachen, in die armen Rodungsgebiete um die Großen Seen herum und in die Trockengebiete des Fernen Westens; andererseits ziehen die in den letzten Jahren durch Staudämme der Bodenkultur erschlossenen Bewässerungsgebiete im ariden Westen eine Menge Wanderfamilien an, die in den Dürregebieten weiter ostwärts kein Auskommen finden (Abb. 5). Nur ist die Fläche verfügbaren Bodens im Verhältnis zur Nachfrage viel zu gering und hat bei fehlender bzw. ungenügender staatlicher Planung zu einer Überbesetzung und damit zu neuem Elend geführt. *Abwanderung* von Lande erfolgte schon seit den zwanziger Jahren, im großen und ganzen aus den rein landwirtschaftlichen Zonen: einmal aus Teilen des Maisgürtels, dann aus der ganzen Baumwollzone, aus dem Ozark-Bergland, von den Großen Ebenen in ihrer vollen Nord-Süderstreckung, besonders in den am schwersten betroffenen Dürregebieten von Dakota, Oklahoma und Texas und aus Teilen der Trockengebiete im gebirgigen Westen. Beweggründe sind die zunehmende Mechanisierung der Landwirtschaft gemeinsam mit einer Abnahme der Farmen infolge Zusammenlegung in den erstgenannten Zonen und Notlage infolge natürlicher Benachteiligung in den westlichen Gebieten. Bemerkenswert ist die Abwanderung aus gerade meist verhältnismäßig guten Agrarzonen. Zwar weisen einige von ihnen eine hohe landwirtschaftliche Bevölkerungsdichte und hohe Geburtenzahlen auf, Höchstwerte erreicht aber keine von ihnen.

Staatliche Unterstützung und Lenkung des Wanderstromes ist seit der Depression, die ihm im letzten Jahrzehnt das Gepräge gibt, nötig. Die vor Not und Elend flüchtenden sind im Gegensatz zu früheren Zeiten, wo zudem die Wege zu besseren Arbeitsmöglichkeiten offen standen, meist ohne jegliche Barmittel zur Gründung einer neuen Existenz. Würdigen Antragstellern gewährt in solchem Fall die *Farm Security Administration* Kredit.

Ein großer Teil der Wandernden sucht sich als Landarbeiter oder Pächter eine Existenz. Der Mangel an einem ausreichenden Stamm von *Landarbeitern* für die kurzfristigen Erntearbeiten im Südwesten von Texas (Baumwollwirtschaft), in den groß-

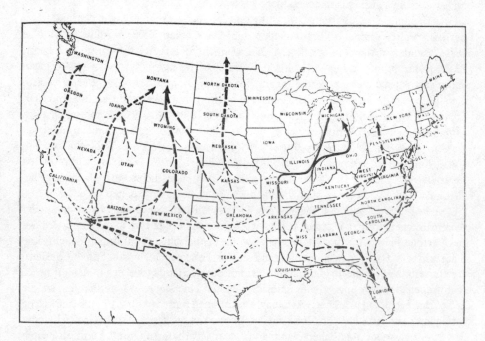

Abb. 6: Ziele der Wanderarbeiter (innenstaatl. Bewegungen ausgeschaltet)
Obst- und Südfruchternte   Zuckerrübenernte
Beerenernte   Baumwoll-, Melonen-, Erbsen- und
Weizenernte   Rübenernte (Bewässerungskulturen)
(aus: Carl C. Taylor u. a., „Disadvantaged Classes in American Agriculture". Washington 1938)

marktwirtschaftlich eingestellten Zuckerrüben-, Kartoffel- und Gemüsewirtschaften in den Bewässerungsgebieten des Westens und südlich der Großen Seen, ferner für die Zeiten der Arbeitsspitze in den Bewässerungswirtschaften Kaliforniens und Arizonas hat schon immer eine Anwerbung großer Scharen von Saisonarbeitern notwendig gemacht. Es sei hier nur an die frühere Chinesen-, Japaner-, Hindu- und Philippinereinwanderung erinnert. Aus Mexiko kommen sie auch jetzt alljährlich in den Südwesten; im übrigen gibt es in den Vereinigten Staaten *ein Wanderarbeitertum*, das das ganze Jahr hindurch von Erntegbiet zu Erntegebiet zieht, entweder in Gruppen oder allein (Abb. 6)[13].

Das Ende der freien Siedlungsräume im Westen hat für den noch immer dorthin gerichteten Wanderstrom das Problem der wirtschaftlichen Ausnutzung der sehr unterschiedlichen Böden aufgeworfen. Hier kommen wir zu einem weiteren Gegensatz zu Deutschland, zur *Verteilung der ländlichen Bevölkerung auf die einzelnen Bodenklassen*. Für die heutige ländliche Binnenwanderung der Vereinigten Staaten ist dies das *Kardinalproblem*. Die Dichte der ländlichen Bevölkerung entspricht durchaus nicht der Produktivität der Bodenklassen. Der National Resources Board hat 1934 das Ackerland in folgende vier Güteklassen eingeteilt:

Klasse 1 (ausgezeichnet) mit	40,4 Mill. ha
Klasse 2 (gut)	84,4 " "
Klasse 3 (mittel)	138,4 " ""
Klasse 4 (schlecht)	145,2 " "
insgesamt	408,4 Mill. ha

Von den zwei besten Ackerbodenklassen liegen 75 v. H. im Maisgürtel, in Oklahoma und Texas. Nur knapp 1/3 der Ackerböden ist also als gut und sehr gut zu bezeichnen, die restlichen 2/3 gehören den weniger guten und schlechten Klassen an! Dagegen wohnten 1930 mindestens 2/3 der Farmbevölkerung auf diesen Böden. Ferner ist die Bevölkerungsdichte auf ärmeren Böden — z. B. auf den unter Dürre- und Frostschäden leidenden Großen Ebenen, in der *„Great Lakes Cut-over Area"* (den dürftigen jungen Rodungsflächen im nördlichen Seengebiet) und in den Bergländern der Ozarks und Appalachen — oft größer als auf erstklassigen wie in Iowa. Sie sind zum großen Teil geradezu übervölkert in Anbetracht der geringen Bodenertragsfähigkeit. In den Vereinigten Staaten ist es durchaus ein Zeichen der Armut, wenn die Selbstversorgerwirtschaften in Notstandsgebieten überhandnehmen. 1930 erzeugte etwa die Hälfte aller Farmen für kaum mehr als den zehnten Teil der Marktwirtschaft!

Was die Wanderungsbewegung des letzten Jahrzehnts von denen früherer Zeiten unterscheidet, sind die sehr beschränkten Möglichkeiten. Bis zur Weltwirtschaftskrise, als auch für die Vereinigten Staaten das Gespenst der Arbeitslosigkeit zu einer sichtbaren Erscheinung wurde, existierte die Binnenwanderung nur als Tatsache, heute stellt sie ein Problem dar, mit dem sich der Soziologe ebensosehr beschäftigen muß wie der Landesplaner, der Bodenkundler, der Geograph, der Agrar- und Wirtschaftswissenschaftler. Die Gefahren, die sie verursacht, liegen auf einer völlig anderen Basis als in Deutschland; die besondere Wirtschaftsentwicklung wie die räumlichen Gegebenheiten sind dafür verantwortlich.

---

[13] Darüber ausführlich in den Untersuchungen von *Taylor*, a. a. O.

Methodische Anregungen für landwirtschaftsgeographische Untersuchungen im Deutschen Reiche

aus: Zeitschrift für Erdkunde, 9. Jg., 1941, Heft 13/14, S. 415–419

Die für die Landwirtschaftsgeographie wichtige Aufgabe der Erforschung und Darstellung von Wirtschaftslandschaften hat zu einer fruchtbaren Diskussion über Fragen der Materialbeschaffung, Durchführung der Untersuchungen und deren praktischer Bedeutung geführt. Dabei ist immer wieder der Wunsch nach Zusammenarbeit mit der wichtigsten Nachbardisziplin, der Landwirtschaftswissenschaft, laut geworden. Geographische Methoden mit denen der Landwirtschaftswissenschaft zu verknüpfen, fordert der grenzwissenschaftliche Charakter der Landwirtschaftsgeographie. Im folgenden seien Anregungen weitergegeben, die aus einer solchen Zusammenarbeit bereits erwachsen sind.

1. Schätzungsunterlagen der Reichsbodenschätzung

Für die Kartierung landwirtschaftlicher Nutzflächen – sowohl in den großen Maßstäben der Flurkarten als auch im Meßtischblattmaßstab 1:25 000 – leisten die Schätzungsunterlagen der *Reichsbodenschätzung*, vor allem die Reinkarten mit ihren Wertzahlen, dem Geographen wertvolle Dienste, die zwar schon hier und da erkannt, aber noch nicht verwertet wurden. In einer kürzlich durchgeführten Untersuchung[1] wurden sie mit großem Nutzen verarbeitet. Eine kurze Übersicht über den für unsere Arbeit wesentlichen Inhalt der Bodenschätzung und Gedanken zur Auswertung für landwirtschaftsgeographische Arbeiten auf Grund der eigenen Erfahrungen mögen folgen.

Das am 16. Oktober 1934 erlassene neue Bodenschätzungsgesetz ist in erster Linie für praktische Bedürfnisse geschaffen worden, nämlich zur gerechteren Verteilung der Steuern. Nächst der Reichsfinanzverwaltung sind die Schätzungsergebnisse von größtem Wert für alle mit der Siedlung und Planung betrauten Stellen[2]. Geschätzt werden die landwirtschaftlichen Nutzflächen; die im wesentlichen für 1941 geplante Beendigung der Arbeiten wird sich um einige Zeit verzögern; nicht zuletzt verlangen die neu hinzugekommenen Ostgebiete vordringlichen Einsatz. Bis jetzt ist im Altreich die knappe Hälfte der landwirtschaftlichen Nutzfläche aufgenommen worden.

---

[1] *A. Sievers*, Zur Geographie der landwirtschaftlichen Betriebsgößen. 1. Eine vergleichende Betrachtung nordostdeutscher Diluviallandschaft. Raumforschung und Raumordnung 1942, S. 114–126.

[2] Besonders sei auf die Möglichkeit hingewiesen, die *H. Morgen* in einer neuen, wandelbaren, auf den Ergebnissen der Reichsbodenschätzung aufbauenden Betriebsgrößenordnung sieht („Bodenschätzung und Betriebsgößenklassen", Raumforschung und Raumordnung 1939, 6, S. 318–320; „Zur Ermittlung gleichwertiger Hofstellen bei verschiedenen Bodengüten" ebenda, 1940, 7/8, S. 311 bis 314; „Gesunde Bauerndörfer durch bewegliche Betriebsgrößenklassen", Neues Bauerntum 1940, 2. S. 66–70).

Auf die Methoden der Bestandsaufnahme und Bewertung des Bodens einzugehen, verbietet die Kürze des zur Verfügung stehenden Raumes. Sie seien deshalb als bekannt vorausgesetzt[3]. Die neue Klassenbezeichnung enthält jetzt Bodenart, geologische Herkunft und „Zustandsstufe" (Erweiterung des geologischen Begriffs der Bodentypen), ferner das Ergebnis dieser Bewertung, die Bodenzahl beziehungsweise Grünlandgrundzahl und die Acker- beziehungsweise Gründlandzahl; sie findet ihren Niederschlag im Kartenbild, dessen Unterlage die Flurkarte ist. In verallgemeinerter Form ist eine Übersichtskarte im Maßstab 1:25 000 geplant, die für uns von allergrößtem Wert wird. Freilich werden über ihrer Fertigstellung noch viele Jahre vergehen. Wichtig ist vor allem die Unterscheidung nach Acker- und Grünlandböden. Für ein Ackerbodenstück auf relativ gutem Boden der ebenen Grundmoräne einer nordostdeutschen Diluviallandschaft[4] mag beispielsweise folgende Klassenbezeichnung typisch sein: s L 4 D 56/45, wobei ausgesagt wird, daß der sandige Lehmboden der Zustandsstufe 4 diluvialer Herkunft ist und eine Bodenzahl von 56 aufweist – ein relativer Wert, der über dem Reichsdurchschnitt (rund 40) liegt. Unter Berücksichtigung verschiedener Ungunstfaktoren, hier vor allem des Klimas, wird dieser Wert noch um 20% auf 45 herabgedrückt, womit wir dann die endgültige *Ackerzahl* gewinnen. In ähnlicher Weise vollzieht sich die Bewertung des Grünlandes.

Für unsere geographische Arbeit ist nun dreierlei von Bedeutung: die Reinkarte, in die die Ergebnisse der Bodenschätzung eingetragen werden, die sogenannten Reichsmusterstücke, die bei der Reichsfinanzverwaltung liegen und Klassenbezeichnungen und Bodenprofile für charakteristische Böden aller Reichsteile enthalten, und die Wertzahlen (Bodenzahl, Grünlandgrundzahl, Acker- und Grünlandzahl). Die *Karten* kommen in erster Linie zur Auswertung im Gelände in Frage, weil sie in den Katasterämtern der Kreisstädte liegen. Für die Beobachtungs- und Kartierungsarbeit überträgt man dazu mit Generalisierung je nach Bedürfnis den Inhalt der Reinkarte auf die Arbeitskarte, die entweder ein Meßtischblatt oder eine Flurkarte sein wird (Abb. 1). Für den Geographen ist dabei die zahlenmäßige Bodenbewertung von größtem Wert, weil sie ihm bei der kleinräumigen Kartierung von Wirtschaftsflächen so manche Frage klären hilft. Neben dem Studium der Nutzungsweise ist sie gleichfalls die beste Grundlage für die Erforschung der Besitzstruktur, Besitzverfassung und Betriebsgröße. Beispielsweise wurde durch Vergleich der Bodenschätzungsunterlagen mit den kartographisch erfaßten Betriebsflächen von Groß- und Kleinbesitz in der oben angeführten nordostdeutschen Diluviallandschaft eindeutig festgestellt, daß der Großgrundbesitz nach der Separation die besten Böden behielt und die schlechtesten – in diesem Falle die sandigen Talterrassenhöhen – erklärlicherweise den Bauern überließ. Das Nutzungbild *kann* sich dementsprechend sofort ändern, doch eher in einem stärker gegliederten Raum, als es hier der Fall ist.

---

[3] Zur ausführlichen Orientierung über das komplizierte Bewertungsverfahren sei vor allem auf folgende Arbeiten hingewiesen: Fritz *Herzog*, Die Bedeutung der Bodenschätzung für die Landwirtschaft, Bd. 34 der Arbeiten des Reichsnährstandes, Berlin 1937, und Walter *Rothkegel*, Die Verwendung der Ergebnisse der Bodenschätzung für Planungszwecke, Raumforschung und Raumordnung 1938, 8, S. 362–371.

[4] Beispiel aus dem Landkreis Stolp i. Pommern; vgl. die unter 1 zitierte Arbeit.

Die Wertzahlen, besonders die Boden- und Ackerzahl, sind aber auch für sich allein genommen, ohne Verwendung im Kartenbild, von großem Wert für den Vergleich verschieden gearteter Räume, also für das Kernstück der Geographie. Das Relativsystem mit seiner Zahlenreihe von 1 bis 100 ist dabei eine sehr einfache Methode, die sofort ein klares Bild von jeder Zahl zu geben vermag. Der Reichsdurchschnitt liegt etwa bei 40, sowohl bei der Boden- wie bei der Ackerzahl; unter einer Bodenzahl von 30 liegen bereits die geringwertigen Böden, über 70 die höchstwertigen. Die echte Bodengüte

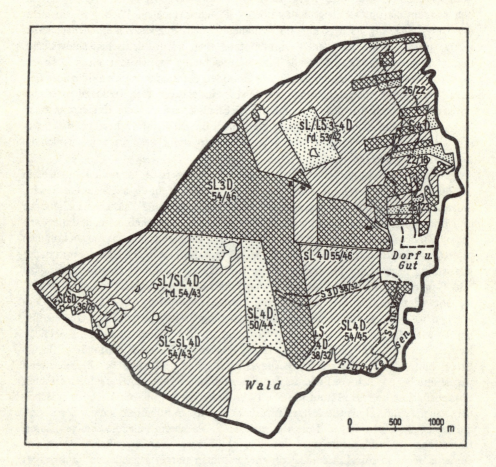

Abb. 1: Beispiel einer Anwendung von Reichsbodenschätzungsunterlagen zur Klärung und Vertiefung des Landwirtschaftsbildes einer Gemeinde

Das Kartierungsbeispiel stammt aus der gleichen ostpommerschen Gutslandschaft der ebenen Grundmoränenzone wie Abb. 2. Vergleiche Reliefverhältnisse, Flureinteilung und Wertzahlen der Reichsbodenschätzung miteinander! (Die Meßtischblattunterlage mußte aus technischen Gründen fortfallen.) Es sind hier nur die Boden- und Ackerzahlen angegeben. Die Grünlandbewertung ist der Einfachheit halber fortgelassen. Erläuterung der Ackerflächen: schraffiert = Getreide, punktiert = Feldfutterbau, gekreuzt = Hackfrucht; die kleinen weißen Flecken im Ackerland sind moorige Wiesen (Sölle). Kartierungsgrundlage: Meßtischblatt 1:25 000.

eines Raumes wird nun aber nicht nur von den Bodenverhältnissen bestimmt, wie sie in den Bodenzahlen zum Ausdruck kommt, sondern von der gesamten Ökologie. Dementsprechend sind also Ab- beziehungsweise Zuschläge zu machen, um auf die Ackerzahl zu kommen. Ähnlich ist die Grünlandbewertung. Die wichtigsten Faktoren sind dabei Klima und Geländegestaltung. Für den Durchschnittswert sind Klimaverhältnisse angenommen, wie sie für große Teile Deutschlands zutreffen; dafür sind eine mittlere Jahrestemperatur von 8° C und mittlere Jahresniederschläge von 600 mm zu-

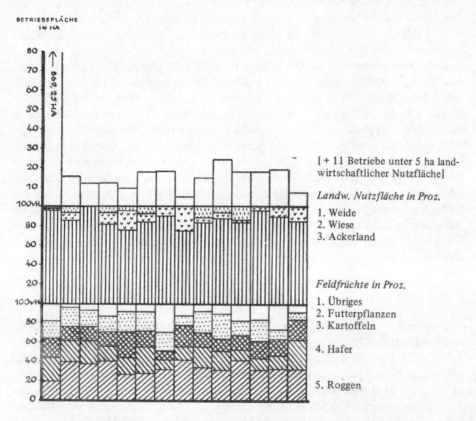

Abb. 2: Diagrammdarstellung der landwirtschaftlichen Bodennutzung einer Gemeinde auf betriebsweiser Grundlage
(Quelle: Hofkartenstatistik von 1938)

Das Beispiel zeigt eine ostpommersche Gemeinde in der ausgeprägten Gutslandschaft der ebenen Grundmoränenzone. Die absolute Betriebsfläche eines jeden Betriebes (über 5 ha landwirtschaftlicher Nutzfläche!) ist zur landwirtschaftlichen Bodennutzung in Beziehung gesetzt. Das so entstandene Betriebsstrukturbild zeigt, wie unterschiedlich die Nutzung der einzelnen Betriebsgrößen innerhalb einer Gemeinde ist. Vor allem unterscheidet sich strukturell der Gutsbetrieb von den bäuerlichen Betrieben sowohl in der Zusammensetzung der landwirtschaftlichen Nutzfläche als auch in der Aufgliederung des Ackerlandes.

grunde gelegt worden. Einige Beispiele mögen die Bedeutung der Bodenbewertung (Bodenzahl/Ackerzahl) als Vergleichsmaßstab für geographische Arbeiten erhellen. Bei ähnlichen Diluvialböden (sandiger Lehm) mit einer Bodenzahl von 50–55 für Teile Nordwestdeutschlands (im Kreise Uelzen) wie für Teile Nordostdeutschlands (im Kreise Stolp) erhöht sich die Ackerzahl durch Klimazuschlag dort um 2–6 % und vermindert sie sich hier um 15–20 %, so daß für den Nordwesten Werte von 51–58, für den Nordosten Werte von 40–47 entstehen! Lößböden beziehungsweise lößähnliche Böden mit Bodenzahlen von 63–70 erhalten in klimatisch bevorzugten Teilen des Untertaunuskreises einen Zuschlag von 8 % (= Ackerzahl von 70–75), in der höher gelegenen feuchtkühlen Lommatzscher Pflege (bei Döbeln) einen Abschlag von 4 % (= Ackerzahl von 60–70). Zwischen Wertzahlen von 100/104 (z. B. in der Börde bei Hildesheim) und 12/10 (z. B. auf der Sanderfläche bei Bütow, Pommern) bewegen sich die deutschen landwirtschaftlich genutzten Böden[5].

Diese Bodenbewertung ist eine sichere Grundlage für jede weitere landwirtschaftsgeographische Arbeit: sei es für den Vergleich oder die Darstellung von landwirschaftlichen Nutzflächen, sei es für die Abgrenzung von Landbauzonen, für räumliche Vergleiche oder für die Darstellung der Sozialstruktur. Bisher fehlte uns eine Bodenkarte, die nicht nur über die Arten und Typen aussagte, sondern auch über die Güte – ein außerordentlich wichtiges Mittel zur Erkenntnis räumlicher und wirtschaftlicher Zusammenhänge. Die Vergleichsmöglichkeiten, die die Schätzungsunterlagen bieten, sind für die Geographie der entscheidende Faktor; die Ausführlichkeit der Bodenbeschreibung, die über das hier kurz Gesagte weit hinausgeht (vgl. die angeführte Literatur), gehört in den Bereich der reinen Bodenkunde. Die *alte* Bonitierung konnte ein solcher Wertmaßstab nicht sein, weil sie nur die edaphischen Faktoren bewertete; *erst die Einbeziehung der gesamten Ökologie vermittelt uns ein echtes Bild von der Ertragsfähigkeit eines Raumes im weitesten Sinne.*

2. Hofkarten

Eine andere in der Geographie bisher wenig ausgeschöpfte Quelle sind die vom Reichsmährstand 1936 aufgestellten *Hofkarten*[6], eine Kartei, die seit dieser Zeit einen tiefen Einblick in das Gesamtgefüge eines jeden Hofes gestattet. Die Hofkartenstatistik wird alljährlich fortgeführt, so daß man nicht nur ein Bild von der gegenwärtigen Struktur eines jeden Hofes, sondern auch von seiner Weiterentwicklung und seinen strukturellen Wandlungen erhält. Ein Mangel für unsere geographische Arbeit ist zweifellos, daß in die Kartei nur Betriebe über 5 ha landwirtschaftlicher Nutzfläche aufgenommen werden, damit also der gesamte Kleinbesitz ausgeschaltet wird. Für Untersuchungen in den Freiteilungsgebieten Westdeutschlands kann die Höfestatistik deshalb kaum mit Nutzen herangezogen werden. Im agrarischen Norden, besonders Nordosten, wo weniger als 5 ha landwirtschaftlicher Nutzfläche im wesentlichen nur die Nebener-

---

[5] Reichsmusterstücke, aufgeführt bei *H. Morgen*, Zur Ermittlung gleichwertiger Hofstellen bei verschiedenen Bodengüten, a. a. O., S. 312.

[6] Die Hofkarten sind sowohl in den einzelnen Gemeinden als auch in den Kreisbauernschaften aufbewahrt, wo sie nach Genehmigung durch die Landesbauernschaft eingesehen werden können.

werbsbetriebe und Handwerkerstellen haben (also keine reinen landwirtschaftlichen Betriebe), können die Hofkarten als statistische Erfassung der allerkleinsten Einheit, der Höfe, lebendiger Ausdruck der räumlichen, politischen und wirtschaftlichen Gestaltungskräfte sein. Wir erfahren aus ihnen: 1. die Größe des Hofes und die Besitzverhältnisse (Eigenbesitz, Pachtland, verpachtetes Land), 2. die Anbauverhältnisse und den Viehbesatz, 3. die Ertragsleistungen von Acker und Vieh, 4. die technische Ausstattung des Hofes, 5. die Anzahl der bewirtschafteten Teilstücke, 6. die Höhe von Einheitswert und Hektarsatz und 7. die Arbeitsverhältnisse (nach Alter und Stand). Bis auf die stark betriebswirtschaftlichen Einzelheiten von Punkt 4 beanspruchen alle übrigen Angaben unser Interesse. Einzuschränken ist in den meisten Fällen die Bedeutung von Punkt 3, da die Leistungen oft nur ungenau und tendenziös angegeben werden; zuverlässig sind sie stets beim Großbetrieb.

Die Höfestatistik ist vor allem deshalb so sehr zu begrüßen, weil sie allein ein einwandfreies, klares Bild vom Einzelglied einer Gemeinde vermittelt. Selbst die Gemeindestatistik kann unsere Arbeit, die ja das Raumgefüge als Ausgangs- und Endpunkt hat, nicht immer wesentlich unterstützen, weil sie eine Verwaltungs-, keine natürliche Einheit zur Grundlage hat und somit zu Durchschnittswerten kommen muß, die nicht typisch für die Einzelbetriebe zu sein brauchen. Die ganze Mannigfaltigkeit der Anbauverhältnisse, die von der Betriebsgrößenstruktur einer Gemarkung bestimmt wird, kann nur eine Betriebstatistik zeigen. Für etliche oftpommersche Gemeinden wurde der Versuch unternommen, das landwirtschaftliche Nutzungsbild auch im Diagramm festzuhalten (Abb.2). Diese Darstellung ermöglicht, sowohl die einzelnen Betriebsgrößen zur jeweiligen landwirtschaftlichen Bodennutzung in Beziehung zu setzen als auch einen Überblick über die Mannigfaltigkeit innerhalb einer Gemeinde zu gewinnen. Ein Mangel ist freilich das Fehlen der Kleinbetriebe, die hier lediglich zahlenmäßig vermerkt werden können.

Die Anwendbarkeit der Hofkarten ist auf kleinräumige Untersuchungen beschränkt; das Bild, das durch Beobachtung und Kartierung gewonnen wird, erfährt die nötige Vertiefung und Klärung durch örtliche Aussprache und Heranziehung der Hofkarten, die die bisher oft geübte Fragebogenmethode für einen weiten Fragenkreis überflüssig macht. Die Gemeindestatistik bringt die notwendigen Vergleichszahlen für ganze Gemeindekomplexe, sagt aber über die Struktur der Gemeinde nicht so viel aus, wie es wünschenswert erscheint. Freilich, bei großräumiger Betrachtung würden wir den Blick fürs Wesentliche verlieren, stützten wir uns auf den Einzelbetrieb. Hier kann er immer nur Einzelbeispiel sein, aber keinen Maßstab fürs Ganze liefern.

Der Einfluß der Siedlungsformen auf das Wirtschafts- und Sozialgefüge des Dorfes

aus: Berichte über Landwirtschaft, N. F., Band 29, Heft 1, 1943, S. 1–52

I.

1. Problemstellung

Ziel der Untersuchung ist es, festzustellen, *inwieweit die Siedlungsform das Wirtschafts- und Sozialgefüge der Dörfer und darüber hinaus der Gemeinden zu beeinflussen vermag und welche Folgen sich daraus für die Dorfgemeinschaft ergeben.* Zunächst ist dabei der Begriff Siedlungs„form" für unsere Fragestellung zu klären. Es ist nicht daran gedacht worden, eine genetische Darstellung der ländlichen Siedlungsformen und ihres Einflusses und damit einen Beitrag zur Siedlungsgeographie zu liefern; wir wollen also damit nicht die Diskussion fortsetzen, die sich über die Entstehung der verschiedenartigen Siedlungsformen entwickelt hat. Uns liegt vielmehr daran, einmal an Hand einzelner ausgewählter Beispiele zu zeigen, ob und wie weit sich formal und landschaftlich so unterschiedliche Siedlungsgrundrisse wie die Dorf- und Streusiedlung wirtschaftlich und soziologisch auswirken. Über diese gegensätzlichen Formen hinaus gibt es aber auch innerhalb der geschlossenen Siedlung Dorfgrundrisse, die sich wirtschaftlich und soziologisch unterscheiden. Dem planlosen, allmählich gewachsenen altdeutschen Haufendorf stehen in Ostelbien planmäßig angelegte Dörfer gegenüber; im wesentlichen handelt es sich um Reihendörfer, sei es, daß sie an einer Straße (Straßen- und Angerdörfer), sei es, daß sie an einem Bachlauf sich hinziehen (Waldhufendörfer). Die Neuzeit hat wiederum andere planmäßig angelegte Siedlungstypen hervorgebracht: einmal neue Bauerndörfer auf Gutsland, soweit diese Gründungen nicht in Streulage entstanden sind, dann die friderizianischen Bruchsiedlungen des 18. Jahrhunderts und die nordwestdeutschen Moorsiedlungen (Marschhufendörfer) älterer und neuester Zeit.

Dorf und *Gemeinde* sind in gleicher Weise zu berücksichtigen, denn die wirtschaftliche und soziologische Struktur, die durch die Siedlungsform bewirkt wird, erstreckt sich ja nicht nur auf das engere Dorf, sondern ebenso sehr auf die Feldmark. In Streusiedlungsgebieten erstreckt sich das Gemeindeleben ja von vornherein in allen seinen Phasen auf die Gemarkung. Da in erster Linie hier sich das wirtschaftliche Leben des Dorfes abspielt, ist sie von entscheidender Bedeutung.

Vorarbeiten, die für unsere Fragestellung verwertet werden konnten, sind überhaupt nicht vorhanden. Wir betreten damit also *Neuland* und sind uns durchaus der Lücken in unserer Darstellung bewußt. Es soll sich ja aber auch im wesentlichen darum handeln, *Anregungen zu einer neuartigen Schau der dörflichen Lebensgemeinschaft zu geben*, methodisch einen Weg zur Darstellung dieses Fragenbereiches aufzuzeigen und zu weiteren Forschungen anzuregen. Unsere Fragestellung ist an ganz vereinzelten Stellen im Schrifttum zu finden, wo aber auch nur Teilfragen des Gesamtkomplexes behandelt bzw. angeschnitten werden. Als solche sind zu nennen:

ein kurzer Aufsatz von *Emil Lehmann* „Gemeinschaftsentfaltung im Waldhufendorf"[1], *Walter Kaschs*[2] Stellungnahme zum mecklenburgischen Einzelhof und *Adolf Helbok*[3], der in seinen Siedlungsforschungen auf die Bedeutung der Siedlungsform für das Gemeinschaftsleben hinweist; *Hans F. K. Günther*[4] deutet die soziologischen Einflüsse der Siedlungsform verschiedentlich an. Im übrigen konnte lediglich für Einzelfragen auf Dorfuntersuchungen verschiedenster Art zurückgegriffen werden, die als solche allerdings andere Zielsetzungen haben und in denen keine Vergleiche mit gegensätzlichen Typen gezogen werden.

Es ist im folgenden nun nicht daran gedacht worden, neben dem Aufzeigen des Tatbestandes voreingenommen eine Lanze für Dorf- oder Einzelsiedlung im Hinblick auf die Ostsiedlung zu brechen. *Die Belange des wirtschaftlichen, des sozialen und politischen Bereiches sind so verschieden geartet, daß es unmöglich ist, eine allen gerecht werdende, ideale Siedlungsgestalt zu finden.* Es mögen hier lediglich die einzelnen Gesichtspunkte genannt werden, die für die Wertung, für ein Für oder Wider, entscheidend sind.

Die Probleme, die sich aus der Siedlungsform für das Dorfgefüge ergeben, *kreisen um zwei Lebensbereiche*, um den sozialen und um den wirtschaftlichen, die sich dann letztlich in der soziologischen Verfassung äußern. Diese Problemkreise seien deshalb in den Mittelpunkt der Untersuchung gestellt.

2. Untersuchungsgebiete[5]

Als formal sehr unterschiedliche Siedlungsarten haben wir zur Untersuchung gewählt:

a) Die Streusiedlung (Einzelhof- und Einödsiedlung),
b) die geschlossene oder Dorfsiedlung;
  1. das regellos gewachsene Haufendorf,
  2. das Waldhufendorf als planmäßige, mittelalterliche Rodungssiedlung im Gebirgsland,
  3. das friderizianische Kolonistendorf als planmäßige Siedlung des 18. Jahrhunderts in der kultivierten Bruchlandschaft.

Selbstverständlich könnte man noch eine ganze Anzahl anderer Siedlungsarten untersuchen und mit diesen vergleichen, beispielsweise das Marschhufendorf der Küsten Nordwestdeutschlands oder den Rundling, Typen, die sich gewiß auch auf das Wirtschafts- und Sozialgefüge auswirken. Um aber erst einmal nach verhältnismäßig kurzer Zeit zu Ergebnissen zu kommen, mußte die Zahl der Formen beschränkt werden, wo-

---

[1] „Rasse" 8, 1941, Heft 3.
[2] „Streusiedlung und Streubesitz in Mecklenburg", in „Volk und Lebensraum", Herausg. K. *Meyer*, Beitr. z. Raumforschung 1, S. 217–228. Heidelberg-Berlin 1938.
[3] z. B. „Deutsches Volkstum", Abschn. Haus u. Siedlung, Berlin u. Leipzig 1937, vor allem in „Deutsche Siedlung", S. 45–50. Halle 1938.
[4] „Das Bauerntum als Lebens- und Gemeinschaftsform". Leipzig u. Berlin 1939.
[5] Vgl. dazu den statistischen Überblick (Tab. 1), S. 68.

bei wir dann zu den oben genannten, verschiedenartigen Siedlungstypen kamen, auch gerade was die Flurgestaltung anbetrifft.

In den Hauptverbreitungsgebieten der hier angeführten Siedlungsformen wurde nach den statistischen Unterlagen und nach örtlicher Besichtigung jeweils eine möglichst typische Gemeinde herausgegriffen. In den zwei größten deutschen Streusiedlungsgebieten, im nordwestdeutschen Tiefland und im oberbayerischen Hügelland, wurde je ein Dorf untersucht, und zwar im *inneren Münsterland* (Krs. Münster) und im *östlichen Oberbayern* (Krs. Wasserburg). Bewußt unberücksichtigt blieb die dritte große Streusiedlungslandschaft, nämlich die reinen Gebirgslagen. Als wichtigster Dorfsiedlungstyp Altdeutschlands wurden Haufendörfer untersucht, und zwar eines am Südrand der großen *mitteldeutschen Bördezone* (im Ambergau, Krs. Marienburg), zweitens ein lockeres weitläufiges *Heidedorf* (Krs. Fallingbostel) und im Gegensatz zu diesen beiden Dörfern im niedersächsischen Anerbengebiet ein enggebautes volkreiches Haufendorf auf der *Fränkischen Platte* im mainfränkischen Realteilungsgebiet (Krs. Marktheidenfeld). Für ein Waldhufendorf wurde das *Glatzer Bergland* gewählt, und zwar eine Vorgebirgslandschaft (Krs. Glatz). Als planmäßige Dorfanlage des 18. Jahrhunderts wurde im *Oderbruch* ein Kolonistendorf untersucht (Krs. Oberbarnim).

Für die Darstellung der Streusiedlungen wurden damit zwei möglichst verschiedenartige Landschaften herangezogen: hier die innere Kreideschüssel der Münsterischen Tieflandsbucht mit atlantischem Klima, dort in etwa 50 m ü. M. die oberbayerische Diluviallandschaft, und zwar ein Gebiet am Übergang von der stark gegliederten, bewegten, jungdiluvialen Landschaft mit ruhigeren, gleichmäßigeren Zügen, infolge seiner Höhenlage und Nähe vom Hochgebirge aber durch großen Niederschlagsreichtum ausgezeichnet. In der Wirtschaftsform ergeben sich viele Ähnlichkeiten, wenn auch die Betriebsformen verschieden sind; in beiden Fällen handelt es sich um Gebiete ausgeprägter Viehwirtschaft, deren Grundlage zwar in beiden Fällen der Grünlandreichtum ist, im Münsterland aber auf Weide gegründet, in Oberbayern auf Wiese und Futterbau. Die Haufendörfer im südniedersächsischen Ambergau und auf der mainfränkischen Platte liegen beide in fruchtbaren, wenn auch nicht besten Ackerbaugebieten: das am Südrand des Innerste-Berglandes südöstlich Hildesheim gelegene Dorf trägt nicht die ausgeprägten Züge der inneren Bördewirtschaftszone mit vorherrschendem Hackfruchtbau, sondern stellt einen Ausschnitt aus einer Bördelandschaft schon mehr mittlerer Bodengüte dar; die natürlichen Voraussetzungen der mainfränkischen Muschelkalkplatte bleiben ebenso sehr hinter denen der fruchtbaren Lößlehmplatten des Ochsenfurter und Grabfeldgaues zurück wie der Ambergau hinter der mitteldeutschen inneren Bördezone. Das dritte Haufendorf liegt auf der sandigen Altdiluvialplatte am Südrand der Lüneburger Heide gegen die Allerniederung auf knapp mittlerem Boden, der zu zwei Drittel noch dem Ackerbau dient. Es sind also Ackerbauwirtschaften der verschiedensten Grade vertreten.

Bei allen Gebieten wurden zwei Gesichtspunkte um der Vergleichbarkeit willen besonders berücksichtigt:

1. Alle Dörfer sind reine Bauerndörfer, wenn auch hie und da ein Gut vorhanden ist[6]; sie liegen auch gleichzeitig in ausgesprochen bäuerlichen Landschaften und, bis auf das mainfränkische Beispiel, das um des Gegensatzes willen gewählt wurde, alle in Anerbengebieten;
2. wurden weder Siedlungen mit extrem guten noch extrem schlechten Bodenverhältnissen gewählt, sondern mittlere Güten, um sozial und wirtschaftlich ungefähr einheitliche Grundlagen zu erhalten.

Für die Münsterländer und Hildesheimer Landwirtschaft ist das Großbauerntum kennzeichnend (54 bzw. 76% der Betriebsfläche), für weite Teile des Glatzer Berglandes ein schwaches Überwiegen großer über mittlere Bauern (49 bzw. 40%), für die Lüneburger Heidedörfer wie für das oberbayerische Streusiedlungsgebiet umgekehrt die mittelbäuerliche Familienwirtschaft (50%) vor einem noch recht starken Großbauerntum (45 bzw. 39%), für das Oderbruch schließlich ein Gleichgewicht zwischen groß- und mittelbäuerlicher Betriebsfläche (je fast 50%), Verhältnisse, die sich allerdings gegenüber der friderizianischen Zeit mit ihrer Peuplierungspolitik sehr geändert haben; all diesen kräftigen Bauernwirtschaften steht im mainfränkischen Realteilungsgebiet ein Überwiegen kleiner Betriebe gegenüber (78% zwischen 2 und 10 ha). Diesen Betriebsgrößenstrukturen entspricht denn auch die *agrarische Dichte*, d. h. die Zahl landwirtschaftlicher Berufszugehöriger je qkm landwirtschaftlicher Nutzfläche: von rund 40 in den großbäuerlichen Gebieten steigt sie bis auf das Doppelte im Realteilungsgebiet an.

Außerordentlich verschieden sind die Untersuchungsgebiete hinsichtlich ihrer *Gemeindegrößen* nach Fläche und Einwohnerzahl: die Riesengemeinden des Münsterlandes, jeweils ein ganzes Kirchspiel darstellend, mit über 20, ja bis zu 40 qkm sind ebenso vertreten wie mittlere Areale von 10—15 qkm im oberbayerischen Streusiedlungsgebiet und kleine Flächen von 5—8 qkm im Gebiet der mitteldeutschen geschlossenen Dörfer. Daß die Bevölkerungsdichte nicht unbedingt ein Fingerzeig für eine stärkere gewerbliche Durchdringung ist, sondern nur im Zusammenhang mit der Betriebsgrößenstruktur gesehen werden kann, beweisen die Dichtezahlen von 51 für die Ambergauer und 49 für die Münsterländer Gemeinde, beide mit größerem nichtlandwirtschaftlichen Element, neben einer so rein agraren Siedlung wie die mainfränkische mit 83 je qkm.

Konfessionell sind die Untersuchungsgebiete, was sich auf den Fragenkomplex der Gemeinschaftsentfaltung besonders auswirkt, uneinheitlich. Die ausgewählten Streusiedlungsgebiete sind katholisch, ebenso das schlesische Waldhufengebiet; das mainfränkische Haufendorfgebiet ist gemischt, das Beispiel selbst katholisch, während die niedersächsischen Haufendorfgebiete und die friderizianischen Siedlungen im Osten evangelisch sind (siehe Tabelle 1).

---

[6] Münsterland, Glatzer Bergland, Oderbruch (Vorwerk).

II.

Probleme, die sich aus der Siedlungsform für das Dorfgefüge ergeben

1. Der Einfluß der Siedlungsform auf die Sozialstruktur der Gemeinde

Vorangeschickt sei ein Überblick über den sozialen Aufbau der Untersuchungsdörfer. (Siehe Tabelle 2).

Wir besitzen leider noch keine gemeindeweise Veröffentlichung der Berufszählung (für Bayern ist sie gerade im Gange); es war deshalb notwendig, eine solche Berufsgliederung an Ort und Stelle aus dem Material in den Bürgermeistereien vorzunehmen, was bei der Uneinheitlichkeit der einzelnen Gemeindeverwaltungen natürlich zu einer Ungleichheit und nicht immer zu einer Vergleichbarkeit des Materials führen mußte. Diese Mängel müssen in Kauf genommen werden, wenn man auf eine berufliche Gliederung nicht verzichten will.

Ein Überblick über die Berufsstruktur der untersuchten Dörfer zeigt für die wichtigsten Berufsgruppen große Unterschiede. Für die münsterschen und südhannöverschen Gemeinden weithin ist die stark gewerbliche Durchdringung bezeichnend. Beim mainfränkischen und oberbayerischen Dorf zeigt die große Differenz zwischen hauptberuflich in der Landwirtschaft Tätigen und landwirtschaftlichen Berufszugehörigen an, daß ein Großteil der nichtlandwirtschaftlichen Berufsgruppen ebenfalls zum Landvolk zu rechnen ist; es handelt sich um das in Süd- und Westdeutschland sehr zahlreiche Halbbauerntum; ein Großteil der als Arbeiter in Industrie, Handel und Gewerbe Tätigen ist durch eine kleine Landwirtschaft mit der Scholle verbunden und schöpft daraus einen zweiten, nicht minder wichtigen Verdienst. Dabei ist es oft schwer zu entscheiden, auf welchem Gebiet der Hauptberuf liegt. Schon aus diesen Gründen ist eine Berufsgliederung in ländlichen Gemeinden stets mit Schwierigkeiten verknüpft. Ein allgemeiner Überblick zeigt jedenfalls, daß, je schwächer zahlenmäßig die Berufsgruppe Landwirtschaft vertreten ist, um so stärker die von Industrie, Handel und Verkehr.

Es wäre verfehlt, die Verschiedenartigkeit beruflicher Gliederung in den einzelnen Untersuchungsdörfern gerade auf die Siedlungsform zurückführen zu wollen. Geprägt wird sie in erster Linie von der gesamtgeographischen Lage, worunter sowohl Bodengestalt im weiteren Sinne, Einordnung in die Wirtschaftslandschaft und Verkehrslage zu verstehen sind. Aber man kann durchaus gewisse *Einflüsse der Siedlungsform und Gunst oder Ungunst ihres Einwirkens feststellen*. Wir sehen aus unserem Münsterländer Beispiel, daß die Einzelhofsiedlungsweise keineswegs eine gewerbliche Durchdringung zu hindern braucht. Die Gemeinde weist in mancher Hinsicht auf Gesichtspunkte hin, wie sie auch bei der Planung des ländlichen Siedlungsaufbaues im Osten herausgestellt sind. Gewissermaßen könnte man den dörflichen Siedlungskern der Gemeinde dann mit dem geplanten Hauptdorf als dem Zentrum von Handwerk und Verwaltung vergleichen, um das sich ein weiter Ring lockerer rein bäuerlicher Siedlungen legt, wobei man den Nachteil zerstreuter Wohnweise und den Vorteil der geschlossenen Hoflage durch weilerartige Formen auszugleichen versucht.

Dies wird besonders deutlich im „*sozialen Grundriß*", in dem sich die Siedlungsform entscheidend auswirkt. Unter „sozialer Grundriß" wollen wir Art und Form beruflich-sozialer Streuung über das Dorf bzw. die Gemeinde verstehen.

Streusiedlung

Münsterland. Für weite Teile des Münsterlandes ist eine *stark gewerbliche Struktur* charakteristisch, besonders für die stadtnahen bzw. verkehrsgünstig gelegenen Gemeinden. Der ungeheure wirtschaftliche Aufschwung Westfalens zu Beginn der Industrialisierung hat das Gesicht aller seiner Dörfer — nicht nur der geschlossenen Dorfgemeinden, sondern auch der münsterländischen Streusiedlungsgemeinden — weitgehend verändert. Diese Veränderung hat in den Streusiedlungsgemeinden allerdings nur räumlich begrenzte Ausmaße angenommen. Mit dem Anschluß vieler Landgemeinden an das Verkehrsnetz haben sich die Dorfkerne durch Bevölkerungswachstum, aber auch durch Zuzug landfremder Elemente erweitert und in ihrem Antlitz verändert. Die Heuerlings- und Landarbeiterkinder gehen heute zum größten Teil als *Arbeiter* oder unselbständige Handwerker in die Fabriken der Umgebung; in wachsendem Maße handelt es sich um Arbeitskräfte, die aus wirtschaftlichen oder gefühlsmäßigen Gründen auf dem Lande wohnen, ihre Berufsstätte aber ausschließlich in der Stadt haben[7]. Diese *Pendelwanderung* umfaßt etwa 20% aller Erwerbstätigen, die sich also über unsere obige Übersicht hinaus noch aus den zahlreichen Jugendlichen aus dem Industriearbeiterstand und den in kaufmännischen Berufen tätigen Mädchen zusammensetzen.

Für unsere untersuchte Gemeinde wie für das ganze Münsterland gilt — und nicht nur für die seit altersher mit zentralen Funktionen ausgestatteten Kirchdörfer — daß das Dorf immer mehr verstädtert. Im Dorf selbst befinden sich nur wenige alte Bauernhäuser[8].

Wo, wie in alten Kirchzentren, noch heute die Landgemeinde von der Marktgemeinde verwaltungsmäßig getrennt ist, bekräftigt auch die Statistik unsere Feststellungen. So hat das Kirchdorf A. bei einer land- und forstwirtschaftlichen Bevölkerung von nur 16% der Gesamtbevölkerung vorwiegend Kleinbetriebe unter 5 ha, die allein schon 43% der Gesamtbetriebsfläche und 80% aller Betriebe einnehmen. Demgegenüber wohnt die eigentlich bäuerliche Bevölkerung über die weite Feldmark verstreut, zur Landgemeinde N. gehörig — selbst ein bei weitem bedeutenderer Markt —, deren Betriebsstatistik dann auch vorwiegend mittel- und großbäuerliche Betriebe aufweist.

In den Dörfern konzentrieren sich Handwerk, Handel und Gewerbe und eine große Anzahl von Mietern und Hausbesitzern, die ihren nichtländlichen Beruf auswärts ausüben, sei es in der Fabrik oder im Büro. Der in Karte 3 dargestellte Dorfgrundriß von R. wiederholt sich überall. Um die Kirche gruppieren sich in eng gedrängter Bauweise

---

[7] Auf die Landarbeiterprobleme Westfalens gehen ausführlich ein *Friedrich Hoffmann* in „Die ländliche Arbeitsverfassung im Westen und Süden des Reiches", Heidelberg-Berlin 1941, S. 3 ff.; ferner *H. Dartmann* in „Die Landarbeiterverhältnisse Westfalens vor und nach dem Kriege in betriebswirtschaftlicher und sozialer Hinsicht". Diss. Gießen 1932.
[8] Das gleiche berichtet *G. Niemeier* auch aus dem Westmünsterland („Fragen der Flur- und Siedlungsformenforschung im Westmünsterland", Westfäl. Forsch. 1, 1938, H. 2, S. 137).

seit altersher die zur Pfarrgemeinde gehörigen Gebäude wie Pfarrhaus, Krankenhaus, Küsterei und Vikarie. An der Straßenkreuzung dicht bei der Kirche scharen sich charakteristischerweise die im Münsterland sehr zahlreichen Gast- und Schankwirtschaften, zu denen noch eine oder mehrere im Dorf hinzukommen und die weniger auf den Durchgangsverkehr, also auf Ortsfremde zugeschnitten sind, sondern von der eingesessenen Bevölkerung an Sonntagen nach dem Kirchgang eifrig besucht werden. Hier spielt sich dann auch ein gewisses dörfliches Gemeinschaftsleben ab. Die Handwerker verteilen sich locker über das ganze Dorf, ohne bestimmte standortliche Gesetzmäßigkeiten aufzuweisen. Während die städtischen Gewerbe wie Bäcker, Fleischer, Schneider, Schuhmacher und Friseuse sich auf das eigentliche Dorf beschränken, ist das ausgesprochen ländliche Handwerk (Tischler und Schmiede), dessen Kundenkreis sich in erster Linie aus der Bauerschaft rekrutiert, über die weite Feldmark verstreut. Sie haben fast alle eine kleine Landwirtschaft. Ebenso locker verstreut, aber wieder nur über das Dorf selbst, sind die Arbeiterhäuser, größtenteils Eigenbesitz. Die neuere Ausdehnung des Dorfes nach beiden Richtungen an der Autostraße entlang hat es mit sich gebracht, daß sich dort gerade die weniger landverbundene Bevölkerung wie Arbeiter, Rentner, pensionierte Beamte und städtische Angestellte niedergelassen haben. Wir sehen also, daß landwirtschaftliche Berufszugehörige nur zum verschwindend kleinen Teil im Dorfbereich der Streusiedlung wohnen. In lockerer Streuung verteilen sie sich über die genannte Feldmark. Diese Verteilung entspricht einmal der historischen Entwicklung der Streusiedlung in Nordwestdeutschland, bei der ein Dorf mit zentralen Funktionen verhältnismäßig spät erst um die Kirche herum wuchs und dann auch nur vorwiegend nichtlandwirtschaftliche Berufsgruppen an sich zog, zum anderen entspricht sie der stammesmäßigen Eigenart des Westfalen, der Zurückgezogenheit und Abgeschlossenheit aus einem gewissen Individualisierungsstreben heraus der engeren Dorfgemeinschaft vorzieht.

Ostoberbayern. Während der gewerblich-industrielle Einschlag der Provinz Westfalen und die Verkehrsgunst den bäuerlichen Gemeinden einen besonderen Stempel aufgedrückt haben und sie der Siedlungseigenart entsprechend gewissermaßen sozial in zwei Teile zerrissen worden sind, nämlich in das eigentliche Dorf und in die bäuerliche Feldmark, machen die oberbayerischen Dörfer mitsamt ihrer Gemarkung, abgesehen von den Marktflecken (die wir aber überall ausschließen müssen), einen rein bäuerlichen Eindruck, sowohl was das Dorf „gesicht" als auch den gemeindlichen Nahrungsraum anbetrifft. Unsere Gemeinde L. ist ein gutes Beispiel für das ganze ostoberbayerische Einöd-Weilergebiet, das sich, wie wir bereits anfangs betonten, genetisch, nicht zuletzt aber auch formal in vielen vom innerwestfälischen Streusiedlungsgebiet unterscheidet.

Der *Anteil landwirtschaftlicher Haushaltungen* ist hoch, ebenfalls der der Bauern innerhalb der landwirtschaftlichen Berufsgruppe (auf Grund der mittelbäuerlichen Betriebsgrößenstruktur). Der *Anteil nichtlandwirtschaftlicher Bevölkerung* (Waldarbeiter und Handwerker) ist der Verkehrsungunst, der Industriearmut und der Städtearmut zufolge als gering zu bezeichnen, zumal auch sie zum großen Teil mit Land ausgestattet ist.

Ähnlich sind sich beide Gebiete in dem Vorhandensein eines *dörflichen Siedlungskernes* neben den Einzelhöfen.

Fehn[9] kommt für das niederbayerische Tertiärhügelland zu gleichen Ergebnissen. Er sieht Unterschiede zwischen Einzelhof und Weiler lediglich in der Flurgestaltung, im übrigen weist er auf die vielen Übereinstimmungen, besonders hinsichtlich der Verkehrsentlegenheit und Abgeschiedenheit hin. Den Dorfkern bezeichnet er bereits als Bauerndorf, betont aber den fließenden Übergang zum Weiler. Uns erscheint aus weiter unten dargelegten Gründen diese Bezeichnung als irreführend.

Dieser Dorfkern braucht aber nun nicht unbedingt wie in L. gleichzeitig Träger des Gemeindenamens zu sein. Die westlich angrenzende Gemeinde A. beispielsweise ist nach dem im Gemarkungszentrum gelegenen kleinen Weiler genannt, während der mit allen gemeindlichen Funktionen ausgestattete Dorfkern am Nordrand in 2 km Entfernung des Marktes H. liegt[10] (Karte 2). Im Dorfkern dieser oberbayerischen Streusiedlungsgemeinden ist ähnlich wie im Münsterland das Handwerk konzentriert, andererseits finden wir auch in den Weilern einige gerade ländliche Handwerkszweige (Maurer und Tischler). Auch in unserer Gemeinde L. wohnt die bäuerliche Bevölkerung nicht im „Dorf", lediglich Halb- oder Dreiviertelbauern wie der Schmied, Gastwirt und Müller, deren Vorgänger schon seit Jahrhunderten auf demselben Grund und Boden saßen[11] (Karte 5). So gehören die das kleine Dorf angrenzenden Felder und Wiesen den halbbäuerlichen Dorfbewohnern. Der rein agrarischen Struktur des Raumes entsprechend finden wir von den nichtlandwirtschaftlichen Berufen in größerer Stärke nur das Handwerk vertreten.

Haufendorf

Niedersachsen. Die ganze Regellosigkeit des Haufendorfes spiegelt sich auch in seinem sozialen Grundriß wider (Karten 7 u. 8), ob wir ins nördliche oder südliche Niedersachsen kommen, ob in den Westen oder Osten. Ausgeschlossen von diesem Bild sind wie überall natürlich die ausgesprochenen Marktsiedlungen mit größeren Funktionen. Im stärker industrialisierten Südniedersachsen hat die nichtlandwirtschaftliche Bevölkerung sich weniger, wie man annehmen könnte, in die großen Lücken der sehr locker gebauten Dörfer hineingebaut, sondern sie hat zum größten Teil bäuerliche Bauten übernommen bzw. in wenigen Fällen umgebaut. Landarbeiterwohnungen auf

---

[9] *H. Fehn*, „Das Siedlungsbild des niederbayerischen Tertiärhügellandes zwischen Isar und Inn". – Mitt. Geogr. Ges. München 1935.

[10] Im geistigen Sinne müßte man also von einem „Zentrum" sprechen, wobei aber der Gedanke an ein auch räumliches Zentrum zu nahe liegen würde, so daß die Bezeichnung „dörflicher Siedlungskern" hier richtiger erscheint. „Daß in früheren Jahrhunderten ein, wenn auch sicher kleines, zentrales Dorf im Gebiet südlich der Märkte G. und H. vorhanden war, deutet noch heute der Name des Weilers „Dörfl" an. Die Bevölkerungsstatistik im Cod. germ. von 1809 zeigt für Dörfl aber schon damals denselben rein bäuerlichen Charakter, während sich in L. bereits fast so viele Handwerker konzentrierten wie heute, ein Zeichen übrigens für seinen Stillstand. (Cod. germ. 1809 ff. [Montgelas'sche Gütererhebungen], Bd. Isarkreis, Hs. Abt. der Staatsbibliothek München.).

[11] In vielfacher Hinsicht trägt, der Siedlungskern des europäischen Streusiedlungsgebietes, das durch Ausbauen erst im Verlaufe der Separation entstanden ist, ähnliche Züge vgl. E. *Scheu*, „Ostpreußen". – Königsberg 1936, S. 54 f.) Weiterer Vergleich S. 24.

den Grundstücken der Bauern sind auf diese Weise in den Besitz von Handwerkern, mehr noch von Fabrikarbeitern übergegangen, sind damit also oft in der gleichen Familie geblieben, die sich ja auch vom Land- zum Fabrikarbeiterstand hin entwickelte. Wo, wie in den Heidedörfern des Nordens, der rein bäuerliche Charakter erhalten geblieben ist, weder Land- noch Industriearbeitertum sitzt, kennen wir eine solche Durchsetzung nicht. Eine Konzentration bestimmter nichtlandwirtschaftlicher Berufe im Dorf ist ebenso wenig zu beobachten, wie es ein dörfliches Zentrum ja auch nur im kirchlich-kulturellen Sinne gibt. Die Geschlossenheit, die das ostdeutsche Angerdorf mit dem Anger als geistigem wie wirtschaftlichem und verkehrsmäßigem Zentrum beispielsweise am schönsten erreicht, vermißt man beim Haufendorf. Die Kirche steht meist etwas vereinsamt abgeschieden, in N. (Ambergau) umgeben von Handwerkern, Arbeitern und Gartenland am Nordende des Dorfes, in K. (Lüneburger Heiderand) in einer Wiesenniederung zwischen den beiden Dorfteilen, ohne durch eine würdige Grün- und Weganlage den, wenigstens in früheren Zeiten, lebendigen kulturellen Mittelpunkt der Dorfgemeinschaft herauszuheben. In anderen Dörfern ist es meist ähnlich. Wenn nicht die topographischen Verhältnisse eine besondere Lage vorschreiben, sollte das Kulturzentrum gleichzeitig das „Handels"-zentrum, eine auch örtlich zentrale Lage im Dorf haben. Das Zusammentreffen der Bevölkerung an immer wieder dem gleichen Platz stärkt die dörfliche Gemeinschaft. Die Geschlossenheit des Haufendorfes nach außen, gegenüber der Feldmark, wird andererseits kaum durch Neusiedlung durchbrochen. Dadurch bewahrt z. B. auch N. im Vergleich zum hohen Anteil gewerblicher Bevölkerung (50%) sein altes bäuerliches Gesicht; denn in Ausdehnung und behäbigem Bau wird der bäuerliche Charakter so lange überwiegen, wie er sich aus dem geschlossenen Dorfbereich nicht vom gewerblichen und städtischen Element verdrängen läßt. Lediglich am Nordrand von N. ist eine Reihe von kleinen Hausgrundstücken nichtlandwirtschaftlicher Berufszugehörigkeit entstanden. In K. ist eine Reihe von Neusiedlungen zum Teil städtischer Baugesinnung abseits vom Dorfzentrum an der Durchgangsstraße (Reichsstraße) entstanden. Wo der Anteil städtischer Bevölkerungsschichten größer wird — also mehr in Stadt- und Industrienähe — entstehen die für die geschlossenen Dörfer so charakteristischen Dorfrandsiedlungen modern-städtischen Gepräges.

Mainfranken. Im fränkischen Stammesgebiet tragen die Haufendörfer einen ganz anderen Charakter. Während sie sich in Niedersachsen durch lockere Streuung der Bauernhöfe auszeichnen, streben die fränkischen Dörfer eher in die Höhe — und dies etwa nicht nur topographisch bedingt. Die Straßen sind eng und gewunden, die Höfe eng, die Gebäude in die Höhe strebend, Gärten fehlen, sofern nicht eine Dorfrandlage etwas Bewegungsfreiheit verschafft. Sie waren ursprünglich von einer Mauer umgeben. Der größte Gegensatz zum lockeren Haufendorf Niedersachsens wird in den Realteilungsgebieten erreicht (Karten 9 u. 10). Dort kommt zur engen Bauweise die Armut hinzu. Weiter östlich, im Ochsenfurter Gau oder im Grabfeld, wo das Anerbenrecht herrscht, ist die Dorfanlage bereits wesentlich breiter, wenn auch nicht wie im Flachland. Die behäbigen wohlhabenden Bauernhöfe mit einer zwei- bis vierfachen Nutzfläche im Vergleich zum benachbarten Realteilungsgebiet heben sich im Dorfbild heraus und geben ihm jenen klaren bäuerlichen Anstrich, den wir in Niedersachsen kennen.

Anders im Realteilungsgebiet, wo im Ackerbaugebiet der Plattenlandschaft das gleiche unbäuerliche Dorfbild herrscht wie in den Obst- und Weinbaugebieten unten im Maintal. Die kleinen Bauernhöfe unterscheiden sich unmerklich vom Handwerker- oder Arbeitergehöft. Dies ist auch schon allein darin begründet, daß alle Dorfbewohner, ob Bauern oder in einem Gewerbe tätig, Landbesitzer sind, und hätten sie nur ein „Äckerle". Die durch die Bodenzersplitterung verursachte Raumenge hat die Landbevölkerung großenteils gezwungen, 2 Berufen nachzugehen, ein Mißstand, der sich auf beide in gleicher Weise hemmend auswirkt. Bezeichnend ist beispielsweise dafür, daß von den 47 eingetragenen Handwerkern in H. (die eine handwerkliche Dichte von 34 auf 1000 Einwohner ergeben), nur 25% ein handwerkliches Einkommen von mehr als 1200 RM im Jahre haben; die Nachbardörfer weisen günstigstenfalls 40% auf. Die Streuung der Berufe hingegen ist in diesen Haufendörfern ebenso regellos wie im Gebiet geschlossener Vererbung. Moderne Dorfrandsiedlungen kommen in den Ackerbaugebieten Mainfrankens weniger vor, weil ihre Abgelegenheit von den großen Verkehrsstraßen, die durch die Täler führen, zu groß ist.

Waldhufendorf

Glatzer Bergland. Wie in den Streusiedlungsgebieten kann man auch in den Waldhufendörfern von einer ausgesprochenen Gesetzmäßigkeit des „sozialen Grundrisses" sprechen. Die Gründe dafür sind hier jedoch völlig andere. In den Streusiedlungsgebieten konzentriert sich die nichtlandwirtschaftliche Bevölkerung im allgemeinen im dörflichen Siedlungskern, während die bäuerliche ihn meidet. Bei den Waldhufendörfern wird der „soziale Grundriß" von der Geländegestalt vorgeschrieben und ist historisch gewachsten (Karte 11). Die Bauernstellen wurden in parallel laufenden Streifen zu beiden Seiten einer „Konzentrationslinie"[12], sei sie eine Straße oder ein Bachlauf im Tal, ausgelegt, so daß eine Hufe jeweils von der Konzentrationslinie bis an die Gemeindegrenze reicht. Am inneren Ende des Streifens steht der Hof, jedoch selten an der Straße, sondern frei und locker gebaut auf dem eigenen Feldstück, oft auf der Höhe über der vertieften Talaue, wodurch sich im Unterschied zu den eng aneinanderliegenden Gehöften des *Straßendorfes* die Weite und Aufgelöstheit des Waldhufentyps ergibt, die ihn also schon rein formal als Übergang zur Streusiedlung empfinden läßt. Noch heute ist in den Dörfern mit *agrarischer* Bevölkerung diese Ordnung selten durch einen späteren Eingriff gestört. Das Anwachsen der Bevölkerung machte für die abgehenden Erben und die zunehmenden „kleinen Leute" die Suche nach neuem Wohnraum notwendig, der lediglich auf der breiten Talaue, zwischen den beiden Gehöftzeilen, vorhanden war. So finden wir denn heute eine meist geländebedingte, scharfe Scheidung zwischen hochgelegenen, wohlhabend und schon fast burgähnlich wirkenden Bauerngehöften, den alten Hufenbesitzen aus der Zeit ihrer Gründung, und den in der Talaue regellos verstreuten Häusler- und Gärtnerwohnungen, in denen ein armer Handwerker- und Arbeiterstand lebt. Im allgemeinen sind sie von einem Gärt-

---

[12] Ausführlich dazu W. *Bernard*, „Das Waldhufendorf in Schlesien". Veröff. d. Schles. Ges. f. Erdk., Heft 12. Breslau 1931.

chen umgeben, während die Gärtner noch ein mehr oder weniger weit entferntes Feld weiter oben auf den Ackerhufen besitzen. Stundenlang ziehen sich manche Waldhufendörfer durch ein Tal hin, ohne daß man weiß, wo sie anfangen und aufhören, denn ohne irgendein Trennungsmal schließt sich ein anderes Dorf an. O., dessen Ausschnitt Karte 11 zeigt, ist fast 6 km lang. Man hat nicht den Eindruck eines Dorfes als etwas Geschlossenes, sondern von lose aneinander gereihten Gehöften, die miteinander lediglich durch Straße und Bach verbunden sind. Die Bauernhöfe liegen meist abseits der Straße und sich mit ihr, damit gleichzeitig mit dem Dorf, nur durch Zuwege verbunden, die sich zwischen den Häusern in der Talane auf die Höhe hinaufwinden. Etwa in der Mitte des Dorfes steht, meist auch erhöht, die Kirche, direkt dabei das Schulhaus, die meisten Gasthöfe, die Gemeindeverwaltung u. a. Gemeinschaftsanlagen. Die Kaufläden sind über die ganze Dorflänge in gewissen Abständen verstreut, wie auch gewöhnlich das Ober- oder Unterdorf noch einen Gasthof besitzt. Entsprechend seiner rein agrarischen Struktur hat dieses Waldhufendorf sein ländliches Gesicht bewahrt; da, wie ɔ oben erwähnt, auch die nichtbäuerliche Bevölkerung landverbunden ist, sind städtische Häuser so gut wie gar nicht zu finden. Anders wird dies freilich, sobald wir in eine stärker industrialisierte Gegend kommen.

Friderizianisches Kolonistendorf

Oderbruch. Die friderizianischen Dörfer sind als Produkte einer streng rationalen Denkart nach einem festgelegten Plan erbaut. Die Kirche als geistiger Mittelpunkt der Dorfgemeinschaft liegt gewöhnlich im Zentrum, das infolgedessen auf gewisse Berufe, wie vor allem Gastwirtschaften, und Gemeinschaftsanlagen, wie Schule und Gemeindeverwaltung, anziehend wirkt. Handwerk und Handel dagegen sind wie im Waldhufendorf stets über die gesamte Dorflänge verstreut. Eine Ausnahme bildet N. Der Fall ist interessant genug, um hier dargestellt zu werden. N. wurde unmittelbar an der Gemeindegrenze, einem Bachlauf, angelegt. Der Grund ist zwar nicht belegt, wohl aber darin zu suchen, daß das Land hier etwas höher und daher trockener liegt. Die Flueraufteilung der friderizianischen Siedlungen, der Grundsatz, daß jedes Bauerngehöft wie in den Marsch- und Waldhufendörfern am Ende seiner Felder gelegen sein sollte, führte zu einer gleichmäßigen Verteilung der Bauernstellen von Anfang an. Da die Dorflage von N. eine solche Aufteilung verbot, haben wir dort jenes eigenartige, aber sehr logische Bild vor uns, daß sämtliche Bauern ihren Feldern und damit der gesamten Feldmark zugewandt sind, während die Grundstücke der grenznahen Straßenseite den sogenannten sehr zahlreichen Hausbesitzern (Rentner, pensionierte Beamte, Kaufleute, Handwerker, seltener Landarbeiter) gehören (Karte 12). Desgleichen liegen auf dieser Seite die kirchlichen und Schulgrundstücke. Nur da, wo ein bäuerlicher Besitz oder Besitzteil verpachtet oder verkauft ist, hat sich nichtbäuerliches Element dazwischen schieben können. Daß eine Anlage seit ihrer Gründung besteht, zeigt sich auch an der Häuserfront: kleine, oft 2 Familien Wohnung bietende Höfe im allgemeinen auf der grenznahen Seite (in N. die „kleine Gemeinde" genannt), größere behäbige Häuser mit langen Fronten und großen Höfen auf der Bauernseite (in N. die „große Gemeinde" genannt). Die Mitte des vorigen Jahrhunderts in vielen Kolonistendörfern erfolgten Ausbauten, die sogenannten „Loose", auf der alten Allmende errichtet, sind naturgemäß nur mit Bauern, und zwar meist größeren, besetzt, die infolge der schlechten Wegeverhältnisse (Boden) nicht genügend Verbindung mit dem Dorf haben.

Zusammenfassung und Vergleich

Ursprünglich haben die hier untersuchten Landgemeinden sich im wesentlichen nur aus bäuerlicher Bevölkerung zusammengesetzt. Auch noch die friderizianische Kolonisation kannte entweder reine Handwerker- oder Kleinbauerndörfer. Erst die industrielle Entwicklung seit Ende des vorigen Jahrhunderts und die Siedlungstätigkeit auf dem Lande nach dem Weltkriege haben den inneren Dorfaufbau wie das äußere Gesicht weitgehend verändert. Darauf mußten einmal die einzelnen Siedlungsformen hinsichtlich ihrer räumlichen Aufnahmefähigkeit, zum anderen die einzelnen Wirtschaftsräume verschiedenartig reagieren. Die Vergewerblichung des Münsterlandes äußert sich auch auf dem platten Lande in einer allmählichen Verstädterung des Dorfbildes, eine innere und äußere Wandlung, die aber lediglich das gemeindliche Zentrum, das Dorf, trifft und das Bild der bäuerlichen Feldmark in keiner Weise beeinflußt. Unter Verstädterung ist hier nicht nur die ländliche Berufsstruktur, sondern auch gerade die städtische Baugesinnung gemeint. Kausal gesehen, ist es der Prozeß zunehmender Arbeitsteilung und Spezialisierung, der die Vergewerblichung begründet: er bedingt ein Nebeneinander, eine Nachbarschaft von Bauernhof und Gewerbe. Die *Siedlungsform* begünstigt eine Erweiterung und Auflockerung des Dorfgebietes, aber die Verkehrsorientierung der städtischen Berufe und die Konsumorientierung des Gewerbes schränken eine zu große Ausdehnung auf Kosten der bäuerlichen Feldmark wieder ein. Im agrarischen Ober*bayern* ist die Streusiedlungs- und Sozialstruktur trotz mancher Ähnlichkeiten anders geartet. Die frühe Ausbildung von Märkten, meist Sitzen geistlicher oder weltlicher Grundherrschaft, hat ein eigentlich selbständiges Leben der übrigen über das Land verstreuten Siedlungen gar nicht ermöglicht, es sei denn, daß die Verkehrslage ein Erstarken begünstigt hat. Die Städtearmut hat zur Beständigkeit des rein agrarischen Charakters der Landgemeinden beigetragen. Lediglich die Entwicklung des Handwerks zu einem selbständigen Gewerbe hat die Aufnahme dieses Standes in die Bauerngemeinde mit sich gebracht, sie aber weder innerlich noch äußerlich wesentlich verändern können, weil das Handwerk in Bayern durchaus schollenverbunden ist, teils in gesunden Formen, teils schon in Gestalt des in mancher Hinsicht weniger erwünschten Halbbauerntums. Ein Vergleich der *beruflichen Gliederung in unseren Streusiedlungsgemeinden* möge die örtliche Verteilung zahlenmäßig belegen. (Siehe Tabelle 3).

In R. sitzen zwei Drittel aller Handwerker im Dorf selbst, in L. noch die knappe Hälfte, im Kirch-Weiler der Nachbargemeinde nur noch 40% — auch wieder ein Beweis, daß in den Einöd-Weilergebieten das Wirtschaftsleben nicht so ausgesprochen im Kirchort konzentriert ist wie im Münsterländer Einzelhofgebiet. Das gleiche gilt vom Arbeiterstand. Die Ursache ist in der zentralen Bedeutung der weit zerstreuten, aber großen Gemeindeeinheiten bildenden Kirchdörfer des Münsterländer Streusiedlungsgebietes und andererseits in dem Mangel an Dörfern mit gemeindebildender Kraft im oberbayerischen Einöd-Weilergebiet zu suchen. Daß die bäuerliche Bevölkerung hier wie dort vorzugsweise auf Einzelhöfen bzw. Einöden und in Hofgruppen bzw. Weilern sitzt, entspricht den Vorteilen, die die Einzelhofsiedlungen in wirtschaftlicher Hinsicht bietet. Wo innerhalb einer Streusiedlungsgemeinde eine Bevölkerungsverdichtung entsteht, sei es im Kirchdorf, sei es in einem Weiler, ist dies stets auf ein Überwiegen nichtbäuerlicher Familien zurückzuführen.

Der Anteil bäuerlicher Haushaltungen beträgt z. B. im Münsterländer Dorf nur 3%, bzw. sind dort nur 8% aller bäuerlichen Haushaltungen, im oberbayerischen Dorf 12,5% bzw. 3%, im Weiler Hörwart 20% bzw. 3%, während im Weiler Hampenberg, der 1811/12 (Cod. Germ.) nur noch 1 Mühle neben 3 Bauern hatte, heute kein einziger mehr ist. Die umliegenden Gemeinden zeigen das gleiche Bild.

In den ausgesprochenen *Dorfgemeinden*, wie sie das Haufen- und Straßendorf verkörpern, können wir derartige Unterschiede nicht feststellen. Sie bleiben immer nur auf den Ortsgrundriß beschränkt. Das Waldhufendorf, formal in Flur- und Hofgelage bereits eine Übergangsform zwischen geschlossenem Dorf und Einzelsiedlung, zeigt dementsprechend auch schon gewisse berufs- und standesmäßige Trennungslinien in seinem Grundriß.

Es zeigt sich also ganz deutlich, daß ein gewisses *Zentrum* für eine ausgesprochene Sozialstruktur notwendig ist. Den besten Beweis dafür liefern die Streusiedlungsgemeinden selbst, in denen sich allmählich dörfliche Kerne gebildet haben, zuerst ein kulturelles Zentrum (Kirche und Schule), an das sich mit dem Übergang von der autarken zur abhängigen Wirtschaft dann das Handelszentrum ausschloß. Wo dies nicht geschah, wie in vielen Einöd-Weilergebieten Oberdeutschlands, da zeigt sich, daß sie keine wirklich gemeindebildende Kraft besitzen, also nicht lebensfähig sind, sondern besser an die bestehenden kräftigeren Gemeinden der Umgebung angegliedert werden.

An dieser Stelle sei kurz auf den Einfluß der Siedlungsform auf die *Schulverhältnisse* eingegangen. Daß hier die Streusiedlungsweise sehr problematisch ist, liegt auf der Hand. Entweder führt die große Entfernung der „Außenseiter" unter den Einzelhöfen dazu, daß die Gemeinde in mehrere Schulbezirke aufgeteilt wird analog den seit jeher bestehenden Pfarrbezirken wie in den oberbayerischen Streusiedlungsgemeinden, so daß jede gemeindliche Gemeinschaft zerrissen wird, oder aber die Kinder haben bis zu 5 km Schulweg wie im Münsterland, wenn nicht infolge dezentraler Lage des Dorfes noch eine zweite Schule am entgegengesetzten Pol der Gemeinde sich lohnt[13]. Solche „verkehrsorientierten" Schulen, ohne Zusammenhang mit einer Siedlung einsam an einer Straßenkreuzung errichtet, wie man sie im Münsterland häufig antrifft, erinnern unwillkürlich an die nordamerikanischen Einzelhofgebiete.

Die Betrachtung der sozialen Struktur, besonders des sozialen Grundrisses lehrt uns, daß es reine Einzelhof*gemeinden* (wohl Einzelhof*siedlungen*[14]) — von wenigen Ausnahmen abgesehen — in heutiger Zeit nicht mehr gibt. Sie haben aufgehört in der reinen

---

[13] Für die Münsterländer Gemeinde ergab eine durchschnittliche Schulwegberechnung eine Entfernung von 1,26 km je Schulkind der ganzen Gemeinde bzw. — und das trifft die tatsächlichen Verhältnisse im Einzelhofgebiet besser — 2,52 km je Schulkind ausschließlich das Dorf selbst. In unserer oberbayerischen Gemeinde, wo ein Zentrum wie im Münsterland fehlt, beträgt der durchschnittliche Schulweg je Kind der Gemeinde 1,33 km bzw. nur 1,53 km je Schulkind der Gemeinde ausschließlich den Kirchweiler L. selbst (Ergebnis der Aufteilung in mehrere Schulbezirke.).

Form zu bestehen, als das Verlangen nach städtischen Konsumgütern und nach städtischen kulturellen Einrichtungen das Land eroberte, als mit wachsender Arbeitsteilung das städtische Handwerk dem Bauern so manche Arbeit abnahm, die er früher selbst verrichtet hatte (Bäcker, Fleischer, Tischler, Friseur) und als die Verkehrserschließung das Land der Stadt näher rückte.

2. Einfluß der Siedlungsform auf die Wirtschaftsstruktur der Gemeinde

In der Wirtschaftsweise drücken sich am klarsten und offensichtlichsten Unterschiede zwischen den einzelnen Hauptsiedlungsformen aus. Der entscheidende Faktor ist dabei die Flurform. Sie ist historisch gewachsen und erst in neuester Zeit hat sie in gewissem Umfange eine Modifizierung erfahren, sei es durch Separation in der ersten Hälfte des vorigen Jahrhunderts, sei es durch die Markenteilung Nordwestdeutschlands in der zweiten Hälfte des vorigen Jahrhunderts, oder sei es durch die Aufsiedlung von Gutsland in Ostelbien seit den 90er Jahren und durch Ausbau. Um Unterschiede, die Siedlungsform betreffend, im *gesamten* Dorfgefüge festzustellen, bedürfen wir also nicht nur der Siedlungsform im engeren Sinne, also der Dorfsiedlungsform, sondern müssen wir ebenso sehr die dazugehörige Flurform in den Kreis unserer Betrachtungen ziehen, die beide zusammen erst die *Siedlungsform* im *weiteren Sinne*, nämlich *Wohnort und Nährraum der Bevölkerung*, ausmachen.

Streusiedlung

Eine Einzelhofwohnweise braucht nicht unbedingt auf eine geschlossene Hoflage schließen zu lassen, wie wir aus weiten Teilen Nordwestdeutschlands wissen. Auf den trockenen sandigen Diluvialböden des Flachlandes ist beispielsweise die verbreitetste Flurform der Esch[15], eine der Gewannflur ähnliche Bildung (nach Martiny[16]) mit dem Unterschied, daß die Esche des Dorfes nicht eine zusammenhängende Feldflur darstellen, sondern einzeln für sich liegen. Die echte Einzelhofsiedlung setzte erst mit der *Kamp*bildung vom Mittelalter bis in die Neuzeit hin ein. Die Kämpe, die auf Bruchland und dem übrigen ungünstigen Boden zwischen dem Eschland angelegt wurden, bilden kompakte kleine Einheiten für sich. Deshalb wird der Siedlungskundler von *Einzelhofsiedlung* im eigentlichen Sinne nur sprechen, wenn zugleich der Besitz geschlossen ist: also einmal bei der reinen *Kampsiedlung* Nordwestdeutschlands, zum anderen bei der *Einödsiedlung* Oberdeutschlands. Hier wie dort steht der Hof inmitten seiner Felder, gewährt also alle die wirtschaftlichen Vorteile, die der Landwirt bei der Beurteilung der Siedlungsweise meist obenan stellt. Gehen wir nun den Unterschieden im einzelnen nach.

[14] Wir wollen die Einzelhof*gemeinde* von der Einzelhof*siedlung* scharf scheiden. Die Einzelhofgemeinde umfaßt den gesamten gemeindlichen Organismus, also nicht nur die im streng terminologischen Sinne gemeinte Siedlungsform, sondern auch die übrigen in der Gemeinde zusammengefaßten Siedlungsformen.

[15] Für das Westermünsterland belegt durch die Forschungen von *Georg Niemeier* (a. a. O.).

[16] Im folgenden stütze ich mich auf die grundlegenden Erkenntnisse *Martinys* (Hof und Dorf in Altwestfalen, Forsch z. dt. Landes- u. Volkskd. Bd. XXIV, 5. Stuttgart 1926).

Münsterland. Unsere Streusiedlung im inneren Münsterland gehört nicht dem eigentlichen Eschsiedlungstyp an; auch auf eine Vergesellschaftung beider Flurformen. Esch und Kamp, läßt nichts schließen[17]. Die wichtigste Flurform des Südmünsterlandes ist der *Kamp*, worauf auch die meisten Flurnamen hinweisen. R. ist eine mittelalterliche Rodesiedlung am Südrand der großen Davertforst[18].

Die heutige Gemeinde, gebildet aus dem alten, 3 Bauernschaften umfassenden Kirchspiel, ist rund 3600 ha groß, davon die landwirtschaftliche Nutzfläche allein fast 2200 ha. Die Größe der Feldmark entspricht dem *Vorherrschen großbäuerlichen Besitzes* und der weit verstreuten Lage der Höfe. Der Anteil der großbäuerlichen Betriebe beträgt 54% der Gesamtbetriebsfläche, wovon allein 29% auf die Größenklasse 50–100 ha entfallen. Wenn wir den Großgrundbesitz noch abziehen, bleiben nur noch 22% für die Größenklasse 5–20 ha übrig.

Die Zahl der *Feldstücke* eines Hofes schwankt. Es gibt durchaus geschlossene Hoflagen neben ebenso vielen, die 3, 4, aber auch 10 Stücke bewirtschaften, analog der verschiedenartigen Ausprägung der Kampsiedlung, die ebenso häufig wie geschlossenen Besitz eine Gemenge- oder sogar Streulage mit anderen Höfen aufweist (Karte 4). Überall wird aber nach Arrondierung des Besitzes gestrebt, wie sie dem wirtschaftlichen Vorteil und der westfälischen Eigenart am meisten entspricht. Eine weitere Entfernung vom Hof zum Feld kommt aber auch bei den nicht vollständig geschlossenen Besitzungen kaum vor.

Im oberbayerischen Hügelland wie im Münsterland, also in beiden Streusiedlungsgebieten, hat das *Grünland* entscheidenden Einfluß auf die Wirtschaftsweise, wenn auch die Nutzung eine andere ist. *Martiny*[19] sieht als wichtigen Zweck der Kampbildung die Förderung der Viehwirtschaft an. Zudem wurden ja die Kämpe auf den mehr oder weniger wasserdurchtränkten Böden angelegt, die sich für Graswuchs besser eignen als für Getreidebau. So wissen wir denn auch, daß schon im Mittelalter die Viehwirtschaft der herrschende Zweig der Landwirtschaft war. Im Gegensatz zu Oberbayern spielt Feldfutterbau keine besondere Rolle. Entsprechend groß ist die *Viehhaltung*, sowohl die Milchviehhaltung als auch die Schweinezucht. Das ganze Bodennutzungssystem ist im inneren Münsterland in erster Linie durch die Kampsiedlung und zudem arbeitswirtschaftlich bedingt.

Das *Heuerlingsproblem* ist überall in Westfalen ernst. Der Industriesog ist zu groß, als daß ihm bisher nachhaltig entgegengewirkt werden konnte. Der früher starke Heuerlingsanteil an der landwirtschaftlichen Bevölkerung ist auf einige wenige Familien in jeder Gemeinde zurückgegangen. In R. sind heute nur noch 5 vorhanden, von denen allein 3 zu herrschaftlichen Gütern gehören. Die Heuerlingswohnungen werden heute von Handwerkern oder selbständigen kleinen Landwirten, meist von Halbbauern, bewohnt. Ledige Arbeiter sind ebenfalls schwer auf die Höfe zu bekommen, weil sie sich in der Einsamkeit des Einzelhofes nicht wohl fühlen, ein Problem, das in Oberbayern nicht in dem Maße existiert, weil wir es dort mit ausgesprochenen Familienbetrieben zu

---

[17] Ob einzelne wenige in der Nähe des Kirchortes gelegene Felder als Gewannfelder anzusprechen sind (s. Martiny), müßte erst nachgeprüft werden.
[18] 1170 erste Erwähnung.
[19] a. a. O., S. 296.

tun haben; hier ist die Einzelhofsiedlungsweise, für die das Heuerlingswesen sich als besonders geeignete Arbeitsverfassung ausgebildet hatte, entschieden von Nachteil.

Eine weitere Eigentümlichkeit, die die Einzelhofsiedlungsweise geschaffen hat, sind die *Wegeverhältnisse* (vgl. Karte 1). Abgesehen von den Fernverkehrsstraßen sind für die Einzelgemarkungen im Münsterland die sogenannten „*Interessentenwege*" charakteristisch. Anlagen, die nicht Gemeindeigentum sind, sondern den Anliegern gehören. Diese Interessentenwege stellen die Verbindung zwischen Hof und Dorf bzw. nächster Durchgangsstraße her. Von sekundärer Bedeutung sind erst die Verbindungen von Hof zu Hof. Die Interessentenwege haben große Nachteile. Eine wirtschaftlich gesunde Gemeinde wie R. und weite Teile des Münsterlandes verfügen über ein gut ausgebautes und auch in Stand gehaltenes Wegenetz. Anders dagegen die Gemeinden mit völlig undurchlässigen Kleiböden, über die *Schwerz*[20] schon so klagt, und die des Ostmünsterlandes, der armen durchlässigen Sandböden des Osning-Vorlandes zwischen Osning und Ems, die dem übrigen Münsterland gegenüber von Natur benachteiligt und wirtschaftlich wesentlich schwächer sind. Hinzu kommt, daß ein großer Bauer einen Interessentenweg eher tragen kann als ein kleiner, wie er im Ostmünsterland vorherrscht, wo ein geradezu trostloses, weitmaschiges Wegenetz besteht.

Die Kirchspiele im münsterischen Streusiedlungsgebiet können nicht in dem üblichen Sinne marktanziehend wirken, wenn sie auch in gleichmäßiger Streuung über das Land als kleine *lokale Zentren* anzusehen sind[21]. Die *Marktfunktionen* übernehmen die Marktflecken und Kleinstädte, die jeweils einen Kranz von schon an sich umfangreichen Kirchspielen als Einzugsbereich haben.

Ostoberbayern. Wir hatten schon oben gesehen, daß auch im oberbayerischen Hügelland keine reine Einzelhofsiedlung vorkommt. Wir finden in ganz Altbayern lediglich eine Mischung von Einzelhöfen, hier *Einödhöfe* genannt, und *Weilern* (Karte 2). Karte 6 stellt Hof- und Flurlage eines Weilerhofes und eines Einödhofes in der Gemeinde L. dar. Zwar war in Westfalen die Besitzlage auch ziemlich geschlossen, Karte 4 zeigt aber immerhin eine gewisse, wenn auch sehr beschränkte Gemengelage. Die *Einödflur*, wie sie in Süddeutschland entwickelt ist, und zwar am ausgeprägtesten im Allgäu, ermöglicht erst die vom Landwirt als ideal empfundene freie Bewirtschaftung seines Grund und Bodens. Inmitten der Felder liegt der Hof, im Diluvialland oft auf der Höhe, weil die Mulden zu sumpfig sind; in den *Weilern* dagegen herrscht die *Gemengelage*, immerhin ermöglicht der kleine Umkreis dieser Siedlungen eine noch durchaus befriedigende Bewirtschaftung der Felder, da die Entfernungen vom Hof zum Feld durchweg gering sind und die Übersicht bestehen bleibt. Arbeitswirtschaftlich gesehen steht die Weilersiedlung natürlich hinter der Kampsiedlung. Die Weilerblöcke sind in diesem Gebiet — nicht charakteristisch für die Weilerflur — früh in gewannartige Felder umgewandelt[22].

---

[20] J. N. v. Schwerz, Beschreibung der Landwirtschaft in Westfalen und Rheinpreußen. 1. Teil. Stuttgart 1836. S. 30f.
[21] *W. Christaller*, „Die ländliche Siedlungsweise im Deutschen Reich und ihre Beziehungen zur Gemeindeorganisation". Stuttgart 1937, S. 168 f.
[22] Einzelheiten über diesen Vorgang sind noch nicht bekannt.

Der Charakter der Einödhöfe und Weiler hat sich im Laufe der Jahrhunderte erstaunlich wenig verändert. Das zeigte sich schon bei Besprechung der Sozialstruktur. Es scheint so, als ob Industrie und Technik, die so weite Teile des platten Landes heute erobert und dadurch zu einer Verquickung dörflicher und städtischer Lebensformen geführt haben, an den Streusiedlungen spurlos vorübergegangen sind. Die *Entwicklung der Bauernhöfe*[23] in L. zeigt eine außerordentliche Stabilität. 14 Einödhöfen innerhalb des „Distriktes" L. 1534 stehen 17 heute gegenüber[24]. Ein Vergleich des Urkatasters von 1812 mir dem heutigen zeigt ebenfalls, daß das Flurbild sich bis auf wenige Ausnahmen nicht verändert hat.

Die Betriebsweise zeigt arbeitswirtschaftlich ausgesprochene *Familienwirtschaften*. Betriebsgrößen um 20 ha herum herrschen vor, hinter denen sowohl der kleinbäuerliche als auch der großbäuerliche Besitz zurücktreten. Dementsprechend günstig liegen denn auch die Gemeindeverhältnisse in diesem Gebiet. Der erste Rustikal-Steuerkataster des damaligen Steuerdistriktes L. von 1814 enthält zum erstenmal genaue Angaben über Besitzgrößen, Ortslage und Stand der einzelnen Grundeigentümer. Dadurch sind wir in der Lage, uns ein Bild von dem *Kulturzustand* der Gemeinde und damit der ganzen Landschaft *vor 125 Jahren* zu machen. Am Einzelfall wird hier bestätigt, was E. *Troll*[25] bereits für das gesamte Inn-Chiemsee-Vorland auf Grund der statistischen Angaben in den Montgelas'schen Gütererhebungen von 1811/12 festgestellt hat. Ihre zeichnerische Gegenüberstellung der Kulturartenverhältnisse von 1811/12 und 1925 zeigt deutlich den Wandel von hauswirtschaftlichem autarkem Charakter der Landwirtschaft zu einer immer stärkeren Anpassung an die natürlichen Verhältnisse, also zu einer Zunahme des Grünlandes auf Kosten des Ackerlandes.

Zum Beweis seien einige Beispiele aus L. angeführt:

Tabelle 4

Kulturartenverhältnisse in L., Kreis Wasserburg a. Inn 1814 und 1937

Hof	Jahr	Größe in ha	Kulturartenverteilung			
			Acker in %	Wiese in %	Ödland in %	Wald in %
Bennstett	1814	33,27	45,3	3,1	–	42,1
	1937	34,30	38,0	25,1	–	33,1
Wimm*)	1814	18,61	47,1	39,1	–	7,9
	1937	13,90	40,3	31,7	–	24,0
Reichhut*)	1814	27,83	45,4	–	6,1	45,9
	1937	29,50	44,9	23,7	1,7	25,4

*) Damals Einöde, heute durch Abtrennung eines kleinen Stückes Land im statistischen Sinne Weiler, der Flurform nach aber Einöde geblieben.

[23] Auf Grund von Archivstudien im Bayerischen Staatsarchiv und Kreisarchiv München.
[24] Haager Gerichtsakten von 1534, Bd. 18, im Bayerischen Staatsarchiv München.
[25] E. *Troll*, „Das Siedlungsbild des Inn-Chiemsee-Vorlandes". Mitt. Geogr. Ges. Bd. XXV, München 1932, 51 f.

Zu Beginn des 19. Jahrhunderts noch traten Wiesen im Bild der Kulturlandschaft sehr zurück. Die meisten Bauern besaßen vor allem Ackerland und Wald und, teils mehr, teils weniger, meist in geringem Umfange, Wiesen und die sogenannte Ödung, unkultiviertes Weideland, ein Teil Wald und Weiden waren noch Gemeinheitseigentum.

Der heute von Norden nach Süden zunehmende Anteil des Grünlandes an der landwirtschaftlichen Nutzfläche gibt der Landwirtschaft unseres Gebietes ein entscheidendes Gepräge. Auf dem *Wiesenreichtum* ist eine große *Viehzucht* aufgebaut, vor allem eine vorbildliche Milchviehzucht, die sich dann auch in hervorragenden Milchleistungen äußert. 70% der Einnahmen stammen allein aus der Viehwirtschaft.

Interessant ist nun für die Beurteilung der oberbayerischen *Marktverhältnisse*, daß der Einflußradius der Landeshauptstadt einen außerordentlich geringen Umfang hat. Er erstreckt sich im Osten kaum über 22 km hinaus und macht damit gleichzeitig an einer Landschaftsgrenze halt, nämlich der der Münchener Schotterebene zum Moränenhügelland des Inn-Chiemsee-Vorlandes. Die Milchwirtschaft der nördlichen Wasserburger Gegend ist auf Butter- und Käsefabrikation eingestellt. Entsprechend ihrer aus der geschichtlichen Entwicklung verständlichen Zerrissenheit liegt die untersuchte Gemeinde im Einzugsbereich zweier Märkte (Karte 2). Die Verbindung zu ihnen ist äußerst eng, obwohl die Verkehrsverhältnisse durchaus nicht mehr den heutigen Ansprüchen genügen.

Wie im westfälischen Einzelhofgebiet sich besondere Wegeverhältnisse herausgebildet haben, so auch hier. Es gibt wenige Gemeindewege, sondern meist sogenannte „Planwege", die von den Bauern erhalten werden, allerdings, und das ist ein vom Standpunkt des Gemeinschaftsempfindens wesentlicher Unterschied zum Münsterland, trägt die Gemeinde die Materialkosten. Lediglich die zu den beiden nahen Märkten führenden Wege, die gleichzeitig die Verbindung zu den nächsten Durchgangsstraßen herstellen, sind Gemeindewege (vgl. Karte 2).

Wenn wir insgesamt unsere nordwestdeutsche Streusiedlung mit der oberbayerischen vergleichen, sehen wir bis in alle Einzelheiten hinein Gegensätze, die in erster Linie auf die Industrienähe des Münsterlandes zurückzuführen sind. Lediglich die durch die Flurlage bedingte Wirtschaftsweise zeigt in der Praxis keine so wesentlichen Unterschiede, wenn auch Weiden- und Wiesenwirtschaft sich betrieblich verschieden auswirken.

Haufendorf

Niedersachsen. Daß das geschlossene Dorf mit Gewannflur – das Haufendorf ebenso sehr wie das östliche planmäßige Anger- und Straßendorf – vom Standpunkt der Wirtschaftsführung ungünstig ist, ist eine häufig erkannte Tatsache. Die im Ambergau untersuchte Gemeinde gehört zu jenen Haufendörfern auf altbesiedeltem waldfreiem Boden, deren Gewannflurbild auch heute noch nicht zerstört ist. Das auf Altdiluvialland gelegene Heidedorf K. gehört zwar nicht zu den ältesten Siedlungen der Umgebung; im Gegenteil: manche der kleinen, alle etwa 200 Einwohner zählenden Nachbardörfer des Kirchspieles sind älter, auf unser Dorf ging aber im Laufe der Entwicklung wegen seiner zentralen Lage inmitten der großen Heideinsel die Funktion des Kirchdorfes und damit alle weiteren dörfischen Funktionen über, so daß es zu einem Dorf mit heute 500 Einwohnern anwachsen konnte[26]. Die Flurbereinigung hat in den letzten Jahren das alte Gewannflurbild verwischt. Bis zu 20 einzelne Feldstücke weisen die Bauernhöfe im Ambergau, in unserem Heidedorf jetzt nur noch bis zu 10 auf. Dadurch, daß die Feldmark in beiden Fällen eine kompakte, abgerundete Gestalt hat und die Dörfer, wenn auch nicht zentral, so doch ohne allzu große Entfernung von den äußeren Schlägen liegen (bis zu 2 km), wird die nachteilige Entfernung von Hof zu Feld etwas gemildert. Die zum Teil sehr großen Gemarkungen in Ostdeutschland beweisen dagegen die ganze wirtschaftliche Ungunst.

Allerdings hat die Streulage bekanntlich gewisse Vorzüge, die die Bodenverhältnisse betreffen. *Gerade* nämlich die relativ ebenen großflächigen Landschaften wie die Börde weisen starke Bodengüteunterschiede auf, nicht kleinflächig, wie im hügeligen Oberbayern beispielsweise, wo innerhalb einer Einödflur die verschiedensten Bonitätsklassen beisammenliegen, sondern großflächig, so daß bei geschlossener Besitzlage der eine vor dem anderen bevorzugt wäre, was dem alten genossenschaftlichen Prinzip widerspricht. Andererseits vermag die moderne Bodenbearbeitung mit Düngemitteln die Bodengüteunterschiede zu mildern. Jedenfalls ist dies edaphische Argument nicht entscheidend genug, als daß heute viele fortschrittliche Bauern die großen Vorteile der geschlossenen Besitzlage nicht sähen. Die Tendenz zum *Ausbau* zeigt die Folgerung aus dieser Erkenntnis in allen Dorfsiedlungsgebieten des Reiches, am stärksten in Ostpreußen, wo sich als Folge der Flurbereinigung in den letzten 100 Jahren eine Vereinödung und damit Auflockerung des Dorfgefüges vollzogen hat, die wirtschaftlich und sozial manche dem oberbayerischen Streusiedlungsgebiet ähnlichen Züge aufweist[27]; der Fortfall weiter Wegstrecken zur Feldarbeit beim Ausbau ist in Anbetracht der kurzen Vegetationszeit gerade für die Erntezeit besonders entscheidend. Ein Ausbauen als Einzelfall wird in fast jeder Gemeinde vorkommen, und zwar sind es stets die besten und gesundesten Höfe.

Eine völlig geschlossene Besitzlage läßt sich durch Ausbauten freilich nur da erreichen, wo eine *allgemeine Flurbereinigung* durchgeführt wird. Im Heidedorf bezweckte sie lediglich eine gewisse Arrondierung des sehr zerstreuten Feldbesitzes. Dafür zeigen aber zwei Fälle in den anderen Untersuchungsgebieten, zwar zeitlich und räumlich weit auseinanderliegend, aber unter dem gleichen Gesichtspunkt geschaffen, einen solchen Ausbau. Das Haufendorf P. auf der Münchener Schotterebene hat seine ursprüngliche und ringsherum auch heute noch erhaltene Gewannflureinteilung zugunsten einer *Radialstreifenflur* aufgegeben. Auf diese Weise haben sämtliche Bauern einen zusammenhängenden schmalen Sektor, an dessen Spitze (= Siedlungskern) der Hof steht. Hier waltet also dasselbe Prinzip wie beim Waldhufendorf. Ähnlich wie auf der Schotterebene, aber schon um die Mitte des vorigen Jahrhunderts bereinigten die Bauern eines Haufendorfes inmitten der fruchtbaren Hildesheimer Börde ihre Flur, indem sie, allerdings unter offensichtlicher Bevorzugung der großen Bauern, Parzellen zusammenlegten und ihre *Höfe* aus der Enge hinaus an den *Dorfrand* verlegten, so daß sie zum Teil auf, zum Teil in unmittelbare Nähe ihres geschlossenen Besitzes zu liegen kamen. Wir

---

[26] Auch als Beispiel angeführt bei *W. Christaller*, a. a. O., S. 66/67 u. 171.
[27] Vgl. *Scheu*, a. a. O., 50 ff., und diese Arbeit, S. 9, Fußnote S.

sehen hier aus beiden angeführten Beispielen, daß die wirtschaftlichen Vorteile der geschlossenen Hoflage gar nicht unbedingt nur durch Einzelhofsiedlung, zu der ja auch die neuzeitlichen Ausbauten zu rechnen sind, erreicht werden müssen, sondern auch durch Umgestaltung der Flur unter Wahrung des Dorfzusammenhangs, freilich nur dort, wo nicht die Reliefverhältnisse eine besondere Gemarkungsgestalt bedingen und die Gemarkungsfläche nicht zu groß ist.

Die Entwicklung der *Betriebsgrößen* zeigt in den untersuchten Streusiedlungsgemeinden ein viel stetigeres Bild als gerade im geschlossenen Dorf. Während im großen und ganzen im Streusiedlungsgebiet wenig Veränderungen hinsichtlich der Zahl bäuerlicher Betriebe und der Größenverhältnisse festgestellt wurden, sind die Betriebe in den Haufendörfern im Laufe der letzten Jahrhunderte einem starken Wechsel unterworfen gewesen, stärker in Südhannover als in der Heide. Die Ursache ist zum wesentlichen Teil in den Flurverhältnissen zu suchen.

In N. standen 4 Ackerleute 1547
6 " 1664
8 " 1769 und 1812
und 15 Bauern heute gegenüber.

Die Zahl der Kötter ist im Laufe der Jahrhunderte ebenso schwankend gewesen, bis sie schließlich im letzten Jahrhundert ungeheuer angewachsen ist. Sowohl Zahl als auch Besitzgröße der Bauern hat zugenommen, aber auf Kosten des landwirtschaftlichen Kleinbesitzes, an dessen Stelle dafür heute eine große Zahl Landloser bzw. landwirtschaftlicher Kümmerbetriebe getreten ist.

Anders ist die Entwicklung in den Heidedörfern Nordhannovers verlaufen. Im Gericht B., dessen Zentrum unsere untersuchte Gemeinde ist, standen

22 Vollmeier 1629	34 Vollmeier 1730
34 Halbmeier	74 Halbmeier
35 Kötter	96 Kötter
	21 Brinksitzer

gegenüber. Unser Kirchdorf war das einzige Dorf im Gericht, das keine eigentlichen Bauern, sondern nur Kötter und Brinksitzer zählte. Erst die Markenteilung hat die Wandlung zum Bauerndorf vollzogen. Unter 38 Bauernhöfen sind heute 35 Erbhöfe. Das Vorherrschen kleinerer Betriebsgrößen gegenüber den alten kleinen Bauerndörfern der Umgebung weist immerhin auf die Entwicklung des Kirchdorfes hin. Sie ist aber entgegengesetzt der vieler Kirchdörfer in anderen Siedlungsgebieten verlaufen, wo eine Entbäuerlichung eintrat.

Selbstverständlich prägt sich auch im *Bodennutzungsbild*, also in der Wirtschaftslandschaft, der Unterschied zwischen geschlossenem Dorf und Streusiedlung aus. Im Streusiedlungsgebiet setzt sich die Wirtschaftslandschaft aus lauter unregelmäßig geformten blockartigen Feldern zusammen, während im geschlossenen Dorf, wenn auch unter Anpassung an die Geländeverhältnisse, geradlinige, langgestreckte bald schmälere, bald breitere Streifen das Bild beherrschen. Man hat vielfach die Dorfsiedlung zum reinen Ackerbau in Beziehung gesetzt, was durchaus nicht überall zutrifft, wie uns die Beispiele aus dem *Schwarzwald* zeigen, wo Weidewirtschaft genau so gut mit Dorfsiedlungen (Waldhufendörfern z. B.) zusammenfällt wie mit lockeren Weilern und Einzelhöfen. Andererseits sind beispielsweise die Einödhöfe des niederbayerischen Tertiärhügellandes niemals ein Hindernis für den Ackerbau gewesen, der dort auch heute noch rund 60% der landwirtschaftlichen Nutzfläche einnimmt gegenüber noch höheren Werten zur Zeit der hauswirtschaftlich eingestellten Landwirtschaft. Nur eins ist sicher: nämlich daß die ältesten geschlossenen Dörfer, die Haufendörfer, in reinen Ackerbaulandschaften liegen, aber nicht etwa, weil die geschlossene Siedlungsweise für den Ackerbau entscheidend gewesen wäre, sondern weil es sich um den ältesten von jeher waldfreien Boden Deutschlands gehandelt hat. Man muß also Ursache und Wirkung hier scharf auseinander halten.

Die *Wegeverhältnisse* werden auch im Haufendorf durch die Siedlungsform charakterisiert: im Einzelhofgebiet ein Netz zum größten Teil privater Stichwege, im geschlossenen Dorf in oft mathematischer Geradlinigkeit einige wenige Wirtschaftswege, die von jeher genossenschaftlich erhalten werden. Die Wegeanlagen erfüllen ja auch im dörflichen Siedlungsgebiet *andere Zwecke* als im Streusiedlungsgebiet. Die Beanspruchung der Wege im Dorfgebiet ist bedeutend größer, weil die Landwirte täglich mit schweren Lasten zur Feldarbeit die gleichen Wege fahren. Im Streusiedlungsgebiet, bei Kamp- wie Einödfluren, selbst noch in gewissem Grade bei den räumlich begrenzten gewannartigen Eschfluren, sind Wirtschaftswege überflüssig, denn jeder Landwirt befährt nur seinen kurzen Weg vom Hof aufs nahe Feld.

Die Berechnung der km-Länge aller Feldwege und Straßen hat denn auch für einen größeren Gemeindekomplex im Münsterländer Einzelhofgebiet 5,2 km je qkm landwirtschaftlicher Nutzfläche, im ostoberbayerischen Einöd-Weilergebiet 5,9 km, im Haufendorfgebiet des Ambergaus 6,3 km und in dem der südwestlichen Lüneburger Heide 6,8 km ergeben, also eine deutliche Zunahme vom nordwestdeutschen Einzelhofgebiet über das dichter, besiedelte oberdeutsche zum niedersächsischen Dorfgebiet.

*Markt*zentren sind in der Bördegegend in ziemlich dichten Abständen vorhanden, außerdem durch Autobus- und Bahnverbindung von allen Dörfern schnell erreichbar. Für die Ambergaudörfer ist Bockenem, ein zentral gelegenes Landstädtchen mit nur 2429 Einwohnern, der gegebene Markt, an dessen Stelle nur im Falle größerer Einkäufe und im Behördenverkehr als zuständige Kreisstadt Hildesheim tritt. Irgendwelche größere als lokale Funktionen erfüllen jedenfalls die Dörfer selbst nicht: das Netz der Märkte ist wesentlich engmaschiger als in Streusiedlungsgebieten.

Die dünnbesiedelte verkehrsentlegene Heide hingegen mit überwiegend kleinen, kaum mehr als 200 Einwohnern zählenden Dörfern, von denen je etwa 10 zu Kirchspielen mit einem zentral gelegenen Kirchdorf zusammengefaßt sind, wie in unserem Beispiel, weist außer diesen kleinen selbst selten mehr als 500 Einwohner zählenden Markteinheiten ein nur sehr weitmaschiges Netz von größeren Märkten, kleinen Landstädtchen auf. Die rein agrare Struktur eines relativ dünn besiedelten kargen Bauernlandes wirkt sich hier aus.

Mainfranken. Was vom Standtpunkt der Wirtschaftsführung vom geschlossenen Dorf im Anerbengebiet gesagt wurde, gilt naturgemäß in noch viel stärkerem Maße vom Haufendorf im Realteilungsgebiet, wo die Gewanneinteilung bereits durch eine im Laufe der Jahrhunderte immer stärker zunehmende Parzellierung des Grund und Bodens verwischt wurde (Karte 9 u. 10). Die Betriebe von

5–10 ha bewirtschaften durchschnittlich	71 Teilstücke
10–15 ha	"	"	114 "
15–20 ha	"	"	150 "

an Parzellen oft das Doppelte. Die Ackerparzellen, zum großen Teil schon zu größeren Stücken zusammengefaßt, übersteigen trotzdem im Zusammenhang nicht einmal 1 ha. Die Wiesenparzellen betragen 0,003 bis 0,02 ha, die Gartenparzellen desgleichen. H. ist ein gutes Beispiel für die die Landwirtschaft hemmende Kraft der Realteilung gerade im Ackerbaugebiet; anders als in Württemberg, wo sie dafür fördernd auf die gewerbliche Tätigkeit einwirkte, zerschlug sie hier beide, indem eine die andere schwächte. In der Sozialverfassung wie im wirtschaftlichen Ergebnis offenbart sie sich gleichermaßen verhängnisvoll. Die jetzt auch hier erfolgende Umlegung wird einmal Ausgangspunkt einer wirtschaftlichen und sozialen Gesundung sein. Die Hauptlast der landwirtschaftlichen Arbeit ruht auf der Frau, die neben der Haus- und Hofarbeit weite Wege zu den oft 2–3 km weit entfernten Gartengrundstücken (3–5 kleinste Quadrate über die ganze Gemeinde verteilt) zurückzulegen hat. Dafür ist dann bezeichnend, daß in den Randlagen der Gemarkung manch ein Flecken Gartenland Brach- bzw. Weideland ist, das bei günstigeren Besitzverhältnissen intensiv bewirtschaftet wäre. Man könnte nun vermuten, daß die Realteilungssitte hier einen starken Besitzwechsel, Verkauf und Wegzug, zur Folge haben würde. Das Gegenteil ist aber der Fall. 60% der Besitzernamen aus dem 16. Jahrhundert gibt es heute noch. Die große Liebe zur angestammten Scholle hat den Franken hier fester gehalten als es oft wünschenswert gewesen wäre. Die Abwanderung ist hier mangels lohnender Industrien in der Nachbarschaft sehr gering.

Negativ äußert sich die Realteilungssitte auch in den *Wegverhältnissen*, also umgekehrt zu den Anerbengebieten. Eine Unzahl von Wegen, die deshalb auch nicht die nötige Pflege erfahren können, ist im Laufe der Parzellierung und mit Aufgabe des Flurzwanges notwendig geworden, um die vielen zerstreuten Feldstücke erreichen zu können. Die Flurbereinigung soll deshalb auch eine Verbesserung, d. h. im wesentlichen eine Vereinfachung des Wegenetzes bezwecken.

Auf der Fränkischen Platte sind alle größeren Dörfer (1000 und mehr Einwohner) kleine Zentren. Unsere Gemeinde ist ein derartiger alter Markt- und Kirchort auf seit jeher waldfreiem Boden. Da solche *Märkte* in relativ dichter Streuung über die Ackerbauplatte liegen, haben sie kein großes Einzugsgebiet. Außerdem könnte man ihnen bei der Höhe der Einwohnerzahl weit größere zentrale Bedeutung beimessen als sie in Wahrheit haben. Die geringe Kaufkraft der Bevölkerung macht sich hier bemerkbar. Was Absatz und städtische Bedarfsdeckung betrifft, zieht lediglich Würzburg (20 km entfernt) an. Die kleinen Mainstädtchen Marktheidenfeld und Wertheim (je 20 km entfernt) haben eine zu geringe Anziehungskraft, als daß sie größere Marktzentren oder Kreismittelpunkte sein könnten. Sie erfüllen lediglich lokale Funktionen.

Waldhufendorf

Glatzer Bergland. Die geschilderten neuzeitlichen Bestrebungen nach einer Arrondierung des Besitzes ohne Zerreißung des Dorfzusammenhangs hatten in den gebirgigen und gebirgsnahen ostelbischen Rodungsgebieten bereits zur Zeit der mittelalterlichen Kolonisation ihre Verwirklichung gefunden.

Die Waldhufendörfer sind ausgesprochene Rodungsdörfer, planmäßige Anlagen, vermessen zur fränkischen (großen) Hufe im Unterschied zur flämischen (kleinen) Hufe in den Marschhufensiedlungen. Diese fränkische Hufe wird mit einer Breite von 12 Ruten und einer Länge von 270 Ruten angegeben, was nach eingehenden Untersuchungen als 24,19 ha, also rund 100 pr. Morgen, angenommen werden kann[28]. Das Meßtischblatt zeigt noch heute deutlich diese mittelalterliche Hufeneinteilung.

Geschlossenheit des Besitzes — vom Hofende am Taleinschnitt bis hinauf zur Gemeindegrenze — paart sich hier mit dörflicher Siedlungsweise; das *Waldhufendorf* nimmt zwar nicht genetisch, aber praktisch eine *Mittelstellung* zwischen der Streusiedlung und der geschlossenen Dorfsiedlung ein. Bezeichnenderweise hat *Gradmann* diese Flurform ein „*System von Einödfluren*" genannt.

Die meisten Waldhufendörfer Schlesiens haben auch heute noch einen Großbetrieb, ohne aber unbedingt einen Gutscharakter zu tragen. Das Domanialland in O. erstreckt sich über mehrere Hufen, ohne das Hufenbild im übrigen zu verwischen. Doch läßt sich das keineswegs verallgemeinern, da die Gutsentwicklung fast in jedem Dorf einen verschiedenen Grad erreicht hat. Gerade unter Berücksichtigung der grundherrlichen Verhältnisse ist auch hier die Entwicklung der *Besitzverhältnisse*, begünstigt durch die geschlossene Besitzlage, relativ stetig verlaufen. So manch ein Hof kann auf eine Jahrhunderte alte Tradition zurückblicken, wie andererseits die Durchsicht der archivalischen Quellen immer wieder gleiche Namen zeigt. Die Verteilung der Besitzklassen über die Gemeinde läßt noch heute den Besiedlungsvorgang erkennen. Die größeren Bauern sitzen im Unter- und Mitteldorf, während das Oberdorf, also bergaufwärts, vermutlich zuletzt gerodet wurde und infolgedessen die kleineren Besitzer überwiegen. Es trifft dies mit den Böden zusammen, die nach dem Gebirge zu gütemäßig abnehmen und die Siedler nicht so angezogen haben wie die unteren Teile der Gemarkung. Im übrigen haben aber alle Besitzer an allen Bodenklassen ungefähr gleichen Anteil, weil sie sich quer zur Hufeneinteilung abstufen.

Der engeren Verbindung des Einzelgehöftes mit seiner Flur entsprach von jeher eine *freie Feldbewirtschaftung*, wenn auch nicht in dem Maße wie im Einzelhofgebiet. Parallel zur Gehöftzeile war das Ackerland nach dem *Dreifeldersystem* in 3 Streifen eingeteilt. Die geschlossene Besitzlage vereinigte ehemals hier eine entschieden individualistische mit durchaus genossenschaftlicher Einstellung. Zwar herrschte kein Flurzwang, aber doch ein gewisser Ordnungsgedanke. Die Flureinteilung stand also senkrecht zur ebenfalls parallelen Anordnung der Wirtschaftsflächen. Heute zeigt das Flurbild ein buntes Mosaik von Feldstreifen, die ebenfalls quer zur Hufeneinteilung verlaufen. Die Waldhufendörfer sind wie die geschlossenen Dörfer nicht an bestimmte Landwirtschaftszonen gebunden, wie ihre Verbreitung auch in den Weidezonen der

---

[28] Nach *W. Bernard*, a. a. O., S. 54 ff.

höheren Sudeten und des Schwarzwaldes hinreichend beweist. Immerhin haben sie ihre stärkste Verbreitung im Gebiet der Ackerbaulandschaften des Gebirgs- und Vorgebirgslandes.

III.

Soziologische Probleme der Siedlungsform

Fragen wir uns nunmehr, wie sich die soziale und wirtschaftliche Struktur auf das Gemeinschaftsleben des Dorfes auswirkt. Es sei damit gleichzeitig versucht, die selbsterarbeiteten Einzelbeispiele durch Vergleich mit bereits vorhandenem Material in einen weiteren Rahmen zu stellen und über das Besondere des einzelnen dörflichen Beispiels zu Gesetzmäßigkeiten vorzustoßen. Daß dabei hin und wieder zu weit gegangen ist, möge im Hinblick auf den neuartigen Darstellungsversuch verziehen werden.

Heute ist die *Dorfgemeinschaft* zu einem *zentralen Problem der Bauerntumsforschung* geworden. Wohl haben sich auch in den Nachweltkriegsjahren schon eine Reihe Autoren verschiedenster Richtung dazu geäußert, aber sie waren doch mehr oder weniger Einzelgänger. Geist und Inhalt der Dorfgemeinschaft hängen von den verschiedensten Faktoren ab, nämlich von den Einzelgliedern, aus denen sich der Organismus eines Dorfes bzw. einer Gemeinde bildet. Entscheidend wirkt sich darauf die Siedelweise aus. Es ist ein *großer Unterschied, wo sich die Gemeinschaft entfaltet,* ob in den Einzelhofsiedlungen Nordwestdeutschlands, in den Einöd-Weilersiedlungen Oberdeutschlands, in den langgestreckten, endlosen „Bändern" der Waldhufendörfer mitteldeutscher Berg- und Hügellandschaften, in den anderen planmäßig gestalteten Straßen- und Reihendörfern Ostelbiens oder etwa, als dem anderen Extrem, im regellos gewachsenen und geschlossenen Haufendorf Altdeutschlands. *Dietz*[29] weist ferner mit Recht darauf hin, daß sich das Gemeinschaftsleben in Realteilungsgebieten anders äußert als in Anerbengebieten, in industrienahen anders als in rein agrarischen Gebieten, in Gebieten moderner, rationeller Wirtschaftsweise anders als in solchen traditionsgebundener herkömmlicher Wirtschaftsweise; wichtig scheint uns in diesem Zusammenhang auch noch der Einfluß der Konfessionen zu sein. All diese Faktoren beeinflussen zugleich auch die Beziehungen zwischen Siedlungsweise und Dorfgemeinschaftsleben.

Am klarsten äußerte sich der Einfluß der Siedlungsweise im dörflichen Leben der Vergangenheit, als das Dorf noch eine Welt für sich war, von städtischer Lebensweise und ihren Wirkungen infolge der Verkehrsabgeschlossenheit unberührt war und im Sinne der autarken Hauswirtschaft das Land bebaute. Damals bestanden schärfere Unterschiede zwischen dem Gemeinschaftsleben des Einzelhof- und dem des Dorfbauerntums als heute. Der einzeln siedelnde nordwestdeutsche Bauer saß in gewollter Abgeschiedenheit und mit dem selbstherrlichen Gefühl eines Königs auf seinem Hof,

---

[29] *J. F. Dietz,* „Das Dorf als Erziehungsgemeinde". Weimar 1931. 2. Aufl., S. 11.

oft mehrere hundert Meter entfernt von seinem Nachbarn und bis zu mehreren Kilometern entfernt vom Kirchort, zu dem er sich gehörig fühlte. Genau so in Oberdeutschland (und im Hochgebirge, wenn wir dies ausnahmsweise in unsere Betrachtung einschließen wollen), wo allgemein der Einödbauer mehr gilt als der Dorfbauer, weil dieser sich der Gemeinschaft — früher mehr als heute — unterordnen mußte, während jener sein eigener Herr auf geschlossenem, leicht überschaubarem Besitz war. Vor allem drückte sich die unterschiedliche Wirtschaftsweise auf das Gemeinschaftsleben aus. Der Einzelhofbauer bebaute sein Land in völliger Freiheit nach eigenem Plan; er brauchte dabei keine nachbarliche Hilfe und kam im Laufe der Woche nur selten mit anderen Genossen seiner Bauerschaft zusammen. Lediglich der sonntägliche Kirchgang führte sie alle zusammen und wurde damit zum großen Ereignis der Woche. Der Dorfbauer mußte sich der Feldgemeinschaft und dem Flurzwang fügen. Die gemeinsame Arbeit auf dem Acker, die gemeinsame Benutzung des Pfluges und Gespanns führte zu einer Arbeitsgemeinschaft der Bauern miteinander. Hinzu kam die dichtgedrängte Wohnweise, so daß die Verbindung untereinander nicht abriß. Den ersten großen Umsturz der alten Ordnung brachte der Übergang von der Dreifelderwirtschaft zur Fruchtwechselwirtschaft zu Beginn des vorigen Jahrhunderts. Die Folgen dieser gewaltigen Umstellung von der alten gebundenen zur freien unabhängigen Wirtschaft hat vor allem *Josef Müller*[30] gezeigt. Unter dem Gesichtspunkt der Dorfgemeinschaft betrachtet, vollzog sich damit grundsätzlich bereits eine Annäherung an die Wirtschaftsweise des Einzelhofbauern. Die umgekehrte Annäherung, nämlich die des Einzelhofbauerntums an die Sozialformen des Dorfbauerntums, schufen dann seit Ende des vorigen Jahrhunderts die Industrialisierung und Verkehrserschließung, die auch in die rein agraren Räume eindrangen und den ländlichen Organismus umformten. Zwar haben die Einzelhofgebiete überall dem *Eindringen städtischer Lebensformen* am längsten getrotzt, aber allmählich wurden auch sie, mit gradweisen Unterschieden zwar, davon ergriffen. Das Einödbauerntum des Hochgebirges lebt auch heute noch, soweit nicht andererseits wieder der Fremdenverkehr den Anschluß an die große Welt vermittelt hat, in ländlicher Abgeschiedenheit, haftet infolgedessen noch am stärksten in seiner Gesittung und in seinem Brauchtum an Altem. Im bayerischen Hügelland ist städtisches Wesen erst wenig ins Einödgebiet eingedrungen, im westfälischen Einzelhofgebiet dagegen haben das nahe Industriegebiet und der Ausbau des Verkehrsnetzes das Land dichter an die Stadt herangerückt und umgekehrt. Die Fabriken sind aufs Land gezogen, Stadtmenschen siedeln sich auf dem Lande an und umgekehrt geht die überschüssige — und nicht nur diese! — Landbevölkerung in städtische Lohnarbeit. Räumlich gesehen, wird davon aber lediglich der Dorfkern betroffen, der erweiterungsfähig ist und überall einen städtischen Charakter erhalten hat. Davon wird aber die Gesamtheit der Feldmark, wie schon im Abschnitt „Einfluß der Siedlungsform auf die Sozialstruktur der Gemeinde" ausgeführt wurde, nicht berührt, immerhin ihre Menschen. Denn die verwandtschaftlichen Bindungen des Einzelhofbauerntums zur Stadt sind heute sehr beträchtlich.

[30] *J. Müller*, „Ein deutsches Bauerndorf im Umbruch der Zeit; Sulzthal in Mainfranken". – Schrift. Rassenpolit. Amt Mainfranken, Beitr. 18. Würzburg 1939. – *Ders.*, „Deutsches Bauerntum zwischen Gestern und Morgen". Ebenda, Beitr. 21. Würzburg 1940.

Es ist nun aber nicht so, daß mit der *Anpassung der Einzelhofgemeinde* an die Belange des modernen Landlebens (im umfassenden Sinne) die Problematik, d.h. hier die Frage nach ihrer Existenzberechtigung in heutiger Zeit, aufgehört hat zu bestehen. Eine solche Anpassung kann selbstverständlich nur lückenhaft und kompromißhaft sein. Es bleibt nach wie vor die räumliche Scheidung von Bauernstand und den anderen Ständen in der Gemeinde bestehen. Zu einer *echten Dorfgemeinschaft*, wie wir sie erstreben und, besonders in historischer Zeit, von den geschlossenen Dörfern kennen, *kann es in der Einzelhofsiedlung*, wie sie in Teilen Nordwestdeutschlands und Oberbayerns unter verschiedenartigen historischen und landschaftlichen Gesetzen entwickelt worden ist, *nicht kommen*. Von großem Einfluß auf diese Frage ist nun aber die Konfession. In den katholischen Einzelhofgebieten stellen die Tradition und die starke bindende Kraft der Kirche gemeinschaftsfördernde Elemente dar, die die größere innere wie äußere Freiheit und häufige gewisse Gleichgültigkeit bei den norddeutschen Protestanten vermissen läßt. Damit sei keine Wertung, sondern lediglich die Situation ausgesprochen. Der sonntägliche Kirchenbesuch im Einzelhofgebiet des Münsterlandes führt die gesamte Einwohnerschaft der Gemeinde, auch aus den entferntesten Höfen, zusammen, eine Gelegenheit, die nach dem Gottesdienst durch ausgiebigen Wirtshausbesuch ausgedehnt wird. Einmal in der Woche, am Sonntagvormittag, entfaltet sich dort ein reges Dorfgemeinschaftsleben, zu dem ebenso sehr wie der Wirtshausbesuch der Einkauf von Lebensmitteln und anderem täglichen Bedarf gehört. Anders im oberbayerischen Untersuchungsgebiet, wo die besondere, vielfach unglückliche Gemeindebildung im Streusiedlungsgebiet durch das Fehlen eines zugkräftigen Mittelpunktes zugunsten der altgewachsenen magnetisch wirkenden Nachbarmärkte eine echte Dorfgemeinschaft nicht zur Entfaltung bringt. Während im Münsterland auch die entferntesten, zum Kirchdorf der Nachbargemeinde schon näher gelegenen Höfe die eigene Kirche und die eigene Schule besuchen, wobei sich Wege bis zu 8 bzw. 5 km in R. ergeben, sind in den oberbayerischen Gemeinden die entsprechenden Höfe seit altersher nach dem nächstgelegenen Kirchdorf eingepfarrt. In den evangelischen Gebieten fehlt eine solche zusammenführende und damit gemeinschaftsfördernde Kraft. Die Eigenbrödelei, Zurückhaltung und der Hang zur Abgeschlossenheit, die dem nordischen Menschen überhaupt liegen, werden dadurch verstärkt.

Wenn also auch heute bereits die einst bestehenden großen Unterschiede zwischen der Gemeinschaftsentfaltung im Einzelhofgebiet und in den einzelnen Dorfgebieten weitgehend verwischt sind, so bleiben sie doch immerhin noch bestehen und können niemals gänzlich ausgelöscht werden. So ist der *Einfluß der Wirtschaftsstruktur auf das Gemeinschaftsleben* auch heute noch sichtbar. In *Dörfern mit Gemengelage* des Besitzes, wo die Bauern zum Teil weite Wege zum Feld haben, sind sie auf gute Nachbarschaft auch heute noch angewiesen. Schon die Trennung von Hof und Feld macht eine dauernde Beaufsichtigung der zerstreut liegenden Parzellen unmöglich, so daß hier die Nachbarschaftshilfe einsetzen muß. Das gleiche gilt von der Maschinen- und Gerätehilfe. Die unmittelbare Arbeitsnachbarschaft, das Teilen der gleichen Sorgen bei Flurschäden und der gleichen Freuden bei günstiger Ernte sind das sicherste Unterpfand einer guten Dorfgemeinschaft.

In *Waldhufendörfern* mit geschlossenem Besitz ist diese Voraussetzung einer echten Dorfgemeinschaft schon nicht mehr in dem Maße gegeben. Die fränkischen Gehöfte liegen für sich auf der Höhe, abgeschlossen von der Umwelt, ihre Hauptfront nach dem inneren Hof gekehrt, so daß sie auch rein äußerlich vom dörflichen Leben und Treiben abgeschlossen sind. Während der Dorfbauer bei Gemengelage viele Feld- und Hofnachbarn hat, hat der Waldhufenbauer nur zwei.

Kennzeichnend für das starke Individualisierungsstreben des Waldhufeners ist jener von *Wähler*[31] wiedergegebene Ausspruch eines Bauern, der, als er gefragt wurde, ob er nicht besser täte, seine und des Nachbarn am Hufenrand entlang führende Wege auf der Besitzgrenze zusammenzulegen und mit dem Nachbarn gemeinsam zu benützen, antwortete: „Nein, das lassen wir so, da hat keiner mit dem anderen etwas zu tun." Gerade die vielseitigen nachbarlichen Verkehrsbeziehungen, die wir im Haufendorf etwa erwähnten, fallen hier fort, mehr noch als im Einzelhofgebiet.

Am exklusivsten in jeder Hinsicht ist der *Einzelhof-* bzw. *Einödbauer*; der Einödbauer, dessen Besitz durch die zentrale Lage des Gehöftes die abgerundetste Gestalt und damit die größte Übersichtlichkeit erhält, ist das Gegenstück zum Dorfbauern mit Streubesitz[32]. Während der nordwestdeutsche Einzelhofbauer zwar im großen und ganzen einen geschlossenen Besitz als charakteristisches Merkmal hat, aber bei Betrachtung der Flurkarten sich doch an vielen Stellen infolge des gemischten Esch- und Kampbesitzes Lücken, also fremde Felder einschieben, erreicht der Einödbauer das Ideal eines jeden Landwirts, die völlige wirtschaftliche Freiheit über sein Land. Wie diese *starke Betonung der Individualisierung* andererseits die Gemeinschaftsentfaltung hemmt, braucht nicht mehr erläutert zu werden. Dafür hat sich in den Streusiedlungsgebieten eine Art von Nachbarschaftshilfe gebildet, nämlich die von Hof zu Hof, eine Kameradschaft, die aus dem Gefühl der Abgeschlossenheit und Einsamkeit erwachsen ist und sich infolgedessen auf entsprechende Hilfeleistungen erstreckt. Die größere Gemeinschaft, also die Dorfgemeinschaft, fehlt hier; früher jedoch, als die Gemeindegliederung noch nicht bestand, waren durch den Zusammenschluß zu Bauerschaften gewisse gemeinschaftliche Bande gegeben.

In den untersuchten Gemeinden wurde auch der Frage des *genossenschaftlichen Zusammenschlusses* Beachtung geschenkt. Irgendwelche Einflüsse der Siedlungsweise konnten nirgends festgestellt werden. Auch der Hinweis von *Christaller*[33] auf das besonders gut entwickelte Genossenschaftswesen im Einödgebiet des Allgäus kann als einziges Kriterium nicht im größeren Zusammenhang gewertet werden. Man kann weder behaupten, daß im Streusiedlungsgebiet das Genossenschaftswesen besser entwickelt ist noch im Gebiet der geschlossenen Dörfer.

Die Struktur, für die wir wichtige Einflüsse der Siedlungsgestalt feststellen konnten, prägt sich ebenfalls in der Art der Gemeinschaftsentfaltung aus. Wo immerhin so klare räumliche, soziale Trennungslinien bestehen wie zwischen den münsterischen halbstädtischen Dörfern und der bäuerlichen Feldmark, kann ein echtes Dorfgemeinschafts-

---

[31] *Wähler, Martin,* Thüringische Volkskunde. 1940. S. 102.
[32] *Streubesitz* darf nicht mit *Streusiedlung* verwechselt werden. Streubesitz bezeichnet die Flurlage des Einzelbetriebes, Streusiedlung die Siedlungsweise einer bäuerlichen Gemeinschaft.
[33] Mündliche Mitteilung.

leben sich natürlich nicht in dem Maße entfalten wie in einem Dorf, wo alle sozialen Gruppen zusammenleben und aufeinander angewiesen sind. Wesentlich anders liegen schon die Dinge in Oberbayern, wo auch die kleinen Dorfkerne, wenn auch mit Weilergröße, sich aus einer rein ländlichen Bevölkerung zusammensetzen, zwar nicht aus einer bäuerlichen, aber immerhin landwirtschaftlichen Bevölkerung, die die Sorgen des Bauern teilt. Wenn die Sozialstruktur des geschlossenen Dorfes trotzdem aber nicht völlig befriedigend das Gemeinschaftsleben beeinflußt, so hat das seine Gründe in den Gefahren der Verstädterung, die hier am schnellsten und nachhaltigsten Eingang finden kann, eine Gefahr, die zwar in den stärker gewerblich durchdrungenen Landschaften am offensichtlichsten ist, die aber als Lebensform und Geisteshaltung sich auch in die rein ländlichen Bezirke einschleicht. Es ist nicht möglich, die Beziehungen zwischen Siedlungsgestalt, Sozialstruktur und Gemeinschaftsleben auf eine allgemein gültige Formel zu bringen. Der gesamte Organismus und das Spiel seiner Kräfte ist viel zu kompliziert und verschiedenartig, als daß sich großräumige Gesetzmäßigkeiten ableiten ließen. Wenn dieser Satz ein Ausdruck ist für die Erkenntnisse im niedersächsischen Haufendorfgebiet, so gewiß nicht für die kleinen Dörfer gewann- oder weilerartigen Gepräges in den ausgesprochenen Agrarlandschaften Bayerns. Während weithin größere Unterschiede zwischen dem Lebensgefühl der Bauern- und Arbeiterbevölkerung eines Dorfes gesehen werden[34], betont *E. Beck*[35] die Zugehörigkeit der Fabrikarbeiter zur bäuerlichen Dorfgemeinschaft einer Oberpfälzer Gemeinde. Einmal sind sie als Gütler an der landwirtschaftlichen Arbeit beteiligt, mit bäuerlichem Wesen versippt, und zum anderen, was mir besonders wichtig erscheint, keine eigentliche bewegliche Industriebevölkerung, sondern seßhaft und durch eine nahe ländliche Arbeitsstätte dem bäuerlichen Lebenskreise nicht so fern. Anders beispielsweise in unseren südniedersächsischen Gemeinden, wo größere Fabriken einen erheblich weiteren Einzugsbereich verlangen, was die Arbeiterbevölkerung arbeits- und entfernungsmäßig von ihrer eigenen Dorfgemeinschaft die längste Zeit des Tages trennt; so können sie an der landwirtschaftlichen Arbeit und ihrem Rhythmus nicht teilnehmen, abgesehen davon, daß sie vielfach zugezogen sind und kein inneres Verhältnis zu ihrem Wohnort haben. Man kann wohl allgemein sagen, daß von allen Siedlungsformen in den geschlossenen Dörfern eine echte Dorfgemeinschaft sich entwickeln kann, in denen ein ausgeglichenes Sozialgefüge besteht. Das ist genau so der Fall in einer gesunden bäuerlichen Gemeinde wie in einer sozial vielfach geschichteten Gemeinde, in der aber ein wenn auch noch so kleiner Landbesitz das gemeinsam Bindende darstellt (siehe unser Realteilungsgebiet auf der Fränkischen Platte). Andererseits darf man ja nicht die Wirkungen übersehen, die beispielsweise eine nichtbäuerliche Kleinsiedlung am Außenrand eines geschlossenen Dorfes auf die Gemeinschaft ausübt oder — wie im Waldhufendorf — die freie ungestörte Lage des Bauerngutes gegenüber der räumlichen Enge der Häusler im Talgrund.

Wir haben im Verlaufe der Arbeit gesehen, daß eine einseitige Stellungnahme zum Problem, welcher *Siedlungsform, formal betrachtet,* in Zukunft der Vorzug zu geben

---

[34] *Hans F. K. Günther,* „Das Bauerntum als Lebens- und Gemeinschaftsform", a. a. O. S. 245 f.
[35] *E. Beck,* „Kaltenbrunn. Das Leben einer Marktgemeinde in der Oberpfalz". Fränk. Forsch. H 11. Erlangen 1938, S. 12 u. 29.

ist, aus den vielfältigen oben angestellten Erwägungen heraus nicht gerechtfertigt ist. Volkspolitische, kulturpolitische und nicht zuletzt wirtschaftliche Gesichtspunkte und Belange gehen nicht immer konform, sondern stehen sich vielfach geradezu scharf gegenüber. Wenn wir heute wieder bewußt die dörfliche Gemeinschaft fördern, dann ist eine *gewisse Geschlossenheit des Dorfgrundrisses* die erste Voraussetzung. Unbeschadet aller vorher genannten Vorzüge liegt der Einzel- und Einödhof viel zu fern allem Gemeinschaftsleben, als daß ein Zusammengehörigkeitsgefühl aufkommen könnte; es ist bezeichnend, daß in diesen Siedlungsformen die *Nachbarschaft* eine weit größere Rolle spielt als die *Dorfgemeinschaft*. Auch noch für das weit auseinander gezogene Waldhufendorf äußert sich *E. Lehmann*[36] ähnlich, wenn er den *Wert einer Dorfmitte* schildert, die im Waldhufendorf im Vergleich zum geschlossenen Dorf nur schwach ausgebildet ist:

„Andererseits kann sich in der Dorfmitte manches begeben, wovon aber die weiter draußen wohnenden Dorfgenossen nichts erfahren oder wozu sie zu spät kommen. Die Bewohner der Dorfmitte haben das beruhigende Gefühl, näher daran zu sein an den Vorkommnissen, die sich hier abspielen, die entfernteren dagegen werden das Gefühl nicht los, daß sie zu spät kommen oder etwas versäumen könnten ... Im geschlossenen Kleindorf dagegen sind sozusagen immer gleich alle mit dabei."

Andererseits dürfen wir auch wieder nicht vergessen, daß von der Gemeinschaftsverbundenheit der Weg zur neugierigen Verfolgung allen Tun und Treibens nicht weit ist, so daß es auch aus diesem Grunde viele Dorfgenossen gibt, die lieber heute als morgen ihr Dorfgehöft hinaus auf das eigene Feld setzen würden, wo sie ungesehen und ungestört leben können.

Eine weitere Voraussetzung ist eine gut ausgewogene Sozialstruktur. Es ist bekannt, daß die besten Beziehungen zwischen sozial gleichgestellten und in gleichen Lebenskreisen wohnenden Menschen bestehen[37]. Der Großbauer fühlt sich am meisten zum Großbauern hingezogen, der Häusler zum Häusler. Aber darüber hinaus umfaßt der Kreis nachbarlich-gemeinschaftlicher Beziehungen auch eine Gruppe halbbäuerlicher und halbstädtischer Berufe, die *Günther* mit „Dörfler" bezeichnet und zu denen der Handwerker genauso gehört — weil er als Halbbauer oder Bauernsohn bodenverbunden ist — wie der „besitzende" Gastwirt, wie der Landarbeiter, Müller und Fuhrmann. Ebenso gehören hierher der Geistliche und der Lehrer, soweit sie sich dem ländlichen Leben auch innerlich verbunden fühlen. Außerhalb dieser Gemeinschaft steht stets der einem anderen Lebenskreis angehörende Fabrikarbeiter, der städtische Angestellte, Beamte und kleine Rentner, also Menschen, die aus ideellen oder materiellen Gründen auf dem Lande wohnen, die aber nicht durch die Arbeit am Boden notwendig mit ihm verbunden sind. So bilden sich dann in Dörfern mit stärkerem Anteil nichtlandwirtschaftlicher Elemente am ehesten gemeinschaftshindernde innere Gegensätze heraus. Interessant ist in diesem Zusammenhang ein Hinweis auf die *Siedlungspolitik der Italiener in den Urbarmachungsgebieten*. Hier wird aus mancherlei schwerwiegenden, vornehmlich hygienischen Gründen und wegen der Verstädterungsgefahr dem Einzelhofsystem an Stelle des für den Süden so charakteristischen Haufendorfes der Vorzug

---

[36] *Emil Lehmann*, „Gemeinschaftsentfaltung im Waldhufendorf", a. a. O. S. 1037.
[37] *Hans F. K. Günther*, a. a. O. S. 25 f.

gegeben. Der Befriedigung der Gemeinschaftsbedürfnisse (Schule, Kirche, ärztliche Versorgung, Verwaltung, Markt) dient ein „Centro", die „Zelle", die jedoch niemals dörfliches Gepräge annehmen und lediglich die für die bäuerliche Streusiedlung notwendige nichtbäuerliche Bevölkerung enthalten soll[38]. Wir erkennen also eine klare soziale Scheidung, um der dort naheliegenden Gefahr bäuerlicher Verstädterung von vornherein vorzubeugen.

Für eine breit auszubauende *Dorfkultur* kann bei uns jedoch lediglich das Dorf die Grundlage liefern. *Gemeinschaft* kann nur aus *gemeinsamem Erleben* erwachsen[39]. Einrichtungen wie Kindergärten, Gemeinschaftsbauten, Sportplätze erfüllen erst dann ihren tieferen Zweck, wenn sie zentral liegen und von den Dorfbewohnern gleich bequem erreicht werden können. Kinder wachsen besser in der Gemeinschaft auf als auf dem einsamen elterlichen Hof draußen auf der Feldmark. Bauernkinder der Streusiedlungsgebiete müssen sich erst an die Gemeinschaft gewöhnen, während sie den Dorfkindern etwas Natürliches, Selbstverständliches ist. So sind es denn auch der Wille und die Verpflichtung zur Gemeinschaft gewesen, die das *Dorf als typische deutsche Siedlungsform geschaffen* haben und die sich dann auch *über die Volksgrenzen hinaus in Gebiete gänzlich anderer Siedlungsformen als deutsche Eigenart* versucht haben zu übertragen. Im europäischen Osten finden wir sie heute noch, in den nordamerikanischen deutschstämmigen Siedlungsgebieten, wie gerade in Pennsylvanien, nicht mehr: das Dorf wurde als deutscher Siedlungstyp hinübergenommen und aufgebaut, mußte aber bald dann doch dem amerikanischen Schachbrettmuster, dem Einzelhofsystem, weichen, und zwar weniger aus wirtschaftlichen Erwägungen heraus als unter dem Zwange der Vermessungen, die keine Rücksicht auf die deutschstämmigen Dorfsiedlungen nahmen[40].

Zusammenfassend können wir, besonders im Hinblick auf die künftigen Erfordernisse, feststellen, daß keine unserer vorhandenen Siedlungsformen alle wünschenswerten Vorzüge in sich vereinigt. Wir haben gesehen, daß zwar der Einzelhof – am besten mit Einödflur – betriebswirtschaftlich fraglos die beste Lösung darstellt, daß das geschlossene Dorf aber dafür im allgemeinen die besten Voraussetzungen für eine harmonische, wohl ausgewogene Sozialstruktur und damit auch für die Entfaltung echten Gemeinschaftslebens zu bieten vermag. Daß dies durchaus nicht immer so ist, lehrte uns das südhannöversche agrarisch-industrielle Mischgebiet, andererseits braucht ein Einzelhofgebiet sich nicht immer unbedingt gemeinschaftshemmend auszuwirken, da gewöhnlich seine ursprüngliche Siedlungsgestalt, der wachsenden Arbeitsteilung im Industriezeitalter entsprechend, abgewandelt ist. Die großen Gegensätze, die zur Zeit

---

[38] *Fr. Vöchting*, „Die Binnenkolonisation in Italien". Kieler Vorträge H. 64. Jena 1941.
[39] Vgl. demgegenüber die kommunistischen Motive zur Beseitigung von Einzelhöfen in der Sowjetunion, die neben der „Pflege" des Gemeinschaftslebens mit der Kollektivierung begründet werden (z. B. *Plaetschke*, „Beseitigung der Einzelhöfe und Streusiedlungen in der Sowjetunion". Z. Ges. Erdkde. Berlin 1940. H. 5/6, S. 204–210).
[40] *Emil Meynen*, „Das pennsylvaniendeutsche Bauernland". Deutsches Archiv für Landes- und Volksforschung, 1939, S. 253–292, und demnächst in „Lebensraumfragen europäischer Völker", 3. Bd., in seinem Beitrag „Die altweltlichen Dorfsiedlungen in Amerika".

autarker Hauswirtschaft Dorf- und Einzelhofsiedlung waren, bestehen heute nicht mehr. Die Siedlungsplanung für den ländlichen Aufbau in den neuen Ostgebieten versucht, die Vorzüge der althergebrachten Siedlungsformen in der Entwicklung neuer zu vereinigen, d. h. also die Dorfform, weil sie die größeren Voraussetzungen einer Gemeinschaftsbildung bietet – mit gewisser geschlossener Hoflage zu verbinden, soweit Bodengestaltung und betriebliche Belange es fordern[41]. Die Dorfsiedlung ist am günstigsten in Ackerbaugebieten und in ebenem Gelände. Daß es aber verfehlt wäre, das geschlossene Dorf zum Dogma zu erheben, möge die ganze Vielfalt der Grundlagen und Erfordernisse beweisen, die in der vorliegenden Untersuchung aufgezeigt wurden; die Siedlungsform ist an Oberflächengestalt, Menschenmaterial und Betriebsgröße unter Berücksichtigung der dargelegten Gesichtspunkte anzupassen.

Zusammenfassung

Die Untersuchung geht dem Problem nach, inwieweit die Siedlungsform das Wirtschafts- und Sozialgefüge der Dörfer und darüber hinaus der Gemeinden zu beeinflussen vermag und welche Folgen sich daraus für die Dorfgemeinschaft ergeben. Dazu wurden Bauerndörfer mit formal sehr unterschiedlichen Siedlungsformen auf ihre soziale und wirtschaftliche Struktur hin untersucht, nämlich:

a) Streusiedlungen
   1. im Esch-Kampgebiet des Münsterlandes (Krs. Münster),
   2. im Einöd-Weilergebiet Oberbayerns (Krs. Wasserburg a. Inn),
b) geschlossene oder Dorfsiedlungen
   1. locker gebaute, kleinere niedersächsische Haufendörfer (Lüneburger Heide, Krs. Fallingbostel, und Südniedersachsen, Krs. Marienburg) und ein eng gebautes, großes mainfränkisches Haufendorf (Fränkische Platte, Krs. Marktheidenfeld),
   2. ein schlesisches Waldhufendorf als planmäßige mittelalterliche Rodungssiedlung (Glatzer Bergland, Krs. Glatz) und
   3. ein friderizianisches Kolonistendorf als planmäßige Siedlung des 18. Jahrhunderts (Oderbruch, Krs. Oberbarnim).

Keine unserer vorhandenen Siedlungsformen vereinigt alle wünschenswerten Vorzüge in sich. Der Einzelhof – am besten mit Einödflur – stellt betriebswirtschaftlich fraglos die beste Lösung dar, das geschlossene Dorf bietet dafür aber im allgemeinen die besten Voraussetzungen für eine harmonische, wohl ausgewogene Sozialstruktur und damit auch für die Entfaltung echten Gemeinschaftslebens. Daß dies durchaus nicht immer so ist, lehrt das südhannöversche agrarisch-industrielle Mischgebiet, andererseits

---

[41] Vgl. „Landvolk im Werden", herausgeg. von *Konrad Meyer*, Berlin 1941, und die Grundrisse in „Planung und Aufbau im Osten", herausgeg. vom Reichskommissar für die Festigung deutschen Volkstums, Berlin 1941.

braucht ein Einzelhofgebiet sich nicht unbedingt gemeinschaftshemmend auszuwirken, da gewöhnlich seine ursprüngliche Siedlungsgestalt, der wachsenden Arbeitsteilung im Industriezeitalter entspechend, abgewandelt ist. So zeigt der „soziale Grundriß" (worunter Art und Form beruflich-sozialer Streuung über das Dorf bzw. die Gemeinde zu verstehen ist) für beide Streusiedlungsgebiete eine klare räumliche Scheidung der landwirtschaftlichen Bevölkerung, die über die Feldmark verstreut sitzt, von der nichtlandwirtschaftlichen Bevölkerung, die sich im Dorfkern sammelt. Dies allmähliche Wachsen eines dörflichen Kernes hat in den kräftigen Großgemeinden (Kirchspielen!) des Nordwestens zu 700—900 Einwohner zählenden Dörfern geführt, während er in Oberdeutschland über das Stadium eines Weilers mit wenigen zentralen Funktionen wegen zu geringer Entfaltungsmöglichkeiten (Nähe von Marktorten) nicht hinauskommt. Die großen Gegensätze, die zur Zeit autarker Hauswirtschaft Dorf- und Einzelhofsiedlung waren, bestehen heute nicht mehr. Die neue Siedlungsplanung versucht, die Vorzüge der althergebrachten Siedlungsformen in der Entwicklung neuer zu vereinigen, das heißt also die Dorfform — weil sie die größeren Voraussetzungen einer Gemeinschaftsbildung bietet — mit gewisser geschlossener Hoflage zu verbinden, soweit Bodengestaltung und betriebliche Belange es fordern. Zum Dogma jedoch das geschlossene Dorf zu erheben, wäre verfehlt.

Verzeichnis der Karten

Karte 1. Streusiedlungsgemeinde R., Landkreis Münster
Karte 2. Streusiedlungsgemeinde L., Kreis Wasserburg, Oberbayern
Karte 3. „Sozialer Grundriß" von Dorf R., Landkreis Münster
Karte 4. Flurlage eines Bauernhofes (48 ha) und zweier Arbeiter-Kötterhöfe
Karte 5. „Sozialer Grundriß" von I., Kreis Wasserburg, Oberbayern, und Besitzland von 2 Weilerhöfen
Karte 6. Besitzstand von 3 Einöden und 1 Weilerhof in der Gemeinde I., Kreis Wasserburg, Oberbayern.
Karte 7. „Sozialer Grundriß" des Haufendorfes N., Ambergau (Südhannover)
Karte 8. „Sozialer Grundriß" des Haufendorfes K., Kreis Fallingbostel (Lüneburger Heide)
Karte 9. „Sozialer Grundriß" des Haufendorfes H., Fränkische Platte (Mainfranken)
Karte 10. Besitzstand eines 7 ha Bauernhofes (ausschließlich 7 ha Pachtland) und eines 2,8 ha Handwerker-Bauernhofes in der Gemeinde H., Kreis Marktheidenfeld
Karte 11. „Sozialer Grundriß" des Waldhufendorfes O.
Karte 12. „Sozialer Grundriß" des friderizianischen Kolonistendorfes N., Oderbruch

Tabelle 1
Statistischer Überblick[1]

Gemeinde im Kreis	Münster	Wasserburg Obb.	Fallingbostel Lüneburger Heide	Marienburg Ambergau	Marktheidenfeld Mainfranken	Glatz Glatzer Bergland	Oberbarnim Oderbruch
1. Gemeindegröße/qkm 1937	36,34	13,00	8,57	7,44	15,63	23,94	8,36
2. Einwohnerzahl 1933	1714	1714	495	381	1290	1387	636
3. Bevölkerungsdichte/qkm 1933	47,6	55,6	57,8	51,2	82,5	58,0	76,1
4. ldw. n. forstw. Bevölkerung in % v. Zeile 2 1933	48,9	69,8	56,2	48,0	70,9	63,2	77,0
5. Agrar. Dichte/qkm 1933	38,3	58,5	45,1	40,4	78,8	47,8	63,6
Ldw. Bodennutzung (1937)							
6. ldw. Nutzfläche in ha und in % der Gesamtfläche	2188 60,2	863 66,4	617 72,0	461 60,9	1161 74,3	1833 76,6	771 92,2
7. Ackerland in % der ldw. Nutzfläche	56,8	55,9	66,3	87,0	95,7	79,5	96,6
8. Wiesen in % der ldw. Nutzfläche	1,6	41,9	7,3	7,7	4,0	11,8	0,6
9. Weiden in % der ldw. Nutzfläche	38,8	1,2	25,3	1,5	—	7,5	0,3
10. Weizen in % des Ackerlandes	13,7	8,5	0,2	21,3	11,1	8,9	22,4
11. Roggen in % des Ackerlandes	21,8	20,3	40,4	14,5	3,1	17,9	11,5
12. Gerste in % des Ackerlandes	12,4	10,4	1,9	26,9	17,7	18,8	13,3
13. Hafer in % des Ackerlandes	19,4	21,8	23,1	14,7	8,9	16,3	5,1
14. Kartoffeln in % des Ackerlandes	7,2	8,1	15,0	6,1	14,0	11,2	16,4
15. Zuckerrüben in % des Ackerlandes	0,1	—	0,4	12,2	0,1	0,1	3,5
Betriebsgrößengruppen (1937)							
16. Gesamtbetriebsfläche in ha[2]	2770,80	1109,00	686,15	404,75	1144,00	2019,07	750,73
17. 0,5–2 ha in %	2,1	1,0	3,5	3,9	5,3	0,6	1,7
18. 2–5 ha in %	5,6	9,8	3,0	3,0	26,0	5,7	2,1
19. 5–10 ha in %	—	13,9	14,0	17,0	51,7	39,5	46,5
20. 10–20 ha in %	21,5	36,4	34,8	—	13,1	38,0	25,0
21. 20–50 ha in % der Gesamtfläche	34,3	38,9	32,6	63,1	16,9	11,2	24,7
22. 50–100 ha in % fläche	19,3	—	12,1	12,9	—	5,0	—
23. 100–200 ha in %	—	—	—	—	—	—	—
24. über 200 ha in %	17,1	—	—	—	—	—	—

1 Berechnet nach Unterlagen des Statistischen Reichsamts Berlin und des Bayerischen Statistischen Landesamts München.
2 Nach Abzug evtl. Gemeindewaldes.

Tabelle 2
Beruflich-soziale Gliederung[1]
in % der Zahl der Haushaltungen

Gemeinde im Kreis	Münster	Wasserburg Obb.	Fallingbostel Lüneburger Heide	Marienburg Ambergau	Marktheidenfeld Mainfranken	Glatz Glatzer Bergland	Oberbarnim Oderbruch
Zahl der Haushaltungen	360	143	123	94	296	376	187
1. Landwirtschaft (im Hauptberuf)	28,6	51,7	46,3	29,5	45,6	67,8	43,2
darunter:							
Bauern	17,2	32,2	28,5	11,7	30,1	17,6	14,4
selbständige Landwirte	9,7	14,7	17,1	6,4	15,2	31,9	6,4
landwirtschaftliche Arbeiter	1,7	—	0,8	8,2	—	17,8	21,5
2. Handwerker (selbständige)	10,3	10,5	17,9	22,3	5,9	8,0	11,2
3. Gastwirte und Kaufleute	2,2	3,5[2]	3,3	3,4	5,1[2]	3,7	6,3
4. Beamte und Angestellte	21,7	3,0	4,1	3,4	2,0	2,6	8,5
5. nichtlandwirtschaftliche Arbeiter	22,1	20,5[3]	21,1	32,8	4,3[3]	7,4	5,5
6. Rest: freie Berufe, Altsitzer, Rentner u. a.	4,1	10,8	7,3	8,6	7,1	10,5	25,3
z. Vgl.: landw. und forstw. Bevölkerung in % der Gesamtbevölkerung 1933	48,9	69,8	56,2	48,0	70,9	63,2	77,0

1 Nach örtlichen Erhebungen, Stichjahre: 1937–1941 (unter Berücksichtigung kriegsbedingter Veränderungen).
2 Einschl. 2 Gastwirte, die zugleich ansehnliche Bauernbetriebe haben und unter 1 ebenfalls gezählt sind.
3 Davon die knappe Hälfte gleichzeitig „Gütler" (Zwergbesitz), also auch zur landwirtschaftlichen Bevölkerung zu rechnen.

Tabelle 3
Berufsgliederung und örtliche Verteilung[1] im Münsterland und in Ostoberbayern
(absolut und in % der Haushaltungen)

	Zahl der Haushaltungen	Vollbauern		Vollandwirte über 5 ha		Zusammen		Handwerk		Ländl. Handel[2]		Beamte und Angest.		Nichtlandw. Arbeiter	
		Zahl	in %	Zahl	in %	Zahl	in %	Zahl	in %	Zahl	in %	Zahl	in %	Zahl	in %
R., Kreis Münster															
Gemeinde	360	62	17,2	35	9,7	97	26,9	37	10,3	8	2,2	78	21,7	119	33,1
Dorf	165	5	3,0	1	0,6	6	3,6	26	15,8	5	3,0	49	29,7	68	41,2
Bauernschaft:															
Altendorf	65	15	23,1	15	23,1	30	46,2	4	6,2	1	1,5	13	20,0	13	20,0
Hemmer	60	23	37,1	5	8,3	28	45,4	4	6,7	1	1,7	9	15,0	17	28,3
Eikenbeck	70	19	27,1	14	20,0	33	47,1	3	4,3	1	1,4	7	10,0	21	30,0
L., Kreis Wasserburg															
Gemeinde	148	46	32,3	21	14,7	13	10,5	13	10,5	5	3,5	4	2,8	29	20,5
Dorf	16	2	12,5	–	–	6	37,5	6	37,5	4	25,0	4	25,0	1	6,3
sämtl. Weiler	108	32	29,6	17	14,7	7	6,5	7	6,5	7	0,9	–	–	27	25,0
davon:															
Hampersberg	22	–	–	–	–	2	9,1	2	9,1	–	–	–	–	10	45,5
Hörwart	10	1	10,0	1	10,0	–	–	–	–	–	–	–	–	8	80,0
sämtl. Weiler ohne Hampersberg und Hörwart	76	31	40,8	16	21,1	9	6,6	9	6,6	1	1,3	–	–	9	11,8
sämtl. Einöden	19	11	57,9	4	21,1	–	–	–	–	–	–	–	–	1	5,3

1 1941 bzw. 1938 unter Berücksichtigung kriegsbedingter Veränderungen.
2 Gastwirte, Kaufleute.

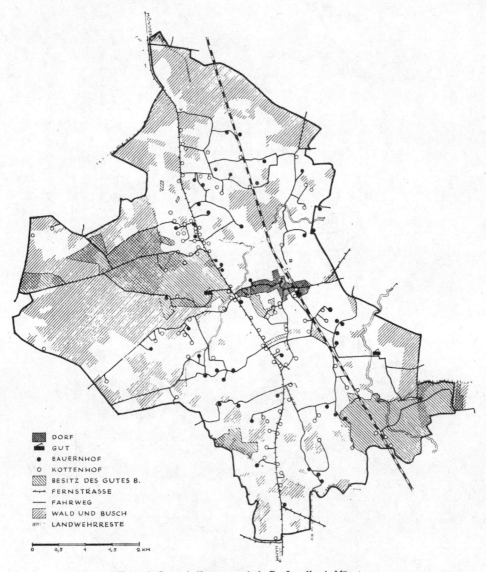

Karte 1: Streusiedlungsgemeinde R., Landkreis Münster.
Die Wald- und Buschverteilung ist nach dem 1939 hergestellten Luftbildplan berichtigt und zeigt besonders beim Busch eine starke Verkleinerung der Flächen.

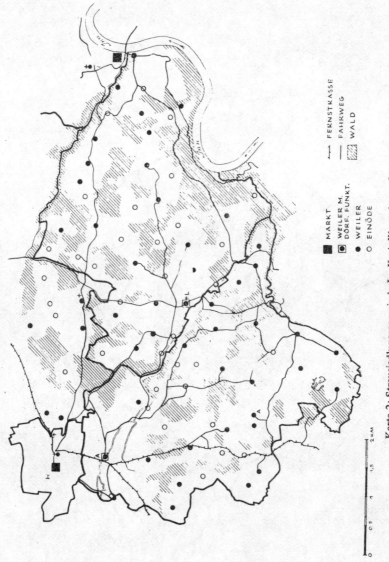

Karte 2: Streusiedlungsgemeinde L., Kreis Wasserburg, Oberbayern.

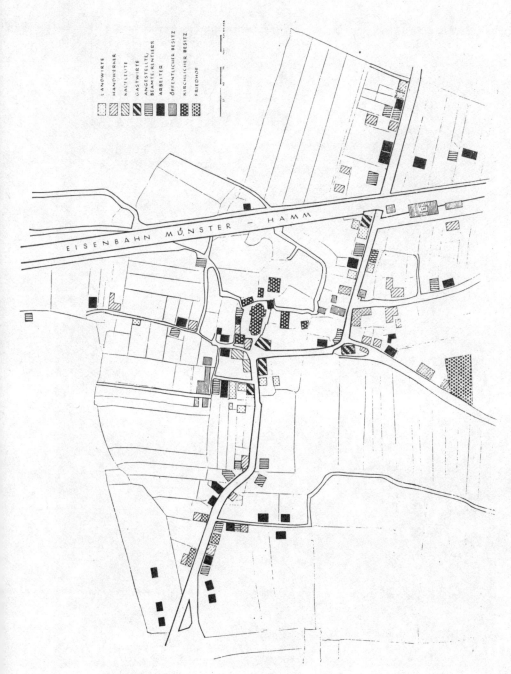

Karte 3: „Sozialer Grundriß" von Dorf R., Landkreis Münster.

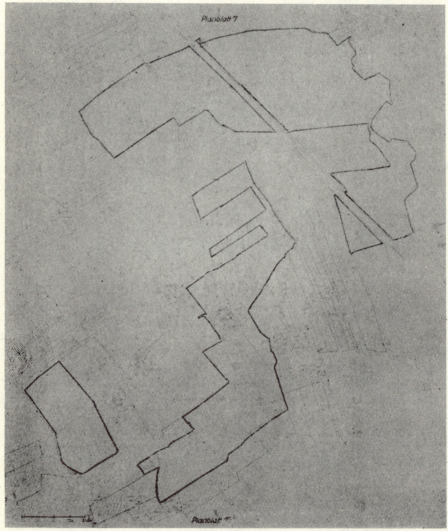

Karte 4: Flurlage eines Bauernhofes (48 ha) und zweier Arbeiter-Kötterhöfe (2,3 und 1,1 ha), Bauerschaft Eikenbeck, R., Landkreis Münster.
(Ausschnitt aus dem Flurplan von R.)

Karte 5: „Sozialer Grundriß von L., Kreis Wasserburg Obb., und Besitzstand von 2 Weilerhöfen.
(Ausschnitt aus der bayerischen Grundkarte, Blatt L)

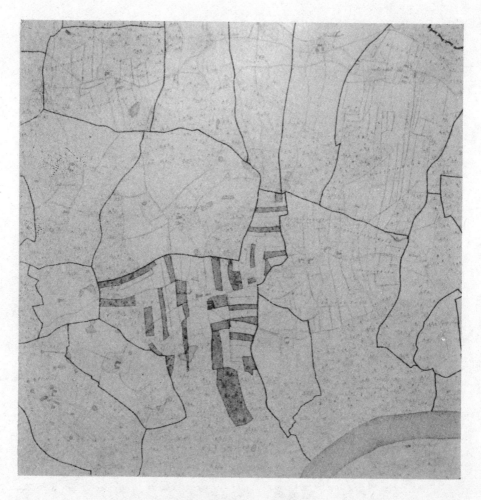

Karte 6: Besitzstand von 3 Einöden und 1 Weilerhof in der Gemeinde L., Kreis Wasserburg Obb. (Ausschnitt aus der bayerischen Grundkarte, Blatt L.)

Karte 7: „Sozialer Grundriß" des Haufendorfes N., Ambergau (Südhannover)

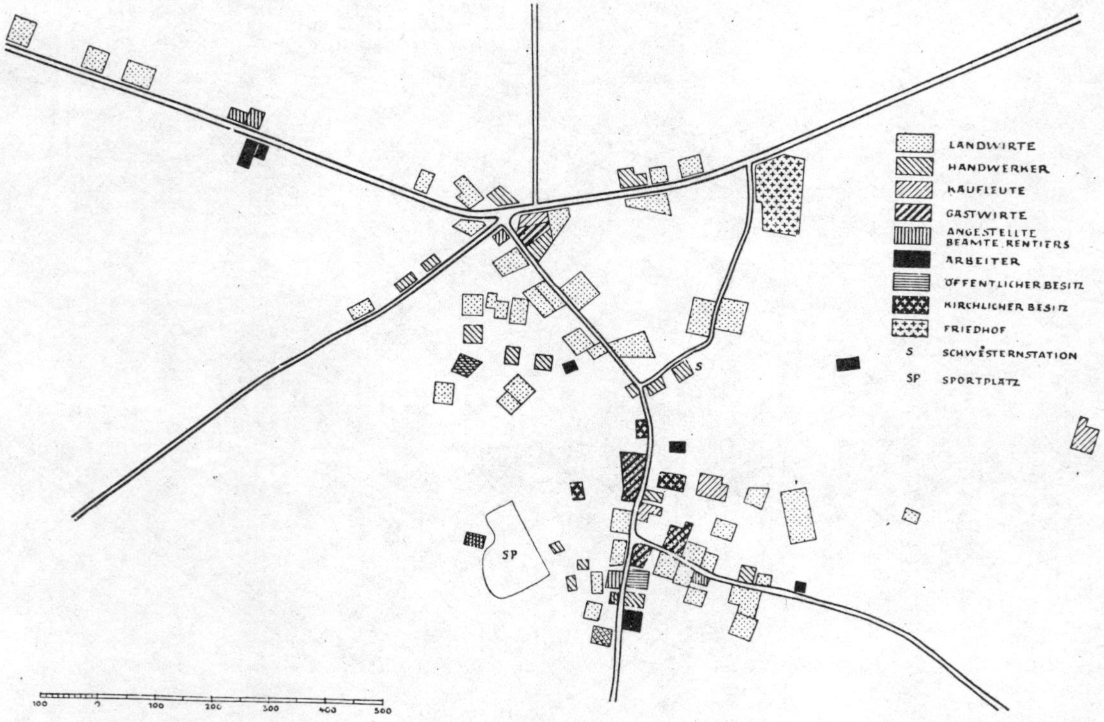

Karte 8: „Sozialer Grundriß" des Haufendorfes K., Kreis Fallingbostel (Lüneburger Heide)

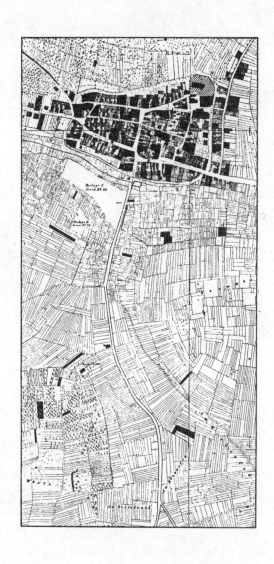

Karte 9: „Sozialer Grundriß" des Haufendorfes H., Fränkische Platte (Mainfranken)
Ausschnitt aus der bayerischen Grundkarte. Blatt H.
(Dazu die Legende der Karte 11)

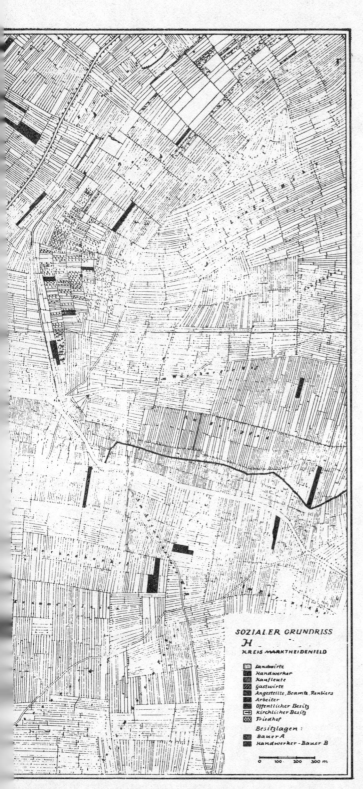

Karte 10: Besitzstand eines 7 ha Bauernhofes (ausschließlich 7 ha Pachtland) und eines 2,8 ha Handwerker-Bauernhofes in der Gemeinde H., Kreis Marktheidenfeld.

(Ausschnitt aus der bayerischen Grundkarte, Blatt H.)

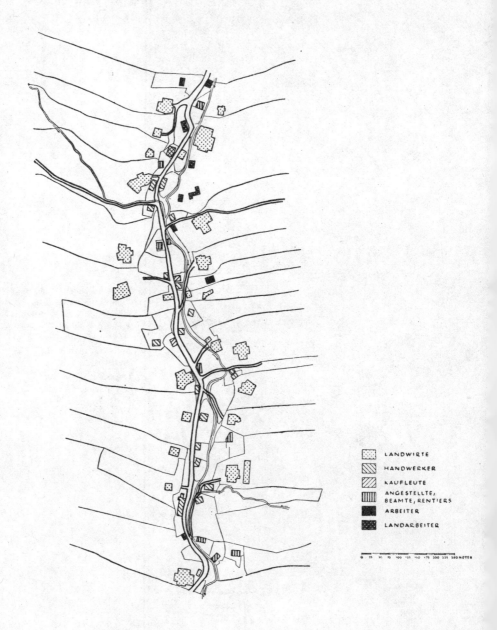

Karte 11: „Sozialer Grundriß" des Waldhufendorfes O. Glatzer Bergland (Ausschnitt), Unterdorf

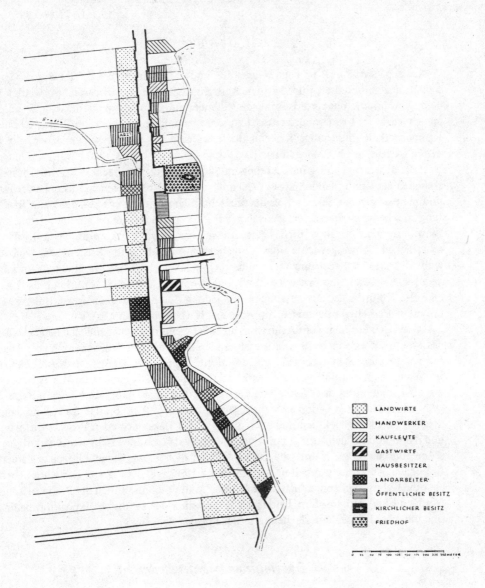

Karte 12: „Sozialer Grundriß" des friderizianischen Kolonistendorfes N., Oderbruch (Ausschnitt), Südhälfte

Agrargeographisches Profil vom Agro Pontino hinauf auf den Vorapennin
Studien zur ländlichen Kulturgeographie von Latium

I. Überblick

Auf der Fahrt von Rom nach Neapel durchquert man im ersten Drittel eine der jüngsten Kulturlandschaften Europas, den Agro Pontino. Sein Gesicht weicht so stark von dem gewohnten, charakteristischen Mittelmeerbild ab, daß er fremdartig – ja, in mancher Hinsicht wäre man versucht zu sagen: amerikanisch anmutet. Einen schönen Rahmen erhält diese junge Küstenlandschaft durch die sanft geschwungenen, gleichmäßig verlaufenden Gebirgslinien des Vorapennin, der die Vulkanhügellandschaften des nördlichen und mittleren Latiums im Südteil ersetzt. Ein rechter Kontrast besteht zwischen der Gebirgslandschaft des Apennin und der fast tischebenen Küstenlandschaft, und man ist geneigt, letzterer als der wirtschaftlich reicheren entschieden mehr Beachtung zu schenken. Hierzu vergegenwärtige man sich, daß erst innerhalb der letzten zehn Jahre sich eine für altweltliche Verhältnisse eigenartige Verlagerung des kulturlandschaftlichen Schwergewichts vom Vorgebirgsland hinab in die Küstenebene vollzog, wobei ersteres an Bedeutung nicht unbeträchtlich eingebüßt hat. Noch vor einem Jahrzehnt stießen hier eine fast unberührte, unbewohnte, verseuchte Naturlandschaft und eine alte Kulturlandschaft zusammen, die jedoch durch die Höhenlage zu isoliert war, um in die Verkehrsbeziehungen von Rom mit Neapel eingespannt zu werden.

Dieses Gebiet reicht vom Asturafluß bis zum sagenumwobenen malerischen Felsklotz des Monte Circeo einerseits und umfaßt andererseits die dem Hochapennin vorgelagerten vorapenninischen Gebirgsketten der Monti Lepini, die parallel zur Küste reichen. Im Süden schließen mit gleicher Struktur, aber anderem Streichen die Mti. Ausoni an, die als Umrahmung des Golfes von Gaeta aber kulturgeographisch bereits unter ausgesprochen südlichen Gesetzen stehen. Dieser nur 15–25 km breite[1] und 60 km lange Streifen bildet zugleich den Südteil Latiums – das Herz der neuen Provinz Littoria – und damit Mittelitaliens, trägt kulturgeographisch also schon verschiedentlich durchaus südmediterrane Züge. Natur- wie kulturlandschaftlich ist das Gebiet einfach gegliedert. In zonaler Anordnung erhalten wir eine klare Höhengliederung von der Küstenebene über die Gebirgsrandzone hinauf aufs Gebirge, während hinsichtlich der Breite zwischen Nord und Süd nur insofern Unterschiede bestehen, als sie durch Exposition bedingt sind und eher lokale denn flächenhafte Bedeutung erlangen.

II. Die Naturlandschaftsgliederung

Zwischen Küstenebene und Gebirgskamm besteht ein Höhenunterschied von 1000–1500 m. Jäh steigen die Mti. Lepini aus der niedrigen, am Gebirgsfuß nur wenige Meter ü. d. M. liegenden Ebene empor. 250–300 m betragen einzelne Steilabstürze zur Ebene.

---

[1] Von der Küste bis zum Gebirgsrücken gerechnet.

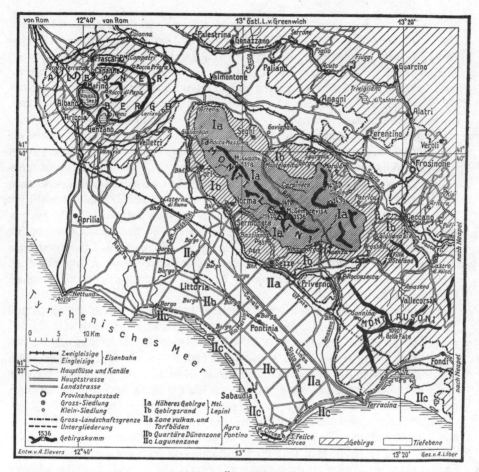

Abb. 1: Übersichtskarte

Die Gebirgsrandzone liegt 350–500 m hoch, wird von der Hauptkammlinie aber durch eine strukturbedingte Tiefenlinie getrennt, hinter der dann das Gebirge von 250–400 m auf über 1000 m unmittelbar ansteigt. Der höchste Gipfel, der M. Semprevisa, erreicht 1536 m, der M. Lupone im Norden 1378 m.

Die Naturlandschaft gliedert sich in zwei Großgebiete: in die Alluvialebene und den Vorapennin. Innerhalb der Alluvialebene unterscheiden wir landeinwärts die Lagunenküste, die etwas höhere Dünenzone und die Zone mit zum Teil vulkanischen, zum Teil Torfböden. Darauf folgt die steil ansteigende, in Kuppen, Rücken und Kalktäler aufgelöste Gebirgsrandzone und darüber das zumeist aus Hochflächen bestehende höhere Gebirge.

Die *alluviale Küstenebene* besteht geologisch wie edaphisch aus mehreren deutlich voneinander unterschiedenen und für die Bodenkultur bedeutsamen Streifen in nordwest-südöstlicher Richtung. Vom Meer landeinwärts erstreckt sich die rezente Lagunenküste aus kalkhaltigen, wenig fruchtbaren Sanden und sumpfigem Gelände in 1–3 km Breite, das die Lagunenseen und zwischen Kap Circeo und Porto Badino (westlich Terracina) die berüchtigten tödlichen „Pantani da Basso" einschließt. In diesem Bereich haben sich die Sande aus älteren und jüngeren Dünen angehäuft, die zusammen mit den bei den Baggerarbeiten heraufbeförderten Erdmassen eine salzreiche saure, deshalb landwirtschaftlich wertlose Zone bilden. Landeinwärts treten wir in die Dünenzone mit sandigen Böden ein, auf denen zum Beispiel Littoria entstanden ist und die etwa 30000 ha, die knappe Hälfte des Agro Pontino, einnehmen. Der Rest entfällt auf einen völlig anderen Typ. Wir gelangen damit von der Zone marinen in die terrestrischen Ursprungs mit mittlerer bis hoher Fruchtbarkeit. Im Nordwesten, den Albanerbergen zunächst, sind dem Gebirge Böden mit vulkanischem Material beträchtlicher Güte vorgelagert, denen östlich einer Linie Sezze-Pontinia tiefdunkle Torfböden hervorragender Fruchbarkeit folgen, das Ergebnis des eigentlichen berüchtigten pontinischen Sumpfes. Im Gebiet der größeren Flüsse des Südteils, zwischen Ufente und Amaseno, treffen wir schließlich noch eine kleinere zusammenhängende Schotterfläche an, deren ausgesprochen rötliche Färbung auf die Terra Rossa zurückgeht und die einen wertvollen Ackerboden darstellt.

Alluviales Aufschüttungsland und kretazischer Kalkapennin stehen sich scharf und ohne Übergang gegenüber. Deltas, Schotterablagerungen kommen wenig vor; nur drei perennierende Flüsse erreichen die Küstenebene (Astura an der Nordgrenze der Mti. Lepini, Ufente in der Mitte und Amaseno im Süden zwischen Mti. Lepini und Mti. Ausoni), im übrigen kommen nur kleinere Torrenten vom Gebirge herab bzw. kommen unterirdisch heraus und nehmen erst bei ihrem Eintritt in die Küstenebene, von zahlreichen Quellen am Kalkhorizont gespeist, perennierenden Charakter an.

Die *Mti. Lepini* verlaufen parallel zum Hauptstreichen des Hochapennin, von Nordwesen nach Südosten. Durch den tiefen Graben des Saccotales sind sie vom Hochapennin völlig getrennt, aber tektonisch und morphologisch eng mit ihm verbunden. Sie beginnen im Norden an der Senke von Lariano, die sie von den Albanerbergen trennt, und reichen im Süden bis zum Amasenotal, das sie von den Mti. Ausoni scheidet. Sie bestehen aus mächtigen Schichten kretazischer Kalke, hier und da von Tuffmaterial aus dem benachbarten Vulkangebiet bedeckt. Reste der ursprünglichen tertiären Decke sind auf der Hochebene von Gorga, jenseits der Wasserscheide, außerdem im Nordosten und Süden erhalten. Ein ausgeprägter Gebirgsrücken beginnt am M. Lupone (1378 m) im Norden, setzt sich in südöstlicher Richtung fort, um im M. Semprevisa (1536 m) und M. Erdigheta (1530 m) zu gipfeln. Im übrigen sind die vorherrschenden Formen Hochebenen von 600 bis 800 m Höhe, besonders im Osten, und Rücken und Kuppen, die 1200–1500 m erreichen. Die Gebirgsränder werden durch Längsbrüche gekennzeichnet, an denen entlang das Gebirge zur pontinischen Ebene abbricht, besonders zwischen Norma und Sezze; ebenfalls sehr steil ist der Absturz des Gebirges zum Saccotal. Der Kalkstruktur entsprechend sind Kalkerscheinungen sehr verbreitet: Dolinen, größere Mulden (sogenannte „Campi", „Prati") und Grotten. Die unterirdische Wasserzirkulation ist ebenfalls reich. Die bereits erwähnten vulkanischen Decken füllen gerade die größeren Karstmulden und machen sie zu fruchtbaren landwirtschaftlichen Gebieten, zum Beispiel die Mulde von Sezze-Bassiano und das Val Suso.

Der große Höhenunterschied von über 1500 m im Gebiet zwischen Tyrrhenischem Meer und den Mti. Lepini bedingt auch erhebliche *klimatische Unterschiede*. Die Höchsttemperaturen werden im August, die Tiefsttemperaturen, die jedoch selten unter 0 Grad liegen, im Februar erreicht. Dem Relief entsprechend, schwankt im Gebirge die durchschnittliche Niederschlagsmenge von Ort zu Ort; in den oberen Regionen der Mti. Lepini fallen im Jahresdurchschnitt mehr als 1250 mm. In der Küstenebene nehmen die Niederschläge von Nord nach Süd zu: die mittlere jährliche Niederschlagsmenge beträgt 980 mm, am Kap Circeo (Elena) 1360 mm. Die Verteilung der Niederschläge entspricht dem bekannten mediterranen Charakter: äußerst spärlich im Sommer, stellenweise sogar mit Dürre bzw. Regenlosigkeit, Hauptregen im Frühjahr und Herbst. Diesem mediterranen Klimacharakter muß sich die Landwirtschaft anpassen. Ist bei uns der Winter die Ruhezeit für den Landmann, so im Mittelmeergebiet nur bedingt der Sommer. Die höheren Gebirgsregionen unterscheiden sich von der Tiefe: die infolge gemäßigter Sommertemperaturen geringere Verdunstung erlaubt eine gewisse, wenn auch extensive Weidennutzung in Form der Transhumanz.

Alter Kulturlandschaft am Hange der Mti. Lepini steht allerjüngste Kulturlandschaft im Agro Pontino gegenüber. Noch vor einem Jahrzehnt waren die pontinischen Sümpfe zum größten Teil eine nicht etwa geschützte, sondern verwahrloste, dem Schicksal einiger weniger Menschen überlassene Naturlandschaft. Ein Gebiet von rund 77000 ha war hier nur zum geringsten Teil wirtschaftlich genutzt, meist als temporäre Weide, und auch nur zeitweilig. Kaum 20 % der geringen land- und forstwirtschaftlichen Fläche waren Ackerland, über 80 % dagegen landwirtschaftlich unbrauchbar. Die *Vegetationsgliederung* zeigt einen klaren Stufenaufbau, der weniger den Boden als die klimatischen Höhenstufen zur Grundlage hat. Sumpfwaldvegetation, heute auf den schmalen Küstenstreifen beschränkt und bedingt mit unseren Auenwäldern vergleichbar[2], kennzeichnete die malariaverseuchten pontinischen Sümpfe. Diese dichten Sumpfwaldungen bestanden aus sommergrünen Eichen, zu denen die Manna-Esche (fraxinus ornus) und – seltener – Hainbuchen traten. Der überwiegende Teil der Ebene ist heute gerodet und in Ackerland verwandelt worden, weit mehr als das altbesiedelte Kulturland der Mti. Lepini. In diesem reicht das geschlossene Ackerland bis zu etwa 800 m hinauf, soweit die Hangneigung es gestattet; davon geht die mediterrane Kulturstufe mit Hainen von Oliven-, Obst- und Walnußbäumen, Haselnußsträuchern und Kastanien und den bekannten, aber abwechslungsarmen mittelmeerischen Hartlaubgehölzen bis zu 500 m hoch. Die darüber einsetzende Steilheit des Gebirges läßt nur noch sporadischen Anbau von Getreide zu. Im übrigen sind die höheren Teile fahl und sehr trocken, die alte geschlossene Walddecke ist verschwunden und statt dessen mit ausgedehnten kargen Weiden, unterbrochen durch schütteren laubwerfenden Buschwald und Macchienvegetation, bedeckt. Während die mittleren Lagen vorwiegend von Kastanien und Eichen bestan-

---

[2] Schöne Pinien und Aleppokiefernbestände sind im 3200 ha großen Parco Nazionale del Circeo, einem Naturschutzpark, zu sehen.

den sind, tritt die Buche als typisch mediterraner Gebirgsbaum infolge der Südexposition auf dieser Seite der Mti. Lepini erst über 900 m an die erste Stelle. Die oberen Regionen, ab 1000–2000 m, sind dagegen nur noch arme nackte Weideböden.

III. Die ländliche Kulturlandschaft

Das imposant ansteigende wilde, fahle Kalkgebirge steht mit der formenarmen grünen Küstenebene – früher noch mehr als heute – in einem engen Zusammenhang. Während vor der Urbarmachung der pontinischen Sümpfe das Gebirgsland der gebende Teil war, ist es heute umgekehrt – eine der meines Erachtens bedeutsamsten Folgen der Urbarmachung. Wurde der bisher siedlungsarme, wenn nicht geradezu siedlungsleere Raum der pontinischen Sümpfe von den alten Siedlungen auf den Vorbergen der Mti. Lepini aus und von fernher einer gewissen beschränkten, äußerst extensiven Weidenutzung unterworfen, so erfolgt die Bewirtschaftung heute vorwiegend von den schmucken leuchtendweiß gekalkten oder gestreuten Einzelhöfen in der Ebene selbst. Aber auch die alten Gebirgssiedlungen sind heute noch – sogar bedeutend produktiver – an der Landnutzung im Tiefland beteiligt.

1. Bevölkerung

Die Bevölkerungsstruktur im Agro Pontini ist eine wesentlich andere als in den Mti. Lepini. Hier entstammt die alteingesessene kleinbäuerliche Bevölkerung dem Stamme der Volsker, auf die auch die meisten Höhensiedlungen zurückgehen; dort setzt sie sich aus einem bunt zusammengewürfelten Haufen jüngst Zugewanderter zusammen, die vor noch einem Jahrzehnt zum großen Teil keinen Pflug zu führen wußten. Ein starker Zustrom aus den Gebirgsgemeinden hat nicht stattgefunden, nur 13 % der heutigen Landbevölkerung des Agro im Durchschnitt entstammen ihnen; 77 % stellte der übervölkerte Norden Italiens, besonders die geburtenreichen Provinzen Venetiens (mit rund 50 %, allein Treviso mit 11,5 %) und der Emilia (mit rund 23 %, allein Ferrera mit 14 %)[3].

Es sind vorwiegend Land- und Industriearbeiterfamilien, Menschen aus allen möglichen Berufen, darunter vor allem Arbeitslose, die im Neuland auf technisch gut ausgestatteten Höfen und mit modernen Landbaumethoden für die Scholle und ein dem deutschen angenähertes Bauerntum gewonnen werden sollen. Daß dabei nicht immer die Besten zuwanderten, ließ sich bei einem so jungen Unternehmen, das an eine qualitative Auswahl noch nicht herangehen konnte, nicht vermeiden.

Die *Bevölkerungsentwicklung* ist im Tiefland noch im vollen Fluß. In der ganzen Provinz Littoria wuchs die Bevölkerung von 1901–1931 um etwas mehr als ein Drittel, vor allem im ersten Nachkriegsjahrzehnt. Die pontinischen Sümpfe waren naturgemäß davon ausgeschlossen. Wie zu erwarten, erfolgte die größte Zunahme im Jahrfünft zwischen der Volkszählung von 1931 und 1936, als die Besiedlung der pontinischen Küstenebene im vollen Gange war, noch stärker bis zum Ausbruch des gegenwärtigen Krieges,

---

[3] L'Agro Pontino, 1940, S. 310.

diesmal fast ausschließlich zugunsten des pontinischen Gebietes, wo die Bevölkerung 1936 fast doppelt so stark war wie 1931 (Provinzdurchschnitt 25 %).

Wie sprunghaft die Bevölkerungszunahme lediglich durch die Urbarmachung des Küstenlandes ist, mag am Beispiel der Gemeinde Sermoneta gezeigt werden, die zur Hälfte im Tiefland, zur Hälfte im teritären Kalkhügelland der Mti. Lepini und zu den alten Bergsiedlungen gehört („Centro" 327 m hoch):

1881	914 Einwohner	1931	2321 Einwohner
1901	1151 Einwohner	1936	3123 Einwohner
1911	1508 Einwohner	1939	3476 Einwohner
1921	1611 Einwohner		

Die Zahl der allein vom ONC. (Opera Nazionale Combattenti = Nationales Frontkämpferwerk) angesiedelten Kolonisten betrug:

1932	5 200	1936	24 700
1933	13 700	1937	24 800
1934	19 300	1938	25 900
1935	23 200	1939	29 300

1931 betrug die durchschnittliche *Bevölkerungsdichte* im Agro Pontino 52 Einw./qkm, in den Gebirgsgemeinden das Doppelte. Von 1936–1942, beim vorläufigen Abschluß des Werkes, war sie im Agro Pontino schon beträchtlich angewachsen: in der allerdings auf dem städtischen Sektor vor allem stark anziehenden Gemeinde Littoria wuchs sie im letzten Jahrfünft von 75 auf über 100 Einw./qkm an, in der ausgesprochen ländlichen Gemeinde Pontinia von 37 auf 50, in Sabaudia desgleichen. Die Gebirgsgemeinden sind wenig angewachsen, weisen im übrigen sehr unterschiedliche Dichten auf, je nach ihrem Anteil an fruchtbaren Böden und Siedelraum (vulkanische Böden in Karstmulden!). So hat die Gemeinde Sezze mit 157 Einw./qkm (1936) die größte Dichte im Bereich der Mti. Lepini, Priverno nähert sich dem Gebietsdurchschnitt, während Sermoneta nur 68 Einw./qkm hat, aber seitdem im Wachsen begriffen ist, weil es erheblichen Anteil am Agro Pontino hat. Jedoch liegt es weniger im Interesse der italienischen Agrarpolitik, im Agro Pontino in erster Linie Menschenmassen unterzubringen als vielmehr gesunde, der deutschen Art angenäherte bäuerliche Verhältnisse zu schaffen. So ist denn auch die Bevölkerungsdichte in der urbargemachten Küstenzone bisher noch sehr gering und wird auch in späteren Zeiten, wenn die Betriebsgrößen mit steigender Intensivierung verkleinert werden können, aus den oben dargelegten Gründen nicht viel höher werden.

Im ganzen haben die Gebirgsrandgemeinden, also die seit jeher größten Siedlungen des ganzen Gebietes, eine für Latium unterdurchschnittliche Dichte (100 gegenüber 140); sie ist jedoch noch viel zu hoch, als daß sie für die Landbevölkerung eine gesunde Grundlage abgeben könnte, wie dies zum Beispiel im nordwestlich angrenzenden vulkanischen Albanergebirge bei einer Dichte von 260 Einw./qkm. (1936) unter weitaus günstigeren natürlichen Bedingungen der Fall ist.

2. Siedlungen

Die Bevölkerungdichte hängt eng mit der Siedlungsweise zusammen, sowohl mit den ländlichen Siedlungsformen wie mit dem Stärkeverhältnis zwischen städtischer und ländlicher Siedlung. In unterem Gebiet prägen drei verschiedene Siedlungsräume die ländliche Kulturlandschaft: die alten Großsiedlungen in beherrschender Hügelrandlage, die mittelalterlichen entlegeneren, rein geschlossenen Gebirgssiedlungen und die ganz jungen Streusiedlungen des Urbarmachungswerkes im Agro Pontino. Etwas weniger ausgeprägt, aber doch noch sichtbar gliedert sich übrigens auch die nördliche Gegenseite jenseits der Wasserscheide der Mti. Lepini.

Ausgesprochen *große stadtähnliche Siedlungen* ländlichen Gepräges, wie sie für weite Teile des gebirgigen und mittleren bis südlichen Italiens charakteristisch sind, beherrschen die Gebirgslandschaft der Mti. Lepini. Diese alten großen Gebirgsrandgemeinden setzen sich zu etwa gleichen Teilen aus geschlossenen Siedlungen, den alten „centri"[4], und aus verstreuten Einzelhöfen zusammen, jüngeren Siedlungen, die in den Karstmulden im Gebirge und in der Küstenebene des Agro Pontino liegen. Die größten Siedlungszentren sind zugleich die ältesten; es sind die alten Volskerstädte, die in ihrer malerischen beherrschenden Akropolis- bzw. Spornlage auf Kalkhügeln weithin über die Küstenebene des Agro Pontino grüßen und die bis vor kurzem als Wächter und Hüter des Landes zwischen Albanerbergen und dem Golf von Gaeta fungierten: in 397 m Höhe *Cori*, das volskische Cora, eines der ältesten Städtchen Italiens; *Norma* in 417 m Höhe, das latinische, dann volskische Norba; *Sermoneta* in 257 m Höhe, die einzige erst mittelalterliche Siedlung unter diesen vier (1222 zum erstenmal erwähnt), und *Sezze* (di Roma) in 319 m Höhe, das Setia oder Suessa Pometia der Volsker (zur Unterscheidung von Suessa Aurunca). Sie sind für unsere deutschen Anschauungen von ländlichen Siedlungen ausgesprochen groß, sowohl als Gemeinden wie als Ortschaften (um nicht zu sagen „Städte", wie es ihrer Größe und äußeren Gestalt entsprechen würde[5]). Cori zählt 8885 Einwohner (davon das Centro 7500), Norma 3350 (alle im Centro), Sermoneta 3321 (Centro 1030). Sezze 16 432 (Centro 7880). Durch die Errichtung größerer Zentren in der pontinischen Ebene und deren moderne Verkehrserschließung haben sie an Bedeutung erheblich eingebüßt und liegen heute etwas abseits, sowohl von der Großverkehrsstraße Rom–Neapel (Via Appia Nuova) wie auch wirtschaftlich und kulturell. Der Zahl nach ist ihre Bevölkerung durch die „Konkurrenz" des Agro Pontino im allgemeinen aber nicht etwa zurückgegangen. Prüfen wir jedoch deren räumliche Verteilung vor und nach der Urbarmachung der Küstenebene, dann ergibt sich meist eine starke Zunahme für die Gesamtgemeinden, aber eine – zwar geringe – Abnahme der geschlossenen Siedlungen auf der Höhe und eine eben in der Gesamtziffer zum Ausdruck kommende bedeutende Zunahme der Streusiedlungen, sofern sie überwiegend in der Tiefebene liegen wie bei Norma und Sermoneta.

Die Einwohnerzahl von Sermoneta verteilte sich zum Beispiel auf geschlossene Siedlungen (Centro und Bahnhof): 1931: 1282, 1936: 1080; Streusiedlungen (Einzel-

---

[4] Das „Centro" ist die geschlossene Siedlung, der die Streusiedlung („case sparse") gegenübersteht.

[5] Eine Stellungnahme zum Charakter italienischer ländlicher Siedlungen soll einem späteren Aufsatz vorbehalten bleiben.

höfe im Agro Pontino, „Campo di Sermoneta"): 1931: 1028, 1936: 2001; insgesamt 1931: 2310, 1936: 3081.

Wo hingegen auch die Streusiedlungen der Gemeinden vorwiegend im Gebirge liegen, haben auch keine wesentlichen regionalen Verschiebungen in der Einwohnerzahl stattgefunden, wofür Sezze ein Beispiel ist, eine Gemeinde mit zwar gut 50 % der Einwohner in Streusiedlungen, jedoch zum größten Teil im Gebirge selbst (im Val Suso, einer mit vulkanischen Lockermaterial mit Tuffen bedeckten Karstmulde). Die Bevölkerungszunahme infolge Errichtung neuer Höfe in seinem geringen Tieflandanteil („Campo Inferiore") kann sich deshalb im Zahlenbild nicht auswirken.

Seine Einwohnerzahl verteilte sich auf geschlossene Siedlungen (Centro und Bahnhof): 1931: 7057, 1936: 8086; Streusiedlungen (Einzelhöfe im Val Suso zu 85 % und im Campo Inferiore): 1931: 8193, 1936: 8346; insgesamt 1931: 15 250, 1936: 16 432.

Es zeigt sich an diesen beiden Beispielen, daß die wirtschaftliche Zukunft im Agro Pontino liegt.

Über der Gebirgsrandzone baut sich als nächstes Stockwerk die *Zone weniger, für italienische Verhältnisse kleiner armseliger Gebirgssiedlungen auf*, dem darüber nur noch die siedlungsleere Waldweide- bzw. Weidezone folgt. Diese abgelegeneren Gebirgssiedlungen haben durchweg geschlossenen, der inneren Struktur nach rein ländlichen, der äußeren Gestalt nach haltstädtischen Charakter. Auch sie haben Sporn- bzw. Akropolislage. Einzelhöfe treten ganz zurück. *Rocca Massima*, die nördliche Siedlung der Mti. Lepini, gegenüber Velletri 735 m. ü. M. über dem Sattel von Lariano gelegen, zählt 1900 Einwohner; *Bassiano,* 562 m ü. M. beherrschend über einer Senke gelegen, ist eine aus einer mittelalterlichen Burg der Herzöge von Sermoneta hervorgegangene Siedlung mit rund 2060 Einwohnern; am Südende des Gebirgszuges, schon im tiefer gelegenen Hügelland unter günstigeren Lebensbedingungen, aber doch verkehrsentlegen über der weiten Mulde des Amasenoflusses, der die Mti. Lepini von den Mti. Ausoni im Süden trennt, liegen ferner die beiden Ortschaften *Roccagorga* (289 m ü. M.) mit rund 3 200 Einwohnern, eine frühmittelalterliche Gründung, und *Maenza* (358 m ü. M.) mit rund 2650 Einwohnern, aus einem Besitz der Caetani Pamphili und Aldobrandi hervorgegangen.

Besondere Aufmerksamkeit haben in den letzten Jahren die neuen, vom ONC. errichteten *Siedlungen im Agro Pontino* erlangt und ein stattliches Schrifttum hervorgerufen. Es ist ein planvoll angelegtes Streusiedlungsgebiet, in dem eine bewußte räumliche Trennung von landwirtschaftlicher, bäuerlicher Bevölkerung in Einzelhöfen und den für diese Siedler notwendigen Handwerkern, Kaufleuten, Verwaltungseinrichtungen usw. in kleinen stadtähnlichen Zentren, mehr oder weniger geschlossenen Siedlungen, fast amerikanisch anmutenden planvollen Anlagen, durchgeführt worden ist. Die neuen Gemeinden sind auf diese Weise auch für italienische Verhältnisse[6] außerordentlich ausgedehnt (rund 100 000 ha), jede hat ihr „städtisches" Zentrum und außerdem in gewissen Abständen an Straßenkreuzungspunkten ein sogenanntes „Borgo", nicht im Sinne der berüchtigten engen, verschmutzten, alten „Borghi",

---

[6] Im Durchschnitt beträgt die Gemeindefläche in Italien 4226 ha (1936), in Deutschland 921 ha (1933).

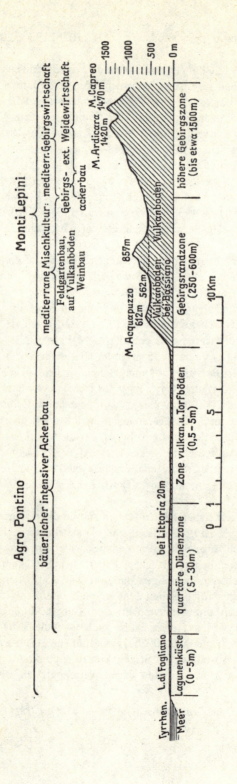

Abb. 2: Profil Südsüdwest — Nornordost von südlich Littoria nach nördlich Sezze

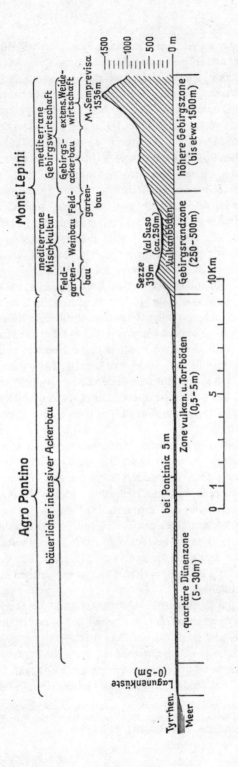

Abb. 3: Profil Südsüdwest-Nordnordost von Pontinia nach Sezze

sondern als Zusammenschluß einiger für den Landmann besonders wichtiger Stellen, in dichterer Streuung, als es bei nur einem Gemeindezentrum möglich ist[7]. In lockerer Anordnung stehen dort ein kleines Wirtshaus („Osteria") bzw. nur eine „Bar", eine Gemischtwarenhandlung, in der die Landbevölkerung den täglichen notwendigsten Bedarf decken kann, ein landwirtschaftliches Lagerhaus („Amasso"), Kirche, Schule, oft mit der Ambulanz räumlich vereint, zusammen. Von den Handwerkern fehlt nie der Mechaniker, im übrigen werden die Reparaturen weitestgehend auf dem Hofe selbst ausgeführt. Das ganze, etwa 90 000 ha umfassende Urbarmachungswerk des Agro Pontino zwischen Apennin und Tyrrhenischem Meer hat bisher fünf solcher Stadtsiedlungen erhalten, die in ihrer Anlage bereits vorhanden sind, aber naturgemäß der freien Entwicklung und des Ausbaues harren: *Littoria* (gegr. 1932) mit rund 3300 Einwohnern (1936), die entschieden größte, schon heute eine ausgesprochene Stadt mit allen entsprechenden Funktionen auf den Gebieten der Verwaltung, des Kultur- und Wirtschaftslebens, zugleich Provinzstadt der nach ihr benannten jüngsten fünften Provinz Latiums; *Pontinia* (gegr. 1934), noch in der allerersten Entwicklung begriffen, die gewiß hinter der der beiden anderen zurückbleiben wird, weil ihr deren zusätzliche fördernde Funktionen fehlen, und *Sabaudia* (gegr. 1933), das durch die Gunst der Halbinsellage an einem landwirtschaftlich reizvollen Lagunensee und dem nahen Meer zu einem Touristenziel ersten Ranges zu werden verspricht. Die bei den jüngsten Zentren, *Aprilia* und *Pomezia* am Nordrande des Agro Pontino und schon auf vulkanischem Boden erbaut, sind erst 1936 bzw. 1938 gegründet worden. Die Einwohnerzahlen bewegten sich zu Kriegsbeginn in den ersten Hunderten; der Krieg hat ihr Wachstum vorläufig unterbrochen. Landstädtchen sollten sie allesamt aber sein und bleiben, Mittelpunkte, Kulturzentren des ländlichen Lebens, das sich in Italien weit mehr als bei uns in der geselligen Gemeinschaft abspielt.

Die Einzelhöfe der Siedler sind ausgesprochene Straßensiedlungen, die an den meist schachbrettartig angelegten Straßen in geringen Abständen voneinander aufgereiht sind. Die Einsamkeit des nordwestdeutschen Einzelhofes kann im Agro Pontino niemals aufkommen. Das schmucke leuchtende Weiß und Hellgelb der kleinen Höfe („poderi") inmitten der – abgesehen von der Reife- und Erntezeit des Weizens – grünen Felder, dazu im Frühjahr die Blütenpracht der freilich noch wenigen Obstbäume oder die zartgelben Wattetupfen der Mimosenbäumchen beleben die im übrigen vollkommen ebene Landschaft sehr reizvoll; hinzu kommt noch die zartblaue Silhouette des Vorapennin, von dessen Hügelstufe die burgartig gelegenen alten Ortschaften grüßen und die das Landschaftsbild wohltuend abschließt.

Das Bild der ländlichen Siedlungslandschaft wäre nicht vollständig gezeichnet, gedächten wir nicht auch noch der einzelnen *Häuser*. Überall in Italien ist der bauliche Unterschied zwischen Einzelhof und geschlossener Ortschaft, dem centro, ungeheuer groß. In den eng gebauten, jahrhundertealten Ortschaften, in die die Errungenschaften der Technik und neuzeitliche Bauweise nur selten eingedrungen sind, kann das Gefühl, daß wir uns in einer vorwiegend von ländlicher oder besser landwirtschaftlicher Bevöl-

---

[7] Und wie es sich auch in unseren deutschen Streusiedlungsgemeinden Nordwestdeutschlands allmählich entwickelt hat (vgl. dazu Sievers, Angelika: Der Einfluß der Siedlungsformen auf das Wirtschafts- und Sozialgefüge des Dorfes. Ber. über Ldw., Bd. 29, 1943, 1. S. 8).

kerung bewohnten Landsiedlung befinden, nicht aufkommen. Und doch ist dem so, wie wir weiter unten sehen werden. Die Landbevölkerung der centri wohnt in diesen Gebieten in zum großen Teil menschenunwürdigen, auch für norditalienische Begriffe noch durchaus rückständigen schmalen, hohen, fensterarmen Häusern zusammen mit Federvieh, Muli, Ziegen und teilweise auch Schweinen unter einem Dach — ohne Stallgebäude! —, sofern die Tiere nicht auf den entfernten Feldern belassen werden. Freilich ist man auch wiederum erstaunt, inmitten dieser unansehnlichen Steinfassaden hin und wieder auf eine im Innern überraschende Wohnkultur zu stoßen, wie sie von den Honoratioren des Ortes gepflegt wird. Ein Hinausbauen außerhalb der Mauern gibt es hier nicht, Arm und Reich bleibt in den schon jahrhundertealten Häusern wohnen; während der Nordländer nach außen lebt und wohnt, ohne freilich das Innere zu vernachlässigen, lebt der Südländer nur nach innen, gewissermaßen „unter Ausschluß der Öffentlichkeit".

Anders sind die Wohnverhältnisse in den Streusiedlungen. Die Weite und Bewegungsfreiheit, der Licht- und Luftreichtum schließen die ungesunden Züge der geschlossenen Ortschaften aus. Die schmale wirtschaftliche Basis hingegen schaltet jegliche auch nur kleinste bauliche Großzügigkeit aus. Stallgebäude kennt man in den Gebieten mit kleinem Eigenbesitz nicht; erst in den Verbreitungsgebieten der Mezzadria, der bekannten italienischen Halbpachtform, finden wir sie in bescheidenem Ausmaße. Zwar macht das warme Klima Ställe überflüssig, darüber hinaus aber sind die Besitzformen auf die Stallfrage von Einfluß. Das beweist deutlich das Nebeneinander von Streusiedlungen in einigen Gebirgsmulden mit vorwiegend kleinem Eigenbesitz unter 5 ha (z. B. Val Suso, Gemeinde Sezze) und in der Küstenebene mit halb bäuerlichen, auf breiterer Grundlage und mit moderneren Methoden wirtschaftenden Siedlern: hier ein nach deutschen Begriffen mittelgroßes zweistöckiges Einheitshaus mit deutlicher, abgetrennter Stallseite, dort das kleine einstöckige Wohnhaus und daneben die für ganz Latium noch charakteristische Hütte aus Bambusrohr mit Grundmauern aus unbehauenem Stein als „Stall" für das wenige Vieh. „Höfe" in unserem Sinne sind also nur rem Sinne sind also nur die nach modernen Gesichtspunkten erstellten Typenhäuser die nach modernen Gesichtspunkten erstellten Typenhäuser im Urbarmachungsgebiet: mit räumlich getrennter Stall- und Wohnseite, mit Einfahrt, Scheune und — erst im Entstehen begriffenem — Gemüsegarten.

3. Landwirtschaft

Der Agro Pontino wie der lepinische Vorapennin sind Glieder des großen Komplexes rein ländlicher Kulturlandschaft von Latium, die sich aus einem Mosaik mediterraner Typen zusammensetzt. Von der Küste bis hinauf ins Gebirge überwiegt bei weitem die ländliche und auch landwirtschaftliche Bevölkerung, die die Landschaften erst zu dem heutigen Bild gestaltet hat.

Berufliche Zusammensetzung nach Wirtschaftszweigen[8]

	A. Landschaften		B. Einige Gemeinden			
	Mti. Lepini[1] %	Agro Pontino[2] %	Sezze %	Littoria %	Pontinia %	Sabaudia %
Landwirtschaft, Jagd und Fischerei.............	69,9	71,7	75,3	71,5	84,6	80,7
Industrie und Verkehr.......	19,1	17,6	12,2	18,0	11,1	9,3
Handel.................	4,9	4,4	5,5	3,6	1,8	3,8
Öffentliche Dienste	2,9	3,8	3,0	5,0	1,3	3,7
Häusliche Dienste	1,5	1,6	2,0	1,2	1,0	1,6
Insgesamt	100,0	100,0	100,0	100,0	100,0	100,0
Davon im Handwerk	10,8	4,5	8,4	2,2	0,9	2,5

[1] Die reinen Gebirgsgemeinden Rocca Massima, Bassiano, Roccagorga, Maenza.
[2] Einschließlich der Gebirgsrandgemeinden (wie Sezze) mit Tieflandanteil

Die Zahlen von 1936 können für die an der Urbarmachung beteiligten Gemeinden zwar keine endgültigen sein, sie zeigen aber doch schon die Tendenz an. Die Industrie ist geradezu bedeutungslos und im übrigen auf die landwirtschaftliche Produktion gegründet (kleine Konservenfabriken [Gemüse und Obst], Zuckerrohrverarbeitung, jeweils in verkehrsgünstiger Lage in Bahnhofsnähe). Die Berufsstruktur unterscheidet sich nicht landwirtschaftlich, im Agro Pontino allerdings dafür nach der Siedlungsform, wie oben bereits angedeutet: in den Streusiedlungen lebt die rein landwirtschaftliche Bevölkerung, in den borghi und centri hingegen nur die für den ländlichen Bedarf arbeitende Bevölkerung. Der Handwerkerbesatz ist in den Berggemeinden erheblich größer als in den jungen Küstengemeinden. Dies ist einmal auf deren Jugend zurückzuführen, dann aber auch auf die Besitzstruktur. Der Siedler ist in den meisten Fällen sein eigener Handwerker; schon die Einzelhoflage verlangt eine größere Unabhängigkeit von fremder Hilfe. Die wenigen Handwerker der jungen Siedlergemeinden konzentrieren sich — entsprechend dem Prinzip der räumlichen Trennung von bäuerlicher und nichtlandwirtschaftlicher Bevölkerung — in den neuerbauten Gemeindezentren[9]. In den alten Gebirgsrandgemeinden Cori, Norma, Sermoneta und Sezze, die wesentlich handwerksreicher sind, leben die Handwerker auch meist im Centro. Zum Beispiel arbeiten 1942 in Sezze allein 290, einige davon in Streusiedlungsgebieten. Die Dichte, 17 Handwerker auf 1000 Einwohner, ist im Vergleich zu unseren deutschen Verhältnissen gering[10]; sie entspricht im allgemeinen dem niedrigen italienischen Lebensstandard und im besonderen dem bedürfnislosen, in vielem noch sehr rückständigen Landbewohner von ganz Latium.

[8] VIII censimento generale d. popolazione 21.4.1936. Bd. IV. Rom 1939.
[9] 1943 wirkten in Pontinia (300 Einw.) 10 Handwerker: Tischer, Schmied, Mechaniker, Töpfer, Schuster, Bäcker, Fleischer; außerdem gab es eine Werkstatt des ONC mit 10—15 Arbeitern.
[10] Der Altreichsdurchschnitt beträgt 23,7, worunter Handwerksbetriebe aber zu verstehen sind, so daß die beiden Vergleichszahlen in Wirklichkeit erheblich weiter auseinanderliegen.

Ursache dieser Rückständigkeit in weiten Teilen des südlichen Mittelitaliens – ganz zu Schweigen von Süditalien – ist großenteils die Besitzstruktur, sowohl Größe wie Rechtsform. In den reinen Gebirgsgemeinden überwiegt im Durchschnitt der Kleinbesitz (mit 42 % der Nutzfläche)[11], in der Hügelrandzone halten sich Kleinbesitz und in kleinen Stücken verpachteter Großbesitz (Gemeinden) die Waage, während in der Küstenebene ganz eindeutig der Großbesitz (mit 73 %)[11] dominiert. Dabei muß aber berücksichtigt werden, daß im Agro Pontino fast der ganze Boden Körperschaften gehört. Freilich handelt es sich bei dem hier dominierenden Großbesitz im wesentlichen um die Gesellschaft des ONC. (Nationales Frontkämpferwerk), um einen ziemlich geschlossenen Komplex von 44 000 ha, der in Wirklichkeit jedoch in Kolonate[12] von durchschnittlich 10–20 ha aufgeteilt ist. Und dies ist für die Gestaltung der Wirtschaftslandschaft, überhaupt der Kulturlandschaft des Agro Pontino entscheidend: das Landschaftsbild beherrscht die mittelgroße, regelmäßig angelegte bäuerliche Flur, hinter der die großflächige Flur durchaus zurücktritt. Zwischen dem Canale Linea (Via Appia) und dem Gebirgsfuß liegt im mittleren Teil des Pontinischen Ackers ein solches Gebiet ausgesprochen großer Feldeinheiten, Güter von Privatgesellschaften bzw. Einzelpersonen außerhalb des ONC-Bereiches, die aber ebenfalls bonifiziert sind. Der regelmäßig geordneten mittelgroßen Flur in der Küstenebene steht im Gebirge, von der Gebirgsrandzone bis an die obere Ackerbaugrenze, ein art zerstückeltes, kleinflächiges Flurbild gegenüber, das auf den privaten Kleinbesitz ebensosehr wie auf die kleinen Pachtbetriebe zutrifft. Nach der Besitzform ist hier eine deutliche regionale Verteilung festzustellen: während die in Gartenkultur genommene felsreiche Hügelrandzone der alten Großgemeinden Kleinbesitz- und Kleinpachtstruktur verrät, tragen die fruchtbaren vulkanischen Böden der inneren Karstdecken und -mulden vorwiegend kleinen bis mittelgroßen, meist verpachteten Privatbesitz, dessen schmucke, kleine, fast Wochenendcharakter tragende Villen („case signorili") von den ärmlichen Hütten und Häusern im Centro wie in den Streusiedlungen der Gebirgsrandzone auffallend abstechen. Im eigentlichen Gebirge dagegen überwiegt der Eigenbesitz knapp den Pachtbesitz (Kolonate). Der Großbesitz äußert sich im Gebirge nicht durch großflächige Fluren. Soweit er nicht in oben geschilderte Kleinpacht aufgeteilt ist, enthält er die Weiden und Wälder der oberen Gebirgsregionen. Träger des Großbesitzes sind in diesen Höhen vorwiegend die Gemeinden, die die Weideländereien als Ulmende („uso civico") nutzen.

Die Betriebsgrößen sind im Agro Pontino, dem planenden Charakter des Urbarmachungswerkes entsprechend, deutlich den Bodenverhältnissen angepaßt. Auf den armen Böden der Dünenzone, die den Agro Pontino durchzieht, überwiegen Häfe von 30 ha, auf seinen fruchtbaren Böden dagegen Höfe von 8–12 ha, an der Via Appia entlang auch wenig darunter. 6–7 ha nur haben andererseits die bewässerten Gartenbaubetriebe, wie sie auf den Sandböden des Borgo Montenero am Südrande des Pontinischen Ackers nördlich Terracina und auch auf den fruchtbaren Torfböden zwischen der Via Appia und dem Gebirgsfuß bei Sezze–Priverno errichtet sind. Noch kleiner sind die Betriebe in der alten Kulturlandschaft der Mti. Lepini auf großenteils wenig ertragreichen Kalkböden.

[11] Censimento generale dell' agricoltura 1930. Rom 1935.
[12] In der besonderen Form der coloni parziari (Teilpachtverhältnis).

Eine bäuerliche Bevölkerung, wenn auch erst im Übergangsstadium des Pächters, erwächst also nur im Agro Pontino. Die im Gebirge auf den Vulkanböden bessergestellte Besitzerschicht, ausgesprochene Weingutbesitzer, werden bezeichnenderweise „signori" genannt, „Herren", die ihr Land nicht selbst bewirtschaften, sondern im Centro oder sogar in Rom wohnen und nur in den Sommermonaten sich in der gesünderen Gebirgsluft vorübergehend aufhalten. Diesen beiden sozialen Schichten steht die in Latium verbreitetste der armen und kleinen Besitzer und Pächter gegenüber, die mit veralteten Methoden eine nicht sehr ertragreiche Landwirtschaft treiben. Einen hohen Prozentsatz der im Centro lebenden Bevölkerung machen außerdem die landwirtschaftlichen Arbeiter aus, heute bedeutend mehr als früher; sie steigen täglich in die zwischen Via Appia und Gebirgshang gelegenen bonifizierten Güter hinab, die also zum großen Teil von oben her, von der Gebirgsbevölkerung, bewirtschaftet werden. Auch die Großgrundbesitzer selbst, soweit es sich um Einzelpersonen handelt, wohnen im Centro, in den gleichen, nach außen kümmerlich anmutenden Häusern wie das übrige Volk.

4. Die Wirtschaftslandschaft

Wenden wir uns nunmehr der Wirtschaftslandschaft zu. Sie gliedert sich in mehrere deutlich wahrnehmbare Zonen, deren jede ihr eigenes Gesicht hat und in hervorragender Weise die anfangs geschilderten natürlichen Verhältnisse widerspiegelt. Trotz aller Individualität stellen sie jedoch nicht in sich autarke Wirtschaftseinheiten dar, sondern sind miteinander durch vielfältige Bande mehr oder weniger eng verwoben. Entsprechend der Nordwest-Südost-Richtung natürlichen Streichens baut sich die Wirtschaftslandschaft von der Küste zum Gebirgskamm stufenförmig auf. Die unterste Stufe ist die *Küstenebene des Agro Pontino*, ein 15–25 km breites, noch in der Entwicklung begriffenes *Neuland mit ausgesprochen bäuerlicher Tendenz*. Das heißt, daß auf mittelgroßen Bauernhöfen eine Vielzahl von Produkten des Ackerbaues wie der Viehzucht gewonnen werden soll. Daß dies Ziel noch nicht voll erreicht ist, ist aus der Kürze der Kolonisationszeit ohne weiteres erklärlich. Die Tendenz zeigt sich aber bereits, wenn wir die Landschaft in ihrem gegenwärtigen[13] Bild überschauen.

90 % der land- und forstwirtschaftlichen Nutzfläche im Siedlungsgebiet des ONC. sind gegenwärtig (1940) Ackerland, Dauergrünland nur 4 %, Baumkulturen sind so gut wie nicht vorhanden (0,3 %). Futterpflanzen nehmen allein 45 % des Ackerlandes ein; dann folgen Getreide (zu 76 % Weizen) mit 33 % und Handelsgewächse mit 14 %. Brache kommt kaum vor. Dauerkulturen, die der Fruchtfolge nicht unterworfen sind, wie Gärten und Reisanlagen, haben vorläufig noch geringe flächenmäßige (0,8 %), durch die vielen das ganze Jahr hindurch erfolgenden Ernten aber bereits erhebliche wirtschaftliche Bedeutung. Die Intensität des Anbaues, begünstigt durch die Ebenheit und teilweise Bodengüte wie durch das milde mediterrane Klima, das Ernten jahraus, jahrein erlaubt, äußert sich in einem relativ hohen Anteil (13 %) der Fläche und mehreren Ernten im Jahr, der sogenannten „superficie ripetuta", die ein wichtiges Merkmal der

---

[13] Geländebegehung Februar und März 1943.

mediterranen Landwirtschaft ist. Im Agro Pontino gehören hierhin in erster Linie die bewässerten Luzernewiesen, ferner die oben genannten Dauerkulturen. Für die einzelnen neuen Gemeinden ergibt sich mit geringen Abweichungen, die wir weiter unten näher besprechen werden, das gleiche Bild.

Der Gesamteindruck im Frühjahr ist der eines wohltuenden saftigen Grün verschiedenster Tönungen, weithin viele geradlinige, streifig angelegte mittelgroße Felder, dazwischen hin und wieder größere, zum Teil noch ungepflegte Weiden. Beherrschend ist der Wechsel zwischen Weizen und Luzernewiesen. Die Luzerne spielt hier wie überall in den mediterranen Bonifikationsgebieten eine außerordentlich bedeutende Rolle. Sie ist einer der wichtigsten Intensivierungsindikatoren, und zwar in Gestalt der Bewässerungswiesen[14], auf denen sieben bis acht Schnitte statt zwei im Jahr erzielt werden. *Berieselte Luzernewiesen als Grundlage einer zunehmenden Viehzucht mit ganzjähriger Stallhaltung an Stelle der einstigen malariaverseuchten Sumpfweiden mit einer extensiven winterlichen Wanderschäferei lassen den Wandel von einer Verfallslandschaft zur jüngsten italienischen Kulturlandschaft klar erkennen.* Auf den Hackfruchtfeldern zeigt sich ebenfalls deutlich die Tendenz zur Intensivierung und rationellsten Bodennutzung an. Bei Mais wird zweimal im Jahr geerntet: der Augustmais („granoturco agostino") wird im März gesät und im August geerntet. Gleich darauf werden die Felder mit Weizen bestellt. In zunehmendem Maße werden die Handelspflanzen („coltivazioni industriali") angebaut; besondere Beachtung wird dem Anbau von Zuckerrüben geschenkt; er wird in jeder Weise gefördert. Die Zuckerfabrik von Littoria verarbeitet die Erträge großer Teile des Agro Pontino. Seit ihrer Fertigstellung 1936 hat die Zuckererzeugung im Gebiet des ONC. von 71 900 dz (1936) auf 220 000 dz 1939 zugenommen. Im Rahmen der Förderung des Handelsgewächsanbaues kommt danach besondere Bedeutung dem Baumwoll-, Hanf-, Leinsaat-, Zuckersorghumanbau zu. Von der mit Handelsgewächsen bebauten Fläche im Gebiet des ONC. entfielen 1939 allein auf Zuckerrüben etwa 50 % und auf Baumwolle 30 %.

Der Anbaurhythmus vollzieht sich nach im allgemeinen sechs- bis zehnjährigen *Fruchtfolgesystemen:* zwei Jahre Klee, drei Jahre bewässerte Luzerne, ein Jahr Hackfrüchte, dazu Weizen auf den armen leichten Sandböden der Küstenzone und auf den ungünstigen schweren sandig-tonigen Böden der quartären Dünenzone in der Mitte, für die es schwer ist, eine geeignete Hackfrucht zu finden, da weder Zuckerrüben noch Mais oder Hanf zu befriedigenden Resultaten führen. Am geeignetsten hat sich mittlerweile die Baumwolle erwiesen. In der allein fruchtbaren gebirgsnahen Zone der Böden vulkanischen Ursprungs und der Torfböden ist eine zehnjährige Fruchtfolge mit je einem Jahr Hackfrucht, Weizen, Klee, Weizen, Hackfrucht, Weizen, drei Jahren Luzerne und einem Jahr Weizen üblich.

Wie in allen jungen italienischen Bonifikationsgebieten fehlen auch im Agro Pontino Bäume. Einzig die Baumlosigkeit wäre es, die der jungen Landschaft etwas Monotones, im mediterranen Bild Ungewohntes gäbe, wenn nicht die schöne nahe Gebirgssilhouette die Einförmigkeit nehmen würde. Die älteren Bonifikationsgebiete in der unteren Poebene zum Beispiel zeigen schon, wie der Entwicklungsgang auch des pon-

---

[14] Bewässerte Luzerne: „medica irrigata" im Gegensatz zur unbewässerten: „medica asciutta".

tinischen Ackers aussehen wird, soweit dieser nicht selbst bereits die Anfänge einer planvollen Baumkultur zeigt. Einige Hauptverkehrsstraßen sind schon von schönen jungen Eukalyptus-, Oleander- und Akazienreihen gesäumt, vor jedem der schmucken Gehöfte blüht als Wahrzeichen der beginnenden Landschaftsverschönerung ein leuchtend gelbes, zierliches Mimosenbäumchen, so daß das Grün der Felder immer wieder unterbrochen und belebt wird. Obstbäume und Gärten gibt es erst vereinzelt. Nicht nur Nutzbäume zur Obsterzeugung, Zierbäume zur Verschönerung des Landschaftsbildes, auch Bäume als Windschutz, als Schattenspender und zur lokalen Holzversorgung sind notwendig. Die Anpflanzung von *Windschutzbäumen* („frangiventi") zählt zu den vordringlichen Aufgaben der dortigen Landeskultur. Das Küstenland liegt für die im Winter heftigen Südwest- und Nordwestwinde offen und bedarf deshalb in erster Linie eines Windschutzgürtels von der Art des in den USA geplanten und in der Ukraine versuchten „Shelter-Belt" in Höhe von 9–10 m und in einer Breite von 30 m entlang dem Sisto-Fluß, Mussolini-Kanal und Rio Martino.

Zu den mediterranen Holzkulturen zählt als wichtigste die Rebe. Bisher fehlt auch sie noch. Aber auch da haben die Erfahrungen in anderen Neulandgebieten wie im benachbarten Maccarese (nördlich der Tibermündung) oder im Podelta gelehrt, daß gerade auf Sandböden geringster Fruchtbarkeit der Weinbau als Reinkultur („coltura specializzata") und zwar auf Tafeltraubenerzeugung ausgerichtet, die einzig befriedigende Lösung darstellt.

Die Viehzucht steht ebenfalls noch sehr in den Anfängen. Die starke Verbreitung der Kunstwiesen und die mit deren Bewässerung Hand in Hand gehende Ertragsteigerung beweisen, daß neben den Ackerkulturen das Schwergewicht auf der Erzeugung tierischer Produkte liegen soll. Für den römischen wie neapolitanischen Markt ist der Milch- und Butterversand in Zukunft sehr wichtig. Es gibt schon eine ganze Reihe ausgesprochener Musterbetriebe mit modern eingerichteten Kuh- und Schweineställen. Hier wie in allen intensiv bewirtschafteten Gebieten Italiens ist Stallhaltung herrschend. Die Rindviehhaltung wird am meisten gepflegt. Auch die Schweinehaltung nimmt mit dem Wachsen der Rübenflächen zu.

Das bisher gezeichnete Bild erfährt innerhalb der verschiedenen Bodenzonen gewisse Abwandlungen, wenn sie auch den geschilderten Gesamtcharakter nicht nehmen. Die von Zone zu Zone stark schwankenden Ernteerträge weisen schon auf die Notwendigkeit hin, die Auswahl der Kulturen den natürlichen Gegebenheiten mehr anzupassen, als dies bisher im Anfangsstadium der Fall war. Auf den fruchtbaren Böden vulkanischen Ursprungs und auf den Torfböden zwischen Sistofluß und Gebirgsfuß werden die höchsten Erträge erzielt. In der Gemeinde Pontinia, die ganz auf ihnen liegt, deshalb zu den besten des Agro Pontino gehört und mit kleineren Betriebsgrößen auskommt als andere Gemeinden, wurde im Erntejahr 1940/41 eine durchschnittliche Weizenernte von 16,7 dz/ha erzielt (Gebietsdurchschnitt 12,9 dz/ha), eine Maisernte von 15,9 dz/ha (6,3 dz/ha) und eine Zuckerrübenernte von 103,5 dz/ha (79,5 dz/ha). In der Gemeinde Sabaudia dagegen, die auf den unfruchtbaren Sandböden der Dünenzone liegt, betrug die Weizenernte nur 12,9 dz/ha, die Maisernte 3,9 dz/ha und die Zuckerrübenernte sogar nur 13,1 dz/ha. Die Zuckerrübe ist demgemäß allmählich immer mehr landeinwärts auf die guten Böden jenseits des Sisto abgewandert, während die großen Versuchsgärten für Weinbau die neuen Möglichkeiten an der Küste zeigen. Die tiefgründigen, dunklen Böden zu Füßen des Gebirges sind großenteils außerhalb des ONC-Gebietes, in der Hand weniger Privatleute, die auf großen Gütern mit Tagelöhnern aus den Gebirgsorten sich neben den geschilderten Kulturen besonders dem arbeitsintensiven bewässerten Frühgemüsebau für den Großmarkt widmen. Dieser Anbau ist arbeits-, boden- und zugleich verkehrsorientiert, denn er konzentriert sich jeweils entlang der Hauptlinie Rom—Neapel und ist zu einem wichtigen Versorger der römischen, neapolitanischen und norditalienischen Märkte mit Frühgemüse (Januar bis März) geworden. Am verbreitetsten ist der Anbau von Salaten, einer ausgesprochenen Exportkultur (Deutschland!), von Artischocken und Tomaten. Sie werden in Sammelstellen an den Bahnhöfen gebracht, sortiert und zum Versand in Spankörbe und Kisten verpackt. Eine Konservenindustrie ist in der Entwicklung (Cirio—Neapel).

Diese innerste Tieflandzone mit marktorientiertem intensivem Acker- und Feldgartenbau in *Spezialkultur leitet zur Kalkhügelzone des lepinischen Apennin, der mittleren Stufe charakteristischer mediterraner Stockwerkkulturen* über, zu einem mit Baumkulturen durchsetzten Feldgartenbau[15]. Er arbeitet in seiner unteren Hälfte in stärkerem Maße für den Außenmarkt als in der oberen Hälfte, die in erster Linie den Totalbedarf deckt und nur den Überschuß auf den Markt bringt. Das Sockelgeschoß, die „zona pedemontana", ist ein schmaler Gürtel etwas humusreicherer flachgeneigter Kalkschotterböden quartärer Entstehung mit dichten *Fruchthainen auf terrassiertem Feldgartenland.* Auch hier wird noch viel Salat und anderes Frühgemüse für den Großmarkt angebaut. Eine großzügige, organisierte Bewässerung wie im Agro Pontino gibt es hier freilich schon nicht mehr. Primitive Bewässerungsanlagen finden wir in dieser Zone noch großenteils, weiter oben jedoch nicht mehr. Im Gebiet zwischen dem Austritt des Ufente unterhalb Sezze und des Amaseno unterhalb Piverno aus dem Gebirge ist dieser Gürtel breiter, dort gedeihen mit Bewässerung außer den üblichen Holzkulturen wie Oliven, Obst und Reben besonders viel Feigenbäume. Sporadisch treten in diesen Hainen auch Agrumen auf. Abgesehen von diesen Verbreiterungen markiert der Gürtel als schmales grausilbernes Band, von den Olivblättern bestimmt, die Grenze zwischen Agro Pontino und Kalkgebirge. Darüber liegt die bis zu den alten Sporn- und Akropolissiedlungen hinaufreichende je nach Höhenlage der Ortschaften bis zu 300 m hohe Zone anstehenden humusarmen, ziemlich steilhängigen kretazischen Kalkes mit *lichteren Fruchthainen auf zum Teil terrassiertem Gemüsegartenland, zum Teil karger Weide,* wo die Hangneigung zu groß ist. Charakteristisch für diese obere Hälfte der mittleren Stufe ist ihre fleckenhafte Verbreitung: sie ist auf den Umkreis der Siedlungen beschränkt, gewissermaßen der innerste Thünesche Gartenbauring. In ihrer horizontalen Ausdehnung reicht sie über den von der Landstraße in zahlreichen große Schleifen gekreuzten Hang hinauf. Die der Siedlung zunächstliegende Zone ist zugleich die am intensivsten bewirtschaftete, abgesehen von dem unteren Gürtel dichteren Baumbestandes. Wo der Hang sanfter, Terrassenbau leichter und Humusbildung möglich ist, werden Feldgartenkulturen unter Fruchtbäumen angebaut. Wo der Hang

---

[15] Feldgartenbau im Sinne der von Heinrich Müller-Miny vorgeschlagenen Terminologie des Gartenbaus („Beitrag zur Terminologie des Gartenbaus", in: Z. f. Erdfd. 1941, 7/8, S. 248).

steiler, felsiger ist, wird er als Weide genutzt. Jenseits der Straße, in größerer Ferne von den Siedlungen, werden die Steilhänge nur noch als karge Weide ohne jegliche Baumkulturen genutzt. In der mediterranen coltura mista gibt es die mannigfaltigen nach Klima-, Boden- und Marktverhältnissen abgestuften Zusammenstellungen[16], ob als Stockwerkkulturen, („coltura promiscua")[17] oder als vergesellschaftete Kulturen („coltivazioni consociate"), häufiger im Flachland. So steigt man denn die die Bahnstation mit der hochgelegenen Ortschaft verbindende Straße in vielen großen Windungen hinan, mit schönem Blick hinab auf den im Frühjahr grünen Teppich des Agro Pontino, durch terrassierte Feldgartenfluren und über nichtterrassiertes Weideland, unter Oliven-, Mandel- und Pfirsichbäumen, hin und wieder auch Walnuß- und Feigenbäumen an Weinterrassen aufwärts, unter deren Stöcken Frühgemüse angebaut wird, bis das Blätterdach zu üppig wird, und über die Obstbäume hinausragen — eine der häufigsten Stockwerkkulturen (dreistöckiger Anbau) in sonnenreicher Exposition. In Gemüse- und Feldfruchtrotation wechseln auf der Feldgartenflur Frühgemüse wie Gurken, Kohl, Salat mit den in keinem italienischen Feldgarten fehlenden Saubohnen, Weizen, Futterpflanzen (vorwiegend Luzerne) und Mais; Blumenkulturen kommen nur vereinzelt in Gehöftnähe vor. Eingefaßt werden die kleinen schmalen Feldterrassen durch Hecken indischer Feigen oder durch Kalksteinmauern aus dem steinigen Ackerboden. Malerisch wirken die über die Hänge verstreuten Kegeldachhütten aus Bambusrohr; ein kleines Areal mit Bambusrohr ist in den holzarmen Gegenden jedem Betrieb eigen („cannetum"). Die Hütten dienen vielen Zwecken: als Wetterschutz, zur Aufbewahrung von Geräten, aber ebenso als Stall für das wenige draußen weidende Vieh (Schweine, Ziegen, Schafe). Wir begegnen ihnen vor allem überall dort in der italienischen Landschaft, wo geschlossene Siedlungen vorherrschen und die Bevölkerung sich tagsüber weiter ab von ihren Wohnstätten zur Feldarbeit aufhalten muß.

Wie sehr auf den nährstoffarmen Kalkböden für die Anbauintensität außer der Verkehrslage die *Exposition* ausschlaggebend ist, zeigen die nach dem Gebirgsinnern zugekehrten Hänge (Norden und Nordosten), die in lichten Hainen von Obstbäumen (weniger Olivenbäumen) mehr Feldgemüsekulturen zur Eigenversorgung tragen; das Übergewicht liegt auf Ackerfrüchten, die karge Erträge auf den steinübersäten Terrassenfluren liefern und die häufig durch Weideland unterbrochen werden. Nur unmittelbar um die Einzelgehöfte armselige Hütten auf Steinsockeln, wird stärker Gemüsebau unter Rebstöcken betrieben. Weiter ab von den Siedlungen gehen die Feldterrassen in steinreiches, felsiges Weideland über, zunächst als Ackerweide im Wechsel mit Weizen auf Terrassen, dann als nichtterrassierte Dauerweide. Unterbrochen werden die oben baumlosen, nur von Macchienvegetation überstreuten Weidehänge gelegentlich von Dolinen und Poljen, die als steinfreie, jedoch von Steinmauern eingefaßte kleine Ackerinseln zu erkennen sind; sie sind meist mit Weizen im Turnus mit anderen Feldfrüchten bestellt, aber im Hinblick auf die Entfernung von den Wohnstätten extensiv, ohne Stalldung, bewirtschaftet.

[16] Über diese mediterrane Wirtschaftsform folgt an anderer Stelle ein ausführlicher Bericht.
[17] Am verbreitetsten im Hügelland. Für die nicht gerade sehr fruchtbaren Kalkböden des Nordapennin sind zwei- bis dreistöckige Kulturen: Gemüse — Reben und (oder) Obstbäume am charakteristischsten.

Ein aus den Kalkapenninen nicht wegzudenkender Bestandteil sind die großen Kulturinseln der Poljen, die im Innern des Gebirges wahre Oasenkulturen darstellen. Die Nähe zu den Eruptionsgebieten hat einigen der *großen, tiefgelegenen Karstmulden in den Mti. Lepini*[18] eine Decke fruchtbaren vulkanischen Bodens gebracht, so daß wir in diesen Mulden keine ausgesprochenen Poljekulturen – vorherrschenden Ackerbau –, sondern eine Vielfalt intensiver Holzkulturen, zum Teil mehrstöckig, zum Teil als Reinkulturen, sorgfältig bewässert, finden, wie sie den fruchtbaren vulkanischen Böden eigen sind. Dabei sind die Kulturen gute Indikatoren für die Verbreitung der Böden: die unteren Kalkhänge um den Poljeboden und darin verstreute Kalkhügel – z. B. im Val Suso, der größten von vulkanischem Material erfüllten Karstmulde – tragen *Haine von Obst- und Walnußbäumen, Kastanien und Eichen mit oder ohne Unterkulturen*. In diesen Streusiedlungsgebieten wird alles zur Selbstversorgung Notwendige angebaut, eine Vielzahl von Kulturen. Gegenüber den vieharmen Landwirten im Centro hat die Rinder- und Schweinehaltung hier eine etwas größere Bedeutung. Die Futterfläche (Luzerne und Saubohnen) ist sehr groß. Auf dem ebenen Grund der Mulde ist der Boden fruchtbarer, die Einzelsiedlungen machen einen wohlhabenderen, „herrschaftlichen" („signorile") Eindruck, erkennbar an den gepflegteren kleinen Villen mit den großen steinernen Gartentoren. Wir sind hier in einer ausgesprochenen *Weinbauzone*. Als Marktkultur wird die Rebe im reinen Anbau („specializzata") angebaut wie in den bekannten Lagen auf den Vulkanböden der Colli Laziali, ein Zeichen für die Bodengüte auch hier. Zwischen Obstbäumen und Manna-Eichen („fraxinus ornus") als „lebenden Stützen" („sostegni vivi") ranken die Reben hoch, Unterkulturen fehlen bzw. werden nur zur Gründüngung angebaut (Wicken usw.). Das ältere, extensivere System „canocchio", des Hochrankens am Bambusrohr, ist auch noch sehr verbreitet. Wo Kalkhügel über die Mulde hinausragen, setzt der Weinbau scharf ab und treten Haine mit Feldgarten-Unterkulturen an seine Stelle – nicht etwa, daß Weinbau dort nicht möglich wäre, aber als Spezialkultur ist er dort nicht genug gewinnbringend.

Über den großen, das Gebirge von Nordwesten nach Südosten durchstreichenden Karstmulden baut sich das höchste Stockwerk auf: die eigentliche *Gebirgsstufe*, deren untere Grenze bei etwa 500 m anzusetzen ist. Diese von den hinteren Gebirgsdörfern bewirtschaftete Kulturzone reicht bis gegen 800 m hinauf: über der mediterranen Olivenzone liegt die Obstbaumzone (Mandeln) mit Weide bzw. Feldunterkulturen, im allgemeinen unbewässert. Schon über 600 bis 700 m wird häufig Brache in die Ackerfruchtrotation eingeschoben. Bei etwa 900 m schon wird die obere Grenze des Dauerkulturlandes erreicht, darüber wird nur noch sporadischer Ackerbau auf schmalen, parallel zum Hang ziehenden terrassierten Feldern getrieben. Das geschieht in den höheren Gebirgslagen meist in einfacher Dreifelderwirtschaft, im Wechsel zwischen Mais, Weizen und Brache. Da Dung und nötige Pflege fehlen, sind die Erträge auf den zumal kargen steinreichen Böden sehr gering (4–6 und 8 dz/ha). Bei rund 1000 m hört jeglicher Anbau auf. Nicht nur aus klimatischen Gründen, sondern auch, weil die Bewirtschaftung von den relativ tief gelegenen Dörfern aus – das höchste, Rocca Massima, liegt 735 m hoch, die anderen unter 600 m – zu unrentabel wird. Je südlicher wir

---

[18] 250–400 m hoch.

im Apennin kommen, desto niedriger liegt die obere Grenze des Dauerkulturlandes: es fehlen vor allem die im Hochapennin so verbreiteten hochgelegenen Karstbecken, wo in Höhen von 1000 bis 1400 m noch Siedlungen mit ertragreichem Ackerbau häufig sind. Relief, Klima und Grundwasserverhältnisse bestimmen in erster Linie die obere Kulturgrenze. Andere Landschaften Latiums beispielsweise tragen noch in 600 bis 700 m Höhe reiches, mehrstöckiges Kulturland, wie die von vulkanischen Material überlagerten Sockelebenen des viterbesischen Vulkanhügellandes beweisen. In den oberen Regionen der Kalkgebirge ist die bloße, nur mit Macchien bewachsene steinreiche Weide eine karge Futtergrundlage für eine in früheren Zeiten wesentlich bedeutendere Weidewirtschaft.

Die klassische *Transhumanz*, die früher zur Sommerszeit die hochgelegenen Gebirgsweiden bevölkerte und im Herbst in die Campagna Romana und in die pontinischen Sümpfe hinabstieg, hat diese Winterweiden durch die jüngste Urbarmachung eines Großteils des tyrrhenischen Küstenlandes eingebüßt. Die Gebirgswirtschaft steht deshalb vor schwierigen Problemen der Anpassung an die neuen Verhältnisse. Einerseits ist die Schafhaltung im letzten Jahrzehnt sehr zurückgegangen, zum andern wird ein Ausweg in verstärktem Futteranbau gesucht. Die besonders starke Entwicklung der Luzernewiesen im Agro Pontino deutet anderseits auf eine stationäre Milchviehhaltung hin und zeigt, daß man bemüht ist, auch das Problem der Wanderschafhaltung einer Lösung zuzuführen. So wie im Westen der Vereinigten Staaten die Wanderherden im Herbst von den Hochweiden der Gebirge zu den Luzerneweiden der Bewässerungswirtschaften in den semiariden Beckenlandschaften hinabsteigen, kann einmal auch die Schafhaltung des Apennin auf dem Wege über eine *Intensivierung der Futterbasis* einer neuen Blüte zugeführt werden. Damit wird die Futterfläche zwar außerordentlich geschmälert, ihre Tragfähigkeit aber auch um ein Vielfaches gesteigert. Sollen die Gebirgssiedlungen bestehen bleiben und soll eine weitere Entvölkerung durch Gebirgsflucht vermieden werden, dann muß die Gebirgswirtschaft gefestigt werden. Den Geldverdienst bringen in Höhe über 500 m, über der mediterranen Kulturstufe, aber nicht mehr der Ackerbau und die Holzkulturen, sondern die Schaf- und Ziegenzucht. Hier liegt also der Angelpunkt.

IV. Zusammenhänge zwischen den einzelnen Höhestufen

Die verschiedenen Höhenstufen zwischen dem Meeresniveau und den Gebirgsrücken der Mti. Lepini in 1200 bis 1500 m Höhe stehen miteinander in enger Verbindung, wie gerade die Betrachtung der höchsten Wirtschaftszone zeigte; weniger zwar von unten nach oben — wie noch vor gut zehn Jahren — als von oben nach unten. *Das wirtschaftliche und kulturelle Schwergewicht hat sich und wird sich mit der Zeit immer mehr nach unten verschieben.* Darin liegt für die Höhensiedlungen zweifellos eine große Gefahr — nicht nur in den Mti. Lepini; es ist die allbekannte Tendenz, die sich in einer Rückläufigkeit der oberen Siedlungsgrenzen und in deren Folge in einer Rückläufigkeit der oberen Kulturgrenzen äußert. Der Gebirgswirtschaft in den Mti. Lepini ist durch die Urbarmachung der pontinischen Küstenebene ihr wichtigstes Ergänzungsgebiet, mit dem sie wirtschaftlich eine Einheit bildete, einstweilen genommen worden. Die mittlere Stufe, die Gebirgsrandzone mediterraner Stockwerkkulturen, hat zwar ihre beherrschende Stellung eingebüßt, sie muß heute als Beharrungsgebiet gegenüber dem eigentlich recht unitalienischen Typ des Agro Pontino gewertet werden; wirtschaftlich hat sie aber doch gewonnen, soweit ihre Gemeinden Anteil am Agro Pontino haben. Der Austausch zwischen oben und unten ist zwar einseitig geworden, aber um so reger und über das ganze Jahr verteilt, insoweit ohne Unterbrechung geerntet wird. Littoria ist heute für die gesamte Gebirgsbevölkerung zum wenn auch nicht größten, so doch dank seiner kulturellen, wirtschaftlichen und behördlichen Einrichtungen und seiner verkehrsgünstigen Lage zum zentralsten Ort geworden. Dies bedarf jedoch einer gewissen Einschränkung insofern, als in den italienischen Gebirgslandschaften die Verkehrsungunst eine Abgeschiedenheit und gewisse Autarkie hervorruft, wie wir sie in deutschen ländlichen Bezirken kaum noch antreffen.

Wichtiges Schriftum
(außer den einschlägigen landeskundlichen Werken)

Enciclopedia Italiana, 1933 ff., siehe die einzelnen Schlagworte. – VIII censimento generale della popolazione. 21.4.1936. Bd. II und IV, Rom 1938 bzw. 1939. – Catasto Agrario 1929. Rom 1933–1939; Lazio-Heft. – *Eugenio Turbati*, Lazio. Rapporti fra proprietà, impresa e mano d'opera nell'agricoltura italiana. Bd. 18, Rom 1938. 342 S. (Studie e monografie, 7). – L'Agro Pontino. Herausgeg. v. Opera Naz. p. Combattenti. Rom 1940, 165 S. (enthält etwa 150 Nummern Schrifttum). – *Dorothea Köppen*, Der Agro Romano-Pontino. Schriften des Geograph. Instituts d. Univ. Kiel. Bd. XI, H. 1. Kiel 1941. 70 S. – *Friedrich Vöchting*, Die Binnenkolonisation in Italien. Kieler Vorträge, H. 64. Jena 1941. 27 S.

Das zahlreiche Schrifttum über das Urbarmachungswerk bleibt hier unberücksichtigt. Es sei auf die neuesten Bibliographien und das oben genannte Werk L'Agro Pontino (1940) hingewiesen. – Grundlage des Aufsatzes sind eigene Beobachtungen und Erkundigungen in den Monaten Februar und März 1943. Zahlen zur Vertiefung konnten nur beschränkt gebracht werden, weil die zuletzt veröffentlichen amtlichen Zählungen von 1929 und 1936 zumeist durch die kolonisatorische Entwicklung und infolge zahlreicher administrativer Änderungen nicht mehr den heutigen Verhältnissen entsprechen.

II.
ENTWICKLUNGSLÄNDERFORSCHUNG, SCHWERPUNKT CEYLON (SRI LANKA)

Ceylon, ein Glied des indischen Kulturkreises

aus: Sievers, A.: Ceylon. Gesellschaft und Lebensraum in den orientalischen Tropen. Eine sozialgeographische Landeskunde. Steiner: Wiesbaden 1964, S. 343–348

Ceylon ist ein Glied des indischen Subkontinents, sein südliches Ende. Seine Loslösung vom Festland in geologischer Zeit, die schwache Korallenriffverbindung der Adamsbrücke hat Ceylon jenen *eigentümlichen Inselcharakter* verliehen, der einerseits durch die Nähe starke Bindungen schafft, andererseits insulare Abweichungen von der indischen Festlandskultur zur Folge hat. Die Dreiteilung Südindiens in westliche immerfeuchte Küstenebene, in steil aufragendes Hochgebirge und östliche wechselfeuchte Küstenebene wiederholt sich in Ceylon. Auch die Insel steht unter dem Gesetz der Monsune, aber die südlichere Lage wandelt ihren Einfluß äquatorial ab, verschiebt die monsunalen Maxima, schafft Doppelmaxima im Südwesten und damit ein immerfeuchtes Klima, Voraussetzung für die Unterschiede vom südindischen Natur- und Kulturbild.

Entscheidend ist weiterhin, daß die *Träger der Kultur* in Ceylon der indischen Festlandskultur entstammen. Angesichts der Unterschiede, die zwischen den beiden Rassengruppen des Nordens und Südens bestehen, ist die Berührung von Singhalesen nordindischer Abstammung mit Tamilen melanider Abstammung auf einer so kleinen Insel von großer Tragweite. Die frühesten und seitdem vorherrschenden Träger der Erschließung und Besiedlung Ceylons sind die Singhalesen, *Nord*inder, die in eine ihnen fremde äquatornahe und aride Welt vorstießen, der sie mit Zähigkeit und Schöpferkraft einen indischen Stempel aufzudrücken vermochten. Die nachdrängenden Tamilen, *Süd*inder, waren von Natur her zweifellos im Vorteil und konnten die Singhalesen im Laufe der jahrhundertelangen kriegerischen Auseinandersetzungen schwächen. Die Singhalesen waren dabei in Verteidigungsstellung. Die Blütezeiten ihrer Bewässerungswirtschaft und geistigen Kultur waren immer Zeiten der äußeren Ruhe. Die Rückzugsbewegung in einen äquatorialen Feuchtraum, die im 14. Jahrhundert begann, versetzte ihrer Widerstandskraft den ersten Schlag, der im rechten Augenblick von den europäischen Kolonialmächten vollendet wurde. So wenig wie auf dem Festland jemals eine innere Verbindung zwischen völkischem Norden und Süden entstehen konnte – war doch die staatliche Verbindung erst ein britisches Werk! – so wenig konnte sie selbst auf der kleinen Insel entstehen. Den völkischen Gegensätzen kam hier noch das trennende *Vanni*-Waldland entgegen und nach der Besiedlung der Feuchtzone die malariaverseuchte, verlassene Savannenzone. Bis zur Ankunft der Portugiesen war das singhalesische Schicksal Ceylons untrennbar mit der *indischen Geschichte* verbunden gewesen, so sehr es auch durch Abwehr gekennzeichnet war. Die Auseinandersetzung Indiens mit dem Islam war freilich eine kontinentale Angelegenheit, die vor der Insel Halt machte. Die arabischen Handelskontakte entlang den Küsten des Festlandes und der Insel waren aus einem ganz anderen Geist geboren und berührten sich deshalb mit der islamisch-expansiven Bewegung nicht. Ceylons Auseinandersetzung mit der indischen Festlandswelt war also eine innerindische Angelegenheit zwischen Nord und Süd, zugleich zwischen Buddhismus und Hinduismus, nicht aber zwischen arabischem Westen und indischem Osten, zwischen Islam und Buddhismus. Das scheint uns ein ganz wesentliches Unterscheidungsmerkmal zu sein.

Die Verbindung mit dem Festland brach ab, als 1505 die Portugiesen ihre Kolonialherrschaft auf Ceylon ausdehnten. An die Stelle indischer Kontakte traten europäisch-abendländische, was für die folgenden 450 Jahre folgenreiche Einflüsse auf die Kultur Ceylons gehabt hat. Infolge der leichteren Durchdringung der Insel waren sie sehr viel intensiver als auf dem ausgedehnten Festland. Die Erlangung der Unabhängigkeit im Jahre 1948 hat die Insel vor eine neue große Entscheidung gestellt, die es gegenwärtig zum Wohle von Land und Volk zu fällen gilt.

Dem indischen Festland entstammt auch Ceylons *Gesellschaftsordnung*. Zwar haben die vielfältigen und lebendigen Kontakte mit dem Westen einerseits, die buddhistische Weltanschauung mit ihrer Toleranz und dem Gleichheitsprinzip andererseits die Strenge der kontinental-indischen Gesellschaftsordnung gelockert, aber die soziale Grundeinstellung ist die gleiche: die der schicksalhaften Ungleichheit der Menschen. Auch die Singhalesen fühlen sich an eine Kastenordnung gebunden; nicht an die klassisch-indische Vierteilung, von der allein schon die Brahmanenkaste fehlt, aber doch an gesellschaftliche Rangstufen, an geachtete und verachtete, in die der Mensch hineingeboren wird. Die singhalesischen Kasten sind immer Berufskasten gewesen. Sie haben heute weithin ihre Bindung an bestimmte berufliche Tätigkeiten verloren; der soziale Aufstieg kann nicht mehr verwehrt werden, aber sie werden im intimeren gesellschaftlichen Verkehr doch streng beachtet. Diese vor allem auf dem Lande immer noch befolgte Bindung steht in engem Zusammenhang mit der Religiosität, mit dem starken Gefühl für Ehrfurcht und Autorität, die ihre Wurzeln in einer schicksalhaften Verbundenheit mit der Allgewalt der Natur und den hinter ihr stehenden Mächten hat. Auch die immer noch in den Landschaften des alten Kandy-Königreiches durchschimmernde feudale Ordnung hat hier ihren Platz. Der indische Mensch ist noch ein mit allen Fasern seiner Existenz Gebundener, auch in der Großfamilie. Wo er diese innerlich starken Bindungen verliert, wird er entwurzelt und verliert sein Menschsein.

Die *geistige Kultur* Ceylons ist ganz und gar eine indische und hat in ihrer Zweiteilung in singhalesisch-buddhistische und tamilisch-hinduistische Kultur an den großen Wesensunterschieden innerhalb des Subkontinents teil. Pali und Sanskrit sind die beiden Kultsprachen, sind die klassischen Sprachen, in denen sich die vorkoloniale Literatur ausdrückt. So wenig, wie sich Singhalesen als Angehörige der indoarischen Sprachfamilie mit den Tamilen als Angehörigen der dravidischen Sprachfamilie verständigen können, kann ein Nordinder sich mit einem Südinder verständigen. Zu den rassischen Unterscheidungsmerkmalen – so sehr die Singhalesen auch gemischt sein mögen! – treten trennend die sprachlichen. Die englische Sprache ist hier zweifellos ein Bindeglied, so eigentümlich es klingen mag. Beide indischen Religionen, der Hinduismus und seine Reformreligion, der Buddhismus, sind heute sogar nur in Ceylon gemeinsam vertreten, seitdem der Buddhismus aus seinem Geburtsland Indien nach Ceylon und dem Osten abgedrängt worden ist. Ceylon und Indien sind also die wichtigsten und heiligsten Pilgerziele der ganzen buddhistischen Welt des Ostens. Wir finden in Ceylons Kunst, als orientalischem Kunsthandwerk, die gleichen religiösen Symbole wie in Indien; sie sind der überschwenglich-üppigen Tropennatur entlehnt. Das schönste orientalische Symbol ist die Lotosblume, dann das herzförmige Blatt des (singh.) Bō-Baumes (Ficus religiosa); der Löwe (Singha), der Elefant (Ättha), der Affe (Vandura), die Kobra-Schlange (Naga) und vieles mehr. Das buddhistische Pantheon ist das gleiche wie das hinduistische. Die buddhistische Dagoba in den Dörfern ist eine Miniaturausgabe jener gewaltigen antiken Stupen (Stupa) auf dem Kontinent und in Anuradhapura, Tissamaharama, Alutnuwara in Ceylon. Die Gopuren von Polonnaruwa sind Zeugen tamilisch-hinduistischer Kunsteinflüsse aus der Cola-Zeit. Die singhalesischen Kultbauten haben also kontinental-indische Vorbilder.

Vom indischen bäuerlichen Kulturerbe her verstehen wir auch die für eine *Insel*bevölkerung so erstaunliche Tatsache, daß Ceylons *materielle Kultur* ein bäuerliches Gepräge hat. Ihre Blütezeit war durch die hohe Schule orientalischer Bewässerungskultur in Gestalt der singhalesischen „tank civilization" ausgezeichnet, deren Kunst auch in den Zeiten der Rückzugsbewegung ins Gebirge nicht vergessen war, wie die dem Gebirgsrelief angepaßten Formen der Terrassenbewässerung und der Hangkanäle so eindrucksvoll beweisen. Bäuerliche Siedler aus Indiens Norden haben die Insel in ein reiches Kulturland verwandelt. Weder die Inder auf dem Festland noch die Singhalesen sind jemals Seefahrer gewesen; die Inselheimat hat sie aber auch nicht dazu machen können, weil sie ganz und gar – im soziologischen Sinne – Kinder der indischen Kultur geblieben sind. Ein Goyigama (Bauer) wird niemals von seiner als adlig empfundenen Tätigkeit lassen (es seien denn „westliche" Intelligenz-Berufe), um Fische zu fangen (töten!) oder Handel zu treiben. So konnten als echte Zwischenwandererschicht arabische Händler und Seefahrer sich festsetzen, ohne sich mit der einheimischen Bevölkerung zu reiben, und so konnten auch spätere Zuwanderer aus Indien (die „Malabars") sich an den Küsten niederlassen, sich mit den Singhalesen vermischen, als Singhalesen bezeichnen – aber doch mit etwas dunklerer Farbe und teils noch tamilischer Sprache – und als Karava-Kaste der Küstenfischerei nachgehen.

Die *insularen Abweichungen* äußern sich, wie oben dargelegt wurde, im Klima mit allen Folgeerscheinungen. Allerdings sind die *kultur*landschaftlichen Abweichungen die entscheidenden. Ceylon wird gern mit der südlichen Malabarküste (Kerala) verglichen[1]. Beide Südwestküsten weisen in der Tat sehr ähnliche Landschaftsbilder auf: die gleiche Üppigkeit der Natur, d. h. der reichen Wirtschaftslandschaft aus Kokoshainen und Paddyniederungen, die gleichen Lateritböden, die gleiche von Kokospalmen umsäumte Fischerküste mit ihren Auslegerbooten und elenden Cadjanhütten, die gleiche hohe Dichte ländlicher Bevölkerung und vieles mehr. Im Hintergrund schimmert hier wie da die bläuliche Gebirgsmauer über der heißen flimmernden Küstenebene. Und hier wie da steigen wir über die Kautschukwälder hoch hinauf in die Teeplantagen, hier wie da von tamilischen Kuli bevölkert, die aus ihrer östlichen Heimat angeworben worden sind. Aber diese ersten Eindrücke, so wahr sie sind, können bei tieferem Eindringen in das Wesen beider Kulturräume doch nicht darüber hinwegtäuschen, daß die menschlichen und geschichtlichen Voraussetzungen eine unterschiedliche Entwicklung hervorriefen. Hier kann nur auf einige wesentliche Unterschiede des Kulturlandschaftsbildes hingewiesen werden.

[1] So auch in den einschlägigen Landeskunden von *Krebs* (1939), *Spate-Farmer* (1957²) und *Alsdorf* (1955).

Die *Küste von Kerala* macht auf den Ceylonkenner im Winter einen sonnenverbrannten Eindruck. Während Colombo nur einige relativ trockene Wochen im Februar-März kennt, hat Trivandrum (Südkerala) eine winterliche Trockenzeit von 6 Monaten, Cochin (Mittelkerala) schon von 7 Monaten. Der Malayali ist wie der ihm verwandte Tamile zäh, fleißig, sparsam. Daß die Malabarküste von Kerala der „Garten Indiens" genannt wird, ist durchaus nicht allein die Auswirkung des unerschöpflichen Segens einer reichen Tropennatur, wie meist hingestellt wird, sondern ist dazu erst durch den Fleiß und die Hingabe des Malayali-Landwirtes geworden, der unter den Bedingungen des Wechselklimas *und* des ungeheuren Bevölkerungsdruckes – viel krasser noch als in Ceylon! – dem Boden das Äußerste abzuringen versucht, weit mehr als was normalerweise fünf bis sechs Monate Monsunregen und der fruchtbare Boden an Erträgen hervorbringen würden. Wir finden im großen und ganzen die gleichen Feldfrüchte, die gleichen Fruchtbäume wie in West-Ceylon. Die Agrarlandschaft unterscheidet sich aber durch die Methoden des Anbaues und durch die Intensität. Nicht durch Maschinentechnik, sondern durch die althergebrachten handwerklichen Methoden: durch die Anlage von Kanälen und Gräben, von Beetkulturen und von Terrassen, selbst wenn es nur gilt, dadurch ein kleines Beet für Gemüse, Tapioka (Manioka) oder Bananenstauden zu gewinnen; von Teichen und Brunnen; durch Handbewässerung; durch Kuhmist, ja sogar Entenmist von weither transportierten Tieren wird sorgfältig gesammelt und auf die Felder verteilt; durch den Anbau von Gemüsen aller Art, vor allem von Tapioka, seltener von Yams als Hauptnahrung der armen Bevölkerung anstelle von Reis; durch bewässerten Bananenanbau. Erinnerungen an die reiche tamilische Gartenbaulandschaft auf der Jaffna-Halbinsel werden wach. Das ganze Land an der Malabarküste bis hinauf ins Gebirge atmet Fleiß und Hingabe, freilich bei bitterster Armut infolge einer Überbevölkerung, wie sie in dem Ausmaße sonst nur noch in Bengalen erreicht wird und keineswegs Ausdruck eines von der Natur gesegneten Landstriches ist[2].

Der Anblick von Kokoshainen, Streusiedlungen, Cadjanhütten, Reisniederungen und Lagunen allein macht den Vergleich also nicht aus. Die Siedlungen weisen auch noch auf andere Unterscheidungen hin. Diese indische Küste ist bei weitem indischer und zwar malayalam (malabarisch) als die ceylonesische etwa singhalesisch ist. Gerade die Südwestküste Ceylons zeigt immer wieder abenländisch-koloniale Züge; die gute Verkehrserschließung, die Nähe zu Colombo mit seinem Blick nach Westen zeigen – auch in durchaus positiver Weise – das starke Geöffnetsein dem Westen gegenüber, materiell und geistig. Der Malayali lebt abgeschlossen, isoliert vom indischen Festland durch die trennende Gebirgsmauer; lediglich das Pal Ghat ist in historischer Zeit ein Völkertor gewesen und auch heute noch die einzige Verbindung zum Hinterland. Er lebt aber auch ohne westliche Kulturkontakte; er ist selbstsicher, in sich gefestigter und selbständiger als der Küstensinghalese, und zwar trotz seiner Berührung mit drei großen Kolonialmächten, trotz allen christlichen Missionseinflüssen der letzten vier Jahrhunderte, trotz seinen frühen Handelsbeziehungen mit dem Mittelmeerraum, mit dem Vorderen Orient und dem Fernen Osten. Zweifellos ist ein wichtiger Umstand der,

---

[2] Die Bevölkerungsdichte beträgt in Kerala im Durchschnitt 400 E./qkm, an der Küste bis zu 1500 E./qkm (1951); vgl. *Spate*, India and Pakistan (1957, 2. Aufl.) S. 633 f.; *Kuriyan*, Population and its distribution in Kerala (1938) und *Forde*, An Indian State on the Malabar coast (1961[12]).

daß in Kerala keine so ausgedehnte Plantagenwirtschaft entwickelt worden ist wie in Ceylon. Kerala ist im wesentlichen Bauernland geblieben, wenn auch mit starken sozialen Unterschieden zwischen Besitzenden und Landhungrigen. Seine sozialen Bindungen innerhalb der ländlichen Gemeinschaft sind noch sehr bestimmend, mit die festesten in Indien. Kerala ist nicht nur sehr stark von Kommunisten durchsetzt, sondern auch ein orthodox-hinduistisches Land und auch ein *alt*christliches Land (ein Viertel der Bevölkerung). Hinduismus *wie* altes Christentum Keralas wurzeln in hochkastigem Bauerntum (Nayars), sind im gesellschaftlichen Sinne eine Einheit, auch in Sitte und Brauchtum, nur im Glauben getrennt, *ohne* daß es je zu einem Bruch gekommen wäre[3].

Auch der *Vergleich beider Gebirge* zeigt große naturlandschaftliche Ähnlichkeiten, aber um so ausgeprägtere kulturlandschaftliche Unterschiede; sie beruhen auf kolonialhistorischen Einflüssen, auf ethnischen Unterschieden und Besiedlungsgang. Der hochkastige Malayali-Bauer hat nie im Bergland gesiedelt; es war Rückzugsgebiet von Primitivstämmen, bis die Briten dort wie im Kandy-Bergland begannen, Plantagen anzulegen. Diese Plantagenlandschaft der südindischen Gebirge ähnelt denn auch in manchen Zügen der ceylonesischen. Allerdings ist sie in der Höhe keine so ausgeprägte Teelandschaft, sondern zeigt die bekannte Höhengliederung der Plantagenprodukte: Kautschuk im unteren Bergland, Tee und Kaffee im mittleren Bergland und Tee und Kardamom oben. Die gleichen Factory-Typen (freilich nicht so modern und britisch entwickelt wie um Nurelia), die gleichen Kuli Lines, die gleichen tamilischen Teearbeiterfamilien. Wenn auch Keralas Küste noch so übervölkert und die Unterbeschäftigung und Landlosigkeit noch so groß sein mögen, auch der Malayali-Bauer ist gleich dem singhalesischen Goyigama zu stolz, um ins Gebirge zu gehen und Lohnarbeit zu verrichten. Anders als in der ausschließlichen Plantagenlandschaft des Ceylon-Hochlandes sind hier noch weite Flächen und Hänge mit Dschungel (Sekundärwald), Grasland und Brandrodungsflächen bedeckt, wo bei günstigen Bedingungen heute Siedlungskolonien für Malayali aus dem übervölkerten Küstenraum errichtet werden. In den Nilgiris prägen drei Volksgruppen die Kulturlandschaft: die Tamilen, Badagas und Todas. Die niedrigkastigen *Tamilen* sind sparsam, zäh, anspruchslos und streben heute mehr und mehr auch in andere Berufe. Die *Badagas* sind ein Primitivstamm, der in der letzten Zeit mit Regierungshilfen in neuen, solide gebauten Dorfsiedlungen und mit marktorientierten europäischen Terrassenkulturen (Kartoffeln, Gemüse) seßhaft gemacht worden ist; sie gelten heute als *die* Bauern der Nilgiris. Die *Todas* sind ebenfalls ein Primitivstamm, nomadisierende Hirten, die einem Büffelkult huldigen, von ihren großen Büffelherden leben und deshalb stolze Herrscher über die weiten Sholas sind, über die Down-artigen Hochflächen; aber auch hier hat in den allerletzten Jahren der Umwandlungsprozeß sichtbar begonnen, wird der Wert des Geldes erkannt, treffen wir die prächtigen hochwüchsigen Männergestalten in ihren malerischen Wolltüchern im Bus und auf den Märkten, wird zögernd die Jugend in die Regierungsschulen geschickt – der weitestreichende Einbruch! – und werden Gesundheitsfürsorge und Förderungsmaßnahmen der Regierung zögernd akzeptiert. Der Weg bis zur Seßhaftigkeit zeichnet sich schon ab und wird von

[3] Näheres bei *Sievers*, Die Christengruppen in Kerala (Indien), ihr Lebensraum und das Problem der christlischen Einheit (1962).

der jüngeren Generation zweifellos bald beschritten werden. Das kulturlandschaftliche Bild der Nilgiris hat sich im letzten Jahrzehnt völlig gewandelt; aus dem Rückzugsgebiet ist eine hoch intensiv bebaute, bis zur äußersten Kapazität ausgenutzte bergbäuerliche Wirtschaftslandschaft *neben* der der Plantagen geworden, ohne sich mit ihr zu verzahnen.

Schrifttum zu den Beiträgen aus Sievers, Ceylon (1964):

Alsdorf, Ludwig: Vorderindien. Bharat – Pakistan – Ceylon. – Westermann: Braunschweig 1955. 336 S. (Ceylon: S. 273–279).

Brodie, Alexander O.: Topographical and statistical account of the District of Nuvarakalaviya. – In: Journ. Royal Asiat. Soc., Ceyl. Br. 3, 1856, S. 136–161.

Brohier, R. L.: Ancient irrigation works in Ceylon. – 3 Bd. Govt. Press. Colombo 1934 – 35 (reprints 1955–58). 37,43 und 77 S., Ktn.

– The history of irrigation and agricultural colonisation in Ceylon. The Tamankaduwa District and the Elahera-Minneriya Canal. – Govt. Press: Colombo 1941. 59 S.

Ceylon Department of Census and Statistics (Hrgb.): Ceylon Year Book. – Govt. Press: Colombo 1949 ff.

– Census of Ceylon. vol. I Pt. 2. Statistical Digest. – Govt. Press: Colombo 1950, 340 S. und 1951, 424 S.

– Census of Ceylon, 1953. – Govt. Press: Colombo 1953. 128 S.

– Census of Agriculture 1952. Part IV – Agriculture. – Govt. Press, Ceylon: (Colombo) 1956, 144 S.

– A report on paddy statistics. = Monograph No. 9. – Govt. Press: Colombo 1956. 418 S.

– Report on the survey of landlessness. = Sess. Pap. XIII, 1952. – Govt. Press: Colombo 1952.

Ministry of Agriculture and Food: Agricultural plan. First report of the Ministry Planning Committee. – Govt. Press: Colombo 1958. 381 S.

National Planning Council: The Ten-Year Plan. – Govt. Press: Colombo 1959. 490 S.

Report of the Kandyan Peasantry Commission. = Sess. Pap. XVIII, 1951. – Govt. Press Colombo 1951. 528 S.

Elliott, E.: Rice cultivation under irrigation in Ceylon. – In: Journ. Royal Asiat. Soc., Ceyl. Br., 9, 1885, S. 160–170.

Farmer, B. H. Pioneer peasant colonisation in Ceylon. – Oxford University Press 1957, 387 S.

– Ceylon. – In: Spate, O.H.K., India and Pakistan. – Methuen: London 1957², S. 745–786.

Forde, C. Daryll: Habitat, economy and society. A geographical introduction to ethnology. – Methuen: London 1961¹³, 500 S., Abb. (darin: Kap. 13: Cochin: An Indian state on the Malabar coast, S. 260–284; Part IV: Habitat and economy, S. 371–472).

Geiger, Wilhelm: Ceylon and seine Bewohner. – In: Mitt. d. Geogr. Ges. Hamburg, XIII, 1897, S. 70–91.

– Culture of Ceylon in Mediaeval Times, edited by H. Bechert. – Harassowitz: Wiesbaden 1960, 309 S.

Grist, D. H.: Rice. = Tropical Agriculture Series. – Longmans, Green: London etc. 1955², 333 S.

Helbig, Karl: Batavia. Eine tropische Stadtlandschaftskunde im Rahmen der Insel Java. – Diss. Hamburg 1930. 1931. 192 S.

– Bali, eine tropische Insel landschaftlicher Gegensätze. – In: Zeitschr. f. Erdk. 1939, S. 357–379.

– Am Rande des Pazifik: Studien zur Landes- und Kulturkunde Südostasiens. – Kohlhammer: Stuttgart 1949. 324 S.

Jevers, R. W. Manual of the North-Central Province, Ceylon. Compiled by .. – Govt. Press Colombo 1899. 276 S.

Kolb, Albert: Die Reislandschaft auf den Philippinen. – In: Peterm. Geogr. Mitt. 1940, S. 113–124.

- Die Philippinen. = Geogr. Handb. K. F. Koehler Verlag: Leipzig 1943, 536 S.
Krebs, Norbert: Vorderindien und Ceylon. Eine Landeskunde. — Engelhorn: Stuttgart 1939, 382 S. (Ceylon: S. 202—210).
Kuriyan, George: Population and its distribution in Kerala. — In: Journ. Madras Geogr. Assoc. 1938, S. 125—146.
Leach, E. R.: Pul Eliya, a village in Ceylon; a study of land tenure and kinship. — Cambridge 1961. 344 S.
Mendis, G. C.: The early history of Ceylon (and its relations with India and other foreign countries). — The Heritage and Life of Ceylon Series. Y.M.C.A. Publishing House Calcutta 1935^2. 145 S. — 1945^6. 139 S.
Molegode, W.: Paddy cultivation in Kandy. — In: Tropic. Agric. 99, 1943, S. 152—156.
Nicholas, C. W.: The irrigation works of king Parakramabahu I. — In: Special Issue of „Polonnaruva Period" in: Ceylon Histor. Journal, vol. IV 1—4, 1954/55, S. 52—68.
Panikkar, K. M.: Asia and western dominance. A survey of the Vasco da Gama epoch of Asian History, 1498—1945. — Allen & Unwin: London 1961^3, 350 S.
— Asien und die Herrschaft des Westens. — Steinberg: Zürich 1955, 477 S.
Park, Malcolm: The yield of paddy in Ceylon. — In: Tropic. Agric. 91, 1938, S. 165—168.
Parker, Henry: Report on the Padawiya Tank. — = Sess. Paper XXIII. 1886. — Govt. Press Colombo 1886. 12 S.
Pieries, Ralph: Sinhalese social organization. The Kandyan period. — Ceyl. Univ. Press Colombo 1956. 311 S.
Sievers, Angelika: Die Christengruppen in Kerala (Indien), ihr Lebensraum und das Problem der christlichen Einheit. Ein missionsgeographischer Beitrag. Zeitschr. f. Missionswiss. u. Religionswiss. 1962, S. 161—187.
— Entwicklungsprobleme Ceylons. — In: Entwicklungshilfe u. Entwicklungsland. = Westfäl. Geogr. Stud. Münster, H. 15, 1962, S. 65—79.
— Ceylon. Strukturbericht. — In: Geograph. Taschenbuch 1964/65, S. 236—255. Steiner: Wiesbaden 1964.
Spate, O.H.K.: India and Pakistan. — Methuen: London 1957^2. 829 S.
Wikkramatileke, Rudolph: Southeast Ceylon: Trends and problems in agricultural settlement. — = Dept. of Geography, Research Paper No. 83, Univ. of Chicago, 1963, 163 S.
Wittfogel, Karl A.: Oriental despotism. A Comparative study of total power. — Yale Univ. Press New Haven 1957. 556 S.
— Die orientalische Despotie. Eine vergleichende Untersuchung totaler Macht. Aus d. Amerikan. v. Fritz Kool. — Kiepenheuer & Witsch: Köln 1963. 625 S.

Das singhalesische Dorf

aus: Geographische Rundschau, 10. Jg., Heft 8, 1958 S. 294–303

Die Insel Ceylon gilt als ein klassisches Plantagenland. Allein 96% seiner Ausfuhr stellen Tee, Kautschuk und Kokosprodukte. Damit hätten wir aber ein einseitiges Bild gezeichnet. Das Gesicht der Insel bestimmen Plantagen und bäuerliches Reis- und Fruchtland. Die Engländer nennen diese zwei Wirtschaftsformen „dual economy"[1]; beide bestimmen gleichermaßen das wirtschaftliche Leben Ceylons. Aber nur selten erfahren wir etwas über das Dorf, und doch leben dort weit über die Hälfte aller Bewohner[2]. Diesem Herzstück der Insel, das zu den schönsten und entscheidenden Erinnerungen eines Ceylonaufenthaltes gehört, soll darum unsere Darstellung gewidmet sein.

Der ländliche Raum

Die Ceylonesen sind heute wie vor 2000 Jahren ein Bauernvolk. 80% drängen sich in einem Drittel des Landes zusammen, und zwar im reich bebauten immerfeuchten Südwesten, im Tiefland und im Hochland (vgl. Karte 1). 380 Menschen leben hier auf dem qkm[3]. Colombo mit seinen Vororten hat allein rund 600000 Menschen angezogen. Der Rest lebt weit verstreut über die Trockenzonen im Norden und Osten mit nur einer Verdichtung auf der Jaffna-Halbinsel.

83% der ceylonesischen Bevölkerung leben auf dem Land, freilich sind durchaus nicht alle Bauern. Aber ihnen allen gibt das Land den Lebensunterhalt. Die *Landbevölkerung* zerfällt in zwei gesellschaftlich sehr verschiedene Gruppen: in die Kleinbauern- und Gärtnerbevölkerung und in die Plantagenarbeiterbevölkerung vornehmlich der Kautschuk- und Teegebiete. Die Zweiteilung besteht aber auch noch in anderer Hinsicht. Die Plantagenarbeiterbevölkerung setzt sich aus überwiegend indischen Tamilen zusammen (also aus hinduistischen Südostindern melanider Rassenzugehörigkeit), während die Kleinbauern- und Gärtnerbevölkerung buddhistische Singhalesen (indider Rassenzugehörigkeit) sind. Rassische, sprachliche und religiöse Verschiedenartigkeit haben zu einer scharfen gesellschaftlichen Trennung mit allen nur denkbaren innenpolitischen Folgen geführt. Eine Darstellung des *singhalesischen Dorfes* hat es im wesentlichen mit dem Goyigama, dem *Reisbauern*, zu tun. Auf der nördlichen Jaffna-Halbinsel betreibt ein ceylonesisch-tamilisches Gärtnerbauerntum künstliche Bewässerungskultur, was ein gänzlich anderes Kulturbild ergibt.

---

[1] *Farmer*, B. H.: Ceylon-Abschnitt in Spate, O. H. K.: India and Pakistan. Methuen: London 1957, 2. Aufl.

[2] In den Landeskunden und landeskundlichen Übersichten von Ceylon noch am ausführlichsten geschildert bei *Cook*, E. K.: Ceylon. 2., verb. Aufl., hrsg. von K. Kularatnam. Macmillan: Madras etc. 1951, S. 275–314. Ein volkskundliches Schwergewicht zeichnet aus *Wijesekera*, N. D.: The people of Ceylon. Gunssena: Colombo 1950, 230 S. Unentbehrlich zum Verständnis der geschichtlichen Entwicklung bei *Codrington*, H. W.: Ancient land tenure and revenue in Ceylon. Ceyl. Cov. Press; Colombo 1938, 77 Seiten.

[3] Für 1957 geschätzt; die Bevölkerungsdichte für ganz Ceylon beträgt nur 138 Einwohner/qkm, was ein völlig schiefes Bild ergibt.

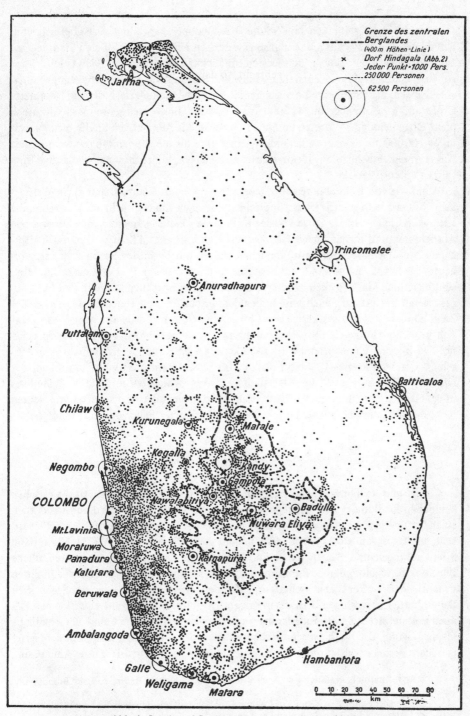

Abb. 1: Land- und Stadtbevölkerung von Ceylon 1946
(umgezeichnet nach der Punktmethodenkarte des Survey Dpt., Colombo 1952)

Nur 15% der Ceylonesen sind Städter bzw. wohnen in Städten. Es ist bezeichnend, daß der Zug in die Stadt nie sehr groß gewesen ist. Die wenigen größeren Städte liegen zum überwiegenden Teil an den Küsten, und zwar zumeist an der Südwestküste, was auf ihre kolonialzeitliche Entstehung hinweist. Sie sind alle aus Fischersiedlungen hervorgegangen, die auch heute noch als charakteristische Stadtviertel bestehen. Die einzige Großstadt ist Colombo mit 425000 bzw. 600000 Einwohnern, wenn wir die noch nicht eingemeindeten Vororte im Süden einbeziehen. Alle übrigen Städte bleiben weit unter 100000 Einwohnern. Sie kennzeichnet eine für die Tropen typisch weiträumige Ausdehnung: Flachbauten, kleine Häuser und Hütten, breite Straßen, weitläufige Bungalow-(Villen-)Viertel.

Wenn wir von Colombo absehen, jenem bedeutenden Kreuzungspunkt im Weltverkehr, besteht kein wesentlicher Unterschied zwischen Stadt und Land. Was schon die altsinghalesischen Städte lange vor der Kolonialzeit kennzeichnete, nämlich ihre große Ausdehnung und ihr ländliches Gepräge mit Reisfeldern und Stauteichen, mit Fruchthainen und Gemüsegärten, mit ländlichen Hütten mitten in den Städten, hat sich bis heute erhalten[4]. Die untere Stadtgrenze ist durchaus fließend[5]. Die kleinen „Städte" sind eigentlich Marktflecken, ländliche Zentren mit entsprechenden zentralen Funktionen; sie gibt es auf der Feuchtseite in den dichter bevölkerten Teilen der Insel in großer Zahl. Entlang der Südwestküste, von Chilaw über Colombo südwärts nach Galle, reiht sich in dichter Folge eine Straßensiedlung an die andere, ohne daß es zu ausgesprochener Citybildung käme. Hier ist die Bevölkerungsdichte am allergrößten — unter Ausschluß des Stadtkreises Colombo bis zu 700 Einwohnern pro qkm — und bleibt der ländliche Charakter auch der Kleinstädte erhalten. Bungalow und Hütte, Wohnhaus und „Geschäft" („Boutique") reihen sich dicht aneinander, überschattet von lichten Kokoshainen oder dem dichten dunklen Blätterdach einer Fülle von Fruchtbäumen.

Das singhalesische Dorf

Gewiß gibt es beträchtliche regionale Unterschiede zwischen den singhalesischen ländlichen Siedlungstypen. Während sich an der Südwestküste die Siedlungen dicht aneinander drängen, so daß eine Unterscheidung von Einzeldörfern oft unmöglich ist, weil ein Hausgrundstück neben dem andern liegt, findet man im Küstenhinterland Streusiedlungen und Weiler. Es ist im Grunde immer wieder das gleiche freundliche Bild: um die leuchtendgrüne Sumpfreisniederung herum ein Kranz von bunt gemischten Fruchthainen, unter deren schattenspendenden Blätterdächern die strohgedeckten Bauernhütten hervorlugen. Etwas seitab vom Dorflärm oder gar auf einer kleinen Palmeninsel inmitten der Reisniederung isoliert, weithin weißleuchtend eine zierliche kleine Dagoba, das buddhistische Heiligtum des Dorfes. Dies Bild prägt sich dem europäischen Besucher als typisch singhalesisch ein, ja, es macht die ganze Anmut und

---

[4] Dieser Eindruck bestätigt sich auch vielerorts im indischen Raum, z. B. in Bombay und Madras.

[5] Die amtliche Statistik (Census of Ceylon, I, 73ff.) stellt ausdrücklich die Fragwürdigkeit statistischer Unterscheidung von Stadt und Land heraus.

Schönheit der ceylonesichen Landschaft aus, gleich ob es sich um die Küstenebene mit der zartblauen Gebirgssilhouette am Horizont handelt oder um die vielen kleinen Reistälchen und Reisterrassen im Bergland von Kandy.

Im folgenden sei an einem Beispiel ein solches Dorf geschildert, wobei das typisch Singhalesische hervorgekehrt werden soll. Wir wählen dafür das *Bergland von Kandy* mit seinen noch sehr in der Tradition verhafteten Bauerndörfern, während die Dörfer im südwestlichen Küstentiefland sich in viel stärkerem Maße den Einflüssen des Westens geöffnet haben.

a) Siedlungslage

Unser Dorf *Hindagala* liegt im engen Tal der Mahaweli Ganga, dem einzigen größeren Strom der Insel, in jener großen Schleife, die er bei Kandy um das langgestreckte und bis zu 1450 m hohe Hantanegebirge zieht. Hindagala liegt 530 m hoch am Hantane ansteigend, seine Fluren reichen bis an den Fluß heran. Es liegt nicht gerade an einer der Hauptverkehrsstraßen, ist aber doch durch eine gut asphaltierte Autostraße, die sich in halber Höhe rings um die Hantanekette herumzieht, mit Kandy, der Hauptstadt der Zentralprovinz, verbunden. Mehrmals täglich verkehrt ein Autobusdienst. Die Entfernung zur Stadt beträgt 9 km, zur nächsten Bahnstation Peradeniya vor Kandy nur 3 km.

Auch Hindagala schmiegt sich um seine kleinen Reisfelder an der Mahaweli Ganga. Die Hütten liegen inmitten der Fruchthaine auf dem Trockenland, dem sog. hohen Land, das die kleinen bewässerten Reisfelder umgibt. Um ein jedes Reisfeld herum liegt eine Siedlung, oft reihen sie sich dadurch in dichter Folge aneinander, wie gerade die Aue der Mahaweli Ganga zeigt. Der Mittelpunkt des singhalesischen dörflichen Lebensbereiches ist das Reisland, vergleichbar in etwa dem Esch, dem alten Brotland in den nordwestdeutschen Drubbelsiedlungen. Der Gürtel bäuerlicher Fruchthaine ist sehr schmal. Er erreicht im Bergland nie die Ausdehnung wie im Niederungsland der Küstenebenen. Denn die Hanglagen, in unserem Fall die Steilhänge des Hantane, bleiben außerhalb der bäuerlichen Nutzung; sie werden von Plantagenkulturen eingenommen.

Daß Hindagala gut 1000 Einwohner zählt, merkt man der Siedlung nicht an. Ihre Größe entspricht dem Durchschnitt der Berglanddörfer; sie liegt damit weit über dem Landesdurchschnitt (270). Die kleinen Hütten sind nicht durch Zäune getrennt, Gartenbeete sind unbekannt: sie stehen in einem Hain locker, aber dicht nebeneinander. Gerade diese Offenheit unterscheidet die singhalesischen von den Hindu- und Moslemsiedlungen. Die Hütten sind meist mit Reisstroh gedeckt und wirken dadurch schmucker als ihre palmstrohgedeckten Nachbarn. Sie haben Lehmwände, Lehmfußböden, meist nur 1 bis 2 Schlafräume für Frauen und Kinder, die zur Nacht ihre Bastmatten aufrollen und eng nebeneinander schlafen, während der Vater draußen auf der Veranda übernachtet. Ein weiterer kleiner Raum, oft nur ein Verschlag, ist die immer verräucherte Küche mit ihren drei Herdsteinen und dem Eckbrett oben, auf dem der Hausrat und die geringfügigen Vorräte verwahrt werden. So eine Bauernhütte bewohnen Eltern, Großeltern und 5–8 Kinder. Ein Gehöft in unserem Sinne kennt der kleine singhalesische Bauer nicht, weil Vieh und entsprechende Ländereien fehlen.

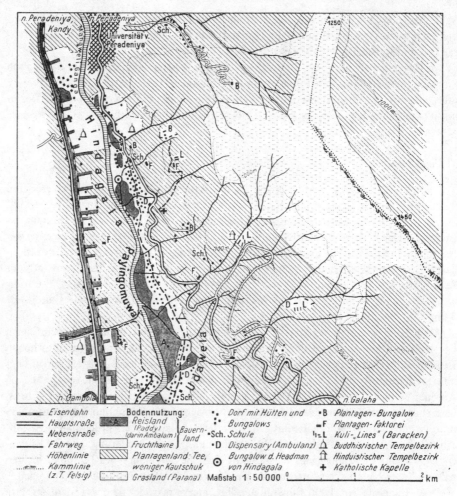

Abb. 2: Hindagala (Kandy-Bergland), Dorf und Flur
(entworfen nach der topogr. Karte 1:63 360, Bl. Kandy, v. A. Sievers)

Aus diesem bescheidenen Rahmen fallen in jedem Dorf einige wenige kleine, aber recht schmucke *Bungalows* mit Steinmauerwerk und Ziegeldach heraus, innen etwas geräumiger und mit einigen westlichen Errungenschaften möbliert. Gerade im Raum von Kandy kann man zuweilen auch schönen alten kunsthandwerklichen Silber- und Messingschmuck finden, der Stolz auf die reiche Tradition des alten Königreiches von Kandy verrät. In Hindagala stehen inmitten der bescheidenen Hütten nur zwei solcher Bungalows am Rand des Reislandes; sie gehören wohlhabenderen, grundbesitzenden Goyigama-Familien, von denen die eine das Haupt des Dorfes, den Headman, stellt.

Die zunehmende Verkehrserschließung Ceylons durch die Plantagen hat es mit sich gebracht, daß die Dörfer sich – ähnlich wie bei uns – in Richtung Autostraße oder

Bahnhof ausdehnen. So ist in Hindagala oben am steilen Hang entlang der Autostraße nach dem Teeplantagenzentrum Galaha eine neue Siedlung entstanden, die mit dem alten Bauerndorf wenig gemein hat und in der einerseits eine ganze Reihe schmucker Bungalows von städtischen Berufstätigen entstanden, andererseits sich die meisten Boutiques angesiedelt haben. Also eine deutliche soziale Zweiteilung.

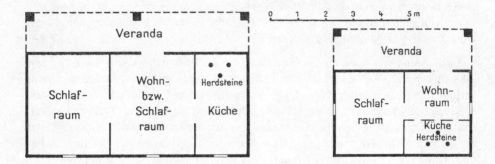

Abb. 3: Grundrisse typischer Dorfhütten
(entworfen nach Geländeskizzen von A. Sievers)
a) kleiner Reisbauer (7–10 Personen), vgl. Karte 4, b) landlose Familie (7–10 Personen)

Geistlicher Mittelpunkt und doch einsam gelegen ist Hindagalas buddhistischer Tempelbezirk, ein altehrwürdiges Heiligtum hoch über dem Dorf am Hang des Hantane, durch viele steile Treppenstufen erst erreichbar. Malerisch liegen in den Felsen um den heiligen Bo-Baum herum die Opfernischen und Tempel (Vihara), der alte Reliquienschrein (Dagoba) und die Mönchswohnungen (Pansala) für die saffrangelb gewandeten Mönche (Bhikkus). Vor allem bei Sonnenuntergang ist der Tempelbezirk Sammelpunkt der Gläubigen. Mit Körbchen voll zartduftender Blüten kommen sie, um Buddha ihre Verehrung zu bezeigen, ein immer wieder rührender Anblick.

b) Soziales Gefüge

Eine echte Dorfgemeinschaft nach altweltlichen Begriffen fehlt. Eine solche gibt es weder in Indien noch in Ceylon. Auch hier wird, zwar nicht so streng und sichtbar ausgeprägt, das ländliche gesellschaftliche Leben von der *Kastenordnung* bestimmt, also in eine Reihe von Gemeinschaften aufgelöst, die keine innere Gemeinsamkeit kennen[6]. Freilich gibt es im buddhistischen Ceylon nicht jene Unzahl von rituellen Vorschriften; die Bindungen betreffen Heirat, Tischgemeinschaft und Beruf. Ein jeder weiß vom Nachbarn die Kastenherkunft, ihr gilt das erste Interesse. Das geht bis tief hinein ins ceylonesische Christentum[7]. Die Tradition ist in allen ländlichen Lebensbereichen auch heute noch von großer Beharrlichkeit.

[6] *Ryan*, Bryce: Caste in modern Ceylon. The Sinhalese system in transition. Rutgers: New Brunswick, N. J. 1953, 371 S.
[7] *Sievers*, A.: Das Christentum in Ceylon. In: Stimmen der Zeit 161, 1957/58, 6, 410–419; und Christentum und Landschaft in Südwest-Ceylon, eine sozialgeographische Studie. In: Erdkunde 12, 1958, 2., 107–120.

Hindagala ist in seinem alten Kern ein *Goyigama-Dorf*, ob die Goyigama heute noch Land besitzen und bebauen oder nicht. Form und Größe des Landbesitzes sind für die „Bauern"bezeichnung überhaupt nicht entscheidend, sondern einzig die Kastenherkunft.

Die Goyigama-Kaste, die Kaste der Reisbauern, ist in Ceylon die höchste und zugleich auch die bei weitem größte Gruppe, in Indien hingegen steht sie erst an 3. Stelle und gehört rangmäßig zu den unteren Kasten. Der Goyigama-Kaste anzugehören, bedeutet heute nicht mehr, den Beruf eines Bauern auzuüben; eine Folge der Kolonialzeit ist der Hang zum „white collar job" geworden, der Platz hinter dem Schreibtisch, mag er auch noch so kümmerlich bezahlt sein.

Im Bergland von Kandy haben nur die Hälfte der Bauern das wenige Land zu eigen, im Schnitt nur 12 Ar. Das Land ist unter dem katastrophalen Druck wachsender Bevölkerung[8] immer knapper geworden, bis zur Unerträglichkeit zerstückelt. Praktisch sieht es so aus, daß die Erbfamilien das Fleckchen Reisland umschichtig bearbeiten und die Ernte untereinander teilen. Ebenso geschieht es mit der Fruchternte. Verständlich, daß bei solchen Methoden wenig Anreiz zur Intensivierung besteht, sei es mittels Arbeit oder Kostenaufwand wie etwa Dünger. Die meisten Familien haben sogar nicht mehr als das Grundstück mit Hütte und einigen Fruchtbäumen ringsum als Landbesitz. Dann werden sie nicht mehr „cultivator" (Bauer), sondern „Gärtner" genannt.

Typisch sind die vielen Formen von Pacht- und sonstigen Arbeitsverhältnissen. Die *Andepacht* herrscht vor; im allgemeinen muß die halbe Ernte dem Grundherrn abgeliefert werden, oft sogar mehr, ein heute sehr bekämpftes System, weil es unwürdige Abhängigkeiten vom Grundherrn schafft und den Fortschritt ungeheur lähmt[9].

In den alten Feudalzeiten gab es in Hindagala nur einen einzigen Landbesitz, den des *Overlord*, des Grundherrn, Vorfahre des heutigen *Headman*. Sein Name deckt sich mit dem des Dorfes. Er hatte vom König das Land zu Lehen bekommen, ohne zu weiteren Diensten verpflichtet zu sein. Späterhin wurde ein Teil Landes dem Tempel zu Eigentum übergeben, wonach das Dorf heute noch *„Tempeldorf"* genannt wird, denn die Bevölkerung mußte das Tempelland im Frondienst bearbeiten. Heute noch gehören zum Tempel 16 ha Reisland, das in kleinen Pachtstücken vergeben ist, d. h., die Bauern müssen nach dem Andesystem die halbe Reisernte an den Tempel abliefern und gewisse, festumrissene Tempeldienste leisten. Im ganzen Dorf gibt es heute nur zwei eigentlich bäuerliche Betriebe, darunter den des alten Grundherrn, beide zwischen 8 und 10 ha groß, verstreut über Hindagala und angrenzende Ortschaften, ererbt und zugekauft bzw. zugepachtet. Wer über Geld verfügt, versucht mit allen Mitteln, es in Land anzulegen. Rund die Hälfte dieser Fläche entfällt beim Headmanbesitz auf Reisland in 4 Parzellen, die andere Hälfte ist Trockenland mit Fruchtbäumen verschiedenster Zusammensetzung.

[8] Nach Japan hat Ceylon das größte Bevölkerungswachstum, 2,9%/Jahr! Deshalb sind die Bevölkerungszahlen der letzten veröffentlichten großen Zählung von 1946 (Colombo 1950–52) längst überholt. 1946 betrug die Gesamtbevölkerung 6,7 Mill. (103/qkm), 1957 bereits 9 Mill. (138/qkm). Hier steckt das brennendste Problem.

[9] Kürzlich erst ist ein Paddy-Gesetz zur Besserung dieser Verhältnisse gegen mancherlei Widerstand der besitzenden Klasse erlassen worden, demzufolge nur noch ein Viertel der Ernte abzuliefern ist und das Pächter-Landlord-System zugunsten intensiverer Bebauung revidiert wird.

Die *landlose Bevölkerung* geht entweder zur Arbeit in die Stadt, so daß der Autobus morgens und abends überfüllt ist, oder sie helfen bei der Landarbeit (d. h. in den Reisfeldern), oder sie pachten ein Fleckchen Reisland von einem abwesenden Landlord; manche Frauen und Kinder, aber nicht viele, gehen in die benachbarten Plantagen. Der stolze, kastenbewußtere Hochlandsinghalese wird freilich lieber hungern als bezahlte Fremdarbeit annehmen. Diese landlose Bevölkerung lebt vor allem an der Autostraße im neuen Teil der Ortschaft. Dort haben sich aus Verkehrsgründen die meisten Geschäfte angesiedelt, 5 Boutiques, wie die kleinen Kramläden genannt werden, Baracken, Buden, in denen es alles gibt, was vor allem der landlose Dorfbewohner zum täglichen Leben braucht, in denen auch nicht der Teeausschank fehlt. Etwas weiter weg, am Rande des Dorfes, wohnen 2 Dhobifamilien, die im Dorf die Wäsche waschen, was zu den niedersten, verachteten Arbeiten zählt; hier wohnen auch 3 Pingoträger mit ihren Familien, die der niederen Töpferkaste angehören, und — was zu jedem Tempeldorf gehört — 5 Tom-Tom-Schläger mit ihren Familien. Auch die wichtigsten Handwerker fehlen nicht, denn noch heute ist ein solches Dorf im Bergland ein Staat im kleinen, in dem jeder seine bestimmten Funktionen zu erfüllen hat. Freilich beschränken diese unteren Kastenangehörigen ihre Arbeit durchaus nicht nur auf Hindagala, sondern suchen auch in den Städten bessere Verdienstmöglichkeiten hinzu. Manch einer von ihnen bringt es im Laufe der Zeit zu kleinen Ersparnissen und kommt eher zu Land als der kastenstolze arme Hochland-Goyigama.

Bei aller gesellschaftlichen Gliederung ist aber doch eines gegenüber dem indischen Landvolk auf dem Kontinent bemerkenswert: im Tempelheiligtum sind alle gleich, hier gibt es keine Spaltung in kastengebundene Tempel. Es gibt in jedem singhalesischen Dorf nur *einen* Buddhatempel, in dem geopfert, verehrt und meditiert wird ohne Unterschied des Ansehens. Und der Zugang zum Mönchtum ist einem jeden offen, gleich welcher Kaste er angehört; das Gelübde der Armut ist radikal, nicht bedingt, und die Achtung vor dem bettelnden Bhikku allgemein groß. In vorkolonialen Zeiten lag das spärliche Schulwesen ganz in der Hand der Mönche, d. h., entsprechend unseren mittelalterlichen Lateinschulen wurde in den Pirivenas Pali gelehrt. Eine Wiederbelebung ist im Gange, und es gibt eine ganze Reihe stattlicher klassischer Bildungsstätten des ceylonesischen Buddhismus, wenngleich das westliche Bildungswesen überall, auch auf den kleinen Dörfern, den Vorrang hat.

c) Wirtschaftliches Gefüge

Das Kandybergland hat ein recht buntes Mittelgebirgsrelief. Darauf breitet sich ein mannigfaltig gestaltetes Kulturland aus, das sehr anschaulich alle Möglichkeiten des Anbaus feuchttropischer Kulturpflanzen zeigt. So zeigt sich eine deutliche *Höhenstufung der Agrarlandschaft*:

1. Talräume (500–600 m):   a) Talboden mit bewässertem Reisanbau in Monokultur.
   (= Reisbauernwirtschaft)   b) Talränder mit Fruchthainen und evtl. Gemüseland.

2. Berghänge (über 600 m): Teeanbau, in der unteren Zone auch Kautschukanbau.
   (= Plantagenwirtschaft)

Seit Jahrhunderten ist in den vielen kleineren und größeren Tälern und an den Hängen Sumpf- bzw. Terrassenreis von den Hochlandsinghalesen mit mehr Sorgfalt angebaut worden als im Tiefland. *Reisland* wird im indischen Raum allgemein als Paddyland (engl.) bezeichnet. Es ist die materielle Grundlage der bäuerlichen Bevölkerung. In Hindagala war es immer schon auf die schmale Stromaue beschränkt, denn die Hantanehänge sind steil und die Tälchen kurz. Ihre Bäche aber liefern den Paddyfeldern reichliche Bewässerung. Normalerweise kann zweimal im Jahr, dem äquatorialen Niederschlagsrhythmus entsprechend, Reis geerntet werden; die große Ernte (maha) ist im Februar–März nach 5- bis 6monatiger Wachstumszeit, die kleine Ernte (yala) im August nach nur viermonatiger Wachstumszeit. Im allgemeinen sind die Ernteerträge von Reis in Ceylon mit nur 9 dz/ha sehr niedrig, mit die niedrigsten von Monsunasien, auch im Vergleich zu Indien. Die Briten haben einseitig die Plantagenkulturen gefördert und das Bauernland lange Zeit vernachlässigt. So hält es heute sehr schwer, die außergewöhnlich konservative Bevölkerung an fortschrittliche, womöglich arbeitsintensive Methoden wie die der japanischen Saatbeete zu gewöhnen, um nur ein Beispiel herauszugreifen. In Hindagala ist der Headman ein fortschrittlicher Bauer, der langsam das Dorf nach sich zieht. Seine maha-Ernte ergibt gewöhnlich 50 dz/ha gegenüber einem Dorfdurchschnitt von 25 dz. Die yala-Ernte bleibt mit nur 15–20 dz dahinter zurück. Die Erträge hängen völlig von Zeitpunkt und der Dauer der Niederschläge ab und sind großen Schwankungen unterworfen.

Zweimal im Jahr ergeben sich Arbeitsspitzen durch die dichte Aufeinanderfolge des Erntens, Pflügens, Säens, womöglich auch Umpflanzens, wenn eine zweimalige Ernte erreicht werden soll. Das ganze wirtschaftliche Schwergewicht liegt auf dem Reisland, alles Mühen und Sorgen dreht sich darum. Es ist das einzige Ackerland der Bevölkerung, das Land, das ihnen die Hauptnahrung in großer Einseitigkeit liefert. Kein Wunder, daß der Beginn einer jeden neuen Arbeitsperiode im Reisbau, ob es sich um das „mudding" des Zebuochsen oder Büffels handelt, um das Umpflügen des Naßfeldes oder um die Ernte mit den kleinen Handsicheln, heute wie vor 2000 Jahren immer wieder eine große religiöse Zeremonie ist, an der das ganze Dorf beteiligt ist und die durch die Teilnahme eines Bhikku ihre Weihe erhält. Der Sicheltanz gehört zum alten Kandy-Brauchtum.

Ergänzt wird das bewässerte Paddyland durch das „hohe" *Trockenland* ringsum mit seinen geschlossenen, sehr bunten *Fruchthainen* auf dem rötlichen Lateritboden. „Garten", wie die englische Bezeichnung lautet, würde das Bild nicht treffen, weil es sich vielmehr um Baumhaine als um Gemüsebeetkulturen handelt und weil schließlich auch die Einzäunung fehlt. Auch in 500 m Höhe fehlt die Kokospalme nicht: im Gegenteil, sie ist wie die Bananenstaude ein wesentlicher Bestandteil des Fruchthaines, und das heißt: der täglichen Mahlzeit und schließlich auch noch des Verkaufs oder Tauschs. Immerhin erreicht die Kokospalme im Bergland ihre Höhengrenze und ist auf die gut befeuchteten Talränder beschränkt, während auf den trockeneren Böden die Areka- und Kitulpalmen überwiegen. In der Mannigfaltigkeit der Fruchtarten auf engem Raum liegt der Wert dieses Trockenlandes. Niemals werden die mächtigen Jakbäume mit ihren stachligen Riesenfrüchten fehlen, die eine große Rolle in der einheimischen Curryküche spielen, deren Holz aber auch sehr geschätzt ist. Und die köstliche zarte Mangofrucht unter dem weit ausladenden Blätterdach und einige Kaffeesträucher und Teebüsche gehören im Bergland zu jedem „Garten". Charakteristisch ist das Durcheinander im Anbau, das Fehlen einer sinnvollen Planung. Die Früchte reifen unter dem Tropenhimmel ohne besondere Pflege heran, so daß das arbeits- und kapitalintensive Moment unserer europäischen Gartenkultur hier nicht gilt. Der Gemüseanbau fehlt in Hindagala völlig – ein Zeichen mehr seiner Rückständigkeit. „Von allem etwas", möge diese klein- bzw. kleinstbäuerliche, den Markt wenig beeinflussende Selbstversorgerwirtschaft kennzeichnen[10].

Als Beispiel für einen bäuerlichen Kleinbesitz von 0,5 ha sei dessen Bodennutzung angegeben: außer 0,3 ha Paddyfeld gehören 0,2 ha Trockenland mit der Wohnhütte darauf zu seinem Besitz. Darauf stehen 6 Kokospalmen, 15 Bananenstauden, 43 Arekapalmen, die Syrup und vielbegehrte Nüsse zum Kauen hergeben (die „Betelnuß"!), 5 Jakbäume, 1 Brotfrucht-, 1 Mangobaum und 5 Kapokbäume sowie 26 Kaffeesträucher. Kaffeebohnen, Kapok und Arekanüsse sind die einzigen Marktfrüchte, während die übrigen Früchte je nach Bedarf verkauft werden. In den ererbten Besitz teilen sich Eltern mit 2 Söhnen und 4 verwandte Familien – Beispiel der ungeheuren Besitzzerstückelung.

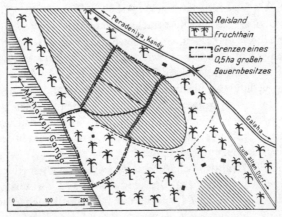

Abb. 4: Lage eines Kleinbauernbesitzes in Hindagala
(entworfen nach Geländeskizzen von A. Sievers)

Die *bäuerliche Wirtschaftsweise* verharrt praktisch immer noch wie in alten Zeiten im eng begrenzten, d. h. über den dörflichen Raum nicht hinausgehenden Güter- und Arbeitsaustausch. Auf der einen Seite entsteht dadurch – innerhalb der Kastenordnung – eine enge Schicksalsgemeinschaft im menschlichen und wirtschaftlichen Bereich, auf der anderen Seite findet der Geldumlauf nur wenig Eingang in ein traditionsverhaftetes Dorf. Die Bedürfnisse der Masse der Landbevölkerung sind immer noch recht gering, die Ernährungsweise ist einseitig. Die großen Möglichkeiten einer reichen Tro-

---

[10] Vgl. hierzu die Schilderung der dörflichen Verhältnisse an der Südwestküste bei *Sievers*, Christentum und Landschaft, a. a. O., S. 110ff.

pennatur sind aus Mangel an Erziehung, Einsicht und mancherlei Trägheit noch nicht erkannt. Trotz aller Regierungsbemühungen spielt immer noch der Zwischenhändler, der middleman, Moslem arabischer Herkunft, im Dorf eine wichtige Rolle. Er ist der Ruin des sowieso armen verschuldeten Bauern, der ihm die Früchte des „Gartens" und so manchen Reis, den die Familie dringend selbst brauchen könnte, abkauft. Eine weitere Persönlichkeit, die im Leben der Dorfbewohner eine verhängnisvolle Rolle spielt, ist der herumziehende *Geldverleiher*, der zu einem Wucherzins die bei schlechter Reisernte notwendigen Anschaffungen ermöglicht.

d) Das Verhältnis Dorf – Plantage

Das Kulturlandschaftsbild von Hindagala zeigt wie überall im Bergland von Kandy eine sehr enge räumliche Berührung zwischen dem Reisbauerndorf und den umliegenden Plantagen. Zwei Teeplantagen, in den unteren Hängen mit Kautschukbeständen gemischt, reichen an die Dorfgemarkung heran. Ein Austausch zwischen Dorf und Plantagen besteht aber nur schwach. Die indischen Plantagenarbeiterfamilien befriedigen ihre geringfügigen Marktbedürfnisse in den Boutiques des Dorfes, und einige landlose Dorfbewohner finden in den Plantagenfaktoreien Arbeit. Im übrigen aber arbeiten die Plantagen mit einem festen Stamm eigener Arbeiter. Diese sind als Hindu oder als Christen nicht nur religiös, rassisch und sprachlich getrennte, sondern auch als „Kuli" gesellschaftlich verachtete Menschen, ein bei den Singhalesen nur ungern gesehener Fremdkörper. Sie leben geschlossen in den Plantagen, in festen Baracken („Kuli Lines"), und haben dort eine eigene Schule, einen Tempel und eine katholische Kapelle, sind also ein selbständiger Siedlungsorganismus. Wenn der Rassen- und Kastenstolz bei den Hochlandsinghalesen nicht so groß wäre, könnte angesichts der enormen Unterbeschäftigung jener tamilische Fremdkörper überflüssig sein und würde so manches gesparte Geld im Lande verbleiben – Probleme, die zwar politisch gesehen werden, denen sich aber gesellschaftliche Rücksichten entgegenstellen.

So sind die beiden Hauptwirtschaftssysteme Ceylons auch in Hindagala nebeneinander vertreten, ohne sich zu ergänzen. Die heutige nationale Wirtschaft ist jedoch auf die Erträge aus beiden angewiesen. Es wird darauf ankommen, die rechte Mitte zu finden.

Ausblick: Das singhalesische Dorf zwischen Ost und West

So anmutig das Bild der singhalesischen Dorflandschaft sein mag, ein Einblick in ihre Lebensfragen stimmt nüchtern und nachdenklich. Was Generationen von Kolonialherren aus imperialem Wirtschaftsegoismus versäumt haben, kann nicht in Jahren eingeholt werden. Wenn uns auf den guten Straßen des Südwestens auch moderner motorisierter Verkehr und viele Fahrräder begegnen; wenn auch weithin elektrisches Licht, die Nähmaschine, kitschige japanische Haushaltgegenstände und amerikanische Magazine Eingang gefunden haben; wenn auch Radiolärm aus den bescheidensten Hütten dringt und die jüngeren Kinder zur Schule gehen, aus jedem Dorf einige sicher auch zur höheren Schule in die Stadt fahren und dort dann auch Englisch lernen; wenn es auch gelungen ist, durch systematische Kontrollarbeit der einstigen Geißel, der Malaria, Herr zu werden – eine zweifellos großartige Leistung –: wenn auch der staatliche Gesundheitsdienst ausgezeichnet arbeitet, bis ins letzte Dorf hinein, wenn auch fast jedes Dorf eine Dispensary hat, eine Ambulanz (so auch Hindagala) – es bleibt doch unendlich viel an Aufklärungs- und Erziehungsarbeit und an geldlicher Hilfe zu leisten, um die Landbevölkerung aus der mittelalterlichen Dorfverfassung zu lösen, ihr ein menschenwürdiges Dasein zu ermöglichen und die Gaben, die ihr eine reiche Natur schenkt, zu nutzen[11]. Die mageren Gestalten und gesundheitlichen Schäden (von der Tb bis zum Hakenwurm) zeugen vorläufig noch von unzureichender räumlicher Unterbringung, mangelhafter und einseitiger Ernährung. Es fehlt an Milch, es fehlt an Vitaminen – wenn auch mit den „Milchzentren" ein kleiner Anfang gemacht worden ist. Nicht nur auf eine Ausdehnung des Reislandes kommt es an, sondern auf ein Wissen um die vorhandenen Möglichkeiten und auf ihre bessere Ausnutzung. Das ist freilich nicht nur eine Frage landwirtschaftlicher Schulung, sondern auch des menschlichen Willens.

---

[11] Zu diesen vielfältigen Bemühungen vgl. die amtlichen und halbamtlichen Verlautbarungen und Berichte aus den Kreisen des Rural Development Dept. u. des Planning Secretariat, vor allem aber den Bericht der International Bank-Mission: The economic development of Ceylon. I u. II, Ceyl. Gov. Press: Colombo 1952, 83 u. 468 S.

Die bäuerliche Reiskultur (Paddykultur)[1]

aus Sievers, A.: Ceylon. Gesellschaft und Lebensraum in den orientalischen Tropen. Eine sozialgeographische Landeskunde. Steiner: Wiesbaden 1964, S. 137–148

Die Herzmitte der Insel ist das dörfliche, bäuerliche Ceylon. Als die Singhalesen sich auf Ceylon niederließen, brachten sie aus ihrer nordindischen Heimat bereits Erfahrungen im Reisbau mit. Sie sind also von Anfang an *Reis*bauern gewesen, *Goyigama*[2], die dort siedelten, wo sie Reis anbauen konnten. Damit reihen sich die Singhalesen in die große Zahl der Reisesser Monsunasiens ein, denen die Reismahlzeit mehr bedeutet als uns Brot und Kartoffel. Der Reisanbau nimmt eine zentrale Stelle im Wirtschaftsleben Ceylons ein. Und der unkundige Fremde, der nach Ceylon kommt, stößt nicht zuerst auf Teeplantagen, sondern ist überrascht und entzückt von der Schönheit und Anmut einer *bäuerlichen* Tropenlandschaft.

Der Reis entstammt dem monunasiatischen Raum und findet auch in Ceylon ausgezeichnete *Wachstumsbedingungen*. Naßreis wird in Ceylon angebaut, selten trockener Bergreis, hauptsächlich auf lockeren Alluvialböden oder auf Talböden, die bei der starken Bodenabspülung im Bergland viel Schlamm ansammeln. Tonhaltige Lehmböden auf porösem Unterboden, wie ihn die alluvialen Küstenebenen aufweisen, ist besonders gut geeignet. Da die Reissumpfpflanze während der Wachstumsperiode unter Wasser gedeihen muß, ist eine gute Wasserversorgung Grundbedingung. Seit frühen Zeiten haben auch in Ceylon die Menschen es verstanden, durch künstliche Bewässerung dem Reisanbau eine bedeutend größere Verbreitung zu geben, als es unter natürlichen Bedingungen möglich wäre. Ja, die Singhalesen der Frühzeit mußten künstliche Bewässerungsmethoden in ihrem ersten Siedlungsraum einführen, die ihnen bei den andersartigen klimatischen Verhältnissen Nordindiens nicht vertraut waren. Wir haben früher erfahren, daß es die ersten Kontakte mit den Herrschern des Colareiches in Südostindien waren, deren wechselklimatische Erfahrungen sie sich aneigneten, so daß sie in der Folge die großartigen Stauteichanlagen und Kanalsysteme schaffen konnten. Der Reisanbau in der altbesiedelten Trockenzone steht unter ungünstigeren natürlichen Bedingungen als in der sehr viel jünger besiedelten Feuchtzone.

Wir müssen bei der *Verbreitung des Reisanbaues* grundsätzlich Feucht- und Trockenzone unterscheiden, denn danach richten sich in der Folge die Methoden des Anbaues, die Erntezeiten, Erntehäufigkeit, -Sicherheit und Erträge[3]. Die Bodennutzungstabelle 2 c (S. 370) zeigt einerseits die absoluten Flächen, anderseits ihre anteilmäßige Bedeutung innerhalb der landwirtschaftlichen Kulturfläche. Von 1961/62 insgesamt 1,5 Mill. acres (600000 ha) asweddumized Paddyfeldern[4] liegt die gute Hälfte (55 %) in der Feuchtzone[5]. Wenn wir bedenken, daß das Hochland in Höhen über 1 000 m aus

---

[1] Wichtigste Literatur: A report on paddy statistics, hrsg. vom Dept. of Census and Statistics (1956). – *Paddy* von malaiisch Padi (= Reis in der Hülse) als Ausdruck für die charakteristische uralte malaiische (und auch singhalesische) Bewässerungs*kultur*, seit 1874 in Ceylon eingebürgert.
[2] Von singh. goyan = Reis   [3] Vgl. zu diesem Abschnitt im besonderen Karte 12
[4] asweddumized = anglisiert aus singh. aswedduma = das für Reiskultur hergerichtete Land
[5] Die folgenden Zahlen dieses Abschnittes entstammen, falls nicht anders vermerkt ist, dem *Report on Paddy Statistics* (1956).

klimatischen Gründen (und nicht etwa wegen der Plantagen) ausscheidet[6], wird sichtbar, wie bedeutsam der Reisbau im Landschafts- und Wirtschaftsbild weiter Teile der Feuchtzone ist. Trotzdem bleibt er nur auf das bäuerliche Land beschränkt, wo er von den üppigen Fruchthainen ergänzt wird. Die Bodennutzungstabelle 2 c zeigt deutlich die Vielfalt der Bodennutzung, erhöht durch die Plantagenkulturen. So kommt es, daß der Reisbau innerhalb der landwirtschaftlichen Nutzfläche der Feuchtzone einen keineswegs beherrschenden Anteil hat (zwischen nur 8 % für den Distrikt Kegalla und 23 % für Matara). Noch problematischer wird seine Bedeutung dort dadurch, daß der größte Teil nicht kultivierten Reislandes nicht etwa in der klimatisch unsicheren Trockenzone, sondern in der Feuchtzone liegt. Gegenwärtig verschiebt sich das Schwergewicht des Reislandes in die Trockenzone, besonders in den Osten, so daß die Census-Zahlenangaben zur Verbreitung dort sehr fragwürdig erscheinen (vgl. Tabelle 2c, Fußnote 4). 1946 lag erst ein Drittel des Reislandes in der Trockenzone, 10 Jahre später bereits die knappe Hälfte (45 %). Als Distrikt steht *heute* Batticaloa an der Spitze von ganz Ceylon; aus der Bedeutungslosigkeit vor der Unabhängigkeit (1946: 41 000 acres) ist das Reisland als Folge der Neulandgewinnung innerhalb eines Jahrzehnts auf fast das Vierfache angewachsen (1954/55: 151 000 acres). Zwischen 1955/56 und 1961/62 kamen weitere 60 000 acres Reisland allein innerhalb der Kolonisationsgebiete hinzu. Der Reisbau dominiert außerdem im Osten in einer ganz eindeutigen Weise, da die unbewässerten Highland-Kulturen wegen der kurzen Humiditätsperiode als sehr extensiv anzusprechen sind und Plantagenkulturen fehlen. Die Bedeutung des Ostens für den Reisbau wächst überdies, wenn sich die Hoffnung auf bald hundertprozentige Doppelernten in Polonnaruwa mit seinen etwas älteren Bewässerungsflächen für die Zukunft auch auf das Gal Oya-Tal übertragen läßt. Früher stand an erster Stelle, was die absolute Flächengröße betrifft, der Distrikt Kurunegala, dessen größte Flächen noch in der Feuchtzone, im Niederungsraum des Maha Oya liegen, freilich im Grenzbereich der Trockenzone mit einer Reihe Stauteichen; Kurunegala liegt heute an zweiter Stelle, gefolgt von Anuradhapura, wieder innerhalb der Trockenzone. Alle anderen Distrikte bleiben weit unter der 100 000-acre-Grenze. Die geringsten Flächen hat der Hochlanddistrikt Nuwara Eliya.

Mit dieser Rangordnung stimmt allerdings die Höhe der *Erträge* nicht immer überein. Für die Ertragshöhe sind neben Methoden, Düngung, Besitzverhältnissen die Menge, jahreszeitliche Dauer und Sicherheit der Wasserzufuhr von ausschlaggebender Bedeutung. Der ceylonesische Durchschnitt von 38 bushels/acre 1961/62 (24 dz/ha) ist immer noch sehr niedrig, wenn auch deutlich gestiegen, wie ein Vergleich zeigt:

Ceylon	14,4 dz/ha	
Indische Union	11,8 "	
Pakistan	13,9 "	
Japan	44,3 "	
Italien	47,4 "	Nur *eine* Ernte möglich!
Ägypten	55,6 "	
Spanien	62,0 "	

[6] Nach *Helbig* geht der Reisanbau auf Java bis etwa 1 500 m hoch (Am Rande des Pazifik, 1949, S. 41 und Profil S. 43).

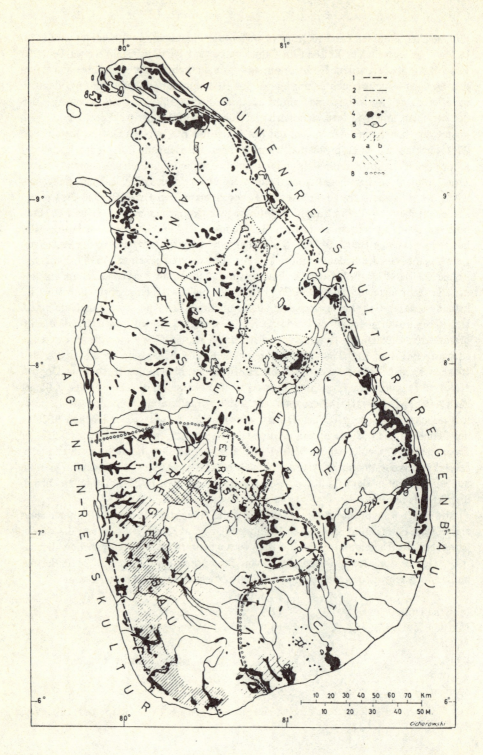

Genaue, alle Teile Ceylons umfassende Erhebungen sind erst seit 1951/52 mit Beratung durch FAO-Sachverständige durchgeführt worden. Der Zehnjahresplan von 1959 für das Jahrzehnt 1960—70 erhofft — wohl zu optimistisch — eine mögliche Steigerung der Reiserträge auf 48 bushels/acre (30 dz/ha)[7]. Anhaltspunkte bietet Kegalla, wo mit 58 bushels 1956/57 (36 dz/ha) Ceylons höchster Ertrag durch Düngung, japanische Transplantationsmethode, gutes Saatgut usw. erzielt worden ist. Notwendig scheint nicht nur eine verstärkte landwirtschaftliche Beratungs- und Erziehungstätigkeit, sondern geradezu ein Feldzug zu sein! Ausweitung der Flächen und gleichzeitig Steigerung der Erträge sind für Ernährung und Beschäftigung der wachsenden ländlichen Bevölkerung Ceylons zu einer Lebensfrage geworden. Ein Großteil der ceylonesischen Anstrengungen um eine Besserung der Lebensverhältnisse ist auf die Reisproduktion gerichtet. Die bisher *höchsten* Ertragsdurchschnitte wurden außer im Distrikt Kegalla in Polannaruwa (und Gal Oya 1963) mit 47 bushels/acre (29 dz/ha), in Nuwara Eliya mit 43 (27), in Anuradhapura, Kandy, Badulla, Hambantota und Trincomalee mit 34 bis 38 (21—24). Die *niedrigsten Erträge* von 20 bis 23 bushels (13—14) weisen Galle, Kalutara und Jaffna auf. Weder für die maximalen noch für die minimalen Erträge lassen sich gemeinsame Ursachen finden. Jeder Fall ist anders gelagert. Jaffnas Reisniederungen (meist an Lagunen) leiden unter brackigem Wasser, armen Sandböden und Unsicherheit der Regenfälle. Kalutaras Niederungen um die Kalu Ganga und andere Gewässer leiden unter dauernder Überschwemmungsgefahr bis zur Katastrophe. Die Höchsterträge werden dort erreicht, wo der Mensch in der Lage ist, die Wasserzufuhr zu regulieren: im Gebirge durch ein System von Kanälchen, in der Trockenzone durch künstliche Bewässerung. Wo in der Trockenzone ausgedehnte Reisflächen auf Regenfeldbau angewiesen sind wie an den Lagunen an der **Batticaloa**-Küste, auf der Jaffna-Halbinsel und den Inseln, verursacht die Unsicherheit der **Regen**fälle große Ertragsschwankungen.

[7] Ten-Year-Plan (1959), S. 49. Vgl. auch die Versuchsstationen für Reis bei *Park*, The yield of paddy in Ceylon (1938).

← *Legende zu Abb. auf S. 130*

1 = Reisanbau- und Bewässerungssysteme (Gebietsabgrenzung)
2 = Untergliederung
3 = Reislandschaften innerhalb 1 : N. = Nuwarakalawiya, T. = Tamankaduwa
4 = Naßreisfelder (Yaya und Deniy)
5 = Fluß und Tank (Auswahl)
6 = Reis-Doppelernte (Maha und Yala) : a 50—70 % der Fläche zweimal geerntet, b über 70 %
7 = relativ hohe Ernteerträge (über 35 bush./acre)
8 = Trockengrenze (75", 1900 mm)
(Entworfen nach der amtlichen Land Utilization Map of Ceylon 1 : 520640 und nach den Paddy Statistics 1956)

Die folgende tabellarische Übersicht weist auf die sehr unterschiedlichen Anbau- und Ertragsverhältnisse hin:[8]

Distrikt	Kultiv. Fläche in % d. asweddum. Fläche: a) Maha-Zeit	b) Yala-Zeit	Zwei-malige Ernte (Flächen-anteil)	Erträge° (bush./ acre)	Regenzeit (... monsunr. Äquinoktialr.)	Be-wässerungs-art**
Ceylon	80	51	39	30		46 % Regenb.
a) Feuchtzone						
Colombo	82	45	39	29–30	SW, (NO)-Äqu.	86 % "
Kalutara	80	79	69	20–23	SW, (NO)-Äqu.	93 % "
Kandy	98	66	55	34–38	SW, (NO)	50 % "
Matale	89	55	56	35–38	SW, (NO)	62 % k. Bew.°
Nuwara Eliya	98	51	54	43	SW, z.T. NO	97 % " °
Galle	81	91	80	20–23	SW, NO-Äqu.	90 % Regenb.
Matara	86	81	74	25–26	SW, NO-Äqu.	75 % "
Kurunegala	93	47	45	27–28	SW	52 % "
Ratnapura	79	75	59	26–27	SW, NO	57 % k. Bew.°
Kegalla	99	67	67	45–47	SW, NO	86 % Regenb.
Puttalam-Chilaw	83	25	22	25	SW	71 % k. Bew.°
Badulla	47	72	27	36–37	NO	61 % " °
b) Trockenzone						
Hambantota	63	68	53	34–38	(schwach)	89 % "
Jaffna	90	18	18	20–23	NO	76 % Regenb.
Mannar	89	13	2	32–33	NO	90 % k. Bew.
Vavuniya	75	16	9	31–32	NO	67 % " °
Batticaloa	68	37	14	28–30	NO	65 % "
Trincomalee	70	45	29	30–37	NO	59 % "
Anuradhapura	62	36	14	38–40	NO	96 % " °
Polonnaruwa	91	88	83	45–47	NO	99 % "

° Durchschnittswerte 1951 – 1955 (a.a.O., S. 418)
** k. Bew. = künstliche Bewässerung durch Großmaßnahmen seitens der Regierung,
   k. Bew.° = künstliche Bewässerung durch kleinere Maßnahmen verschiedener Art
         (z. B. Dorfstauteiche, Anicut Schemes, Hangkanälchen im Gebirge)
   Regenb. = Regenbau („rainfed areas")

[8] Nach Report on Paddy Statistics für 1954/55 zusammengestellt.

Ceylon kennt zwei *Reisanbauzeiten:* die „*Maha*"-Jahreszeit, die „große", im Anschluß an die NO-Monsunregen, und die „*Yala*"-Zeit, die „kleine" im Anschluß an die SW-Monsunregen. Zunächst fällt auf, daß die meisten der Reisflächen in der Maha-Zeit bebaut werden (80 %), gleich ob in der Feucht- oder Trockenzone gegegen. Die Begründung gibt die Spalte „Bewässerungsart" an: die künstlich bewässerten Reisfelder in der dem schwachen und unsicheren Nordostmonsun ausgesetzten Trockenzone sind zeitlich nicht so unmittelbar von der Hauptregenzeit abhängig, so entscheidend auch die Regenmenge sein mag. Die Unsicherheit von Beginn, Dauer und Stärke des Nordostmonsuns bringt es in den künstlich bewässerten Reisbaugebieten der Trockenzone mit sich, daß Beginn (Saat) und Ende (Ernte) z. T. großen jährlichen Schwankungen unterworfen sind. Der Erntekalender gibt darüber Aufschluß[9]. Während die Maha-Saatzeit in der Kelani Ganga-Niederung sich gewöhnlich über einen Monat hin erstreckt, von etwa Mitte August bis Mitte September, dauert sie in den östlichen Bewässerungsgebieten, z. B. von Polonnaruwa, zwei Monate wegen der bekannten Unsicherheitsfaktoren, von Oktober bis November oder auch erst November bis Dezember. Die Sicherheit der Regenfälle im gut beregneten Südwesten läßt einen frühen Beginn der Aussaat zu, um dann ab frühestens Mitte Januar, spätestens Mitte Februar binnen 2 bis 3 Wochen die Ernte einzubringen. In Polonnaruwa erstreckt sich die Erntezeit über rund 4 Wochen im März – April. Wo in den Lagunenniederungen der Trockenzone Regenfeldbau betrieben wird, wie um Batticaloa und auf der Jaffna-Halbinsel, muß die kurze Regenzeit wegen der großen Schwankungen gut ausgenutzt werden. In Jaffna wird im September bis Oktober gesät, während rund 4 Wochen unmittelbar vor dem Regen, und im Februar bis März während 4 bis 8 Wochen geerntet. In der Trockenzone kann während des SW-Monsuns, in der Yala-Zeit, nur dort Reis angebaut werden, wo Großbewässerungsmaßnahmen von der Regenzeit unabhängig machen wie in Polonnaruwa, Hambantota, Batticaloa (Gal-Oya-Tal) und Trincomalee (Kantalai). Die Yala-Aussaat findet im allgemeinen im März oder April statt, die Ernte im August. Die Maha-Fläche von ganz Ceylon betrug 1954/55 825 999 acres, die Erzeugung 21,7 Mill. bushels; die Yala-Fläche 1955 hingegen nur 522 000 acres, die Erzeugung rund 14 Mill. bushels. Die Hälfte des Reislandes bleibt in der Yala-Zeit unbestellt. Die größten kultivierten Yala-Flächen liegen in den Distrikten Kurunegala (60 000 acres), Batticaloa (51 000 acres) und Galle (46 000 acres), also quer durch die Insel und unter den verschiedensten Bedingungen.

Eine *zweimalige Reisernte*, in Maha und Yala, gibt es weithin über die Insel, wie auch Tabelle S. 132 zeigt. In der Feuchtzone werden im Durchschnitt mehr als die Hälfte der Reisfelder zweimal bestellt, in der Trockenzone nur die großen Tankgebiete von Polonnaruwa, Gal Oya und Hambantota. Die Regierung bemüht sich, die Kolonisten in den neuen Bewässerungsgebieten davon zu überzeugen, daß die Wasservorräte für eine zweite (Yala-)Ernte nicht ausreichend sind, statt dessen aber gute Ergebnisse bei Rotationskulturen wie Gemüse, Tabak, Baumwolle, Chillies zeitigen. Yala-Reis hingegen ergibt unsichere Ernten.

---

[9] Report on Paddy Statistics (1956), S. 21 ff.

Die *Wasserzufuhr* erfolgt in Ceylon auf verschiedene Weise in Abhängigkeit von Relief und Klima (vgl. auch Karte). Menge und jahreszeitliche Verteilung spielen beim Sumpfreisanbau eine entscheidende Rolle. Nur die knappe Hälfte der Reisfelder werden im *Regenfeldbau* bestellt. Die Ausweitung der Kolonisationsgebiete im Osten drängt seine Bedeutung weiter zurück. Der Regenfeldbau ist vor allem im Südwesten beherrschend, wo er allerdings unter durchaus nicht günstigen Bedingungen steht. Reis bedarf, wie alle Getreide, zur Reife- und Erntezeit der Trockenheit. Im Südwesten aber gibt es keine ausgesprochene Trockenzeit, sondern häufige Regenfälle auch in den an sich relativ trockenen Monaten Februar und März (monsunale Äquinoktialregen im äquatornahen Südwesten). Die Erntezeiten sind deshalb oft verregnet, die Erträge unter dem Durchschnitt (vgl. Kalutara und Galle, Tabelle S. 132). Regenfeldbau gibt es in der Trockenzone nur in den großen Lagunenniederungen auf der Jaffna-Halbinsel und an der Batticaloa-Küste.

Im Kandy-Bergland wird der Wasserhaushalt durch die zahlreichen Gebirgsbäche vorzüglich reguliert, die über schmale Kanälchen entlang den Hängen auf die kunstvoll angelegten *Reisterrassen* geleitet werden. Die trockenen, leeseitigen Hänge von Dumbara, Hanguranketa, Walapane und Uva haben sogar Ruinen und wiederhergestellte Kanalanlagen aus mittelalterlicher Zeit, die auf Altbesiedlung wie in den Tankgebieten hinweisen[10]. Auf den Feuchtseiten, wo die Dual Economy herrscht, müssen sich die bäuerlichen Reisterrassen und Reistalgründe (Deniyas) freilich in diese Wasseradern mit den Teeplantagen teilen, wobei die Bauern den kürzeren ziehen und es in jüngster Zeit zu schweren Vorwürfen um ihre Benachteiligung gekommen ist. Die Erträge dieser als künstlich bewässert geltenden Bergterrassenfelder sind ausgesprochen gut bis sehr gut.

Abgesehen von diesem Sonderfall künstlicher Bewässerung muß etwa die Hälfte aller Reisfelder Ceylons mittels *künstlicher Wasserreservoire* verschiedenster Größenordnungen — engl. Tank, singh. Wewa, tamil. Kulam genannt — bewässert werden. Wenn die in der Regenzeit aufgestauten Wassermengen ausreichen, schafft die künstliche Bewässerung günstigere Anbauverhältnisse als der Regenbau. Leider ist die Unsicherheit der Niederschläge in den meisten Teilen der Trockenzone aber so groß, daß entweder zu geringe Regenmengen die Stauanlagen füllen oder — wie es jüngst im Dezember 1957 geschah — die Plötzlichkeit der Regengüsse die Staudämme vieler Tanks zum Bersten bringt und Überschwemmungskatastrophen verursacht, die die ganze Reisernte vernichten. Man ist deshalb von den vielen Dorfstauteichen der Frühzeit, wie sie im Raume Anuradhapura zu finden sind, zu Großanlagen übergegangen, um mit Hilfe eines größeren Einzugsgebietes (Gebirge) eine gewisse Mindestwassermenge stauen zu können (Polonnaruwa-Tank, Senanayaka Samudra, Walawe-Projekt usw.). Die größte Unsicherheit der Wasserspeicherung bergen die vielen kleinen, sehr flachen und damit schnell verdunstenden dörflichen Stauteiche und die alten, wenn auch einst großartigen Kanalsysteme, die Yoda Ela, die die verschiedenen Tanks miteinander verbanden (Nuwarakalawiya) und noch dazu mittels Zweigkanälen Niederungsfelder bewässerten. Sie sind wiederhergestellt, leiden aber unter zu großer Verdunstung angesichts flacher und unsicherer Wasserführung.

[10] *Brohier*, a.a.O. (1935), III.

Für die Ernährung der wachsenden Bevölkerung sind ferner die rückständigen *Methoden des Anbaues* ein ernstes Problem. Die dringend erforderliche Produktionssteigerung, eines der wichtigsten Anliegen der Regierung seit der Unabhängigkeit, geht über die Neugewinnung von Reisland in der Trockenzone *und* über eine *Ertragssteigerung* in der Feuchtzone, wo im allgemeinen noch in den traditionellen Formen gewirtschaftet wird. Systematische und intensive *Düngung* kennt nur der Jaffna-Bauer auf seinen Reisfeldern und Gemüsebeeten. Der singhalesische Reisbauer, besonders in der Üppigkeit der Feuchtzone, düngt nicht bzw. sehr unvollkommen. Auch das außerhalb Südasiens so sorgfältig betriebene Umpflanzen *(Transplantation)* aus dem Saatbeet in die Felder, die sogenannte japanische Methode, hat in Ceylon bisher wenig Eingang gefunden. Ausnahmen machen die Bauern im Distrikt Kegalla und in Teilen von Kandy, die mit großem Fleiß und Arbeitsaufwand auf ihren kunstvollen Reisterrassen im Bergland umpflanzen und damit hohe Erträge erreichen. Der singhalesische Bauer ist von einer großen Beharrlichkeit und Gleichgültigkeit. Es wird langdauernder Erziehungsarbeit bedürfen, um ihm den Nutzen intensiverer Methoden klar zu machen. Weitere Verbesserungen können erzielt werden (und stehen im Zehnjahresplan) durch mehr Anwendung künstlichen Düngers, besonders in den Bewässerungsgebieten des Ostens; durch verbessertes Saatgut, entsprechende Preispolitik (Garantie), und – vor allem – durch moderne *Pflugmethoden,* die den Boden tief pflügen, anstatt ihn mit dem jahrhundertealten hölzernen Hakenpflug nur zu ritzen. Immerhin ist die Zahl der landwirtschaftlichen Traktoren von 659 im Jahre 1955 auf 7736 1963 angestiegen. Hier muß lang Versäumtes aus der Kolonialzeit nachgeholt werden, die für die berufliche Ausbildung des Landvolkes kein Interesse zeigt, sondern alles Gewicht auf eine für den Verwaltungsdienst nützliche englische Schulbildung legte.

Die in jüngster Zeit steigende Reiserzeugung durch Ertragssteigerung und Flächenausdehnung läuft bislang hinter der Bevölkerungszunahme her:

Reisverbrauch, -erzeugung und -einfuhr[11]

Jahr	Reisfläche (acres)	Reiserzeugung (tons)	Reisverbrauch (tons)	Reiseinfuhr (tons)	in % d. Verbr.	Bevölkerung	Reisverbrauch pro Kopf/ Jahr (lb.)
1951	1 073 000	264 000	735 000	395 000	54	7 742 000	213
1953	1 048 000	264 000	610 000	401 000	65	8 099 000	168
1955	1 347 000	439 000	824 000	378 000	46	8 589 000	215
1961	1 536 000	617 000	1 079 000	462 000	43	10 150 000	215

Der Zehnjahresplan 1959–1968 geht von der Voraussetzung vielfacher *Steigerungsmöglichkeiten der Reiserzeugung* aus, die bereits besprochen worden sind, um trotz weiterer Bevölkerungszunahme den *Einfuhrbedarf* bis auf nur 25 % des Gesamtbedarfs 1968 senken zu können[12]. Für eine solche Berechnung sind die wesentlichsten Annahmen, daß die Reisfläche zwischen 1957 und 1968 um weitere 290 000 acres bzw. sogar um 540 000 acres durch teilweise zweimaliges Ernten vergrößert und die Ertragslei-

---

[11] Nach Report on paddy statistics (1956), S. 18 und anderen amtlichen Statistiken.
[12] Ten-Year-Plan, S. 243 ff.

stung von jetzt 32 auf 48 bushels/acre gesteigert werden können – Voraussetzungen, die unter den gegenwärtig unruhigen Verhältnissen sich wohl schwer erreichen lassen.

Was für den deutschen Bauer der Stall voll Vieh, ist für den singhalesischen Bauern, den Goyigama, sein Reisland oder Paddyland, wie es allgemein genannt wird. Wenn wir hier *das Typische des bäuerlichen Reisbesitzes* herausstellen wollen, verzichten wir bewußt auf die Schilderung der großen regionalen Unterschiede. Dafür mögen die Einzelbilder im zweiten Teil herangezogen werden. Das Reisland ist zumeist, sofern es nicht in Terrassenkultur die unteren Berghänge einnimmt, Niederungsland, Talboden, singh. „*Deniya*" genannt. Der Blick schweift – je nach Jahreszeit – über ein leuchtendgrünes bis golden-reifes wogendes Getreidefeld, von Dämmen und Kanälchen durchzogen, in den ersten drei Monaten unter Wasser stehend und gegen das höher gelegene Trockenland durch einen größeren Kanal mit breiterem Lehmdamm abgegrenzt. Die Dämme spielen im Leben der Bevölkerung eine wichtige Verkehrsrolle; sie sind die einzige Verbindung zwischen den Gehöften hüben und drüben. Zu diesem anmutigen Bild des Reislandes gehört auch noch der „*Ambalan*", eine weißgekalkte überdachte Raststätte mitten im wogenden Feld, die in der heißen Mittagszeit gern besucht wird und irgendwo am Seitenkanal ein auszementierter großer viereckiger Brunnen mit durchfließendem Wasser, die vielbegehrte morgendliche und abendliche Badegelegenheit der Bevölkerung, wo sich für westliche Augen malerische Szenen abspielen: Sariwechsel, Trocknen der nassen Stücke, Seifen, Zähneputzen, Haarwäsche, Ölen, Szenen, die sich an Fluß- und Tankufern wiederholen. Das Paddyland reicht so weit, wie es sich im Naßfeldbau bewässern läßt, d. h. so weit die Ebenheit reicht, um zwischen Damm- und Kanalbauten den Boden bis zum Reifestadium überfluten zu können. Man nennt diesen Prozeß „Asweddumization"[13].

Der *Paddy-Jahreslauf* vollzieht sich in einem immer wiederkehrenden, mit kultischen Gebräuchen seit Jahrtausenden reich verwobenen Rhythmus[14]. Praktisch hat sich bis heute noch nichts geändert – weder am Jahreslauf, noch an Geräten und Methoden. Der Zyklus beginnt etwa im Juli mit dem Überfluten der Felder (singh. lyadde; Endung in vielen Siedlungsnamen). Zu dem Zweck werden kleine Öffnungen in die Dämme gegraben. 2,5 bis 5 cm hoch bedeckt Wasser den Boden für 14 bis 18 Tage, bis er genügend aufgeweicht ist, um bearbeitet zu werden. Dann wählt man mit Hilfe eines Astrologen einen sogenannten „auspicious day", einen glückbringenden Tag (singh. näkata), um mit den ersten Pflugarbeiten zu beginnen. Büffel oder Ochsen ziehen den traditionellen Hakenpflug, der die Bodenoberfläche nur zu ritzen vermag, aber das „mudding" tut entschieden wirkungsvollere Dienste. Wiederum läßt man Wasser in die Felder laufen und den gepflügten Boden durchweichen. Nach etwa 6 Wochen wird der Schlammboden zum zweiten Mal gepflügt und dabei von Zugtieren getrampelt („mudding"). Das Wasser wird abgelassen und der nasse Boden mit einem Brett völlig eben gemacht. An einem neuerlichen „auspicious day" wird die im Wasser ge-

---

[13] Erklärung S. 139, Fußnote 4.
[14] Vgl. zu den eigenen Beobachtungen auch *Leach*, Pul Eliya (1961), S. 253 ff. und R. *Pieris*, Sinhalese Social Organization (1956), der S. 78 ff. alte Berichte zusammenstellt. – Man vergleiche mit dieser Schilderung des ceylonesischen Jahreslaufs *Kolbs* Schilderung für die Philippen (1940) und *Helbigs* Schilderungen für Bali (1939/1949).

quollene Saat mit der Hand gesät, nachdem das Erbarmen der Götter durch Opfergaben erfleht wurde. Sobald die Saat Wurzeln schlägt, werden die Felder erneut überflutet. Die Wachstumsdauer hängt von der Saatvarietät ab, deren es unzählig viele gibt. Der Durchschnitt beträgt 4 bis 6 Monate. Der Erntebeginn ist ein feierlicher Moment, der wiederum an einem Glückstag durch kultische Handlungen (Gebete, Opfergaben, Sicheltanz) bei Anwesenheit eines Bikkhu geheiligt wird. Die Bauern nehmen ein Reinigungsbad, ziehen frische weiße Kleidung an und essen als Ritual „kiri-bat", den beliebten Milchreis. Während die Männer mit der seit Urzeiten gewohnten kleinen Handsichel das Korn mähen, ordnen die Frauen unter Scherzen und Singen das Korn zu Haufen. Das ganze Dorf ist an diesen Arbeiten beteiligt. Auf dem gemeinsamen Dreschplatz, meist draußen im Reisfeld ein Platz festgestampften Lehmbodens, wird die Ernte gedroschen, indem Ochsen oder Büffel im Kreise um ein Loch herumtraben – eine allabendliche Beschäftigung bei Sonnenuntergang, wenn es kühler wird.

Wo zweimal im Jahr geerntet wird – immerhin in 40 von hundert Fällen im Landesschnitt – ergibt sich eine Häufung der Arbeitsspitzen im Reisjahr. Das ganze wirtschaftliche Schwergewicht liegt auf dem Reisland, alles Mühen und Sorgen dreht sich darum. Die große Arbeitsspitze während der Vorbereitung der Paddyfelder ist gewöhnlich das Argument gegen eine Intensivierung der Trockenkulturen auf dem Highland.

Das *ländliche Arbeitsjahr* unterscheidet sich landschaftlich, d. h. es treten je nach klimatischen Verhältnissen Verschiebungen auf. Bei zwei Reisernten im Jahr wurde in Nuwarakalawiya (Nachchaduwa Tank) folgender Zyklus notiert (1958):

Monat	*Niederschlag (in cm)*	*Paddy-Kultur (Yaya-Land)*	*Highland-Kultur (Goda-Land)*
Januar	14,48	Maha-Saatwachstum	Gemüse-Wachstum* (Gangoda)
Februar	3,76	Maha-Erntebeginn	Chena-Ernte (Chena)
März	9,22	Maha-Ernte	Gemüse-Ernte (Gangoda)
April	14,88	*Maha-Dreschen, Verkauf*	–
Mai	7,95	*Yala-Bodenpflege-Beginn*	–
Juni	2,39	*Yala-Bodenpflege-Beginn*	–
Juli	3,45	Yala-Saatwachstum (3 Mon.)	–
August	3,15	Yala-Saatwachstum (3 Mon.)	–
September	9,93	Yala-Erntebeginn nach 15.9.	–
Oktober	24,81	*Yala-Ernte u. Maha-Bodenpflege-Beginn*	–
November	29,31	(je nach Regenzeitbeginn)	Gemüseanbau
Dezember	19,35	Maha-Saatwachstum (3–4 Mon.)	(Gangoda, Gemüse-Wachstum Chena)

* = Kurakkan, Tabak, Chillies, Manioka u. a. tropische Gemüse.
Arbeitsspitzen in kursiv gedruckt.

Die *Größe des Paddybesitzes* ist sehr unterschiedlich. In den meisten Fällen ist infolge dauernder Erbteilung das Reisland in unwirtschaftlicher Weise zerstückelt worden. Allein 36% aller Stücke sind unter 0,5 acres groß (1954/55), 81% liegen unter 1,5 acres. Der statistische Landesdurchschnitt liegt bei 1,05 acres, die typische mittlere Größe bei nur 0,81 acres[15]. In der überbevölkerten Feuchtzone, aber auch in den Purana-Dörfern von Anuradhapura ist die Bodenzerstückelung weit größer als in den Kolonisationsgebieten, wo Reisland in Stücken zu früher 5, heute 3 acres vergeben wird und die Gesetzgebung sich müht, eine Zerstückelung zu verbieten. Folgen dieser allmählichen unsinnigen Zerstückelung sind chronische Unterbeschäftigung und Armut, schwere Verschuldung, landfremder Bodenbesitz mit schlechter bzw. unsicherer Bewirtschaftung, ein hoher Anteil landloser Landarbeiter unter der Landbevölkerung.

Wir dürfen bei diesen kleinen Flächen allerdings nicht vergessen, daß das Paddyland zwar der wichtigste und meist größte Teil des bäuerlichen Besitzes ist, daß dieses Niederungs- oder Sumpfland aber notwendigerweise durch das „hohe", hochgelegene Land (Highland) mit dem Gehöft in Fruchthain-Garten und u. U. Chena (Brandrodungs-)land ergänzt wird. Beide zusammen stellen seit altersher eine untrennbare Einheit dar.

Die *Besitzverhältnisse* sind sehr unbefriedigend:

Die Besitzformen des Reislandes[16]
(in % der Feldstücke, 1954/55)

Selbstbewirtschafteter Besitz (owned and cultivated)		55,0 %
Ande (Teilpacht, share-cropped)		28,7 %
Ganzpacht (leased)	Pacht 42,4 %	13,7 %
Tattumaru (Besitz-[Feld-]Rotation)		2,6 %

Nur die gute Hälfte der Reisfelder sind demnach in Eigenbewirtschaftung („owner-cultivator"), über 40 % stehen in Pachtverhältnissen, die jeglichen Fortschritt hemmen. Der Share-Cropper, der Teilbauer, stellt eine unbefriedigende, unwirtschaftliche, weil unsichere Lösung dar, das „Ande"-System genannt, jene seit frühen feudalen Zeiten sehr verbreitete landfremde Bodenbesitzform, bei der Reisland bevorzugte Kapitalanlage und Erbmasse ist. Der Paddy Land Act von 1953 und ein weiterer von 1958 versuchen, das unwirtschaftliche Ande-Teilpachtsystem, das sehr unterschiedliche Gegenleistungen und Auslieferung des Teilpächters an den Landherrn mit sich bringt (meist in Form von einem Viertel der Ernte und persönlichen Diensten), durch feste allgemeingültige Abmachungen zu kontrollieren. In den Neukolonisationsgebieten ist es verboten. Die bisherigen Gesetze bedeuten zwar eine gewisse Sicherung des Pächters, aber keine endgültige Lösung. Das Tattumaru-System betrifft weniger das Land als unendlich viele Familien. Es gehört zu den größten Übeln der Landnot in Ceylon, das uns noch öfter begegnen wird (Schilderung einzelner Betriebe in den Einzelbildern). Infolge fortgesetzter Erbteilung des Kleinbesitzes ist eine weitere Landteilung nicht mehr möglich; er wird deshalb im jährlichen Turnus von einem anderen Erben bewirtschaftet. Hier liegt also ein *Besitz*-(Feld-)wechsel vor, kein Fruchtwechsel.

[15] Nach Report on paddy statistics (1956), S. 11 f.
[16] ebda., S. 13.

Christentum und Landschaft in Südwest-Ceylon: eine sozialgeographische Studie*

aus: Erdkunde, Band 12, Lfg. 2, 1958, S. 107–120

Einführung

Die meisten Religionen, zumal Kultreligionen, üben eine prägende Kraft auf die Landschaft aus, so daß es berechtigt ist, mit *P. Fickeler*[1] von „Kultlandschaften" zu sprechen. Der *Buddhismus* ist es, der der Insel Ceylon einen guten Teil ihrer Individualität verleiht. Wir können Ceylon weithin als eine „Tempellandschaft" oder genauer als eine „Dagobalandschaft" kennzeichnen, wie es *Credner* für Hinterindien[2] und *Mecking* für Japan[3] getan haben. Allein zwei Drittel seiner Bevölkerung und zwar die Singhalesen bekennen sich zum Buddhismus in seiner Südausprägung (Hinayâna, Kleines Fahrzeug), weitere 20% sind Hindugläubige, Tamilen südindischer Abstammung. Mit ihren vielen Tempelbauten, den oft zierlichen schneeweißen Turmbauten ins leuchtende Grün der Reisfelder und Palmhaine gebettet, bietet die Insel ein Bild der Anmut und des Liebreizes und unterscheidet sich hierin allein schon deutlich von den gewaltigen bunten pyramidenartigen Tempelanlagen des hinduistischen Südindien. Darüber hinaus gibt es aber noch prägende Kräfte der Religionen, die der Kulturlandschaft einen ganz wesentlichen, wenn auch oft nicht ohne weiteres sichtbaren Stempel aufdrücken, nämlich die Verhaltens- und Gestaltungsweisen ihrer Menschen in Raum und Zeit. Eines der wichtigsten Merkmale soziologischer Bindungen im indischen Kulturkreis ist beispielsweise die Kastenordnung – auch heute noch, wenn auch im gegenwärtigen Umbruch sich ein allmählicher Wandel abzeichnet. Im Buddhismus ist sie nicht von der umfassenden Bedeutung wie im Hinduismus; sie ist stärker auf die wirtschaftliche und soziale Ebene beschränkt, aber damit eben doch von entscheidendem Einfluß auf das wirtschaftliche und soziale Gefüge. Traditionsgebundenheit ist bei Menschen, deren Leben noch so ganz mit der Scholle verwachsen ist, eine nicht zu unterschätzende Macht, zumal bei Orientalen. Zu solchen Machtfaktoren gehört weiterhin die buddhistische Hierarchie. Sie war in der Kolonialzeit gewiß in mancher Hinsicht unterdrückt; sie ist gegenwärtig, im Zeichen wiedererlangter Selbständigkeit, zum großen Verbündeten des ceylonesischen Nationalismus geworden. Und im singhalesischen Dorf ist der „Bikkhu", der buddhistische Mönch, eine hohe, verehrungswürdige Autorität und ist der Tempelbezirk ein geistiger Mittelpunkt.

Um so mehr muß es auffallen, wenn auch das *Christentum* die ceylonesische tropische Kulturlandschaft prägt. Denn 9% der Ceylonesen sind Christen, ein für den Orient

---

[1] *Fickeler*, Paul: Grundfragen der Religionsgeographie. Erdkunde, I, 1947, 121–144.
[2] *Credner*, Wilhelm: Kultbauten in der hinterindischen Landschaft. Erdkunde I, 1947, 48–61.
[3] *Mecking*, Ludwig: Kult und Landschaft in Japan. Geogr. Anz. 1929, 137–146.

*Diese Studie wird durch einen missionskundlichen Überblick über „Das Christentum in Ceylon" ergänzt, der in „Stimmen d. Zeit" 1957/58, Bd. 161, H. 6, S. 410–419 (m. Karte der Verbreitung des Christentums) erschienen ist.

beträchtlicher Anteil, der mit Ausnahme der Philippinen sonst nirgends erreicht wird. Das heißt also zunächst, was das optische Bild betrifft, daß christliche Sakral- und Profanbauten an die Stelle buddhistischer treten; das heißt aber auch, daß das Christentum sich mit der überkommenen Kastenordnung auseinandersetzen muß, die seinem Geist widerspricht; und das bedeutet weiter, daß die wichtigsten Einbrüche – dem flüchtigen Blick durchaus entzogen – in den sozialen Gemeinschaften und Ordnungen und im Bildungswesen erfolgt sind. Eine so auffällige Konzentration von Christen zwingt zum Nachdenken über ein Stück Missionsgeschichte. Das Christentum ist dort nicht gewachsen. Und dennoch hat es in bestimmten Gegenden Bodenständigkeit erlangt und sie so sichtbar umgewandelt, daß wir von einer „christlichen Landschaft" in Ceylon sprechen können, die Aufmerksamkeit beansprucht. Dabei werden wir den Wechselwirkungen von christlicher Religion und Tropenlandschaft nachgehen müssen, der Frage nach der Raumgebundenheit[4]. Damit sei unser Thema auf folgende Fragestellung beschränkt: 1. die regionale, soziale und wirtschaftliche Einordnung der Christen in Ceylon; 2. die Prägekraft des Christentums; 3. die Prägekraft der Tropennatur. Diese Wechselwirkung soll am Beispiel der Küstenlandschaft nördlich Colombo, zwischen Negombo und Chilaw, aufgezeigt werden.

Das Christentum in Ceylon

Geschichtliche Entwicklung

Das Christentum war in Ceylon als einem orientalischen und tropischen Land, das seit zweieinhalb Jahrtausenden seinen geistigen Standort hat, zunächst ein Fremdkörper. Sein geschichtlicher Ablauf ist so wechselvoll wie die Kolonialgeschichte Ceylons. Jede der drei Kolonialmächte hat ihr heimatliches christliches Bekenntnis der einheimischen Bevölkerung gebracht, freilich mit ungleichem Erfolg. Die Insel war lange Zeit portugiesisches Missionsland und blickt auf eine 450jährige Missionsgeschichte zurück. 1505 wurde im Verlauf der portugiesischen Eroberung Ceylons die erste Kapelle erbaut, 1543 begann die katholische Missionierung im Westen und Norden und stieß auf schwere Widerstände. Seit 1602 waren Jesuiten mit dem planmäßigen Aufbau eines christlichen Bildungswesens betraut, was einen Markstein in der kulturellen Entwicklung Ceylons bedeutete; denn die singhalesische Kultur hatte seit langem einen Niedergang erlebt. Die Portugiesen kamen zwar aus Handelsinteresse, aber nicht minder aus ernstem Missionierungseifer, und ihr bleibendes Verdienst ist die „Conquista Espiritual". Freilich wurde die Arbeit der Missionare immer wieder gefährdet dadurch, daß viele Portugiesen ein nicht gerade christliches Beispiel gaben. Trotzdem stand die große Mehrheit der jungen Christen zu ihrem katholischen Glauben in den Stunden der Bewährung, als mit neuen Kolonialherren – 1658 Holländer, 1796 Briten – auch deren heimatliches Bekenntnis angenommen werden sollte. Die puritanische Einfachheit des

---

[4] *Deffontaines*, Pierre: Géographie et religions. Paris, 3. Aufl. 1948. – Zum Vergleich mit dieser Ceylonstudie sei noch auf den Bild- und Textband von *Plattner* und *Moosbrugger* hingewiesen: Christliches Indien. Atlantis: Freiburg-Zürich 1955, 100 Abb., 146 S.

holländisch-reformierten Ritus war der orientalischen Denkungsart zu fremd, als daß er in Ceylon volkstümlich werden konnte. Die reformierte Kirche hat denn auch die holländische Zeit nicht überlebt, nur einige typisch niederländische Kirchenbauten an der Westküste halten die Erinnerung an diese Zeit noch wach. Die „Church of Ceylon" der Anglikaner schließlich missionierte zwar ohne Zwang, aber mit großer Benachteiligung aller Nichtanglikaner; sie zählt heute nur 8% aller Christen, während sich die röm. Katholiken mit 84% behauptet haben. Allerdings anglisierten die Briten das gesamte ceylonesische Bildungswesen, auch das der katholischen Missionen.

Die Bedeutung des ceylonesischen Christentums ist freilich weit größer, als sein Anteil von nur 9% Gläubigen vermuten läßt. Neben die Verkündigung des Evangeliums tritt als größtes Verdienst die Erziehungs- und Bildungsarbeit der Missionare, die einen beträchtlichen Teil der Nichtchristen erfaßt und zwar gerade in den höheren Schulen der buddhistischen Gebiete. Und was wären die Menschen – ohne Unterschied des Glaubens und der Kaste – ohne die vielen karitativen Einrichtungen der Missionare! Der selbstlose Dienst am Nächsten, ja der christliche Begriff des Nächsten überhaupt war etwas Neues, Unbekanntes, war die offenbar gemachte Frohbotschaft selbst und ist sie heute genauso wie ehedem. Der karitative Beruf ist im buddhistischen Ceylon unbekannt. Daß die Missionsarbeit ihre problematischen Seiten hat, schmälert ihre Verdienste nicht. Man sollte bei allen buddhistisch-nationalistischen Vorwürfen der geistigen Entwurzelung und Verwestlichung, der die christliche Mission in einem so alten Kulturland zweifellos Vorschub geleistet hat, gerechterweise bedenken, daß die Missionare Kinder ihrer Zeit, d. h. im kolonialen Herrschaftsgeist befangen und von der Absolutheit der westlichen Geistesgüter überzeugt waren. Letzten Endes ist allein entscheidend der ausdrückliche Missionsbefehl Christi, den Geist der Erlöserliebe, der Barmherzigkeit und des Kreuzes allen Völkern zu predigen und unter Einsatz des Lebens zu bezeugen. Und davon gibt es genug der leuchtenden und stillen Beispiele[5].

Regionale Verbreitung

Es entspricht der *kolonial*geschichtlichen Entwicklung, daß das ceylonesische Christentum, d. h. also praktisch die 700000 röm.-katholischen Christen, nicht gleichmäßig über die Insel verbreitet sind, auch nicht auf die wenigen Städte konzentriert sind, sondern bemerkenswerte Verdichtungen in bestimmten Gebieten aufweisen[6] (vgl. hierzu Abb. 1).

1. Der Küstenstreifen an der Südwestküste Ceylons, nördlich und südlich von Colombo. Er zählt allein 270000 Katholiken, die relativ geschlossen in christlichen Gemeinschaften leben. In der Hauptstadt Colombo lebt zwar die größte geschlossene katholische Bevölkerung (75000), stellt aber doch nur $^1/_5$ der überwiegend buddhistischen Metropole.

2. Das nördliche Küstengebiet der Jaffna-Halbinsel, mit 57000 Katholiken die nächstgrößte, wenn auch mit Abstand folgende Christengemeinschaft, die freilich nur

---
[5] Vgl. zu diesem Abschnitt besonders den Beitrag „Das Christentum in Ceylon", a. a. O., S. 417ff.
[6] nach der Missionsstatistik der Diözesen 1954–55 errechnet.

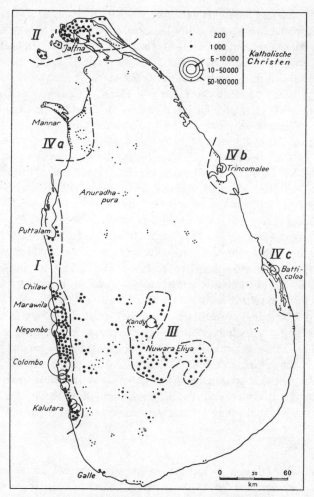

Abb. 1: Verbreitung der katholischen Christen auf Ceylon.
(Nach der Missions-Statistik 1954–1956) (Entwurf Sievers)

einen bescheidenen Teil der rein tamilischen Jaffna-Bevölkerung ausmacht. Einen großen Teil der Christen beherbergt allein die Bischofsstadt Jaffna, ein bedeutendes Bildungszentrum von ganz Ceylon.

3. Das Teeplantagengebiet des Hochlandes im Innern der Insel, wo 44 000 meist südindisch-tamilische Christen in weiter Streuung als Kuli leben. Sie wohnen nicht etwa in geschlossenen christlichen Siedlungsgemeinschaften wie die ersten beiden Gruppen, sondern in den Plantagen gemeinsam mit den Hindu-Tamilen, gerade so, wie es der Arbeiterbedarf erfordert.

4. Kleinere Verdichtungen (insgesamt etwa 34 000 Menschen) finden sich noch unter der Fischerbevölkerung an der Küste von Mannar und an der Ostküste in und um die beiden Hafenstädte Trincomalee und Batticaloa.

Wir sehen, daß sich das Christentum im wesentlichen auf ganz schmale Küstenstreifen zusammendrängt; nur selten ist es binnenwärts vorgedrungen und dann unter besonderen Voraussetzungen. Warum? Die Masse der ceylonesischen Christen stellen drei soziale Gruppen. Fischer, Teearbeiter und eine dünne Intelligenzschicht. Dem entspricht die Verbreitung an der Küste, im Tee-Hochland und in den wenigen Städten, voran Colombo. Im wesentlichen handelt es sich dabei um die sozial unterste Gesellschaftsschicht. Auch beim Buddhismus, entgegen der so weit verbreiteten Meinung, ist das Kastenwesen als soziologische Macht einer der Haupthinderungsgründe gegen eine Ausdehnung des Christentums[7].

Die christlich geprägte Küstenlandschaft zwischen Negombo und Chilaw (nördlich Colombo)

Entlang den großen Küstenstraßen, aber auch an Nebenstraßen und auf den schmalen Nehrungen begegnen wir einer dichten Folge von Kirchen und Kapellen, oft stehen sie sich sogar gegenüber – Anzeichen des nicht ganz vergessenen Kastengeistes! – und stehen Wegkreuze, Marterl, Marien- und Heiligenbilder als Zeichen frommer Gesinnung im Schatten der Kokospalmen. Ein europäisch-abendländisches Bild, wenn uns nicht die tropische Üppigkeit der Pflanzenwelt, die Treibhausluft der Küstenebene, die dunkelhäutigen Menschen im orientalischen Gewand und die Armut ihrer Hütten eines anderen belehren würden.

Diese feuchtheiße Westküste[8] ist die Heimat der meisten ceylonesischen Christen. Flußniederungen und Lagunen wechseln dort mosaikartig mit trockenem „high land", d. h. dem ein wenig höher gelegenen, nicht mehr überfluteten Tiefland. Dieser natürlichen Aufgliederung entspricht die Zweiteilung in bewässerte leuchtendgrüne bis gelbe „paddy"-Niederungen (Reisland) und, mit deutlichem Rand dagegen abgesetzt, in dunkelgrüne schattige Fruchthaine buntester Mischung, „Gärten" genannt, die die tägliche Nahrung in Ergänzung zur Reismahlzeit liefern. Die Hütten und Bungalows der Dorfbevölkerung liegen in dichter Streuung darunter. Die Landwirtschaft gliedert sich in das eigentlich kleinbäuerliche Land der singhalesischen Reisbauern und die winzigen Parzellen der Gärtner. Mitunter wird die Kokospalme bestimmend, ausschließlich und zwar vom kleinen Kokosgartenbesitz bis hin zu den manchmal großen Kokosplantagen; ein Wechsel von gewisser Einförmigkeit und buntester Vielfalt.

Anders ist das Landschaftsbild des unmittelbaren Küstensaumes. In einer Breite von durchschnittlich 5 km zieht sich eine niedrige, von dichten Kokoshainen bestandene,

---

[7] *Ryan*, Bryce: Caste in modern Ceylon. New Brunswick, N. J., 1953.
[8] Vgl. ausführliche Schilderung bei *Sievers*, Angelika: Eine Forschungsreise nach Ceylon. Erdkunde i. d. Schule 1956, 13, 193–199. Zur allgemeinen Orientierung über Ceylon vgl. „Erdkunde" Heft XI/4 1957; Seite 249–266: *Fritz Bartz:* Die Insel Ceylon. (Dort weitere allg. Lit.).

dadurch sehr malerisch wirkende Dünenküste hin, übersät von armseligen Fischerhütten, aber auch von kleinen Fruchtgärten und reinen Kokosbesitzungen mit Bungalows. Reisniederungen, Reisbauern fehlen völlig, das Bild ist deshalb nicht so mannigfaltig wie im Hinterland.

Zum besseren Verständnis sei hier ein Wort zu den ländlichen Besitzgrößen gesagt. Die kleinste Größe, einen Zwergbesitz unter 0,4 ha, stellen die „Gärten" dar, im Census als „village gardens" bezeichnet, besser „Fruchthaine", nicht mehr als der wenige Grund und Boden um das Bungalow herum. Diese kleinen Fruchthaine tragen nur hauswirtschaftlichen Charakter. Der eigentlich bäuerliche Kleinbesitz umfaßt die Größen zwischen 0,4 bis 4 ha entsprechend der empfohlenen Aufgliederung der International Bank Mission, die die Verhältnisse am besten trifft[9]. Wir können dazu die Reisbauern (die eigentlichen „cultivators") ebenso rechnen wie die marktwirtschaftlich orientierten Kokosgärtner, deren Besitzgröße bei 2 ha im Schnitt liegt. Kokosgarten oder Kokosplantage ist eine Größen- und damit auch eine Bewirtschaftungsfrage, also ein gradweiser Unterschied. Zwar nehmen die Plantagengrößen nach Norden (Chilaw) zu, es überwiegen aber doch kleine Plantagen um und unter 8 ha. (Die Censusaufteilung, nach der die untere Plantagengrenze bei 8 ha liegt, wird den Verhältnissen in der Kokospalmenzone nicht gerecht.)

Den wirtschaftlichen Reichtum der ganzen christlichen Küstenlandschaft bedeutet die Kokospalme. Die Bevölkerung lebt praktisch von ihr, wenn auch ein Großteil landlos ist. Der Fischfang tritt wegen seines geringen Gewinnes dahinter stark zurück. Er vermag der zahlreichen Fischerbevölkerung nur gerade eine kärgliche Existenz zu ermöglichen. Einen schmalen Nebenverdienst könnte sie in der Plantagenarbeit erhalten, wenn dem nicht Kastenrücksichten entgegenstünden – davon sind auch die Christen, auch bei größter Armut, nicht frei. Die Kulifamilien sind zum großen Teil auch Christen und zwar Tamilen, entstammen aber der untersten Kaste und verrichten keine anderen Arbeiten. Bei der Kleinheit der meisten Kokosplantagen unseres Raumes treten sie nicht so beherrschend auf wie in den Großplantagengebieten.

Die Bevölkerung ist zumeist singhalesisch, gehört also der herrschenden Rasse an. Der Bezirk Chilaw, der einen großen Teil unseres Raumes ausmacht, weist z. B. 87% Singhalesen, 9% Tamilen (ceylonesische und indische) und 3% Moors (d. s. Ceylonesen arabischer Herkunft) auf[10]. Freilich fällt eine starke Mischung der Fischer mit den Tamilen auf, jener dunkelhäutigen südindischen Rasse, die die Jaffna-Halbinsel im Norden Ceylons bevölkert und deren Fischer sich seit jeher an der Nordwestküste und Nordostküste niedergelassen und mit den Singhalesen vermischt haben (und zu diesen gezählt werden).

Im folgenden soll in drei Beispielen die christlich geprägte Kulturlandschaft an der Küste dargestellt werden:

1. ein Fischerdorf auf der Nehrung bei Chilaw,
2. die Lagunenstadt Negombo und
3. eine große Fischer- und Gärtnersiedlung hinter der Küste (Marawila).

---

[9] Economic Development of Ceylon (Colombo 1952, Teil 2, S. 75f.).
[10] Alle folgenden Zahlen, wenn nicht anders vermerkt, nach dem letzten Census von 1946 (Colombo 1950) berechnet.

Ein Fischerdorf auf der Nehrung bei Chilaw

Auf einer flachen, langgestreckten Nehrung wenig nördlich von Chilaw liegt ein zum Marktflecken Bangadeniya gehöriges Fischerdorf. 1300 Einwohner, 210 Familien leben eng gedrängt in rund 70 Hütten bzw. Bungalows, die zu beiden Seiten des sandigen Fahrweges unter den schattenspendenden Kokospalmen versteckt stehen. Die strohgedeckten Hütten haben zum Teil nur luftige Palmstrohwände, ein Zeichen ihrer Armut, die besseren unter ihnen haben lehmbeworfene Wände, einige wenige sogar Backsteinwände und ein Ziegeldach (Bungalow). Die Einrichtung dieser ein- und zweiräumigen

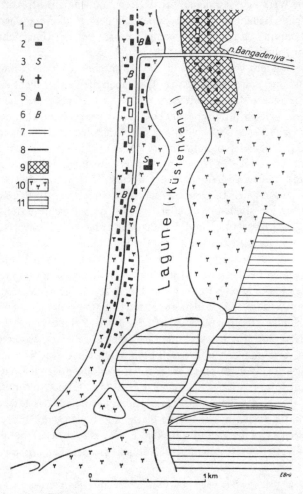

Abb. 2: Skizze eines Fischerdorfes auf der Nehrung bei Chilaw (Gemeinde Bangadeniya).
1. Bungalow; 2. Hütte; 3. Schule; 4. Kirche; 5. Hindu-Tempel; 6. „Boutique" (Kramladen);
7. sandiger Fahrweg; 8. Fußweg; 9. dörfliche Fruchthaine; 10. Kokosgärten; 11. Kokosplantagen
(Entwurf Sievers)

Hütten mit der „Veranda" davor (ein Hindiwort) ist entsprechend einfach, der Fußboden besteht aus festgestampftem Lehm. So stehen sie, den Monsunstürmen ausgesetzt, auf dem heißen Dünensand, der außer den Kokospalmen kein Grün gedeihen läßt. Ihr Zentrum, Mittelpunkt eines regen Gemeinschaftslebens, ist die schlichte weiß gestrichene Holzkirche, hier mit einem Ziegeldach gedeckt, in manchen sehr armen Fischerdörfern aber auch nur mit einem Palmstrohdach. Erstaunlich pompös, in portugiesischem Barock, ist die Fassade. Einen stolzen Turm haben nur einige wenige städtische Kirchen, ja nicht einmal die bischöfliche Kathedrale von Chilaw. Gottesdienst kann wegen des großen Priestermangels nur sonntags stattfinden, oft nur einmal im Monat an irgendeinem Werktag. Gegenüber, am weiten sandigen „Dorfplatz", die Missionsschule, ein offener Hallenbau, der die große Zahl der Schulkinder (über 200 in 7 Jahrgängen mit 7 Lehrern) gar nicht fassen kann, weshalb sich der Unterricht auch draußen im Schatten der Palmen abspielt.

Die Bevölkerung lebt vom Fischfang. Sie erntet aber noch die Kokosnüsse, obwohl ihnen der Grund und Boden nicht gehört. Oft haben die Fischer nicht einmal die Nutznießung der Kokosnüsse. Der Fischreichtum ist zwar sehr groß, aber die Methoden sind seit Jahrhunderten gleich primitiv geblieben[11]. Mit langen, schmalen und flachen Auslegerbooten kreuzen sie blitzschnell und geschickt die Wellen, bleiben aber auf Küstennähe beschränkt. Einen Hafenschutz haben sie nicht. Sie stechen vom flachen Strand aus in See, sind also von der Witterung doppelt abhängig. Während der SW-Monsun weht (Mai–Juli), ziehen deshalb viele der dortigen Fischer an die Ostküste hinüber zum Fischfang, wo sie sich in Lagern bescheiden einrichten. Zu den vordringlichsten Aufgaben der ceylonesischen Wirtschaft gehört deshalb eine Intensivierung, d. h. Mechanisierung, Motorisierung und Kühlhauslagerung der Fischwirtschaft[12], die ja gerade in einem buddhistischen Lande wie Ceylon in hohem Maße zur Volksernährung beiträgt. Der Verdienst aus dem Fischfang ist freilich sehr gering[13], und hier wird die Notlage dieser armen Fischer so recht sichtbar. Von dem ganzen Fang verbleiben ihnen nur 30%. Weder Boote noch Netze gehören ihnen, so daß sie dafür je 20% des Ertrages abliefern müssen, weitere 20% an den im ganzen Orient unvermeidlichen „middle man", den Zwischenhändler (Ceylon-Moor). Und der letzte Zehnte vom Verkaufserlös des Fanges wird als sogen. „Fischsteuer" an die Kirche abgeliefert, was in jüngster Zeit zu mancherlei Mißverständnissen und Konflikten geführt hat. Das Vertrauen zur Kirche und ihren Priestern angesichts eines oft recht fragwürdigen Handels hat eine gut funktionierende Marktorganisation mit kircheneigenen Markt- und Auktionshallen geschaffen, vor allem aber eine soziale Hilfsorganisation, wie sie auf der Insel einmalig ist, so reformbedürftig sie auch von der Kirche heute empfunden wird. Freiwillig, seit jeher zu treuen Händen, wird der Zehnte abgeliefert, um dafür in Zeiten der verschiedensten Notstände: bei Wetterkatastrophen, bei Krankheit, Geburt, Tod und im Alter eine fest-

---

[11] Eine Monographie der Fischerei von Ceylon von Fritz *Bartz* erscheint Ende 1958 in den Bonner Geographischen Abhandlungen.

[12] 1957 hat die kanadische Regierung im Rahmen des Colombo-Planes Ceylon umfangreiche, modernste Hafen- und Kühlhausanlagen, Maschinen, Motorboote und andere Materialien für die ceylonesische Fischwirtschaft zur Verfügung gestellt.

[13] Im Mittel um 50 bis 70 Rupes im Monat (sehr schwankend); etwa 45 bis 65 DM.

gesetzte Beihilfe zu erhalten. Die Gemeinsamkeit des christlichen Bekenntnisses und des meerverbundenen, gefahrvollen und doch geächteten Berufes hat die Fischerbevölkerung zu einer Schicksalsgemeinschaft zusammengeschlossen.

So armselig das gezeichnete Bild der christlichen Fischerküste, wie wir diesen Teil der Westküste in Anlehnung an die indische Malabarküste nennen möchten, auch sein mag – es geht eben doch eine wenn auch unsichtbare Kraft von ihren Menschen aus. Hier ist der Ausgangspunkt, die ursprüngliche Heimat der ceylonesischen Christen vor rund 450 Jahren gewesen. Als bislang verachtete, weil tiertötende Menschen waren sie an den Buddhismus niemals so eng gebunden gewesen und war ihre Kaste, die Karāvas, nicht angesehen. In den Missionsschulen wurden sie ohne Rang und Unterschied zu freinen Persönlichkeiten erzogen. Dadurch wurde ihnen auch der Zugang zu höheren Stellen in der Kolonialverwaltung und in akademischen Berufen ermöglicht. Ein guter Teil der Intelligenz von Colombo entstammt solchen ursprünglich armen christlichen Fischerfamilien von der Westküste. Ein derartiger Aufstieg auf Grund eigener Leistung ist in kastengebundenen Ländern auch heute noch nur schwer möglich, mögen auch manche Bindungen bereits gefallen sein. Mit Zahlen lassen sich solche Tatsachen nicht nachweisen, weil es an der dazu notwendigen differenzierten Berufsstatistik fehlt. Aber einen guten Aufschluß darüber gibt die Statistik über das Analphabetentum[14]. Gerade diese sozial ärmsten Gegenden Ceylons sind es, die die Höchstzahl an Lesekundigen aufweisen – Erfolge der christlichen Missionsarbeit, denen sich niemand verschließen kann.

Die Lagunenstadt Negombo

Wenn wir auf der gut asphaltierten Küstenstraße von Colombo nordwärts fahren, erreichen wir nach 30 km Negombo und nach weiteren 45 km Chilaw, beide an Lagunen gelegene kleine Landstädte. Negombo mit 39 000 Einwohnern die größere und wirtschaftlich bedeutendere, Chilaw mit nur 11 000 Einwohnern dafür als Bischofsstadt ausgezeichnet. Es sind die einzigen Städte dieses dicht besiedelten Küstenraumes nördlich Colombo.

Negombo hat sich aus einer Fischersiedlung an der Öffnung einer großen Lagune ins Meer entwickelt, ohne es allerdings zu einem ausgebauten Hafen gebracht zu haben. Diesen Vorrang hat Negombo im Verlauf der britischen Kolonialzeit immer mehr an Colombo abgetreten. Hier wie dort ist die flache, glatte, von seichten Lagunen unterbrochene und den Monsunstürmen ausgelieferte Sandküste ein großes Hindernis für einen Hafen. Und doch bieten die Haken und Nehrungen der Negombo-Lagune der zahlreichen Fischerbevölkerung gewisse bescheidene Schutzmöglichkeiten. Langgestreckt und weit ausgedehnt entlang der Küste, ohne eigentlich gegen das Binnenland städtisch abgegrenzt zu sein, ein schlichter kleiner Stadtkern als Handels- und Verwaltungszentrum mit dem charakteristischen Durcheinander von britischem Kolonialstil des 19. Jahrhunderts und singhalesischer flacher Bauweise, von bunter, schreiender

---

[14] Ceylon-Durchschnitt 42% Analphabeten, Distr. Chilaw 27% Analphabeten, Distr. Colombo 27% Analphabeten (Indien-Durchschnitt 80% Analphabeten zum Vergleich!).

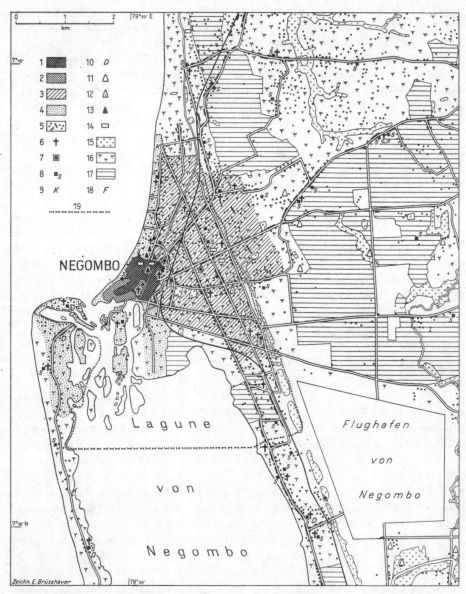

Abb. 3: Lagunenstadt Negombo (Landschaftsausschnitt). Besiedlung, Kultbauten, Bodennutzung. – Grundlage: Karte von Ceylon 1:63 360, Blatt Negombo. – (Viertel, die wirtschaftlich und gesellschaftlich zu Negombo gerechnet werden müssen, administrativ aber nicht mehr, sind mitberücksichtigt worden). (Entwurf Sievers)

1. Geschäfts- und Marktviertel; 2. Verwaltungsviertel; 3. Gärtner- und Wohnviertel; 4. Fischerviertel; 5. Einzelne Häuser bzw. Hütten und geschlossene Bebauung; 6. Kirche, Kapelle; 7. „College" – höhere Schule; 8. (Volks-)Schule; 9. Krankenhaus; 10. Ambulanz (Dispensary); 11. Buddh. Tempelbezirk; 12. Buddh. Tempelbezirk mit Schule (Pirivena); 13. Hindutempel; 14. Moschee; 15. Reisniederungen; 16. Kokosgärten; 17. Kokosplantagen; 18. Keramikfabrik; 19. Stadtgrenze.

flacher Bauweise, von bunter, schreiender singhalesisch- und englischsprachiger Reklame, und ringsum die Weiträumigkeit der Bungalows und Hütten unter dem schattigen Dach der Kokoshaine auf Dünensand: das ist das Antlitz von Negombo. Gerade diese Bauten sind es immer wieder, die auch den Städten Ceylons ein so ländliches Aussehen verleihen, wo die Häuser genügend freien Raum um sich haben, ja wie in einem Walde stehen. Im Grunde unterscheidet sich Negombo nicht viel von den umliegenden Fischersiedlungen. Die Stadt birgt die gleichen armseligen Fischerhütten, wie sie bei Bangadeniya beschrieben wurden[15]. Sie liegen auch hier auf den niedrigen, von Kokospalmen besetzten Dünen und gehen ohne Unterbrechung auf der Negombo-Nehrung südwärts weiter. Rund die Hälfte der Einwohner sind Fischer, gleichsam die einheimische, alteingesessene Bevölkerung; die andere Hälfte setzt sich aus Handels- und Gewerbetreibenden (vorzugsweise Moors), Beamten und Angestellten der städtischen Behörden und aus vielen Bungalow-Besitzern zusammen, die eine Plantage in der Nachbarschaft haben oder aber als Pendler zur Arbeit nach Colombo fahren. So ergeben sich erhebliche soziale Kontraste, die sich im Stadtbild allein schon im Nebeneinander wohlhabender Bungalows in gepflegten Gärten und armseligen Cadyanhütten auf bloßem Sandboden äußern; im Gegensatz zwischen Landbesitzern, d. h. Kokosgarten- oder Kokosplantagenbesitzern, und landlosen Fischern und Kuli; die im Höchstfall die Nüsse über ihrem Dach ernten dürfen.

Das zweite auffallende Moment im Stadtbild sind neben vielen ärmlichen Kapellen die mächtig aufragenden Kirchtürme der drei großen katholischen Pfarrkirchen, die rund 70% der Stadtbevölkerung betreuen. Keine Stadt Ceylons ist so einheitlich christlich wie Negombo und Chilaw. Die Religionszugehörigkeit weist gleichzeitig auf bestimmte soziale Schichten hin (prozentuale Anteile):

			z. Vgl. Chilaw:	Ceylon:
Negombo:		*vorwiegend:*		
Christen (r.-k.)	68	= Fischer, Intelligenz	(66)	(9)
Buddhisten	17	= Plant.-Besitzer, Gärtner, Pendler	(16)	(65)
Mohammedaner	9	= Händler	(11)	(6)
Hindu	6	= Fischer, Kuli	(6)	(20)

Sie weist weiterhin auf die rassische Aufgliederung hin:

			Ceylon:	Chilaw:
Negombo:		*vorwiegend:*		
Singhalesen	78	= zu ⁴/₅ Christen, ¹/₅ Buddhisten	(76)	(70)
Ceyl.-Tamilen	7 } 10	= Christen	(6) } (10)	(11) } 23
Ind.-Tamilen	3	= Hindu	(4)	(12)
Ceyl.-Moors	7	= Mohammedaner	(7)	(6)

---

[15] In der Wohnungsstatistik von Ceylon 1946 sind die Stadtbezirke ausgewiesen. Danach entfallen in Negombo auf Wohnhaus-Typen mit Backsteinmauern 46% (z. Vgl. Stadt Colombo: 79%), aus cadyan-Geflecht 22% (0,5%, mit Lehmbewurf 29% (11,5%); mit Strohdach (= cadyan) 67% (3%), mit Ziegeldach 33% (91%); auf einräumige Wohnhäuser 44% (33%), auf zweiräumige 31% (35%).

Europäisch-ceylonesische Mischlinge der Kolonialzeit, die Burgher und Eurasier, spielen in der Bevölkerung von Negombo keinerlei Rolle und bevorzugen als Intelligenzschicht die stark europäisierte Metropole Colombo.

Negombo gehört zu den großen Bildungszentren der Insel. 80% der Bevölkerung können lesen und schreiben (Ceylon-Durchschnitt 58%). In langgestreckten, weitläufigen Bungalows sind die beiden großen „Colleges", d. h. höhere Schulen für Jungen und Mädchen, untergebracht, von einheimischen und europäischen Patres und Ordensschwestern geleitet und unterstützt von vielen Laienlehrkräften; Volks- und höhere Schule unter einem Dach. Rund 1200 Schüler und Schülerinnen, durch die Schulgeldfreiheit in so bedenklich großer Zahl angelockt, Christen wie Buddhisten und Mohammedaner, erhoffen hierdurch gesellschaftliche Aufstiegsmöglichkeiten zu erhalten. Das Medium ist heute Singhalesisch, nicht mehr Englisch, da nur für eine Minorität der einheimischen Schüler Englisch Muttersprache ist. Früher unterschied man die überwiegend englischsprachigen Volks- und höheren Schulen von den wenigen muttersprachigen Volksschulen („vernacular", singhal. „Swabasha" Schools). Die junge ceylonesische Regierung hat 1950 für sämtliche Schulen als Medium die herrschende Muttersprache gesetzlich vorgeschrieben, d. h. hier zumeist Singhalesisch, bei den Fischern aber auch öfter Tamilisch (bei rassisch gemischten). In den sprachlich gemischten Städten bestehen z. B. nebeneinander englisch-, singhalesisch- und tamilisch-sprachige Klassen. Englisch ist zumeist noch die Umgangssprache der Gebildeten, zumal der Christen unter ihnen. Englisch wird als zweite Sprache, mit Fremdsprachencharakter, in allen höheren Schulen weiter gelehrt, auch in den zwei obersten Klassen der Volksschule. Ist Englisch Medium, dann tritt als zweite Sprache, mit Fremdsprachencharakter, die im Raum herrschende Sprache hinzu. Gerade in den von Europäern noch geleiteten Missionsschulen, in denen auch englischsprachige christliche Laienlehrkräfte tätig sind, ist diese Umstellung sehr groß. Die Entwicklung ist noch im Fluß und durchaus problematisch, wie der Kampf um „Sinhalese only", um Singhalesisch als Staatssprache, zeigt.

Das christliche Element ist also sichtbar herrschend. Und doch ist auch dies charakteristisch für eine christliche Stadt in Ceylon: daß die Moors einige Moscheen, die tamilischen Hindu ihre Kovil-Tempel und die Buddhisten ihre Dagobas und Viharas haben.

Negombo zeigt keinerlei internationalen Einschlag. Es ist eine ausgesprochene Landstadt, deren Wirtschaft und Handel auf Fischfang und Kokospalmenanbau gegründet ist. Als einziges namhaftes Industrieunternehmen hat sich eine Keramikfabrik vor einiger Zeit am Rande von Negombo, inmitten der Kokoshaine der Gärtner, niedergelassen, ohne Negombos Wirtschaftsstruktur irgendwie zu bestimmen. Im Rahmen der großen Regierungsprogramme stehen einige weitere Industrieplanungen. Nach Colombo weist Negombo den größten Fischhandel auf. Große, freilich immer noch primitiv eingerichtete Auktions- und Markthallen bilden den Handelsmittelpunkt der Stadt. Hier pulsiert das städtische wirtschaftliche Leben am stärksten; allmorgendlich nach Rückkehr vom Fang herrscht lärmende Betriebsamkeit. Der Fischhandel ist ein wichtiges Tätigkeitsfeld der „middle men". Deshalb in nächster Nähe der Markthallen auch die Moscheen!

Die Fischer- und Gärtnersiedlung Marawila

Dicht hinter der Küste, halbwegs zwischen Negombo und Chilaw, liegt in Kokoshaine auf grünem Rasen gebettet Marawila, ein mit 3200 Einwohnern mittelgroßes Dorf. Es liegt in dichter Streuung auf den Sandböden zwischen der Meeresküste und dem niederungsreichen Küstenhinterland mit seinen Reisfeldern, an denen es keinen Anteil hat. Das ist für die soziale und wirtschaftliche Struktur von Marawila und all den nördlich wie südlich anschließenden ähnlichen Siedlungen sehr entscheidend. In Marawila sind sowohl Fischer wie Gärtner und kleine Plantagenbesitzer beheimatet, aber keine Reisbauern. Letztere gehören der herrschenden großen Goyigama-Kaste (= singh. Reisbauer) an. Von ihnen sind im Küstenland nicht so viele Christen geworden, weil sie sich durch das alte konservative singhalesische Feudalsystem gebunden fühlten. Immerhin hat es ganze Dörfer mitsamt ihren Häuptlingen gegeben, die im 16. und 17. Jahrhundert zum Christentum übertraten. Die Reisbauern stellen die große Masse der landbesitzenden Buddhisten dar. So wird es dem aufmerksamen Beobachter auch nicht entgehen, daß auf dem niederungslosen sandigen Küstensaum der buddhistische Tempelbezirk mit der zierlichen weißen Dagoba fast ganz fehlt (vgl. Abb. 4). Marawila ist fast rein katholisch.

Diese Fischer-Gärtner-Siedlungen vom Typ Marawila machen einen von den reinen Küstenfischersiedlungen recht verschiedenen Eindruck. Sie haben eine deutliche soziale Zweigliederung: die schlichten Bungalows der Gärtner, meist ziegelgedeckt und mit Backsteinmauern errichtet, dazwischen hin und wieder Plantagenbesitzer, und daneben die Vielzahl armseliger Cadyanhütten der landlosen Fischer, wie wir sie schon kennengelernt haben.

Mittelpunkte der Gemeinde sind das Handelszentrum an der (modernen!) Straßenkreuzung und die Missionspfarre an einer Querstraße etwas abseits. Die Kirche ist kürzlich im altsinghalesischen Kandy-Stil erbaut worden, ein Musterbeispiel neuer bodenständiger Baukunst, die in sinnvoller Verknüpfung von Tradition und Gegenwart besteht. In die Kokoshaine eingebettet gruppieren sich um die Kirche herum ein Knabenkolleg mit fast 300 Schülern, von denen 20% Nichtchristen sind, und eine höhere Mädchenschule mit 150 Schülerinnen, davon 25% Nichtchristen[16], alle im üblichen Bungalowstil erbaut, ein weitläufiger Komplex. Außerdem gibt es in der Kirchengemeinde (die sich über die politische Gemeinde weit hinaus erstreckt) noch 4 Volksschulen mit fast 2000 Kindern (davon nur 10% Nichtchristen) und ein Diözesanseminar für 50 Priesterkandidaten, St. Paul, so daß Marawila ein ausgesprochenes, ländliches Bildungszentrum ist, ohne gleichzeitig ein wichtiges Marktzentrum zu sein. Eine solche Missionsstation besitzt eine starke bildende und gemeinschaftsbindende Kraft. Ihre weite Ausstrahlung beweist u. a. der beträchtliche Zustrom von Nichtchristen zur christlichen höheren Schule in einer immerhin fast reich christlichen Gegend[17].

Marawila zeichnet sich durch eine verkehrsgünstige Lage aus. Die Siedlung wird von einem Straßenkreuz durchschnitten. Das Straßennetz ist im ganzen Raum dicht und zum großen Teil gut asphaltiert: ein Zeichen für die große wirtschaftliche Bedeutung

---

[16] Nach der Missionsstatistik der Diözese errechnet (1955).
[17] Näheres bei *Sievers*, Christentum, a.a O., S. 418f.

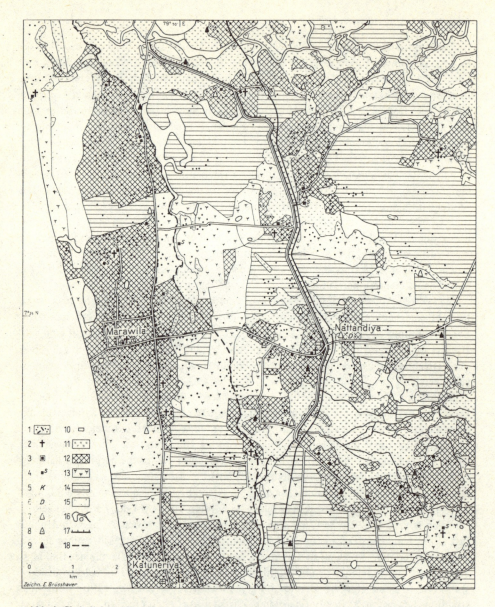

Abb. 4: Christlich geprägte Kulturlandschaft zwischen Negombo und Chilaw (Ausschnitt Marawila). Siedlungen, Kultbauten, Bodennutzung, Landschaftsgrenze. – Grundlage: Karte von Ceylon 1:63 360, Blatt Chilaw.

1. Einzelne Häuser bzw. Hütten u. geschlossene Bebauung; 2. Kirche, Kapelle; 3. „College" – höhere Schule; 4. (Volks-)Schule; 5. Krankenhaus; 6. Ambulanz (Dispensary); 7. Buddh. Tempelbezirk; 8. Buddh. Tempelbezirk mit Schule (Pirivena); 9. Hindutempel; 10. Moschee; 11. Reisniederungen; 12. Dörfl. Fruchthaine; 13. Kokosgärten; 14. Kokosplantagen; 15. Jungle oder Scrub; 16. Flüsse, Stauseen, Lagunen (Tanks); 17. Kanal; 18. Grenze der Dünensande gegen die Alluvialebene.

(Entwurf Sievers)

zum großen Teil gut asphaltiert: ein Zeichen für die große wirtschaftliche Bedeutung der Kokospalme! Der moderne Kern der Siedlung liegt um das Straßenkreuz herum, d. h. hier häufen sich Handel und Gewerbe: „Boutiques" (Geschäfte, besser „Kramläden"), Arrak-Kneipen und andere Wirtschaften, Bazar (Marktplatz und -halle) – meist einstöckige kleine Häuser und Buden. Daran schließen sich nach allen Seiten die Fruchthaine und einige kleine Kokosbesitzungen, Gärten und Plantagen an. Zwar überwiegen die Kokospalmen überall. Auf den Küstensanden herrschen kleine Fruchthaine vor, also hauswirtschaftlich orientierte „Betriebe". Auch in ihnen überwiegt die Kokospalme. Der Plantagenordnung und -einseitigkeit steht aber die bunte Artenfülle und Unordnung, ja Zufälligkeit im Fruchthain der Gärtner gegenüber. Neben den Kokospalmen drängen sich Bananenstauden, weit ausladende Mangobäume mit ihren köstlichen Früchten, Papayabäume mit großen melonenartigen Früchten, dickstämmige Jack- und Brotfruchtbäume mit stachligen Riesenfrüchten, die wie die Kochbananen in der Currykiche unentbehrlich sind. Ausgezeichnet eignet sich der lockere, grundwasserreiche Alluvialboden zum Anbau von Gemüse, dessen hoher Vitamingehalt allerdings erst wenig bekannt ist. Vor allem Maniok (Manihot util.), aber auch Süßkartoffeln (Ipomea bat.), Gurken- und Bohnenarten, Chillies (roter Pfeffer, Capsicum) wachsen und wuchern als Bodenfrüchte wild durcheinander. Eine Boden- und Kulturpflege in unserem Sinne kennt der kleine singhalesische Gärtner nicht. Reis für die Tagesmahlzeit muß er von der „Boutique" käuflich erwerben. Dafür handelt er die Früchte des Gartens auf dem Bazar beim „middle man" ein.

Der landlose Fischer hingegen ist gezwungen, aus dem kärglichen Erlös seines Fanges Reis und alles, was zur Ergänzung dazu gehört, in der „Boutique" zu kaufen, auch die Kokosnüsse, die über dem Dach seiner Cadyanhütte reifen, ihm aber nicht gehören, es sei denn, daß er einen Anteil daran vom Landbesitzer erhält. Begreiflich, daß die Not groß ist. Ähnlich ist die Lage bei den Kulis.

Eine Verknüpfung von Gartenwirtschaft mit Fischfang ist in Ceylon aus Landmangel, aber auch aus soziologischen Erwägungen nicht denkbar, es sei denn – was viel geschieht – daß die landlosen Fischer ein Fleckchen Erde (nicht mehr!) pachten können und darauf die sehr beliebten und einträglichen Chillies anbauen. Hier wie überall ist das Brachliegen bzw. die mangelhafte Ausnutzung der menschlichen Arbeitskraft ein ganz großes Problem, dem die Regierung u. a. durch Errichtung von ländlichen Heimarbeitsstätten allmählich zu begegnen hofft.

Ergebnisse

Die Einzelbeispiele aus dem Raum zwischen Negombo und Chilaw haben in Schilderung und Analyse die christlichen Merkmale nachgewiesen. Sie sind sichtbarer und verborgener, materieller und geistiger Art. Als wesentliche Züge, die sie von ihrer Umgebung abheben, seien zusammenfassend genannt:

1. Die Verbreitung des Christentums ist regional und sozial begrenzt auf die Küstenfischer (selbst in der Stadt!), auf die aus ihnen hervorgegangenen kleinen Gärtner an

der Küste, auf die Plantagenarbeiter (Kuli) – also auf die gesellschaftlich unteren Schichten. Das Reisbauerntum wird nur selten erfaßt. Hingegen ist ein vergleichsweise hoher Anteil der Intelligenzschicht in den Städten christlich, was sehr bedeutsam erscheint. Darunter fallen auch manche der Kokosplantagenbesitzer an der Küste.

2. Im Landschaftsbild fallen die vielen Bauten christlicher sakraler und profaner Einrichtungen auf. Sie bezeugen Gemeinschaftsgefühl, Glaubenskraft, soziale Gesinnung und Bildungseifer. Anlehnung und Nachahmung des Westens, kolonialgeschichtlich bedingt, ist deutlich spürbar und kann erst allmählich durch eigene schöpferische Leistung ersetzt werden. Bemerkenswerte Ansätze sind vorhanden.

3. Berufs- und Standeseinrichtungen tragen christliche Züge. Die Kirche ist ein wichtiger Faktor in der Sozialordnung der Fischer; ihr ist wesentliche Verantwortung anvertraut worden. Die wirtschaftliche Not unter den Fischern ist zwar groß, aber durch eine ganze Reihe sozialer Einrichtungen der Selbsthilfe gemildert. Hierher gehören auch die gegenwärtigen Bemühungen der Kirche um Siedlungsmöglichkeiten für die landlose christliche Bevölkerung, aber ebenso ihre geistige und geistliche Durchdringung und Erfüllung in Standes- und Berufsgemeinschaften. Die Gemeinschaft der christlichen Arbeiterjugend ist ein nicht zu unterschätzendes Bollwerk im Kampf gegen den Kommunismus.

Wer als abendländischer Mensch durch die christlichen Landstriche Ceylons fährt, empfindet Vertrautheit und Fremdheit zugleich, denn der Geist findet eine der Natur entsprechende Ausdrucksform und muß sich ihren Gesetzen anpassen. Wir sehen Gotteshäuser, wie sie auch irgendwo in England oder Portugal stehen könnten. Wir sehen aber noch mehr – und gerade auf dem platten Lande – armselige hüttenähnliche Kapellen und Kirchen, die von der Not orientalischer Menschen zeugen und eingebettet sind in ihre persönlich armselige und doch so anmutige üppige Tropenwelt. Im übrigen dürfen wir nicht vergessen, daß wir zwar die Erscheinungsform des Christentums unbewußt mit dem Abendland verkoppeln, daß seine Heimat aber das Morgenland ist. Abendländisch-westlicher und morgenländisch-östlicher Geist, aus dem geschichtlichen Gang der Missionierung und aus der tropischen Natur der Insel verständlich, begegnen und durchdringen sich im ceylonesischen Christentum und verleihen ihm ein besonderes Gepräge.

Nuwarakalawiya

Beispiel einer alten Stauteich-Kulturlandschaft in der nördlichen Mitte

aus Sievers, A.: Ceylon. Gesellschaft und Lebensraum in den orientalischen Tropen. Eine sozialgeographische Landeskunde. Steiner: Wiesbaden 1964, S. 327–335

a) Landschaft

Ob man von Colombo über Kurunegala nach Anuradhapura fährt oder von Kandy nordwärts über Matale hinunter nach Anuradhapura, immer vollzieht sich der Übergang von üppiger feuchttropischer Natur zu karger wechselfeuchter Savannennatur auffallend schnell. Ab Polgahawela, mit Überschreiten des breiten, lehmig-sandigen Maha Oya, tritt an die Stelle einer mosaikartig bunten Kulturlandschaft die etwas einförmige großflächige Kokosplantagenlandschaft des „Coconut Belt"; ab Kurunegala fallen Stauteiche mit Reisfeldern auf, nehmen die Kokosplantagen ab, wird die Besiedlung dünner und die Dörfer seltener; schüttere Wälder und Büsche treten auf, oftmals gelichtet für Chenakultur, und weite Grasflächen breiten sich aus. Kommt man aus dem Bergland hinab, so vollzieht sich der Übergang zur Savanne im nördlichen Tal von Matale unter den gleichen Erscheinungen. Gegen Ende der Trockenzeit ist das Bild gelb und fahl. Die unzählig vielen kleinen Stauteiche in den flachen Dellen sind längst leer, der Grund feuchtmorastig, Kühe weiden auf den Grasboden, die Erddämme werden, wo nötig, ausgebessert. Oft merkt der Unkundige gar nicht, daß er ein Stauteich-„Becken" vor sich hat, weil sich Grasland wie ringsum ausbreitet, und weil die Erddämme oft nur sehr bescheidene, grasbewachsene und von malerischen, mächtig ausladenden Banyanbäumen beschattete niedrige Schwellen sind. Wo Wassertümpel übriggeblieben sind, da sind sie voller Lotosblüten und Kraut. Auch die Yaya Ganga, der alte Kanal zwischen Kalawewa und Tissawewa, führt Wasserlachen in lehmig-sandigem Bett. Die Chenalichtungen sind mit Asche bedeckt und warten auf die ersten Regen. Mit den ersten Schauern im Oktober — normalerweise — erwacht die Natur überraschend schnell, wenn auch Wochen der Trockenheit bis zum Beginn der großen Herbstregen im November-Dezember noch einmal folgen mögen. Aus dem Dschungel kommen die braunen Wanduru-Affen bis auf die Asphaltstraße, um aus den Pfützen frischen Wassers ihren Durst zu stillen. Der Dschungel erhält den ersten grünen Schleier; das Gras wächst zusehends und verwandelt die Savanne in eine leuchtend-grüne, üppige und blühende Park- und Waldlandschaft. Im Januar bietet sich das schönste Bild, wenn man beispielsweise von den prächtigsten Inselbergfelsen voller Ruinen in Mihintale über das grüne Dschungelmeer von Nuwarakalawiya mit seinen unzählig vielen kleinen und großen blau glitzernden, gefüllten Stauseen und hellgrün leuchtenden Reissaaten in den Talniederungen schaut, gelegentlich mit einer weißschimmernden Dagoba oder einer mächtigen roten Backsteinruine aus dem singhalesischen Altertum dazwischen und mit den sanft geschwungenen bläulichen Konturen des Kandy-Berglandes gen Süden am Horizont. Es gibt viele Jahre freilich, in denen am Ende der Regenzeit der Wasserspiegel der Stauseen so niedrig ist, daß die Wassermengen unter sparsamer Verteilung nur für die Maha-Ernte reichen, oder eine zweite Yala-Ernte nur für die nächstgelegenen Paddyfelder möglich ist. Man kann sogar verallgemeinernd sagen, daß die kleinen Dorftanks normalerweise nur für eine (Maha)Ernte bewässern können. Sie sind seit altersher nur auf einige wenige Familien berechnet.

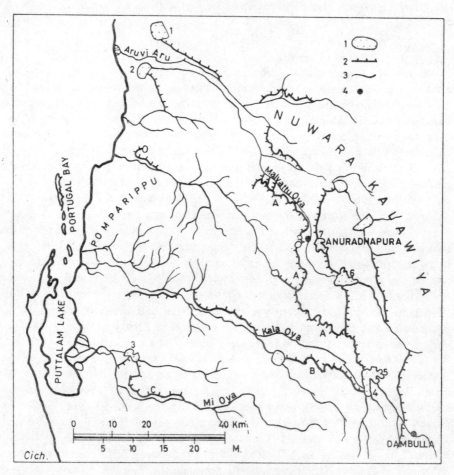

Bewässerungslandschaft Nuwarakalawiya (Ausschnitt)
Nuwarakalawiya: Tank Irrigation Region

1 = Stauteich (Tank, Wewa) mit Damm (Bund): 1 Giant's Tank, 2 Arippu T., 3 Maha Tabbowa Wewa, 4 Balalu W., 5 Kala W., 6 Nachchaduwa T., 7 Nuwara; 2 = Kanal (Ela, Yoda Ela): A Yaya Ganga, B Balalu Wewa Yoda Ela, C Radawi Benda Ela; 3 = Fluß (Ganga, Oya singh., Aru tamil.); 4 = Stadt.
(nach Mendis, The early history of Ceylon, 1945[6])

b) Die kleinen Tankdörfer und ihre Wirtschaftsweise

Jevers gibt in seinem Manual für die North Central Province für 1821 856 Dörfer (und das sind bekanntlich immer Tankdörfer) in Nuwarakalwiya an[1], der erste Census 1871 dagegen schon 1036 mit 10460 Häusern (also einem Durchschnitt von fast 10 je Dorf) und einer Bevölkerung von 58643 (also einem Durchschnitt von 58 Einwohnern je Dorf)[2] — mehr Familien kann ein so kleiner Tank mit entsprechend kleinen Paddyfeldern nicht ernähren. Diese damaligen Verhältnisse treffen die Kapazität der Dorftanklandschaften sehr gut. Inzwischen sind die großen Bewässerungswerke — die Kettenwerke — wiederhergestellt und besiedelt worden, auch wie überall von unzählig vielen nichtbäuerlichen Familien, so daß Nuwarakalawiya ohne die Stadt Anuradhapura 1953 152674 Menschen zählte[3]. Wir finden sie auch heute vorwiegend in den kleinen Tankdörfern weit abseits der wenigen Autostraßen, mitten im Dschungelland und nur über Karrenwege erreichbar. Im folgenden sei zunächst ein solches Puranadorf an kleinem Dorftank (Pul Eliya) geschildert, der häufigste Typ in Nuwarakalawiya; dann ein Puranadorf als Beispiel für das alte Tankkettensystem (Madawalagama am Nachchaduwa Wewa); und schließlich die Padawiya-Kolonie als Beispiel heutiger Wiederbesiedlung eines der großen Stauseen.

1. *Pul Eliya, ein Puranadorf an kleinem Dorftank* (dazu Karte und Profil)[4]

Pul Eliya liegt 40 km nördlich Anuradhapura[5], davon verlaufen die letzten 3 km auf schlechtem Karrenweg durch den Dschungel. In einem Umkreis von weniger als 3 km Entfernung liegen 13 weitere kleine Dörfer mit Stauteichen und 12 verlassene, nicht wiederhergestellte Stauteiche. Pul Eliya hatte 1954 146 Einwohner und rund 135 acres bewässertes Land. Es ist ein reines Goyigamadorf wie die meisten von Nuwarakalawiya. In Pul Eliya gibt es keine Landnot, aber Wassermangel, der der bewässerbaren Fläche und damit der Bevölkerungszahl Grenzen setzt. Das Dorf hat heute einen Stauteich von 140 acres, wenn er vollgelaufen ist, mit einer Wassertiefe unter dem Damm von 2,14 m. Ein altes Wewa mit Damm und Schleusen aus dem 11. Jahrhundert oder früher hat an genau der gleichen Stelle existiert, wie Ruinen beweisen. Das Dorf ist zu Beginn der britischen Zeit schon dagewesen (Dorferhebungen); wann es wiederbesiedelt worden ist, oder ob es durch die Jahrhunderte hindurch bestanden hat, wissen wir nicht. Es wäre gut denkbar, denn das Wewa hat eine sehr günstige Gestalt: es ist

---

[1] *Jevers,* Manual of the North-Central Province (1899); vgl. auch *Brodie,* Topographical and statistical account of the District of Nuwarakalaviya (1856).

[2] Die ersten Census-Zahlen (1871) können noch nicht genau genommen werden, geben aber Anhaltspunkte. Sie mögen für N. etwas zu niedrig sein.

[3] Als N. sind hier die Revenue Divisions Nuwaragam East und West, Hurulu und Kalagam Palata zusammengezählt.

[4] Gewählt, weil hierfür die einzige bisher veröffentliche ausführliche wissenschaftliche (soziologische) Dorfstudie in der Trockenzone vorliegt: *Leach*, Pul Eliya, a village in Ceylon (1961). Alle Angaben folgen Leach's Erhebungen bzw. der Topographischen Karte Medawachchiya.

[5] Gerechnet auf der Autostraße, Luftlinie 20 km.

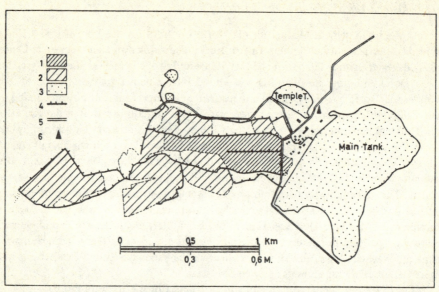

Purana-Tankdorf Pul Eliya (Nuwarakalawiya)

1 = Paraveni (traditionelles, erbliches) Reisland   4 = Bewässerungskanal
2 = anderes Reisland   5 = Fahrweg
3 = Stauteich (Tank, Wewa)   6 = buddhistischer Tempelbezirk
(nach einer Skizze bei Leach, Pul Eliya, 1961)

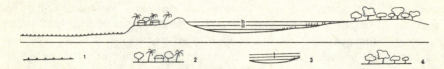

Profil: Kulturgeographisches Profil durch eine Purana Tanksiedlung
(Pul Eliya, Nuwarakalawiya)

(Von links nach rechts) 1 = Yaya-Reisland mit Bewässerungskanälen, 2 = Dorf P. E. auf dem Gangoda-Land (Watte-Fruchthain-Gärten), 3 = Damm (Bund) mit Tank bei a niedrigem, b hohem Wasserstand (verkürzt gezeichnet); Weidegras am Rand bei Niedrigwasser; 4 = Dschungelwald mit Chena-Brandrodungsfeldbau darin. — Vgl. dazu Karten oben.

durch einen nur kurzen Damm von 825 m Länge aufgestaut, der sich leicht in Ordnung halten läßt. Bei der großen Kontroll- und Wiederherstellungsaktion in den siebziger Jahren des 19. Jahrhunderts war Pul Eliya Wewa in recht gutem Zustand. Das Gangoda-Land von Pul Eliya liegt unmittelbar unter dem Damm, also zwischen Wewa und Yayaland. Der Grundwasserstand ist naturgemäß hoch, so daß Kokosnüsse, Bananen und weitere Feuchtzonenfrüchte dort in reichem Maße gedeihen können. Das Trockenland ringsum im Dschungel, der gelegentlich Chenakultur dient. Wenn im Sommer das Wewa zum großen Teil austrocknet, wird der Grasboden beweidet (Kühe und Büffel). Die Bevölkerung lebt vom Reisbau. Die Watte-Früchte sind notwendige, aber mühe- und kostenlos geerntete Nahrungsmittel. Chenafeldfrüchte spielen als begehrte Marktfrüchte eine zweifelhafte Rolle in Pul Eliya, weil die Regierungspolitik bekanntlich gegen diese Brandrodungen ist[6]. Auf dem Gangoda-Land gibt es 13 Watte-Grundstücke, aber teilweise mehrere Erbfamilien darauf, die alle ein Recht zum Hausbau haben, und die die Fruchtbäume individuell besitzen. Jedes Haus wird eingezäunt; aber auch hier macht sich langsam eine früher nicht gekannte Enge bemerkbar. Es gibt (1954) 39 solcher Familien. Alle Familien sind durch das Band des Wewa miteinander verbunden, d. h. durch die gemeinsamen, von einem Vel Vidane kontrollierrten Wasserrechte für ihren Feldanteil (Pangu) an Yaya-Feld, das in Pul Eliya den Namen „Altes Feld" führt. Dieses Feld ist wiederum unterteilt in das „obere Feld" unmittelbar unter dem Tank und deshalb in seiner Nachbarschaft bei Wassermangel besser gespeist als das weiter entfernte „untere Feld". Ein jeder Paraveni-Bauer hat also mehrere Anteile, die entsprechend verteilt sind. Vom Hauptkanal führen kleine Verteilerkanäle zu den einzelnen Pangu; Aufgabe des Vel Vidane ist es, über die gerechte Wasserverteilung zu wachen. Nicht alle Familien von Pul Eliya haben Anteile am „Alten Feld": nur die alten Paraveni-Familien mit drei Gamarala-Familien an der Spitze, denn Pul Eliya ist ein Nindagam (Königsdorf). In später britischer Zeit wurde Crown Land weiter unten im Talboden als Reisland verkauft, das sich, wenn auch schon viel ungünstiger, noch zur Bewässerung aus dem gleichen Kanal eignet; dadurch kam eine neue bäuerliche Schicht an das Reisland heran[7]. Das Wasser wird damit immer knapper; heute kann im allgemeinen nur noch eine Ernte (Yala im Alten Feld, Maha im Neuen Feld) statt der früheren zwei reifen. Das Amt des Vel Vidane und des V.C.O. (Village Cultivation Officer) ist immer den Gamarala anvertraut, den Respektpersonen im Dorf. In Pul Eliya gibt es, wie gesagt, drei Gamaralas, deren Watte-Land traditionell nebeneinander liegt, und die als Pangu ein bestimmtes Stück Land erblich halten, das Gamvasama, das allerdings auch bestimmte Pflichten mit sich bringt. In jedem Abschnitt des „Alten Feldes" gibt es ein solches Gamvasama. Der größte Paddyfeldbesitz beträgt (1954) in Pul Eliya 8,25 acres, darunter 4 1/8 Panguanteile; insgesamt hatten 5 Pangu-Bauern (von 40) 5 und mehr acres Paddyland, 11 Bauern weniger als einen acre[8]. Auch heute hängen noch entsprechend der acre-Zahl Rajakariya-Pflichten für Damm- und Überlaufkanal-Pflege am Reisland.

[6] Deshalb ist Chenanutzung in Pul Eliya nur für diejenigen offiziell erlaubt, die so wenig Paddyland besitzen, daß sie davon nicht leben können. Praktisch ist der Tulane Headman, der darüber zu wachen hat, aber machtlos, so daß Chenakultur von Jahr zu Jahr unterschiedlich geübt wird, je nach Notwendigkeit. In Pul Eliya besteht eine ausgesprochene Chena-Gemeinschaftsbestellung mit Pflichten und Rechten (*Leach* 1961, S. 291 ff., dort auch ein Besitzerrad in Anlehnung an die bekannte Methode des Anbaurades).

[7] Man ist versucht, dabei an heimische Verhältnisse – abgewandelt – zu denken an die Qualitätsunterschiede von Esch. Flagen, Kamp und an die Statusunterschiede von Altbauer, Kämper Kötter, Brinksitzer im nordwestdeutschen Raum.

[8] Leach (1961) führt S. 184 ff. eine Panguliste und eine Paddyparzellenliste auf.

2. Madawalagama, ein Puranadorf an großem Tank[9]

Madawalagama liegt 18 km südlich Anuradhapura an einer festen Straße entlang Bewässerungsdeichen. Das Dorf ist eines von vielen, die unter dem 2 km langen Staudamm des Nachchaduwa Tanks liegen, und deren Reisfelder von zwei Tankkanälen gespeist werden, die der genialen altsinghalesischen Bewässerungstaktik zufolge in kurvenreichem Lauf wie der nahe Yaya Ganga-Riesenkanal („Yoda Ela") eine unverhältnismäßig große Fläche bewässern können. Da das Gelände gen Norden sanft abfällt, speist der südliche Kanal (High Level Canal) weniger Felder als der etwa parallel verlaufende nördliche Kanal (Low Level Canal). Das Dorf hat also an jedem großen, genialen Kanalsystem von Kalawewa, Yaya Ganga und Nachchaduwa zur Speisung der sogenannten Stadt-Tanks von Anuradhapura Anteil. Nachchaduwa's Alter ist nicht ganz geklärt, geht aber spätestens auf die Regierungszeit von König Sena II. (866–910 n. Chr.) zurück[10]. Sein Damm barst an mehreren Stellen als Folge der Brüche am oberen Kalawewa und wurde 1906 wiederhergestellt. Über die beiden Tankkanäle, die nicht den Stadttanks, sondern nur der Speisung der Dorf-Yayafelder dienten, wissen wir nichts Näheres. Die topographische Karte verzeichnet keine neue Kolonien, die Dörfer scheinen also Purana-Dörfer zu sein[11]. Das Nachchaduwa Tank wird vom Malvatu Oya gespeist. Madawalagama gehört zu den Dörfern, die dem Damm am nächsten liegen und über Wassermangel auch in der Yalazeit nur ganz selten klagen müssen, so daß normalerweise eine Reisdoppelernte möglich ist. Die Wasserfülle zwischen den beiden „Ober"- und „Unter"kanälen hat zur Anlage kleinerer (zusätzlicher) Reservoire geführt, die in der Yalazeit leerlaufen und dann beweidet werden. Das Nachchaduwa Tank hat in Dammnähe auch in der Trockenzeit noch Wasservorrat, während die entfernteren Buchten Weidegründe werden. Der im Vergleich zur großen Tankfläche äußerst kurze Damm hat nach Süden zu eine natürliche Fortsetzung in einem Felsenwall (Nidangala) von 30 m über der Umgebung (433 ft. bis 336 ft.). Im Norden reicht er bis zum Austritt des Malvatu Oya, von dem im Mittelalter ein nicht wieder erneuerter Yoda Ela abzweigte, der das Nuwarawewa von Anuradhapura speiste. Madawalagama ist das zweitnächste Dorf unter dem Felsendamm, das auf engem Raum zwischen Unter- und Oberkanal einerseits und Zwischendamm (zum Nachbardorf) und Dschungel andererseits eingekeilt ist. In der Mitte liegt das Yayaland (265 acres) mit einem kleinen (Überschuß-)Reservoir. Madawalagama ist mit seinen nur (rund) 200 Einwohnern und 36 Familien (1958) noch ein typisch kleines Tankdorf, ein Goyigamadorf, in das einige wenige tamilische Hindufamilien als neuere Landbesitzer zugezogen sind. Im Nachbardorf unter dem Damm leben mehrere moorische Händlerfamilien, die dort und hier Land aufgekauft und eine bescheidene Moschee errichtet haben. In Madawalagama gibt es eine Dagoba, einen neuen Pansala und einen kleinen Vihara (Tempel), ohne daß dazu Paddybesitz gehört; sie stehen auf eigenem Highland-Watte. 10 Familien in Madawalagama besitzen mehr als 5 acres Paddyland, nur 5 Familien sind völlig landlos.

---

[9] Auf der Topographischen Karte Anuradhapura gelegen, vgl. auch Karte 26.
[10] *Brohier*, a.a.O. (1935), Bd. II, S. 9.
[11] Die topographischen Blätter verzeichnen in den Tankgebieten nur die Gehöfte der neuen linienhaften Kolonien, nicht die der Puaranadörfer.

Die überschüssige Reisernte wird über eine Genossenschaft verkauft. Kokosnüsse werden vom Mittelsmann aufgekauft oder werden zum nächsten Markt gebracht, während die Highland-Gemüse aus Gärten und Chenafeldern nur der Selbstversorgung dienen. — Als *Beispiel sei der Gamarala und Vel Vidane* genannt: mit 24 acres Paddyland in 10 Parzellen jenseits vom Kanal und 6 acres Highland ist er der größte und reichste Landbesitzer von Madawalagama, zugleich die Autorität des Dorfes. Er bewohnt mit seiner 12köpfigen Familie die ererbte kleine Hütte aus — sehr typisch — zwei Räumen mit einer Veranda dazwischen. Es hat zu dem ererbten Land Paddyparzellen hinzukaufen können, besitzt außerdem eine Reismühle im Dorf mit 6 Arbeitskräften. 5 acres bearbeitet er selbst, den Rest vergibt er nach dem **Ande-System**. Er besitzt 40 Büffel, die er gegen Arbeitskräfte austauscht, jenes sowiel geübte Tauschverfahren „auf Gegenseitigkeit". Im allgemeinen erntet er zweimal bei einem Durchschnitt von 19 dh/ha[12]. Die 6 acres Watte-Highland sind in zwei Bläcke geteilt, zu beiden Seiten des Kanals; diesseits steht das Haus im Garten. Die Familie bearbeitet das Gartenland mit einigen geheuerten Arbeitskräften selbst. Er hat für vier solcher Familien auf seinem Haus-Watte kostenlos Cadjanhütten errichten lassen. Auf dem Gartenland standen 1958: rund 200 Kokospalmen, 16 Citrusbäume (Orangen und Zitronen), 5 Mango-, 6 Jakbäume, außerdem Gemüsearten wie Maniok, Brinjals, Chillies, die während der winterlichen Regenzeit angebaut werden. In der Trockenzeit sieht so ein Garten öde und verwahrlost aus. Chenakultur ist amtlich verboten, ist in das Erntejahr aber einbezogen.

3. Padawiya Tank, Neusiedlungen (Kolonien)

Padawiya Tank (P.T.) liegt weit entfern im Nordosten von Nuwarakalawiya, 80 km von Anuradhapura (Straße und Karrenweg) und nur 30 km von der Ostküste entfernt. Es ist das dritte große Tank, das der Tanklandschaft den Namen gegeben hat („Wiya"), ist aber erst 1955 wiederhergestellt worden und wird seit 1957 etappenweise nach Regierungsplan neu besiedelt. Dieser nordöstliche **Nuwarakalawiya-Raum** gehört zu den völlig unentwickelten: viele kleine Dorftanks, aber weit auseinander liegend, dazwischen hochstämmiger schöner Primärwald (**Pallu- und Satinholz**), oftmals auch Dornwald, aber selten Chena-Spuren. Die Einzugsgebiete der wenigen Flüsse sind nicht sehr groß und wasserreich; es fehlt das niederschlagsreiche **Gebirgsland** als Quellgebiet. P.T. wird vom Ma Oya gespeist; während der vier Regenmonate führt dieser Fluß große Wassermassen, die in alten Zeiten im Padawiya Tank gespeichert wurden, statt nutzlos sich ins Meer zu ergießen. Auf rund 25 km Länge müssen einst in der Ma Oya-Niederung bis zur Kokkilai-Lagune fruchtbare bewässerte Paddyfelder existiert haben. Infolge der abseitigen und unzugänglichen Lage wurde der immer noch großartige Damm des einstigen Padawiya Tank erst 1886 von der topographischen Landesaufnahme als einer der größten und genialsten entdeckt[13]. Der Erbauer war vielleicht schon König

---

[12] Anuradhapura-Distrikt-Durchschnitt von Yala/Maha lt. Paddy Statistics (1956) 38 bush./acre (24 dz/ha).
[13] *Brohier*, a.a.O., Bd. I (1934), S. 23f. und *Parker*, Report on Padawiya Tank (1886). Vgl. auch *Nicholas*, The irrigation works of king Parakrama Bahu I (1954/55).

Mahasena (3. Jahrhundert), wie Parker vermutet. Schwere Dammbrüche werden aus dem 12. Jahrhundert berichtet, die Parakrama Bahu reparieren ließ, bis neue Brüche Mitte des 13. Jahrhunderts zum Verlassen dieser einst blühenden Gegend führten. Sie gehörte bisher zu den am schlimmsten malaria- und elefantenverseuchten von Ceylon, ein Hemmnis auch jetzt bei der Neukolonisation. Der alte Damm brauchte an seiner Bruchstelle nur geflickt zu werden. Er hat eine Länge von 8 km. Das Tank wird von prächtigem hochstämmigen, wildreichem Hochwald eingerahmt. Das junge stumpenreiche Rodungsland unterhalb vom Damm, vom Ma Oya in zwei Hälften mit mehreren Bewässerungskanälen unterteilt, war 1958 zu Beginn der Regenzeit von dunkelbrauner Farbe, ein tiefgründiger, fruchtbarer, warmer Boden. Windschutzstreifen und Dschungelflecken wurden stehengelassen. Bei der Kolonisation des Padawiya Tank wurde die neue Regierungspolitik der Selbsthilfe in stärkerem Maße als bei den früheren Projekten geübt. Die zukünftigen jungen Siedler waren im Sommer als Arbeiter gegen Lohn mit Boden, erster Bodenkultur und Häuserbau beschäftigt, bevor sie ein Stück Land erwerben und ihre Familie holen können. Damit werden sie am Eigenbesitz mehr interessiert, als wenn sie wie bisher ein „fertiges" Besitztum beziehen. Die Kolonistenstellen machen einen guten und sauberen Eindruck. Sie liegen in Reih und Glied, locker aufgereiht zu beiden Seiten von Wegen bzw. Straßen in Hanglage. Hinter den schmucken, soliden Steinhäusern mit Ziegeldächern ähnlich den Gal-Oya-Erfahrungen erstreckt sich das schmale, lange Watte-Land von 1 bis 2 acres, auf dem im Oktober zu Beginn der Regenzeit der Boden gehackt wurde, um die (Trocken-)Reissaat aufzunehmen und im übrigen planlos wie immer Bananenstauden und Gemüse zu pflanzen Brinjals, Süßkartoffeln, Sesam, Ladies' Fingers, Manioka, Chillies. 15 Kokospalmen, 2 Mango- und 2 Citrusbäume bekommen sie von der Regierung zum Start geliefert. Wie in allen jüngsten Neusiedlungen erhalten die Kolonisten 3 acres Paddyland und 1 bis 2 acres Highland (Watte). Das Projekt sieht die Ansiedlung von 5 000 singhalesischen Familien aus der Gegend von Mirigama im übervölkerten westlichen Küstentiefland und aus dem Anuradhapura-Distrikt vor, von denen im ersten Siedlungsabschnitt 1957 625 Familien angesiedelt waren, denen in jedem Jahr etwa die gleiche Zahl folgen soll[14]. Die Bewässerungsfläche unter dem Tank wird rund 14000 acres betragen. Eine Asphaltstraße hat das neue Gebiet an die Distrikthauptstadt angeschlossen. Der Padawiya-Plan sieht großzügige „Stadt"anlagen (besser Marktzentren) vor; zu jedem solchen Zentrum (township) gehören 150 Familien, die nur eine Highland-Parzelle erhalten. Bei dem allgemeinen Landhunger versteht es sich, daß auch hier wieder Squatter am Werk sind, die verbotenerweise Dschungel roden, ihre Cadjanhütte aufschlagen und Chenaland bestellen, ein zu jeder Neukolonisation in Ceylon gehörendes Bild.

---

[14] Die völkischen Spannungen von 1958 hatten in diesem völkischen Grenzgebiet den Fortgang der Besiedlung zunächst unmöglich gemacht. Der Plan sah für 1959 die Ansiedlung von weiteren 1100 vor, was aber wohl kaum durchgeführt werden konnte. Die gegenwärtige innenpolitische Unsicherheit hat alle hoffnungsvollen Kolonisationspläne verzögert.

c) Anuradhapura als Kultur- und Wirtschaftszentrum

Leuchtend grüne Paddyniederungen um das Malvatu Oya herum, blauglitzernde riesengroße imposante Tanks mit vielen Kilometer langen Dämmen, asphaltiert und deshalb mit regem Verkehr, von weitausladenden Banyan- und Regenbäumen beschattet (Ficus Bengal bzw. Enterolobium Saman, „Rain Tree"), des abends lebhaftes Badetreiben an den Tankrändern – und zwischen den Paddyfeldern, Kokosgärten, Bewässerungskanälen und Teichen majestätisch aufragend die antiken Tempelanlagen: das ist der erste zauberhafte schöne Eindruck von der einstigen singhalesischen Königshauptstadt. Sie macht einen ländlichen Eindruck, locker gebaut, eine ausgedehnte, weitläufige Parklandschaft voll pietätvoll wiederhergestellter Bauwerke aus der frühen Blütezeit des Buddhismus. Es gibt aber auch ein modernes Anuradhapura, die „Neustadt" (New Town) im Gegensatz zur „Heiligen Stadt" (Sacred Town), eine Neuanlage unterhalb dem Damm des Nuwara Wewa, den Eisenbahnschienen folgend, die großzügige Planung einer Verwaltungs- und Geschäftsstadt mit modernen repräsentativen Bauten, zwischen denen sich die traditionellen Boutiques und Cadjanhütten der ärmeren Bevölkerung seltsam ausnehmen.

Anuradhapura ist von einem malariaverseuchten Dorf mit 702 Einwohnern 1871 auf 29 000 Einwohner 1963 angewachsen. Die Lage der Stadt ist seit je von einer großen Verkehrsgunst gewesen. Die ersten arischen Siedler drangen von der enttäuschenden Nordwestküste am Malvatu Oya binnenwärts vor, wo sie zunächst Anuradhagama gründeten und dann das antika Abayawewa (430 v. Chr.), heute Bassawakkulam genannt, eines der heutigen drei großen Stadttanks, zur Bewässerung der Reisfelder bauten. Die Hauptstadt war immer ein Reisbauerndorf. Tissa Wewa (das alte Yaya Vapi) wurde wahrscheinlich im 3. Jahrhundert v. Chr. erbaut, Nuwara Wewa als letztes im 1. Jahrhundert v. Chr.[15]. Alle Stadttanks entstammen also der vorchristlichen Zeit und sind die ältesten von Ceylon. In den Jahren zwischen 1873 und 1889 wurden sie zusammen mit den Kanälen wiederhergestellt, die Ruinenstätten freigelegt und soweit wie möglich wieder aufgebaut. Ruwanwelseya Dagoba und Issurummuniyagala Dagoba und die Ruinendome anderer Dagobas sind beeindruckende Zeugen einer großen antiken singhalesisch-buddhistischen Kultur zwischen Reisfeldern und Tanks, einer Bewässerungskultur („Tank Civilization"), wie sie in der Waldsavannenlandschaft nur noch in Hinterindien und Yukatan vorkommt[16].

Die verkehrsgünstige Lage Anuradhapuras spielt heute deshalb eine größere Rolle als in der Frühzeit, weil hier am Nordrand des ausklingenden Kandy-Berglandes der einzige Straßenknotenpunkt innerhalb der Trockenzone von der Natur vorgezeichnet ist: nämlich von der Ostküste (Trincomalee) an die Westküste (Puttalam) und vom Süden (Kandy, Kurunegala, Colombo) nach dem Norden (Jaffna). Freilich darf diese Gunst nicht übertrieben werden, denn bei der geringen Bevölkerungsdichte der Trockenzone bleibt der Verkehr recht gering. Am wichtigsten ist immer noch der Transitver-

---

[15] *Brohier*, a.a.O., Bd. II (1935), S. 10ff.
[16] *Wittfogel*, a.a.O. (1957) erwähnt die altsinghalesische Bewässerungskultur bei Besprechung der „hydraulic civilization" in den orientalischen Altkulturländern merkwürdigerweise nicht, sondern nur die indische.

kehr nach Jaffna. Anuradhapuras heutige Bedeutung setzt sich aus verschiedenen begrenzten Funktionen zusammen: Anuradhapura ist wirtschaftliches Zentrum von Nuwarakalawiya, in dem alle Flächen der Bewässerungswirtschaft – Handel, Verkehr, Initiative – zusammenlaufen. Aber auch die Trockenfarmversuche haben in und um Anuradhapura ihr Zentrum (Agricultural Experiment Station von Anuradhapura, Dorfversuche in Kurundankulama, Maha Illuppalama). Deshalb ist Anuradhapura auch gleichzeitig das Verwaltungszentrum der heutigen North Central Province, die die Nachfolge der alten Nuwarakalawiya angetreten hat; hier laufen die lokalen Bewässerungs- und Kolonisationsprogramme zusammen. Es zeugt von Kulturbewußtsein, daß beide Sphären der Stadt, die moderne wirtschaftlich-administrative und die geistig-kulturelle, räumlich auseinandergehalten werden durch Trennung in die alte „heilige Stadt" und in die moderne „Neustadt". Die Ruinen von Anuradhapura haben der singhalesischen Bevölkerung das Bewußtsein eines hohen bodenständigen Kulturbesitzes wiedergegeben. So ist die Stadt jahraus, jahrein ein Pilgerziel für singhalesische Buddhisten und ausländische Touristen geworden. Wie in allen Distriktstädten des ehemaligen Königreiches von Kandy, so ist auch Anuradhapura überwiegend von zugewanderten Tiefland-Singhalesen bewohnt (1953 41 %). Die Kandyans (20 %) leben als bäuerliche Altbevölkerung vor allem unter dem Nuwara Wewa in dörflichen Cadjanhütten und bestellen die Reisfelder am Malvatu Oya. Der relativ hohe Anteil Ceylon-Tamilen (1953 22 %) dürfte im letzten Jahrzehnt aus völkischen Ressentiments erheblich zurückgegangen sein; sie stellten viele Beamte und Händler.

Konfliktbereiche im südasiatischen Tourismus, dargestellt am Beispiel Sri Lanka (Ceylon)*

Problemfeld

Der Tourismus hat sich weithin zu einer bedeutenden Raumwirksamkeit entwickelt und deshalb das Forschungsinteresse der Geographen hervorgerufen, insbesondere auf dem sozialräumlichen Sektor. Widerstrebende Interessen, die Störung des ökologischen Gleichgewichtes — um nur zwei Beispiele zu nennen — sind nicht nur in der Diskussion um den alpinen Massentourismus kontroverse Themen geworden. Seit den 70er Jahren werden in touristischen Zielgebieten der Dritten Welt mit der z. T. sprunghaften Zunahme der Touristik Konflikte sichtbar und diskutiert, die sich aus dem Wunsch nach steigenden Deviseneinnahmen aus internationaler Touristik einerseits und nach Bewahrung traditioneller kultureller Identität und ökologischen Gleichgewichts andererseits ergeben. In meinem südasiatischen Arbeitsgebiet, vor allem in Ceylon/Sri Lanka, das ich seit 25 Jahren kenne und in seiner sozioökonomischen Entwicklung beobachte, haben mich in den letzten Jahren im Rahmen sozialgeographischer Tourismusstudien auch solche Fragen beschäftigt.

Einführend wird das touristische Potential skizziert. Darauf folgen als Konfliktbereiche:

— die Konfrontation des Tourismus mit der Kulturtradition, beispielhaft erörtert am Raum Kandy;
— das Spannungsfeld ökologisches Gleichgewicht und Tourismus, beispielhaft erörtert am Wildreservat Yala Park;
— der Ghetto-Charakter des internationalen Tourismus, am Beispiel Negombos an der Westküste erörtert, und schließlich
— die Konfrontation der einheimischen Bevölkerung mit sozialen Disparitäten des internationalen Tourismus und seinen sozioökonomischen Auswirkungen, beispielhaft erörtert an Hikkaduwa an der Südwestküste.

Abschließend sollen die Grenzen der touristischen Entwicklung abgesteckt werden.

Einführung

Abb. 1, eine Übersicht zum Ferntourismus in den Tropen, rückt Größenordnungen zurecht. Südasien und darin insbesondere Sri Lanka spielen im internationalen Tropentourismus nur eine begrenzte Rolle. Der vergleichsweise hohe Touristenanteil Thailands, Malaysias und der Stadtstaaten Singapur und Hongkong täuscht insofern, als es sich dabei überwiegend um Geschäftstourismus und noch dazu von kurzer Aufenthaltsdauer

---

*Überarbeitete Fassung von Vorträgen 1981 (Deutscher Geographentag Mannheim und Kolloquiumsveranstaltung im Geographischen Institut der Universität Köln).

(z. B. Thailand 5–6 Nächte) handelt, während Sri Lanka durch ganz überwiegenden Erholungstourismus mit längerer Aufenthaltsdauer (11 Nächte) gekennzeichnet ist.

Das touristische Potential

Das touristische Potential der Ferieninsel Sri Lanka ist geeignet, in besonderer Vielfalt den echten Touristen anzuziehen (s. a. Abb. 2):

1. Klimatisch herrscht ein hygrisch bedingter Jahreszeitencharakter, der in der Touristik Saisonalitätsproblematik erhält, ein Phänomen, das für tropische Ferntourismusräume durchaus charakteristisch ist. Monate mit sehr hohen Niederschlagsmengen, Stürmen und entsprechender Meeresbrandung, fallen als Touristensaison aus, z. B. die ceylonesische Westküste und das Bergland zur Zeit des Südwestmonsunmaximums von Mai bis Juli etwa und zur Zeit des Nordostmonsuns von Oktober bis November oder die ceylonesische Ostküste zur Zeit des Nordostmonsunminimums von November bis Dezember. Es handelt sich sogar um eine zweifache Saisonalität, eine klimatisch-hygrische einerseits und Urlaubstraditionen und -wünsche der Märkte andererseits. Zwar ist der sogenannte Wintertourismus allgemein in den Tropen vorherrschend, so auch in Sri Lanka. Die Monate November bis März und darin besonders die Monate Januar bis März zeigen die höchsten Übernachtungsziffern, vor allem an den Stränden, aber auch in Colombo. Es gibt aber innerhalb den touristisch flauen Sommermonaten eine deutliche kleine Verkehrsspitze, die auf (Schul-)Ferienzeiten in den Herkunftsländern hindeuten: Oster- und Sommerferien. Unter den Westeuropäern trifft dies besonders auf die Franzosen und Briten zu. Es sollte also von einer „doppelten Saisonalität" gesprochen werden. Mir ist der Hinweis auf den saisonalen Charakter des ceylonesischen Tourismus wichtig, weil er Grenzen des Potentials aufzeigt und zugleich die Konfliktbereiche eingrenzt, d. h. abschwächen hilft.

2. Die Überschaubarkeit, Kleinheit und Höhengliederung der Insel in Küstenniederung, Hügelland, Berg- und Hochland, und dies auf 100 km Luftlinie bzw. 190 km Autostraße von Colombo nach Nuwara Eliya in fast 2000 m Höhe erreichbar, machen ein Kennenlernen verschiedenartiger, ja gegensätzlicher Landesteile, ihrer ethnischen Bevölkerungsgruppen und -schichten, ihrer Traditionen und alten, vor allem buddhistischen Kulturdenkmäler leicht möglich. Sri Lanka kann also mit einer vielfältigen Angebotspalette werben.

Was der Tourist erwartet, wenn er Sri Lanka besucht, hängt von vielen Faktoren ab: von seinem sozialen Status, seinen geistigen Interessen, seinem Alter, seinen Vorkenntnissen. Das Gros der Ceylon-Touristen lockt sogenannte Südseeromantik und -exotik: d. h. Inselcharakter, Sonne, Wärme, mehr oder weniger einsame kokospalmengesäumte Badestrände und so weiter. Bildungsreisende und geistig interessierte Erholungsreisende erwarten, in einer Tagesfahrt erreichbar, buddhistisch-singhalesische Kunstschätze von Weltruf, wenn wir an die Felsfresken von Sigiriya, an die antiken Kulturdenkmäler von Anuradhapura und an die antiken Bewässerungswerke als Grundlage einer frühen Blüte reisbäuerlicher Kultur denken oder an die kulturelle und wirtschaftliche Hinterlassenschaft der Portugiesen, Holländer und Briten, die die Insel nicht minder prägen.

Sri Lanka hat also nur oberflächlich betrachtet den so gern apostrophierten Südseecharakter. Vielmehr bietet die Insel auf engem Raum einen Querschnitt jenes Natur- und alten Kulturreichtums, der Südasien auszeichnet. Darin ist Sri Lanka touristisch gegenüber Indien und Thailand bevorzugt.

Erster Konfliktbereich: Identität der alten Kulturtradition und der Tourismus

Dem Kenner der Insel fällt auf, daß der für Planung, Entwicklung und Statistik des Tourismus verantwortliche halbamtliche Ceylon Tourist Board (CTB) das nächste Beispiel, das Bergland von Kandy, nicht als eine der Touristikregionen aussondert, sondern nur die Stadt selbst zur weitgestreuten „Ancient Cities Region" rechnet, obwohl die Stadt erst im späten Mittelalter (15. Jh.) als singhalesische Königshauptstadt gegründet wurde. Mit dem Blick auf die zukünftige touristische Entwicklung aufgrund seines hohen Natur- und Kulturpotentials habe ich deshalb in meiner touristikräumlichen Gliederung das Bergland (und auch das „Teehochland") als in Planung begriffene Region bezeichnet (Abb. 2). Befragungen ergaben, daß das Bergland mit Kandy als Kultur- und Touristikzentrum bei den Touristen *neben* den Stränden auf starkes Interesse stößt, jedoch in Gruppenreiseangeboten und bei den wöchentlich organisierten regionalen Urlaubsangeboten der großen Reiseveranstalter sich nicht (oder noch nicht?) findet. Dies ist einmal im Mangel an entsprechender Hotelkapazität begründet (z. Z. nur rund 1100 Betten), zum anderen in einem amtlichen Zögern in der Touristikplanung und -entwicklung des Kandy-Raumes aus Gründen der Bewahrung bzw. des Schutzes alter singhalesischer buddhistischer Kulturtradition.

Angesichts der Forcierung touristischer Infrastrukturmaßnahmen an den Stränden (vor allem der West- und Südwestküste) im Laufe der 70er Jahre fällt das Defizit und der Mangel an Planung in Stadt und Umgebung von Kandy auf, – nicht nur, was die Hotelkapazität betrifft. Die bisherigen Kapazitäten westlichen Standards reichen in den stark besuchten Wintermonaten (Januar bis März) und erst recht während der zehntägigen Zahnprozession, der Kandy Perahera, im August, also zur Zeit der westeuropäischen Sommerferienzeit, nicht aus, um allein die Wünsche und Interessen nach einer Rundreise mit Zwischenstation in Kandy zu befriedigen. Sie reichen für eine alternative Urlaubswoche zu den inzwischen vielen Stränden schon gar nicht. Steht hier also eine touristische Entwicklung größeren Stils überhaupt erst bevor? An einer solchen Entwicklung scheiden sich die nationalen Geister. In den nächsten Jahren werden kaum mehr als 400 Hotelbetten durch Neubauten hinzukommen, und damit den Bedarf längst nicht decken können. Das Verantwortungsbewußtsein gegenüber Tradition und Umwelt kennzeichnen nicht nur die Haltung der offiziellen Tourismuspolitik in Regierung und Tourismusbehörde, sondern noch viel mehr die Verantwortlichen in Kandy selbst, die befürchten, daß ein sichtbares Zuviel an Hotelbauten im Umfang von „Bettenburgen" in der durch den Zahntempel und weitere Tempel geprägten Stadt die den Singhalesen geheiligte Atmosphäre zerstören würde – ist Kandy doch zudem eingebettet in eine sehr schöne Umgebung aus See, Wald und traditionsreichen Kandydörfern. Der Stolz auf eine uralte Kulturtradition gerät übrigens ebenso in Konflikt mit Bestrebungen, infrastrukturelle Verbesserungen im Umkreis der frühzeitlichen Königshauptstädte Anuradhapura und Polonnaruwa und der Felsenburg Sigiriya durchzuführen, vor allem die Erweiterung von Hotelkapazitäten. Zwei traditions- und umweltbewußte Bestrebungen sind kennzeichnend für die Physiognomie dieser Touristikregionen: die Größenbegrenzung der Beherbungsbetriebe und ihre in die tropische Landschaft eingebundene Architektur. Eine Einstellung, die übrigens weithin die Touristenvorstellungen im *indischen* Kulturkreis prägt, aber im übrigen Südasien nicht selbstverständlich ist (z. B. Thailand mit starken amerikanischen Einflüssen). Und so kann im Laufe der Jahre beobachtet werden, daß der touristik-räumliche Entwicklungsprozeß Kandy's sich sehr aufgelockert vollzieht und dabei die aussichtsreichen Hügellagen bewußt einbezieht. Dazu zählt auch das inmitten einer großen Teeplantage 1000 m hoch gelegene und 20 km von Kandy entfernte Hunas Falls Hotel (vgl. Abb. 3).

Zweiter Konfliktbereich: Das Spannungsfeld ökologisches Gleichgewicht und Tourismus

Die amtlichen Bemühungen gehen dahin, seit vielen Jahrzehnten den Naturfreunden und zwar Einheimischen wie Ausländern durch infrastrukturelle Verbesserungen die Wildparks zu erschließen: durch befahrbare Wege, Wildtränken, Camps, einfache Bungalows zum Selbstbewirtschaften, durch ein Büro mit angeschlossenem Museum, durch Aufteilung in Parkblöcke (Yala Park), die wechselweise für die Touristen geschlossen werden. Diesen Anstrengungen steht der organisierte internationale Gruppentourismus gegenüber, der das Wild aus dem Gleichgewicht bringt.

Am Beispiel des Wildreservates Yala Park (Ruhunu) im semiariden Südosten der Insel soll diese Problematik konkretisiert werden. Der Yala Park ist mit 1259 km² Fläche der älteste und bekannteste unter den Wildparks. Wilpattu im Nordwesten umfaßt 1908 km², Gal Oya im Osten 542 km². Durch seine Erstreckung bis zum Meer, vor allem aber durch seine Lage in nächster Nachbarschaft der sogen. klassischen Rundreiseroute ist der Yala Park eine Touristenattraktion, eine Bereicherung der touristischen Angebotspalette geworden. Ihr steht als negative Folge eine Beunruhigung, ein Rückzug, also eine Gefährdung der selten gewordenen Tierwelt gegenüber. Gegründet wurde der Park zum Zweck des Schutzes, der Beobachtung und der Erforschung ihrer Lebensgewohnheiten und ökologischen Bedingungen. Dafür hatte das zuständige amtliche Department of Wildlife Conservation einige Bungalows errichtet, die als Stützpunkte dienen. Der Einbruch von Touristikunternehmen in den Yala Park von Tissamaharama aus hat das Department überrascht. In den letzten Jahren wurden 8 km außerhalb des Parks campartige Hotels in Meeresnähe als Übernachtungsstationen (200 Betten 1981) für die in der Hochsaison mehrmals wöchentlich organisierten Busrundreisen und für Sonderfahrten von den Südwest- und Südküsten-Hotels aus gebaut.

Damit wurde eine regelrechte Touristikinvasion ermöglicht. 1976 wurden 64.000 Besucher registriert, 1979/80 schon 90.000, davon 2/3 Ceylonesen. Diesen saisonal konzentrierten Touristenscharen sind auch die Wegeverhältnisse, Jeeps, Kleinbusse und Wildhüter nicht gewachsen. Erst im Oktober 1980 hat das Wildlife Department hier eingegriffen und das Transportsystem unter Kontrolle genommen mit der ineffizienten Auflage, daß der Park nur für echte Interessenten innerhalb einer Reisegruppe geöffnet sei. Der Yala Park darf nur noch als Option angeboten werden. Weitere Maßnahmen bestehen in der Rotation von Parkblöcken, die periodisch für das Publikum geschlossen werden und in der Parksperre während der größten Dürrezeit vom 1. August bis 18. Oktober. Der Wilpattu Park ist solange nicht gefährdet, als die Zufahrt an der Busrundreiseroute Colombo – Negombo – Anuradhapura noch erschwert ist. Zwei Hotels mit 100 Betten unweit des Parks sind seit kurzem in Betrieb.

Dritter Konfliktbereich:
Der Ghettocharakter des internationalen Tourismus

Fast alle Touristenorte (wenn man sie so bezeichnen soll: Touristik „zonen" wäre besser) tragen einen vielfältigen Ghettocharakter, der sich von westeuropäischen Erscheinungen unterscheidet. Sie sind vom alten Ort räumlich getrennt, bedingt durch die Siedlungsstruktur. Sie stellen vor allem aber einen überaus großen Kontrast zum „Dorf" durch eine aufgelockerte Konzentration großer, wenn auch geschickt der Tropennatur angepaßter Hotelbauten dar. Sie gehen bei durchschnittlichen Kapazitäten von 100–200 Betten in Doppelzimmern über zwei Stockwerke kaum hinaus. Und ebenso gravierend entsteht der Ghettocharakter durch die Kluft zwischen den „reichen" Urlaubern und „armen" Einheimischen nicht nur an den Stränden und in den Fischersiedlungen, wo zumeist Palmgärtner und Fischer leben, sondern auch, weil die einheimische „Intelligentsia" sich in nur wenigen Fällen die für die ceylonesischen Einkommensverhältnisse unerschwinglichen Touristikpreise leisten kann, die dem westlichen Einkommensniveau angepaßt sind. So wird eine Integration von Binnen- und Ferntourismus verhindert. Als ein weiterer trennender Aspekt muß bedacht werden, daß ein Binnentourismus im Stil der Industrieländer, für die „Urlaub" und „Urlaubsreise" von beträchtlicher Dauer und Häufigkeit zum Daseinsgrundphänomen geworden sind, dem gesamten asiatischen Raum (auch dem japanischen bis vor kurzem) fremd sind. Binnentourismus muß hier als Pilgertourismus, als Pilgerreise verstanden werden.

Der Ghettocharakter wird noch dazu für die meisten westeuropäischen Touristen durch die Sprachbarriere verstärkt. Zwar können sich Ceylonesen weit mehr als in den übrigen südasiatischen Ländern in englischer Sprache ausdrücken, aber die Konversationsmöglichkeiten mit wenig sprachkundigen Touristen bleiben beschränkt. Hier könnte in einem Stadium des konsolidierten Tourismus zweifellos seitens Sri Lanka einiges zur Verständigung geschehen, denn es gibt eine beträchtliche Intelligentsia-Schicht, die teilweise verwestlicht ist. Außerdem sind alle Ceylonesen sehr kontaktfreudig und gastlich und dem Europäer gegenüber aufgeschlossen. In Colombo und

Kandy gibt es sehr gut besuchte, auch auf Touristik spezialisierte Sprachkurse in den entsprechenden deutschen und französischen Kulturinstituten.

Zur Konkretisierung soll das Beispiel der Touristikregion um Negombo an der Westküste dienen, rund 35 km nördlich Colombo und nur wenige Kilometer vom internationalen Flughafen gelegen. Den sozialräumlichen Aspekt des Ghettocharakters hilft Abb. 4 verdeutlichen, die die touristische Infrastruktur von Negombo darstellt. Der alte Ort Negombo liegt um die Hafenlagune und lockert sich nordwärts unter Kokospalmen auf: Bungalows liegen in Palmengärten, in mehr oder weniger dichter Streulage drängen sich landlose Fischerhütten. Auf den in Richtung Norden lockerer bebauten Sanden ist seit 1968 die erste Hotelzone Sri Lankas entstanden. Die Hotels sind strandwärts ausgerichtet, während die Palmgärtner, Andenkenbungalows und -buden (Boutiques) überwiegend gegenüber auf der Landseite liegen. Sichtbar weiß und geschlossen erscheint die Hotelzone vom Hafen aus. Mit ihren 2–5 stöckigen Bauten zu je 100–200 Betten, einschließlich einiger kleiner Gästehäuser vom Bungalowtyp mit zur Zeit rd. 1300 Betten ist sie die drittgrößte Konzentration von Beherbergungsbetrieben nach Colombo (rund 3600) und der Strandhotelregion von Beruwala-Bentota (rund 1700). Letztere besteht aus zwei fast ineinander übergehenden Touristenorten ähnlicher Siedlungsstruktur.

Vierter Konfliktbereich: Konfrontation der einheimischen Bevölkerung mit sozialen Disparitäten des internationalen Tourismus

Für diesen zuletzt diskutierten Konfliktbereich gibt es in Sri Lanka bisher erst *ein* Beispiel, nämlich das touristisch schon in die späte Kolonialzeit zurückreichende Hikkaduwa an der Südwestküste, 95 km südlich Colombo und nur 20 km nördlich Galle gelegen (Abb. 5).

Hikkaduwa hat seit dem Beginn dieses Jahrhunderts bereits ein Regierungsrasthaus gehobenen Standards an einer besonders schönen Stelle der Südwestküste, an einer durch Korallenfelsen mit Korallengärten geschützten Bucht, die deshalb immer schon das Ziel von Touristen war, nämlich von in Ceylon ansässigen Kolonialbriten. Nachteilig ist ein nur schmaler Sandstrand. Die touristische Weiterentwicklung nach der Unabhängigkeit brachte zunächst eine Vergrößerung jenes Rasthauses auf 48 Betten, als es 1966, also zu Beginn der ceylonesischen Touristikplanung in private Hände überwechselte und als das erste ceylonesische „Tourist Holiday Resort Hotel" bezeichnet wurde. 1971 wechselte das Hotel erneut den Besitzer: eine Teeplantagenfirma, typisch für die ceylonesische Touristikinitiative. Durch einen Ausbau wurde es auf die doppelte Kapazität gebracht. Zur gleichen Zeit, also mit der eigentlichen boomartigen Touristikentwicklung, begann sich die Strandseite zwischen dem alten Fischerdorf Hikkaduwa und dem früheren Rasthaus binnen 10 Jahren mit weiteren Hotelanlagen aufzufüllen. Sie sind, wie in den übrigen Touristikregionen von mittlerer Größe, zweistöckig, sodaß inzwischen (1981) rund 500 Hotelbetten zur Verfügung stehen. Gleichzeitig hat sich hier eine deutliche sozialräumliche Differenzierung herausgebildet: zur Hotelzone westlichen Anspruchdenkens südlich der Ortsmitte sind – und damit der Entwicklung an den anderen Strandabschnitten voraus – in den letzten Jahren eine Anzahl privater einfacher Familien-Bungalows umgewandelt worden, die eine bisher unbekannte Schicht junger Individualtouristen mit schmaler Geldbörse ansprechen, zumeist der jüngeren Generation unter 30 Jahren, überwiegend Westeuropäern und Amerikanern („Rucksacktouristen") und, wie alle Bungalows, inmitten den Palmgärten hinter der Küstenstraße im Hinterland verstreut stehen. Für diese Touristenschicht sind weiterhin nach und nach bescheidene Essensmöglichkeiten in anspruchslosen boutiqueartigen Kleinrestaurants, in privater lokaler Initiative, zum großen Teil von Ceylon Moors, geschaffen worden, und bescheidenste Andenkenläden (Buden) entlang der Galle Road entstanden. Als weitere Kategorie von Beherbergungsbetrieben, aber von den ceylonesischen Tourismusbehörden beargwöhnt und nicht registriert, sind in jüngster Zeit ähnlich indischen Entwicklungen (Goa, südliches Kerala) von der Fischerbevölkerung Palmstrohhütten errichtet worden für umgerechnet –.50 DM je Bett/Nacht, die vor allem von langfristigen Globetrottern bevorzugt werden (Fischerdorf Narigama bei Hikkaduwa).

Der Konflikt zwischen dem amtlichen Tourismus, den Touristikunternehmen, der Bevölkerung und den internationalen Touristen ist darin begründet, daß hier zum ersten Mal in Sri Lanka optisch auffallend und die Touristikstruktur beeinflussend ein internationaler Alternativ-Tourismus entstanden ist, der amtlich unerwünscht ist, weil er 1. vom günstigen Devisenumtausch profitiert, ohne dem in ceylonesischer Sicht hochkarätigen Touristikgewerbe ausreichenden Gewinn zu erbringen und weil er 2. das Niveau von Hikkaduwa über Jahre hin gedrückt hat. Größere soziale Disparitäten im internationalen Tourismus sind also offiziell nicht erwünscht. Es gelang der ceylonesischen Touristik, jene Globetrotterunterkünfte aus der Hotelzone in Richtung Süden (Narigama) zu verdrängen, wo arme Fischer bescheidenste Touristikverdienstmöglichkeiten immer noch gewinnträchtiger finden müssen als den mühsamen traditionellen Fischfang. Daß andererseits diese jungendliche Touristenschicht, die sich gern „Travelers" nennt und die man einzeln und in Kleingruppen herumreisend überall auf der Insel antrifft, die besten Kontakte zur Bevölkerung unterhält, „Land und Leute" viel intensiver kennenlernt und damit also jener oben skizzierten Ghettosituation entgeht, ist als positiv herauszuheben. Bemerkenswert ist bei dieser Entwicklung, daß ein Binnentourismus aus solchen preiswerten Touristikangeboten nicht entsteht, ja, daß man sich mit ihnen auch nicht identifizieren möchte.

Grenzen der touristischen Entwicklung

Die touristische Entwicklung Sri Lankas wird von den Verantwortlichen in Politik, Tourismusbehörden, regionalen Ämtern, von den Touristikunternehmen und der Bevölkerung keineswegs nur optimistisch, sondern auch kritisch beobachtet und ihre Grenzen realpolitisch gesehen. Die hier skizzierten Konfliktbereiche spielen dabei eine wichtige Rolle, je nach Sichtweise (ob Regierung, Politik, Investoren oder Bevölkerung) mit unterschiedlichen Akzenten versehen; das Empfinden zunehmender Abhängigkeit von ausländischen Investoren, Großunternehmen der Touristikbranche und Touristen wirkt auf Touristikplanungen durchaus bremsend, umso mehr als sie recht einseitig auf Westeuropa bezogen ist, woher 65% aller internationalen Touristen inzwischen kommen. In Sri Lanka wachsen Hotels nicht wie Pilze aus der Erde – übrigens auch nicht an der ebenso schönen Südküste Indiens. Die Touristikorte und -regionen sind zwar relativ raumwirksame, aber kleine Fremdkörper. Das trifft auch für touristische Zielgebiete in anderen Teilen Südasiens zu. Einseitigkeit und sozioökonomische Abhängigkeit werden vermieden durch eine Politik, die – vor allem auch nach den Erfahrungen mit dem einseitigen Teexport (in früheren Jahrzehnten um 60%) – auf „Diversification" zielt, wobei jüngst die in Nähe der Touristikregion von Negombo abgesteckte Freihandelszone vielleicht eine bedeutendere Rolle spielen wird als der internationale Tourismus mit seinen Konfliktbereichen; diese wollen in einem Lande, das sich seiner alten angestammten Kultur und ihrer Bewahrung sehr stolz bewußt ist, ernstgenommen sein. Die infrastrukturelle Begrenzung, die Sri Lanka sich auferlegen will, zielt auf 500.000 internationale Touristen (Jahr) und die werden, wenn die Entwicklung der letzten Jahre nicht trügt, schon 1984 erwartet.

Literaturhinweise

Der Beitrag beruht im wesentlichen auf Feldforschung, unterstützt von der DFG, und auf Ceylon Tourist Board – Statistiken. Eine größere, umfassende und regional differenziert Publikation („Der Tourismus in Sri Lanka (Ceylon) – Entwicklung, innovative Bedeutung und Regionalstruktur – Ein sozialgeographischer Beitrag zum Tourismusphänomen in tropischen Entwicklungsländern, insbesondere in Südasien") erscheint 1983. Zur regionalgeographischen Grundlegung: A. *Sievers*, Ceylon, Gesellschaft und Lebensraum in den orientalischen Tropen (Wiesbaden 1964). Erste Hinweise auf den beginnenden Ferntourismus bei M. *Domrös*, Sri Lanka (Darmstadt 1976), zur ökonomischen Entwicklung bei K. *Vorlaufer*, in mehreren Beiträgen (in Frankfurt, Wirtsch.- u. Sozialgeogr. Schr. 30/1979 und 36/1981 und in Zschr. f. Wirtsch. geogr. 1980.

Abb. 1: Ferntourismus in den Tropen: Zielgebiete 1979

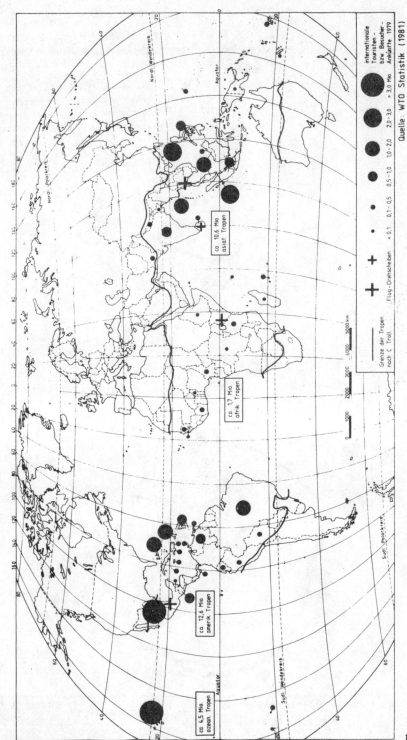

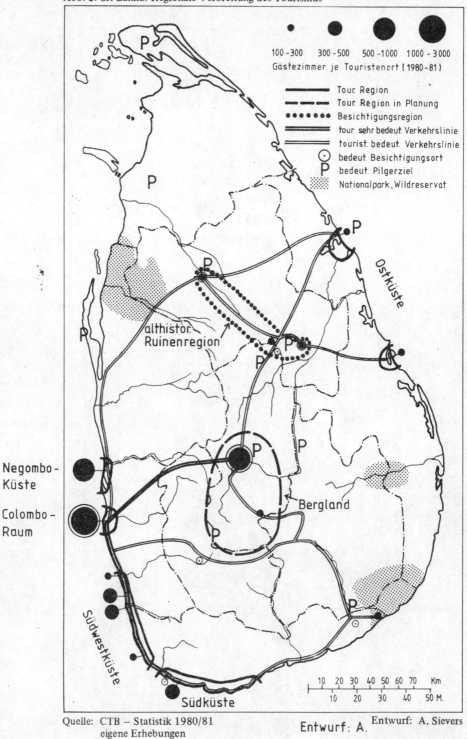

Abb. 2: Sri Lanka: Regionale Verbreitung des Tourismus

Abb. 3: Tourist. Infrastruktur von Kandy und Umgebung

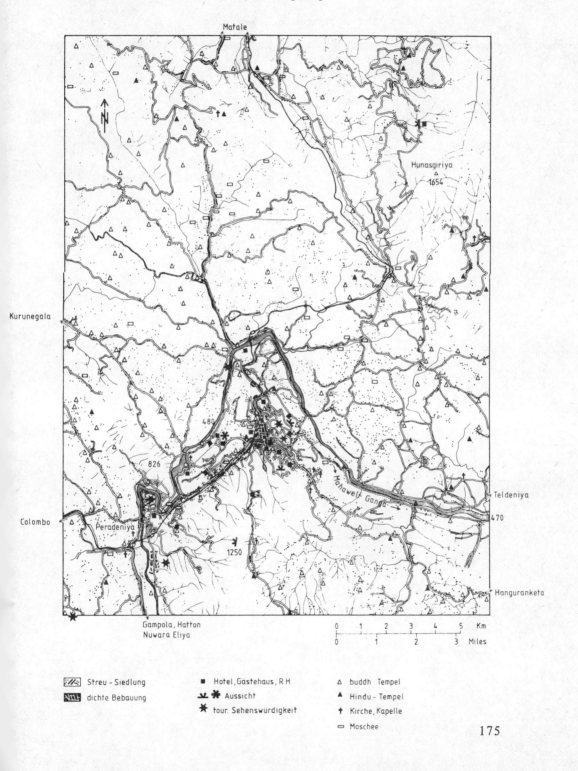

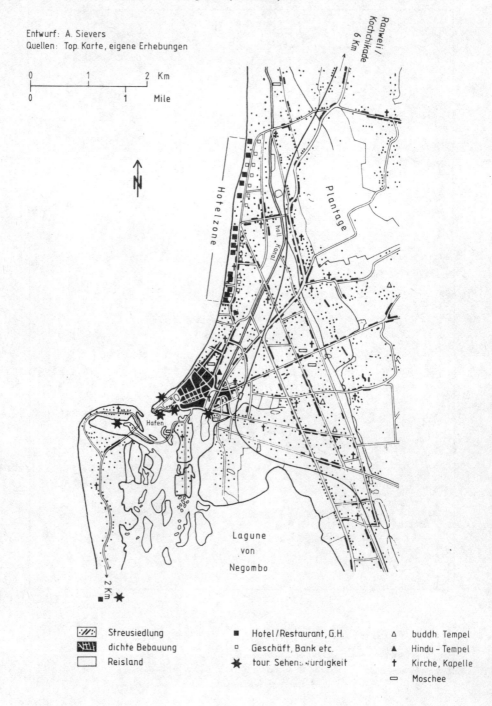

Abb. 4: Tourist. Infrastruktur von Negombo (Westküste)

Abb. 5: Tourist. Infrastruktur von Hikkaduwa

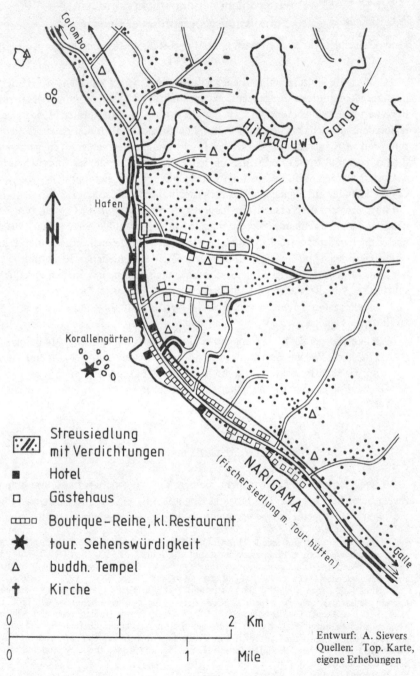

Die Christengruppen in Kerala (Indien), ihr Lebensraum und das Problem der christlichen Einheit
Ein missionsgeographischer Beitrag

aus: Zeitschrift für Missionswissenschaft und Religionswissenschaft, 46. Jg., Heft 3, 1962, S. 161–187

Im Verlaufe kulturgeographischer Studien in *Ceylon*[1] drängen sich immer wieder missionsgeographische Fragen auf. Wenn auch die christliche, und zwar katholische Bevölkerung Ceylons nur knapp 9 % der Gesamtbevölkerung ausmacht, so ist sie in ihrer regionalen, wirtschaftlichen und kulturellen Struktur doch von einer solchen Bedeutung, daß sie Schicksal und Antlitz der Insel weit über den zahlenmäßig geringen Anteil hinaus beeinflußt. Das heißt, daß auch der Lebensraum der ceylonesischen Christen analysiert werden muß. Daraus folgt weiter, daß ein Vergleich mit dem Lebensraum der Glaubensbrüder an der nahen Südwestküste *Indiens* unerläßlich ist. Aus dem örtlichen Studium erwuchs der Versuch, der Missiologie eine geographische Grundlegung zu geben, nämlich die noch fehlende Verbindung zur Kulturgeographie herzustellen. Aus dem zunächst fachwissenschaftlich gebundenen Interesse wurde mehr, nicht zuletzt durch die vielen Gespräche mit Laien und Geistlichen der verschiedenen Riten und Konfessionen, mit Ordensangehörigen und Bischöfen[2]: die Mitsorge um die Not christlicher Zersplitterung, vor allem auch im katholischen Raum.

In einem ersten Entwurf[3] soll versucht werden, auf folgende Fragen eine Antwort zu finden:

1. Welchen Beitrag kann die Geographie als Missionsgeographie der Missiologie liefern?
2. Als Beispiel: Welche Beziehungen bestehen zwischen dem Lebensraum, der Sozial- und Wirtschaftsstruktur der indischen Christengruppen in Kerala?
3. Welche Folgen hat die christliche Zersplitterung inmitten einer nichtchristlichen Welt?

I. Missionsgeographie

Vorweg sei betont, daß wir nicht meinen, die Wissenschaft müsse um einen neuen Zweig bereichert werden. Die Missionsgeographie ist ein Teil der Religionsgeographie, die auch kein Eigenleben beansprucht, keine eigene Disziplin darstellt, sondern die

---

[1] Darüber ist eine umfassende Monographie in Arbeit, die einen sozialgeographischen Akzent trägt, um der Wechselbeziehung zwischen Raum und indisch-orientalischer Gesellschaft gerecht zu werden – Resulting in a comprehensive monography of socio-geographical character such as to stress the correlation between habitat and oriental society.

[2] Ihnen an dieser Stelle für alle Gastfreundschaft, für Kritik und Anregungen zu danken, ist mir ein Bedürfnis; auch das Päpstliche Werk der Glaubensverbreitung in Aachen. Prof. Dr. Josef Neuner SJ und Kerala-Theologen vom Papal Seminary in Poona (Indien) seien eingeschlossen. Die Studien wurden unterstützt von der Deutschen Forschungsgemeinschaft. – Special compliments are due to the ecclesiastical authorities in Kerala as well as to the German Branch of the Propagation of Faith, Aachen, Prof. Dr. Joseph Neuner SJ. and Kerala theology students of the Papal Seminary, Poona (India).

[3] Hoping for further comments

Wechselbeziehungen zwischen Raum (Landschaft) und Religionen untersucht und damit eine sehr wichtige, ja, entscheidende Fragestellung innerhalb der Länderkunde sein kann, in ihrer Bedeutung für die Religionswissenschaft aber noch kaum entdeckt worden ist. Die meisten Religionen, zumal Kultreligionen, üben eine prägende Kraft auf die Landschaft aus, so daß es berechtigt ist, mit P. Fickeler[4] von „Kultlandschaften" zu sprechen und diese in mohammedanische, hinduistische, buddhistische, christliche usw. Landschaften aufzugliedern, soweit sie über ausreichend prägende Merkmale verfügen. Solche Kultlandschaften sind verschiedentlich beschrieben und analysiert worden[5]. Schon die großen Vertreter der klassischen Geographie im vorigen Jahrhundert, Al. v. Humboldt, C. Ritter, F. v. Richthofen, haben in ihren Werken auf die Zusammenhänge zwischen Landschaft und Religion und auf die gegenseitigen Einflüsse hingewiesen[6]. Auf die Bedeutung der geistig-religiösen Kräfte in der Kulturlandschaft ist auch grundsätzlich von Schwind, Hettner, Schmitthenner hingewiesen worden[7]. Deffontaines verdanken wir die bisher einzige größere Darstellung kultischer Elemente und ihrer Träger in Beziehung zum Raum[8]. Um wieviel mehr aber muß es auffallen, wenn das Christentum die Kulturlandschaft in Räumen prägt, in denen es nicht gewachsen ist! Eine solche prägende Kraft des Christentums kann sich in sehr verschiedenem Grade und sehr verschiedener Art und Weise äußern. Der Begriff „Religionsgeographie" muß dann eingeengt und spezifiziert werden in „Missionsgeographie", die „Geographie der Missionen".

Die Missiologie bedarf der geographischen Fragestellung zum umfassenden Verständnis der Missionsländer und Missionsvölker. Die Ethnographie hat längst ihren festen Platz in der Missiologie, desgleichen die Geschichte (Missionsgeschichte). Beide Teilgebiete sind auch durch zahlreiche Missionsforscher vertreten. Der Begriff „Missionsgeographie" ist in der geographischen Wissenschaft noch nicht eingeführt[9], wenn es auch an mancherlei Hinweisen und kleineren Materialsammlungen im Rahmen länderkundlicher Darstellungen nicht fehlt[10]. Dafür wird in der Missiologie der Begriff ge-

---

[4] Grundfragen der Religionsgeographic, *Erdkunde* 1 (1947) 121–144

[5] W. *Credner*, Kultbauten in der hinterindischen Landschaft. *Erdkunde* 1 (1947) 48–61; L. *Mecking*, Kult und Landschaft in Japan. *Geogr. Anz.* 1929, 137–146; L. *Mecking*, Benares, ein kulturgeographisches Charakterbild, *Geogr. Zschr.* 1913, 20–35, 77–96; H. *Lautensach*, Religion und Landschaft in Korea, *Nippon*, Zschr. f. Japanologie 8 (1943) 204–219; K. *Helbig*, Glaube, Kult und Kultstätten der Indonesier in kulturgeographischer Betrachtung, *Zschr. f. Ethnol.* 76 (1951) 246–287; K. *Helbig*, „Sichtbare" Religion in Batakland auf Sumatra. *Zschr. f. Ethnol.* 65 (1934) 231–241; A. *Rühl* Vom Wirtschaftsgeist im Orient (Leipzig 1925); X. *De Planhol*, Le monde islamique; essai de géographie religieuse. *Mythes et Religions* 34 (1957).

[6] vgl. *Fischer-Lexikon Geographic* (1959) S. 282, Stichwort. ‚Religionsgeographie'

[7] M. *Schwind*. Kulturlandschaft als objektivierter Geist. *Dtsch. Geogr. Blatt.* 46 (Bremen 1951) 5–28; A. *Hettner, Der Gang der Kultur über die Erde* (Leipzig 1923); H. *Schmitthenner Lebensräume im Kampf der Kulturen* (Heidelberg ² 1951)

[8] P. *Deffontaines, Géographie et religions* (Paris ³ 1948); P. *Deffontaines*. Valeur et limites de l'explication religieuse en géographie humaine. *Diogène* (1953) 64–79.

[9] Das Stichwort ‚Missionsgeographie' erscheint nirgends, auch nicht innerhalb ‚Religionsgeographie'; vgl. *Fischer-Lexikon*, a. a. O.

[10] Darstellung innerhalb folgender Werke (Auswahl): N. *Krebs, Vorderindien und Ceylon* (Stuttgart 1939); A. *Kolb, Die Philippinen* (Leipzig 1942); H. *Lautensach, Korea* (Leipzig 1945); K. *Helbig, Am Rande des Pazifik* (Stuttgart 1949) [Aufsatzsammlung]; F. *Bartz, Fischer auf Ceylon* (Bonn 1959); H. *Wilhelmy, Südamerika im Spiegel seiner Städte* (Hamburg 1952)

legentlich angewandt; er wird aber beschränkt auf die geographische Verbreitung in Text und Karte und auf die statistische Erfassung, auch auf das „Interesse an Kult und Statistik"[11]. Kartographische Darstellungen und Missionsatlanten stellen die geographische Verbreitung christlicher Missionsgebiete mehrfach dar, in sehr generalisierter Form, nie etwa in Punktmethode, und zumeist nur isoliert die eigene Konfession darstellend[12]. Wir erhalten nirgendwo, weder textlich noch kartographisch, Aufschluß über das Ausmaß und die Dichte der Verbreitung *aller* christlichen Missionen, so daß ein Überblick sehr erschwert ist[13].

Der *Lebensraum der Missionsvölker* (und darin erst der Missionschristen), nämlich die Beziehungen zwischen dem Raum, seinen wirtschaftlichen Schätzen und Möglichkeiten, seinen Menschen, ja, noch viel wichtiger: seinen völkischen, religiösen Gruppierungen und Gemeinschaften, hat noch viel zu wenig Beachtung gefunden[14]. Gerade die Gegenwart mit ihren Bemühungen um ein besseres Verständnis der Entwicklungsländer, die großenteils im Missionsfeld gelegen sind, fordert von der Missiologie bei der Erforschung der Missionsvölker die Berücksichtigung ihrer geographischen Umweltbedingungen. Wenn wir neben der Seelsorge uns heute mehr und mehr um die „Leibsorge" (J. A. Otto) mühen, und zwar ernstlich planend und vorschauend[15], dann ist eine geographische „Bestandsaufnahme" eine Grundvoraussetzung.

Über die vorhandenen länderkundlichen bzw. kulturgeographischen Darstellungen hinaus, die der Missiologie wichtige Dienste leisten können, brauchen wir allerdings heute mehr: nämlich die *sozialgeographische Fragestellung*, wie sie jüngst von Bobek und Hahn umrissen worden ist[16] und die uns auf die Bedeutsamkeit des Beziehungsgefüges Gruppe („Sozialgruppe", „Lebensformgruppe", Gesellschaft, Gemeinschaft) und Raum hinweist. Die Sozialgeographie ist die Geographie der menschlichen Gemein-

---

[11] Im Handwörterbuch *Religion in Geschichte und Gegenwart* (Tübingen ³1959) kein eigenes Stichwort, sondern nur ‚Religionsgeographie' und ‚Kirchliche Geographie'. Im *Dizionario Ecclesiastico* (Torino 1955) Stichwort ‚Geografia' untergliedert in „Geografia biblica', ‚Geografia ecclesiastica', ‚Geografia missionaria' (vol. II, 50). J. *Schmidlin*, Einführung in die Missionswissenschaft Missionswissenschaftl. Abhandl. u. Texte. 1) (Münster ²125) S. 103; ‚Missionsgeographie'. Th. *Ohm*, Von der Missionsgeographie, ZMR 44 (1960) 128–130.

[12] *Atlas Missionum* a S. Congregatione de Propaganda Fide dependentium, cura editus eiusdem S. Congr., studio autem P. Henrici *Emmerich* SVD (Civ. Vaticana/Mödling bei Wien 1958) – *Karte der Regionen und Missionen der Erde* (Bern-Stuttgart 1960) – *Die aktuelle IRO-Landkarte* (München): Nr. 164 (1961), ‚Die Religionen der Welt'; Nr. 14 (1954) ‚Die Verbreitung des Katholizismus in der Welt'; Nr. 21 (1959) , Die Verbreitung des Protestantismus'. Alle mit Text von G. *Fochler-Hauke*.

[13] vgl. den guten Überblick über alle christlichen Missionen bei K. S. *Latourette, A History of the Expansion of Christianity*, 7 vols (London/New York 1937–1945). Deutsche Zusammenfassung in einem Band: *Geschichte der Ausbreitung des Christentums* (Göttingen 1957) – J. *Beckmann, Weltkirche und Weltreligionen* (Herder-Bücherei, 81) (Freiburg 1960) [Darstellung nur der katholischen Missionen]

[14] A. *Sievers*, Christentum und Landschaft in Südwest-Ceylon; eine sozialgeographische Studie, *Erdkunde* 12 (1958) 107–120; vgl. dazu auch C. *Troll*, Die Entwicklungsländer, ihre kultur- und sozialgeographische Differenzierung. Beilage zum *Parlament* v. 28.12.1960 (Rektoratsrede).

[15] Aktionen *Misereor* „Gegen Hunger und Krankheit in der Welt" und „Brot für das Leben in der Welt".

[16] H. *Bobek*, Stellung und Bedeutung der Sozialgeographie, *Erdkunde* 2 (1948) 118–125; H. *Bobek*, Aufriß einer vergleichenden Sozialgeographie, *Mitteil. d. Geogr. Gesellsch.* Wien 92 (1950) 34–45; H. *Hahn*, Sozialgruppen als Forschungsgegenstand der Geographie, *Erdkunde* 11 (1957) 35–41.

schaften. *Aufgabe der Missionsgeographie* ist nicht nur, die geographische Verbreitung der Missionen darzustellen; wichtiger ist es, die Struktur und das Verhalten der völkischen und religiösen Gruppen im räumlichen, im landschaftlichen Zusammenhang zu erforschen, die durch ihre Gemeinsamkeiten erst zu Lebensformgruppen im Sinne Bobeks werden (können!)[17]. Nicht eine jede christliche Gruppe ist eine echte Gemeinschaft, auch wenn ihre Lebensform eine christliche ist. Die Gemeinsamkeit des christlichen Glaubens als ein wichtiges Bindeglied kann durchaus von ganz andersartigen Gruppenbildungen, wie es im indischen Kulturkreis die Kasten sind, durchkreuzt werden, so daß dann die Frage entsteht, welche Lebensformgruppe raumfunktionell die primäre ist. Die Anregungen, die von Bobeks Sozialgeographie als Forschungsgegenstand ausgehen und von Hahn fortgeführt wurden, sollten, was uns noch weit fruchtbarer zu sein scheint als die Anwendung auf die Konfessionen in Deutschland (Hahn[18]), Kerngedanken in einer zeitgemäßen Missionsgeographie sein. Ein ebenso kompliziertes wie strukturell interessantes *Beispiel* liefert für solche Studien das Land *Kerala* an der südlichen Malabarküste, das uns deshalb besonders aktuell zu sein scheint, weil es ein ebenso großes christliches wie kommunistisches Gewicht hat und weil hier eine umfassende Grundlagenforschung dringend nottut, um eine materielle und geistige Hilfeleistung sinnvoll planen zu können.

II. Der Lebensraum der Christengruppen in Kerala

1. Vorarbeiten

Der Lebensraum der Christen in Kerala ist weder von geographischer noch von soziologischer Seite in seiner Ganzheit untersucht werden[19]. Auch auf katholischer Seite gibt es leider noch keine nennenswerten wissenschaftlichen Untersuchungen. Auf protestantischer Seite hingegen stehen die Erfahrungen des ausgezeichneten Werkes von Bischof Pickett: *Christian Mass Movemenst in India*[20] zur Verfügung, das an die verschiedenen protestantischen Christengruppen in regionalen Analysen über ganz Indien hin herangeht. Für die jungen Christengruppen kann viel auf die katholischen

---

[17] *Vidal de la Blache* hat als erster auf die Bedeutung der Lebensformen hingewiesen. Les genres de vie dans la geographie humaine, Ann. de Géogr. 20 (1911); vgl. C. D. *Forde, Habitat, Economy and Society*. A Geographical Introduction to Ethnology (London [12]1961).

[18] H. Hahn, Geographie und Konfession; ein Beitrag zur Sozialgeographie des Tecklenburger Landes, *Ber. z. dtsch. Landeskd.* 11 (1952) 107–126; H. *Hahn*, Konfession und Sozialstruktur; vergleichende Analysen auf geographischer Grundlage, *Erdkunde* 12 (1958) 241–253

[19] Als allgemein einführende Darstellung seien genannt: N. *Krebs, Vorderindien und Ceylon* (Stuttgart 1939) – L. *Alsdorf, Vorderindien*. Eine Landes- und Kulturkunde (Braunschweig 1955) – O. K. H. *Spate*, India and Pakistan (London [2]1957) – C. D. *Forde*, Cochin: An Indian State on the Malabar Coast, SS. 260–284 von *Habitat, Economy and Society* (cf. Anm. 17) – G. *Kuriyan*, Some Aspects of the Regional Geography of Kerala. *Ind. Geogr. Journ.* 17 (Madras 1942) 1–41; N. *Krebs*, Das südlichste Indien. *Zschr. f. Erdk.* (Berlin 1933) 241–270; E. *Thurston, Castes and Tribes of Southern India*. 7 vols (Madras 1909) – E. *Weigt*, Südindische Landwirtschaft am Beispiel der Dörfer Valavandal (Madras) und Pallipuram (Kerala), *Geogr. Rundsch.* (1961), 311–320; E. *Weigt*, Süd-Kanara und seine Wirtschaft. *Peterm. Geogr. Mitteil.* (1958) 90–100 (betrifft den Raum Mangalur, aber zum Vergleich wichtig); A. *Mayer*, Land and society in Malabar (London 1952).

[20] New York 1933.

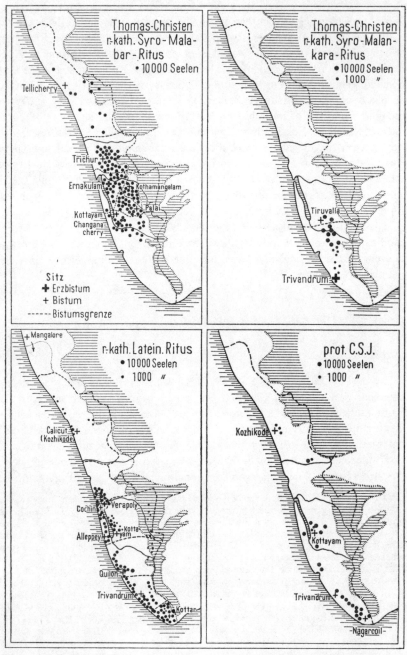

Entwurf A. Sievers (1959)   Zeichnung Geograph. Institut Münster
Quellen vgl. S. 184 ff.

Verbreitung der Christengruppen an der südlichen Malabarküste

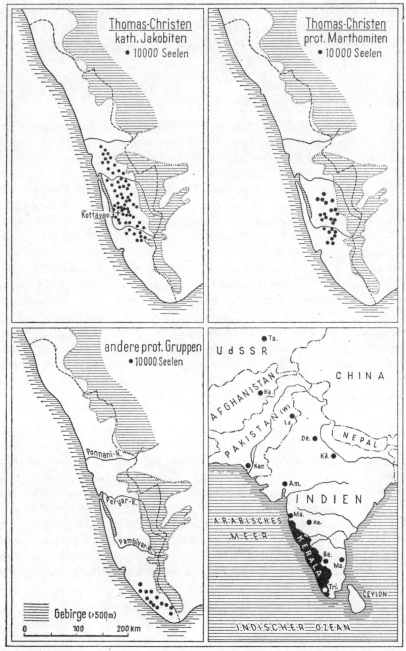

Entwurf A. Sievers (1959) Zeichnung Geograph. Institut Münster
Quellen vgl. S. 184 ff.

Verbreitung der Christengruppen an der südlichen Malabarküste

Verhältnisse übertragen werden, während wir für die Masse der, geschichtlich gesehen, alten Christen der Thomas- und Xavier-Zeit natürlich keinerlei Analysen in dem Buch finden. Was die katholische Seite in reichem Maße besitzt, ist die Kenntnis der historischen Entwicklung der Christengruppen[21].

2. Bedeutung für die missionarischen Aufgaben

Um die missionarische Situation zu erfassen, erscheint es notwendig, eine genaue Kenntnis der regionalen Verbreitung einzelner christlicher Gruppen zu erhalten. Daran mangelt es zur Zeit noch. Das erste Hindernis für die Erlangung eines gesicherten Überblicks über die zahlenmäßige Verbreitung der Christen insgesamt, der einzelnen Konfessionsgruppen, aber auch der einzelnen Ritengruppen innerhalb der römisch-katholischen Kirche, ist der Mangel an einheitlichem neueren statistischem Material. Die bis 1931 für den indischen Census durchgeführten Religionszählungen gliederten in verschiedene Konfessionsgruppen und Riten auf, aber nur nach Staaten, nicht nach kleineren Raumeinheiten, so daß eine Verbreitung innerhalb Keralas nicht festgestellt werden kann. Für die beiden folgenden Zählungen (Census 1941 und 1951) fehlt die Gruppeneinteilung; nur die „Christen" werden erfaßt. Eine weitere Schwierigkeit besteht in der Änderung der Verwaltungsgrenzen. Im Zuge der Anpassung an die Sprachverhältnisse ist Travancore-Cochin am 1.11.1956 aufgelöst worden in Kerala als Malayalam-Staat, während Süd-Travancore als Provinz Kanya Kumari (= Kap Komorin) zum Tamil-Staat Madras geschlagen wurde. Die offizielle indische Statistik hilft uns also in der bisher noch nie vorgenommenen Lokalisierung einzelner Konfessionsgruppen an der südlichen Malabarküste, d. h. also in der Erstellung einer genauen Verbreitungskarte, nicht weiter. Bei der Vielzahl der Christengruppen ergeben sich durchaus große Schwierigkeiten. Andererseits wurde im Verlauf der Studien um die Beziehungen Lebensraum und Christengruppen immer deutlicher, wie entscheidend eine genaue Kenntnis ihrer regionalen Verbreitung ist. Für die römisch-katholische Seite steht, sogar nach Riten aufgegliedert (und das ist sehr wichtig), das *Catholic Directory of India*, das letzte für 1959, zur Verfügung[22]. Danach kann die Verbreitung (kirchen-)gemeindeweise lokalisiert werden, was allerdings mangels befriedigender Kartenunterlagen eine sehr mühsame Arbeit ist. Für die große Gruppe der Jakobiten ist es bisher noch nicht gelungen, befriedigendes, regional aufgegliedertes Zahlenmaterial zu erhalten. Für die ebenfalls große protestantische Gruppe und die Sekten ist es aus Gründen ihrer Zersplitterung unmöglich, ein gesichertes Zahlenmaterial zu erhalten, am besten noch für die *Church of South India*, in der die knappe Hälfte aller Protestanten zusammengeschlossen ist[23].

---

[21] E. *Tisserant, Eastern Christianity in India* (Bombay u. a. 1957) – L. W. *Brown, The Indian Christians of St. Thomas*. An Account of the Ancient Syrian Church of Malabar (Cambridge 1956) [anglikanisch].

[22] *Catholic Directory for India, 1959;* vgl. auch die Monographie von (Erzbischof) Th. *Pothacamury, The Church in Independent India* (Bombay 1961).

[23] *Christian Handbook of India, 1959*, – Zusätzlich mündliche Auskünfte verschiedener Denominationen betr. Statistik.

So ist es also nicht verwunderlich, daß über die regionale Verbreitung aller Christengruppen auch in missionarischen Kreisen manche Unklarheiten bestehen; um ihrer großen Bedeutung willen für das Verständnis des weiten Komplexes „Indisches Christentum" habe ich mit den mir in der kurzen Zeit zur Verfügung stehenden Mitteln versucht, einen zunächst wenigstens groben Überblick zu geben. Die noch notgedrungen generalisierten Kartenentwürfe (vgl. S. 182f.) werfen immerhin schon manche Frage um die so erstrebenswerte Einheit der durch Riten und Konfessionsgruppen zerrissenen christlichen Diaspora im Hinduland auf.

3. Historische und geographische Verbreitung des Christen Keralas im Überblick
(dazu die Kartenskizzen „Verbreitung der Christengruppen an der südlichen Malabarküste")

Das indische Christentum (worunter im folgenden immer die südliche Malabarküste verstanden ist), ist außergewöhnlich vielschichtig nach Raum, historischer Entwicklung, Gesellschaft, Wirtschaft. Hierin unterscheidet es sich ganz wesentlich vom ceylonesischen Christentum, das überwiegend aus dem 16./17. Jahrhundert stammt.

Christliche Gruppe:	Zeitliche Herkunft	Zahl[24]	Rasse	Raum
a) *Syrische Christen:* Hauptgruppen:	1.– 6. Jh.	2,46 Mill.	Malayali	Küstenhinterland v. Kerala
(1) r.-k. Syromalabaren u. Malankaren	1.– 6. Jh.	1,45 Mill.		
(2) Jakobiten	17. Jh.	0,75 Mill.		
(3) Marthomiten	19. Jh.	0,26 Mill.		
b) *Lateinische Christen:* (r.-k. lat. Ritus)	16.–17. Jh.	0,65 Mill.	Malayali Tamilen (weniger)	„Christl. Fischerküste" v. Kerala u. Kanya Kumari[25]
c) *Junge Christen:* (Massen- bzw. Gruppenkonversionen: dauernd an) Hauptgruppen:	19.–20. Jh.	0,7 Mill.	Malayali Tamilen	Westghats Küstenhinterland Küste = überall verstreut
(1) Protest. (davon 180000 in C.S.I. geeint)	(früher)	0,4 Mill.		
(2) röm.-kath. (meist lat. Ritus)	(später)	0,3 Mill.		

[24] Zahlen nach *Catholic Directory for India 1959* (r.-k.) und *Christian Handbook of India 1959* (prot.)
Zum Vergleich seien folgende Zahlen angeführt:
1951: 3,2 Mill. = 35% der Bevölkerung des früheren *Travancore-Cochin* waren Christen
1959: 3,81 Mill. Christen in *Kerala* und *Kanya Kumari*
1961: 4,0 Mill. = 20% der Bevölkerung *Keralas* sind Christen
[25] Über Kanya Kumari vgl. oben S. 184. Die dort gelegene Diözese Kottar gehört aber noch weiter zum lateinischen Erzbistum Verapoly.

Das indische Christentum (an der südlichen Malabarküste) ist in drei geschichtlichen Epochen entstanden und zerfällt in

a) das altindische Christentum aus dem 1. bis 6. Jahrhundert („Thomaschristen", „syrische Christen"). das sich seit dem 17. Jahrhundert in mehrere Zweige spaltete:

b) das portugiesische Missionschristentum aus der Zeit der portugiesischen Massenkonversionen im 16. und 17. Jahrhundert („lateinische Christen" = röm.-kath. Christen):

c) das junge Missionschristentum aus der Zeit der Massenkonversionen im 19. und 20. Jahrhundert innerhalb der niedrigsten Kasten und Kastenlosen (sowohl römisch-katholisch wie protestantisch).

Zwischen historischer Entstehung, soziologischer Struktur, Raum und Wirtschaft bestehen ganz enge Beziehungen und Abhängigkeiten, die in einer großen Übersicht zueinander geordnet seien:

Dieser Überblick deutet in Spalte „Raum" an, daß die Verbreitung der einzelnen

Gesellschaft	Wirtschaft	Kultur
obere Kasten: Brahmanen, Nayars.- Landbesitzer (Bauern), Intellektuelle	Reisbau, Gartenbau, Kokospalmkultur in Bauern-, Garten- u. Plantagenwirtschaft, Kokosverarbeitung (als Besitzer)	altindische Kultur; westliche Einflüsse gering, v. a. bei (1). während (3) stärkere, (2) schwächere brit. Kontakte hatte (Bildungswesen!)
Karaya- und Mukuwa-Kaste, Nayars.-Fischer, weniger „Gärtner" (die in portug. Zt. als Thomaschristen den lat. Ritus annahmen)	v. a. Fischerei; Gartenwirtschaft;	etwas stärkere Bindung an den Westen durch europ. Missionare u. ihre Fürsorge- u. Bildungseinrichtungen
niedrige Kasten: Nadars (Toddy-Tapper) Parias (Harriyans).-„Gärtner", Arbeiter (= Kuli)	Plantagenarbeit (Tee, Kautschuk, Kaffee, Kokos), Kokosverarbeitung (Kuli), Gelegenheitsarbeiter (Kuli), Gartenwirtsch., Toddy-Tapping	wie b)

Dieser Überblick deutet in Spalte „Raum" an, daß die Verbreitung der einzelnen Christengruppen nicht einheitlich ist; eine etwas genauere regionale Aufgliederung bieten die wenn auch noch so provisorisch entworfenen Kartenskizzen.

Auf folgende Tatsachen sei besonders hingewiesen:
1. Die *katholischen* Christen sind praktisch an der ganzen Malabarküste[26] verbreitet. Bei genauerem Studium ergeben sich jedoch starke Konzentrationen entlang der Küste und im Lagunenbereich („Christliche Fischerküste") und im recht fruchtbaren Binnenland Mittelkeralas. Im Gebirgsland der Westghats-Ausläufer leben sehr verstreut Plantagenarbeitergruppen. Jeder Raum hat seine sozialen und wirtschaftlichen

---

[26] Hier leben rund 45% aller indischen Christen.

Entsprechungen und zeichnet sich durch Ritenverschiedenheit aus: „lateinische Christen" an der Küste, „Thomas-Christen" vorwiegend im Binnenland. Viele der heute dem lateinischen Ritus angehörenden Küsten-Christen haben allerdings in der vorportugiesischen Zeit dem syro-malabarischen Ritus angehört, gehören historisch gesehen also nicht dem Missionschristentum an, sondern dem alt-indischen Thomas-Christentum.

2. Das ehemalige *Süd-Travancore* heute Südkerala und Distrikt Kanya Kumari des Madras-Staates) hat bemerkenswerterweise *kein altes Thomaschristentum aufzuweisen.*

   Der südlichste Raum geschlossenen Thomas-Christentums liegt um den Pambiyar, 80 km nördlich Trivandrum. Dort sind etwa 40% Jakobiten und Syro-Malabar-Katholiken, weiter 20% die aus den Jakobiten hervorgegangenen Syro-Malankara-Katholiken, die seit 1930 als Einzelgänger und in Gruppen zur römischen Kirche zurückkehren; sie gehen im Unterschied zur großen Syro-Malabar-Gruppe mit syrischer Kirchensprache und vielen Einflüssen der lateinischen Kirche auf die Frühzeit der Thomas-Kirche mit dem reinen antiochischen Ritus zurück und bedienen sich dabei der Muttersprache (Malayalam).

3. Die *Jakobiten*, in zwei Gruppen aufgespalten, katholisch, aber mit mancher angelikanischen Prägung, leben als Thomas-Christen im gleichen Raum wie die römisch-katholischen Thomas-Christen des Syro-Malabar-Ritus. Sie haben während der englischen Kolonialzeit mancherlei Vorteile gehabt, was die wirtschaftliche Lage und englisches Schulwesen betrifft.

4. Die *protestantischen* Gruppen leben stärker konzentriert um einzelne Missionsmittelpunkte, wie es der historischen Entwicklung der zunächst völlig unabhängig voneinander arbeitenden, konfessionell voneinander unterschiedenen protestantischen Missionen entspricht: z. B. Kottayam (Anglikanische Kirche), um Trivandrum (Londoner Missionsgesellschaft = L. M. S.). Zahlenmäßig sind sie am stärksten an der Südspitze von Kap Komorin mit dem Zentrum um Nagercoil (L. M. S., amerikanische Lutheraner, Heilsarmee)[27]. Die protestantischen Christen sind durchweg niedrige Kastenangehörige und „Outcastes" (Parias) des äußersten Südens, charakteristisch für die Missionierungszeit der letzten 150 Jahre[28].

5. Die größte regionale Geschlossenheit, d. h. sozusagen reine Christendörfer, gibt es nur unter den Fischern an der Küste, die danach auch „Christliche Fischerküste" genannt wird. Sie sind Katholiken des lateinischen Ritus, in Massen bekehrt von Franz Xavier und seinen Jüngern im 16. und 17. Jahrhundert. Ihre Dörfer tragen ein geschlossen katholisches Gepräge mit einem gemeinsamen Ritus.
Im folgenden Abschnitt seien Beispiele christlicher Dörfer skizziert, um die Vielfalt der christlichen Gruppen und die Vielschichtigkeit damit zusammenhängender missionarischer Probleme zu beleuchten.

---

[27] Das Baseler Missionsgebiet im Raum Calicut (Nordkerala) wurde von mir nicht besucht.
[28] Die früheste protestantische Missionsarbeit begann an der Südostküste (Tranquebar, 1706, dänisch-hallische Mission), von dort aus erst im 19. Jh. nach Travancore.

4. Konkrete missionsgeographische Situationen – beispielhaft skizziert

Nach der Religionszusammensetzung lassen sich folgende Dörfer an der südlichen Malabarküste unterscheiden:
1. rein christliche Dörfer, nur von Katholiken bewohnt;
2. rein christliche Dörfer, von Katholiken und Protestanten bewohnt;
3. Dörfer, die je etwa zur Hälfte von Christen und Hindu, unter Umständen auch von Mohammedanern bewohnt sind.

Diese Christen können sein: Thomas-Christen des Syro-Malabar-Ritus und des (später angenommenen) lateinischen Ritus; Jakobiten und Marthomiten; katholische Missionschristen des lateinischen Ritus; protestantische Missionschristen, zumeist der L. M. S.-Mission angehörend, in zweiter Linie Anglikaner, gelegentlich auch, aber sehr selten, Missouri-Lutheraner und viele kleinere Gruppen von Adventisten, Heilsarmee u. a.

Diese vielen Kombinationsmöglichkeiten haben ihre bestimmte regionale Verbreitung.

a) Der Lebensraum der Thomaschristen

Zwei Drittel aller Christen sind die *Thomas-Christen*; gleich welchem Ritus sie angehören, sie siedeln im fruchtbaren Binnenland, dem „Garten Indiens", und leben meist – das ist sehr charakteristisch für ihren Lebensraum – gemischt mit den Hindu, und zwar auch räumlich völlig gemischt, d. h. ohne daß es zu einer Viertelbildung kommt, wie es sonst bei den Kasten üblich ist. Grund: Hindu wie sämtliche verschiedenen Gruppen von Thomas-Christen sind kastengleich, gehören der Nambudiri-Brahmanen-Kaste und der Nayar-Kaste an. Die Thomas-Christen unterscheiden sich in Sitte, Brauchtum, wirtschaftlicher Stellung nicht von ihren hinduistischen Dorfnachbarn. Sie besitzen als zum Teil große Bauern und Plantagenbesitzer fruchtbare Böden mit reichen Ernten. Ihr kirchliches Leben trägt ganz indisch-orientalische Züge; der Grundriß ihrer Kirche mit den Vorbauten, mit Mauer und Tor ähnelt den Tempelbezirken. Die Häuser der Besitzenden haben altindische Bauweise, den Bungalow-Typ kolonialer Entstehung finden wir hier kaum. Der weite Raum der Thomas-Christen zeigt im Gegensatz zu den Küsten und Stadtzentren keinerlei westliche Einflüsse in Siedlungsbild, Landwirtschaft, Kleidung, Kultur.

Der Status der Jakobiten und Marthomiten weicht bemerkenswerterweise ein wenig von dem der Syro-Malabar-Katholiken ab. Wir finden die Jakobiten zwar als bäuerliche Dorfbewohner neben den römisch-katholischen Thomas-Christen, in den Städten hingegen steigt ihr Anteil; die an Zahl überhaupt kleine Gruppe der Marthomiten lebt ganz überwiegend in den Städten. Gründe: Als nichtrömische Christen wurden sie von der kolonial-englischen Herrschaft bevorzugt, bemühten sich um eine gute englische Schulbildung, von der sich die bewußt distanziert lebenden römischen Katholiken zurückhielten. Dadurch erhielten die Marthomiten alle wichtigen Stellen in Verwaltung und Wirtschaft. Das wirkt sich bis heute noch aus. Die römisch-katholische Thomasgruppe, an Zahl doch bei weitem überlegen, findet es schwer, ihre kulturelle und wirtschaftliche Benachteiligung, die sich in erster Linie in Zahl und Qualitätsunterschieden von Bildungsanstalten, Krankenanstalten und anderen sozialen Einrichtungen zeigt, aufzuholen.

Der Lebensraum der Thomas-Christen erstreckt sich aber bis in den Küstenbereich, genau genommen bis zu den Lagunen, soweit bäuerliches Reisland reicht. Da sie den Fischerkasten nicht angehören, treten sie dort nicht geschlossen auf, sondern leben mehr in kleinen Guppen mit allen möglichen Berufen, die für Angehörige der höheren Kasten möglich sind.

Die in Lagunennähe lebenden Thomas-Christen haben zum großen Teil im Verlauf der portugiesischen Missionierung der Küstenbewohner deren lateinischen Ritus angenommen, werden also in der Statistik der lateinischen Gruppe zugezählt; sie legen aber in den letzten Jahren nachdrücklich Wert darauf, als „alte", nämlich Thomas-Christen, zu gelten, nicht nur aus Stolz auf deren alt-indische Tradition, sondern noch vielmehr, um damit ihre gesellschaftliche höhere Herkunft zu beweisen. Die von Rom bewußt geförderte, wiedererstandene Syro-Malabar-Kirche stellt schon allein gesellschaftlich bedeutend mehr dar als die lateinische Missions-Kirche, die nicht mur um viele Jahrhunderte jünger ist, sondern vor allem sich von der Masse der kastenniedrigeren und auch wirklich sehr armen Fischerbevölkerung und von der landarmen bzw. landlosen Nadarbevölkerung distanziert. Das Nebeneinander der Riten heißt aber praktisch: mehrere römisch-katholische Kirchen verschiedener Riten nebeneinander in den viele Tausende umfassenden, weitausgedehnten Siedlungen; römisch-katholische Schulen – nach Riten getrennt; Krankenhäuser und andere soziale Einrichtungen – nach Riten getrennt – selbstverständlich für alle geöffnet, für Christen, Hindu, Mohammedaner, für syrische Christen ebenso wie für lateinische. Aber es herrscht keine gemeinsame Aktion, die doch zweifellos bessere materielle Möglichkeiten bieten würde.

Die religiöse Zusammensetzung der Dörfer in typischen Beispielen:

1. *im Binnenland:* rund 85% sind römische Katholiken, rund 10% Hindu, rund 5% Mohammedaner; es handelt sich um ein reines Thomas-Christen-Dorf mit bäuerlicher Bevölkerung. Von acht Volksschulen gehört nur eine den syrischen Christen, von sechs Höheren Schulen nur zwei. Die Jakobiten dieses Dorfes sind wirtschaftlich und kulturell besser gestellt seit der englischen Kolonialherrschaft. Dies hat sich auch heute noch nicht geändert.

2. *im Binnenland:* 90% sind römische Katholiken des Syro-Malabar-Ritus, 10% Hindu. Ein überwiegend bäuerliches Dorf im Zentrum ihrer Verbreitung. 10–15% arbeiten in benachbarten kleinen Betrieben und im Handwerk aus Gründen von Landmangel und Unterbeschäftigung in der Landwirtschaft. Sehr gute fruchtbare Böden, ausgesprochen marktwirtschaftliche Einstellung. Katholiken fleißiger als Hindu, obwohl beide Gruppen in gleicher Weise mit Land ausgestattet sind. Von sechs Volksschulen der großen Gemeinde sind vier katholisch, von drei Höheren Schulen zwei katholisch. In das nur zwei Meilen vom Dorf entfernte katholische College gehen nur ganz wenige Katholiken aus diesem Dorf.

3. *Lagunenbereich, Stadtnähe:* 60% sind Katholiken des lateinischen Ritus (davon zweifellos viele alte Thomas-Christen, was statistisch nicht erfaßt werden kann), 5% Katholiken des Syro-Malabar-Ritus, 25% Mohammedaner und 10% Hindu. Die syrische Kirche ist sehr alt, die syrische Pfarrei sehr rührig: eine *Industrial School*,

eine Technische Schule, ein Krankenhaus, bei einem so geringen Prozentsatz von Pfarrangehörigen. Die größte Zahl von Schulen und sozialen Einrichtungen gehören der lateinischen Pfarrei.

b) Der Lebensraum der lateinischen Christen aus der portugiesischen Zeit

Rein katholische Dörfer gibt es einzig in den Küstenbereichen, wo zur portugiesischen Zeit Massenkonversionen erfolgt sind. Sie liegen, nur von Fischern bewohnt, an der südlichen Küste zwischen Quilon und Kap Komorin. *Dies* ist die „Christliche Fischerküste", wo das Wirken von Franz Xavier sichtbar und sein Name in Ehrfurcht genannt wird. Nirgendwo in Indien leben so viele Katholiken wie hier.

An der Küste weiter nördlich, zwischen Quilon und Cochin, leben die lateinischen Christen gemischt mit den Hindu, zahlenmäßig also weniger stark. Typisch für diese nördlichen lateinischen Siedlungen ist die Viertelbildung nach Religionen, anders als bei den Thomas-Christen: Die Katholiken leben um die Kirche geschart, die Hindu abseits davon in eigenen Vierteln. Kastengründe! In der Lagunenzone herrscht äußerlich die gleiche Struktur, aber ein zahlenmäßig nicht feststellbarer Teil dieser lateinischen Christen gehört, historisch gesehen, zu den Thomas-Christen und hat unter portugiesischem Einfluß den lateinischen Ritus angenommen. Die Nähe ihres großen Handels- und Missionszentrums erklärt manches. Die „echten" lateinischen Christen entstammen den niederen Fischerkasten[29], die ehemals syrischen den höheren, bäuerlichen Kasten, auch wenn sie heute z. T. andere Berufe ergriffen haben. Durch diesen Kastenzwiespalt ist das lateinische Christentum im Raum nördlich Quilon als *Gemeinschaft* zweifellos geschwächt; man spürt ihre innere Not erst recht heute im Zeichen der erneuerten und erstarkten Syro-Malabar-Hierarchie.

All diese lateinischen Christen haben westliche Einflüsse empfangen. Es fängt mit den Kirchenfassaden an, die an barocke portugiesische und neugotische englische Bauten anklingen. Bei aller bitteren Armut sind ihre Gotteshäuser vergleichsweise Prachtbauten, die den Hindutempeln der Nachbarschaft in nichts nachstehen sollen.

Die wichtigsten positiven westlichen Einflüsse sind aber die relativ guten und zahlreichen karitativen und schulischen Einrichtungen, die vielen Klöster, die relativ reichen Mittel, die ihnen seit je von den westlichen Missionen zugewendet wurden. Ihnen allein ist es zu verdanken, daß im alten Cochin-Travancore und im heutigen Kerala der Bildungsstand der bei weitem höchste von ganz Indien ist — trotz aller Armut und der niederen Kastenstufe.

Die religiöse Zusammensetzung der Dörfer in typischen Beispielen:

1. *an der südlichsten Küste (Raum Trivandrum)*[30] : 90% sind Christen des lateinischen Ritus, 7% Hindu, 2% Mohammedaner. Die Katholiken sind Fischer und Fischhändler, einige wenige Angestellte, auswärts arbeitend („white collar"-Leute), einige Malaya-Pensionäre. Viel Unterbeschäftigung und Arbeitslosigkeit! Die Hindu gehören der

[29] In der sehr orthodoxen Kastengesellschaft Südindiens stehen die Fischer auf der untersten Stufe, über den Outcastes. Ganz anders die Fischer Ceylons, die, in großem Abstand allerdings, auf die Bauernkaste folgen.

[30] Hier wird seit 1960 mit Misereor-Geldern ein Hilfsprogramm in mehreren Dörfern aufgebaut (Leitung; Institute of Social Order, Poona).

bäuerlichen Nayar-Kaste an, einige sind Nadar (Toddy-Tapper-Kaste). Die wenigen Hindufamilien leben charakteristischerweise etwas landeinwärts. Die wenigen Mohammedaner („Moors") sind Händler, Fisch-Mittelmänner, einige wenige haben Landbesitz erworben. Die Bevölkerung lebt also wieder nach Religionsgemeinschaften getrennt, wenn auch das Dorf einen ganz katholischen Charakter hat. Eine katholische (Missions-) Volksschule und zwei Webschulen sind am Ort.

Es gibt aber auch des öfteren große islamisch-indische Fischergemeinden neben lateinisch-christlichen Fischergemeinden in einem Dorf. Sie leben räumlich voneinander getrennt, die Mohammedaner als die Alteingesessenen stehen wirtschaftlich günstiger da (Bootbesitzer und Händler, die Katholiken nur Plankenbesitzer). Zahlenbeispiel: 40% sind Katholiken des lateinischen Ritus, 45% Mohammedaner, 15% Hindu (letztere als Nadar-Gärtner auf den rückwärtigen Lateritböden). Eine katholische Höhere Schule ist am Ort, die mehr von Nichtchristen und nur von 25% der katholischen Fischerkinder besucht wird (Armut, Arbeit).

2. *an den Lagunen zwischen Cochin und Ernakulam:* 55% sind lateinische Christen, ursprünglich viele von ihnen syrische Christen, 40% Hindu, 5% indische Mohammedaner. Die lateinischen Christen sind nur zum Teil Fischer, zum Teil sehr kastenbewußte Nayar, heute bei der Überbevölkerung der Dörfer an den Lagunen in allen möglichen, meist kaum ausreichenden Beschäftigungen. Stark ist der kommunistische Einfluß unter den jüngeren Katholiken, die ein Proletariat von Büroangestellten sind (die Kehrseite der Bildungschance!). Sie suchen Beschäftigung in den nahe gelegenen Städten Ernakulam und Cochin. Zwei Kirchen und eine katholische Schule gibt es. Die Hindu, getrennt von den Christen im Norden der Siedlung wohnend, sind Fischer der Mukuwa-Kaste, noch kastentiefer als die Christen. Die Kaste trennt mehr als die Religion – vgl. das Verhältnis Thomaschristen – Hindu (S. 188)!

c) Der Lebensraum der jungen Christen (19/20. Hh.)

Im Binnenland des äußersten Südens – gleich hinter der Küste beginnend – gibt es sehr viele, rein christliche, aber konfessionell gemischte Dörfer neben solchen, die bunt gemischt sind aus Hindu und Christen einer oder mehrerer Konfessionen oder sogar Denominationen. Es handelt sich um den Missionsraum der letzten 150 Jahre, Feld sämtlicher christlicher Missionsgesellschaften. Den zeitlichen Vorsprung und damit auch vielfach den zahlenmäßigen Vorrang und die besseren Bildungs- und Sozialeinrichtungen haben – unter dem Schutz der englischen Herrschaft – die englischen Missionsgesellschaften erlangt, die sich die Bekehrung der niederen Kasten, zuerst der Nadar, der Kleingärtnerschicht, zum Ziele setzten und große Erfolge errangen. Zwischen Trivandrum und Nagercoil ist das Hauptfeld der Londoner Missions-Gesellschaft (L. M. S., Glied der C. S. I.), auch im Landschaftsbild beeindruckend. Erst im späten 19. Jh. folgt die katholische Missionierung unter den gleichen Nadar, die sich allesamt für die Annahme des Christentums sehr empfänglich gezeigt haben und heute schon zu 80% Christen beider Konfessionen sind, zur guten Hälfte zweifellos L. M. S.-Christen, weshalb die L. M. S.-Mission sich geradezu als „Nadarkirche" bezeichnet. Rein protestantische Dörfer gibt es niemals. Man begegnet immer wieder Nadar-Dörfern mit katholischen *und* protestantischen Kirchen. Schulen und Hospitälern, was zu mancherlei Unzuträglichkeiten und Disziplinschwierigkeiten der christlichen Bevölkerung führt. Hauptreibungsflächen sind die Eheschließungen und Taufen, neuerdings auch die Familienplanung.

Eine weitere Gesellschaftsschicht, die von den Massenbewegungen der Gegenwart allmählich erfaßt wird, ist die *Depressed Class (Parias)*; kennzeichnend ist die weite Streuung dieser Christengemeinden über den ganzen Süden hin; Küstenhinterland, Hügelland und Gebirge. Auch die junge Malankara-Kirche beteiligt sich an ihrer Bekehrung sehr aktiv, soweit ihr missionarische Kräfte dafür zur Verfügung stehen. Die Heilsarmee nimmt sich ebenfalls der Bekehrung der Depressed Class stark an, auch die amerikanischen Missouri-Lutheraner, Baptisten und andere Gruppen. Charakteristisch ist für ihre Arbeit, daß sie jeweils nur kleine Christengemeinden betreuen innerhalb einer erdrückenden Überzahl von Hindu in der gleichen Gesellschaftsschicht. Während die Katholiken in erster Linie durch das Gotteshaus mit seinen liturgischen Feiern zusammengehalten werden, durch die unmittelbare Seelsorge, liegt das Schwergewicht der protestantischen Arbeit auf dem Schulischen und Sozialen. Ihre Opfer hierfür sind weit größer als die auf katholischer Seite. Aber solchen protestantischen Gemeinden fehlt die Kirche, sie wird durch Bethaus oder Betraum ersetzt; im Landschaftsbild wirken solche kleinen Gemeinden unscheinbar. Ihre stattlichen missionarischen Stützpunkte sind Krankenhäuser, Entbindungsanstalten, Handwerksschulen, Waisenhäuser, die keine sakralen Zentren einer christlichen Gemeinschaft sein können.

Das Hauptproblem für die Zukunft dieser jungen Missionschristen scheint mir in der erklärlichen *Planungslosigkeit der christlichen Missionsarbeit* zu liegen. Praktisch ist es meist so, daß für die Wahl der Konfession oder Denomination die Größe der Hilfeleistung bei einer Verbesserung ihres menschenunwürdigen Loses entscheidet – wenn sie die Wahl haben[31]. Die Sicherung der Bekehrung wird freilich erst in mühsamer Seelsorgs- und Sozialarbeit erreicht, und damit haben zweifellos die nicht gerade immer unter günstigen finanziellen Voraussetzungen arbeitenden katholischen Missionare auf die Dauer den größeren Erfolg.

Die religiöse Zusammensetzung der Dörfer in typischen Beispielen:

1. *im Küstenhinterland bei Trivandrum:* Eine rein bäuerliche Siedlung, überbevölkert wie alle in Kerala, hat 85% Christen verschiedener Konfessionen und 15% Hindu. Also ein fast reines Christendorf. Die Christen setzen sich zusammen aus gut 50% lateinischen Katholiken, 40% L. M. S.-Protestanten, 4% Christen der Pfingst-Sekte und 3% der Heilsarmee. Katholiken wie L. M. S.-Protestanten gehören der Nadar-Kaste an, sind Kokosgärtner bzw. landlose Gelegenheitsarbeiter (Überbevölkerung!), die Sektenchristen mit weniger als 1 acre Land gehören der Depressed Class an. Unter den wenigen Hindu gehören zwei Drittel der höheren Nayar-Kaste an, die die Reislandbesitzer im eigentlichen Sinne sind: also einige wenige Familien nur; der Rest gehört den Nadars und wenigen niederen Kasten an. Die höchste, die Nayar-Kaste, ist also nur bei den Hindu vertreten, die niedrigste nur bei den Sektenchristen. Die meisten Nadar sind bereits Christen. Die L. M. S.-Protestanten haben je eine

---

[31] vgl. Untersuchungen bei *Pickett*.

Pfarrkirche, ihre Gläubigen wohnen gemischt. Die Katholiken besitzen zwei Volksschulen, die L. M. S.-Mission eine Volksschule und eine Höhere Schule, die auch von den Katholiken besucht wird (Vorsprung aus englischer Kolonialzeit!), ferner seitens der Regierung eine Grundschule und zwei Volksschuloberstufen. Der Bildungsstand ist relativ hoch.

2. *im Hinterland von Nagercoil (Kanya Kumari, Madras-Staat):* Auf einer von Kokospalmen bestandenen kleinen Trockeninsel inmitten der ausgedehnten Reisniederungen leben in ärmlichen Häusern *Depressed Class*-Familien, die alle bei den Nayar-Bauern das Reisland bestellen (Kuli). Von den 20 Familien sind 17 vor rund 50 Jahren Lutheraner der nahen amerikanischen Missouri-Lutheran-Mission in Nagercoil geworden, die anderen sind Hindu geblieben. Eine Volksschule und eine Kapelle betreut sie. Sie leben weit entfernt von den nächsten Lutheranern; diese Isolierung ist typisch für alle kleinen Missionsgruppen.

5. Zusammenleben der römisch-katholischen Christen

Das Vorhandensein so verschiedenartiger Christen-Gruppen inmitten einer hinduistischen Umwelt wirft Probleme ganz anderer Art auf als in anderen Missionsländern. Uraltes bodenständiges Christentum berührt sich außerdem mit westlich geprägtem Missions-Christentum. Drei weitauseinanderliegende Zeitperioden sind für die jeweilige Prägung der Christen, ihrer gesellschaftlichen, wirtschaftlichen und kulturellen Struktur verantwortlich[32].

Dieses fragwürdig bunte Bild bietet sich nicht ohne weiteres dem flüchtigen Beschauer, der allenfalls ganz allgemein von der Fülle christlicher Kirchen und Institutionen beeindruckt wird. Erst engere Berührung mit der christlichen Welt an der Malabarküste gibt einen Einblick in ihre besonderen Schwierigkeiten. Diese liegen nicht so sehr im Diaspora-Charakter inmitten des dort sehr orthodoxen Hinduismus, sondern mehr noch im Zusammenleben der Konfessionen und Riten.

Im folgenden seien kurz Beobachtungen wiedergegeben, die im Hinblick auf die so notwendige Einheit der Christen nachdenklich stimmen müssen.

Die Kartenskizzen zeigen, daß die Bistumsgrenzen der Kirchen des syro-malabarischen Ritus, des Malankara-Ritus und des lateinischen Ritus sich stark überschneiden und sich nicht immer mit einer gleichmäßig starken geographischen Verbreitung der Ritenangehörigen decken.

Beispiele:

1. Die meisten Malankara-Christen des Erzbistums Trivandrum leben an der äußersten Nordgrenze ihres Bistums (Pambiyar-River-Gebiet): Sitz des Oberhirten ist die von ihnen 80–100 km entfernte Landeshauptstadt Trivandrum, wohl ein großes Zentrum, auch geistiger Auseinandersetzungen, aber doch nicht im geographischen Sinne für die Malankara-Christen zentral. Zugleich ist Trivandrum Bischofssitz des lateinischen Ritus, echtes Zentrum für die hier mit (1959) 233 000 Seelen relativ dicht siedelnden lateinischen Christen; sie sind in Südkerala die bei weitem stärkste Christengruppe.

[32] vgl. dazu die tabellarische Übersicht auf S. 185f.

Syro-Malabar-Christen sind im Raum Trivandrum nur als dorthin versetzte Beamte und Angestellte vertreten; sie gehören zum syro-malabarischen Erzbistum Changanacherry, dessen Jurisiktion sich bis Kap Komorin erstreckt (innerhalb der lateinischen Diözesen also), praktisch werden sie aber seelsorglich von den Pfarreien des lateinischen Ritus betreut, da noch keine nennenswerten Malankara-Gemeinden bestehen. Dem einfachen Volk werden die Schwierigkeiten und Konflikte nicht bewußt, die sich im Rahmen der Katholischen Aktion bei jeglicher Apostolatsaufgabe ergeben, um so mehr aber jenen Führungsschichten, die als Laien eine solche Aufgabe tragen. Ein solcher Laie in Trivandrum, zum Syro-Malabar-Ritus gehörig, dort aber am lateinischen Gemeindeleben aktiv teilnehmend, sieht die *katholische Aufgabe* und wird hinsichtlich jung-alter Malankara-Kirche und Syro-Malabar-Kirche in Konflikte gezogen: „In meinen Studienjahren in Europa hatte ich den Eindruck, daß dort die Schwierigkeiten und Konflikte zwischen Katholiken und Protestanten nicht so schwerwiegend sind, wie die zwischen unseren Riten..."

2. Eine weitere konfliktreiche Überschneidung: Auch Ernakulam ist Sitz von zwei römisch-katholischen Bischöfen. Dem lateinischen Erzbischof (Erzbistum Verapoly) wohnt schräg gegenüber der syro-malabarische Erzbischof (Erzbistum Ernakulam). Die Kathedral-Kirchen beider Riten stehen nebeneinander. Das lateinische Erzbistum umfaßt (1959) 159 000 Seelen, um Ernakulam nach Nord und Süd entlang den Lagunen stark konzentriert. An der Küste ist noch die lateinische Diözese Cochin mit (1959) 90 600 Seelen vorgelagert, lauter Fischer (Franz Xavier etc.). Auf engem Raum also rund 250 000 lateinische Christen. Das syro-malabarische Erzbistum umfaßt (1959) 204 500 Seelen, die sich sehr viel lockerer über das Binnenland zu beiden Seiten des Periyar-River verteilen.

Die meisten Aufgaben werden als Ritenangelegenheiten inszeniert statt als katholische, alle Kräfte umfassende Angelegenheiten. Zwar besteht überall eine enge Zusammenarbeit der bisherigen kommunistischen Regierung gegenüber, praktisch wird sie aber von innen her bedroht und geschwächt durch eine *unbefriedigende innerkatholische Zusammenarbeit.*

3. *Ritenkonflikte in den Klöstern:* Der lateinische Raum hat seit jeher die ganze Vielfalt von Orden und Kongregationen aus dem Westen übernommen. Die meisten Berufe wachsen diesen Klöstern aber nicht von den lateinischen Christen zu, sondern aus der großen Zahl der Thomas-Christen des Syro-Malabar-Ritus (Bildungsstand, Kastenhöhe, tiefe Frömmigkeit). Die gegenwärtigen Bestrebungen, für die syrischen Ordensangehörigen Klöster bzw. Provinzen mit syrischem Ritus und syrischer Obrigkeit zu schaffen, bedeutet eine ernste Gefährdung der Klostergemeinschaften im lateinischen Süden. Es würde dort ein Vakuum entstehen, wenn der syrische Sauerteig entfernt würde. Wird doch das katholische Christentum im ganzen weiten indischen Raum von der Berufshingabe der Thomas-Christen getragen! Wesentliches Ziel sollte heute sein, den *ganzen* christlichen Raum (und, wenn möglich, darüber hinaus) in gleicher Streuung mit Klöstern und ihren missionarischen Aufgaben als Strahlungszentren zu durchsetzen – *ohne* Rücksicht auf Riten-Ehrgeiz. Zur Zeit ist ein bedenklicher Konkurrenzkampf im Gange.

Dieser letzte Punkt führt zum vielleicht schwerwiegendsten Problem der Zusammenarbeit, nämlich dazu, daß die *gegenwärtige Missionierung als Kondurrenzfeld der Riten* angesehen wird. Als zukunftsreich wird von allen Bischöfen die Missionierung unter gewissen niederen Kasten angesehen, vor allem unter den Siedlern im Bergland und unter den dortigen Primitivstämmen (Animisten). Zweifellos muß sie der orientalische Ritus am stärksten anziehen – es sollte dies aber eine *katholische* Aufgabe sein. Zur Zeit sind die katholischen Kräfte aber finanziell und ideell zersplittert. Es wird ohne gegenseitige Verständigung und systematische Planung unter den Bergstämmen und Siedlern missioniert, soweit die Mittel und Missionare reichen, statt konzentriert zu arbeiten und damit zweifellos größere Erfolge zu erringen. Um so wichtiger im Hinblick auf die finanziell und auch ideell große Konkurrenz protestantischer Missionsgesellschaften[33].

III. Probleme der christlichen Einheit[34]

Aus den vorgetragenen Beobachtungstatsachen seien einige Folgerungen gezogen.

1. Konzentration im katholischen Raum

Wir fassen die geographische Verbreitung der Christengruppen – Kern aller Probleme – noch einmal zusammen:

a) Der Kernraum der *Thomas-Christen* ist Mittelkerala. Über den Pambiyar-River im Süden gehen sie nicht hinaus. Nach Nordkerala (Malabar-Distrikt) sind in den letzten Jahrzehnten viele Thomaschristen als Siedler gezogen, so daß dort ein neues Christenzentrum entstehen wird. Die *Missionschristen der portugiesischen Zeit* und der Gegenwart leben im schmalen Küsten-Lagunensaum, weitaus am stärksten dank der Erfolge von Franz Xavier zwischen Quilon und Kap Komorin, einem 150 km langen Streifen; die *jungen Missions-Christen* der letzten 150 Jahre leben in kleinen und größeren Gemeinden verstreut im Binnenland zwischen Trivandrum und Nagercoil, also auch im äußersten Süden.

b) Die Verbreitungszentren nach Konfessionen und Riten aufgegliedert (1959): die *römisch-katholischen* Thomas-Christen des *Syro-Malabar-Ritus* stellen die Masse der Christen in Nord- und Mittelkerala (Binnenland). Sie betragen rund 1,35 Mill. Seelen.

Die *römisch-katholischen* Thomas-Christen des *Malankara-Ritus* sitzen in kleinen Gruppen um den Pambiyar (Mittelkerala). Sie umfassen rund 103 000 Seelen.

Die *anglikanisch* beeinflußten Thomas-Christen, die *Marthomiten* leben relativ geschlossen innerhalb des gleichen Raumes im Gebiet um Kottayam (Binnenland). Sie umfassen 260 000 Seelen.

---

[33] darüber wird auch im innerprotestantischen Raum geklagt, besonders um Nagercoil (vgl. auch *Pickett*, 323 s).

[34] vgl. dazu auch Th. *Steltenpool*, Liturgische Erneuerungsbestrebungen in Kerala, dies Zeitschrift 44 (1960) 15–30.

Die *schismatischen* Thomas-Christen, die *Jakobiten*, leben im gleichen Raum. Ihr geistiges Zentrum (Sitz des Katholikos) ist Kottayam. Sie umfassen 750 000 Seelen.

Die *römischen Katholiken des lateinischen* Ritus aus der portugiesischen Missionszeit leben entlang der ganzen Küste, am stärksten im äußersten Süden, und umfassen 650 000 Seelen;

die römischen Katholiken des lateinischen Ritus aus dem 19./20. Jahrhundert leben im Binnenland des äußersten Südens zwischen Trivandrum und Nagercoil, darüber hinaus in verstreuten Gruppen über die Plantagengebiete des Gebirges. Sie umfassen 300 000 Seelen.

Die *protestantischen* Missions-Christen der letzten 150 Jahre leben ebenfalls verstreut im Binnenland des äußersten Südens zwischen Trivandrum und Nagercoil bis hinauf in die Plantagengebiete des Gebirges. Sie umfassen rund 400 000 Seelen, aufgespalten in zahlreiche Denominationen. Bis auf die L. M. S.-Christen ist die Stoß- und Strahlkraft der vielen kleinen Gruppen unbedeutend.

c) Innerhalb des Gesamtraumes stehen sich also in bunter regionaler Mischung gegenüber (1959):

2,4 Mill. römische Katholiken verschiedener Entstehungszeiten[35]

0,75 Mill. Jakobiten

0,66 Mill. Protestanten u. ä. Gruppen der verschiedensten Entstehungszeiten.

Die römisch-katholische Seite ist zahlenmäßig am stärksten, besonders dann, wenn wir bedenken, daß die jakobitischen Kirchen orthodox-katholische Kirchen sind.

Wir haben in den vergangenen Abschnitten freilich gesehen, daß das zahlenmäßige Übergewicht der römischen Katholiken durch einen bedenklichen Mangel an Einheit in seiner Bedeutung gemindert wird. Das überbetonte Riten- und Kastenbewußtsein hemmt in gefährlicher Weise alle im Raum der Weltkirche bestehenden Bestrebungen um Aktivierung und Konzentration angesichts der zunehmenden Säkularisierung und Materialisierung der Welt. Wir sollten in einem Augenblick, wo Indien in einem gewaltigen Umbruch steht, nicht vergessen, daß das Angebot der Kirche von gestern, in der Sorge um den Menschen den Segen einer christlichen Zivilisation[36] zu bringen, endgültig seine Wirkung verloren hat, seit auch säkulare Mächte diese Aufgabe übernommen haben: daß aber um so wichtiger das Angebot der Kirche von heute ist, das Evangelium zu verkünden, ohne daß sie sich die Sorge um das Sozialwohl abnehmen läßt. Wirklich katholischer Geist, der über Kasten- und Ritengrenzen hinausschaut, ist auch in der Intelligenzschicht wenig spürbar.

Das Anliegen der wenn auch vorläufig noch so kleinen Zahl verantwortungsbewußter Kräfte unter den Missionaren und Laien ist dieses: *Förderung und Stärkung einer echten Katholizität durch Konzentration*. Das soll nicht etwa heißen, eine Uniformierung von Sitte, Brauchtum, Liturgie und alle dem, was im Verlaufe von Jahrhunderten gworden ist. Es sollte genau so sehr das Erbe des heiligen Thomas wie das des heiligen Franz Xavier eine heilige Verpflichtung bedeuten. Entscheidend muß aber die

---

[35] in Kerala 1961: 2, 68 Mill., davon 1,71 Syro-Malabar-Ritus 0,85 latein. Ritus, 0,12 Syro-Malankara-Ritus (nach Pothacamury a. a. O.).

[36] nämlich Missionsschulen, Sozialeinrichtungen wie Waisenhäuser, Mütterfürsorge, Hospitäler, Altersheime.

Gemeinsamkeit christkatholischen Lebens und Wirkens empfunden und mit allen Mitteln gefördert werden durch gemeinsame Veranstaltungen aller Art (nicht nur ganz gelegentliche Großkundgebungen!), gemeinsamer katholischer Aktion, gemeinsamer Schulungs- und Besinnungstage, gemeinsamer sozialer und geistiger Aktivität. Dazu wäre allerdings erforderlich, daß die schweren Autoritätskonflikte aufhören, die durch die Überschneidung von Bistümern verursacht werden. In einem unchristlichen Lande *muß* es sich auf die Dauer bitter rächen, wenn zwei Autoritäten, zwei Oberhirten sich getrennt um das gleiche bemühen. Die Praxis beweist dann, daß der am weitesten kommt, hinter dem die stärkste moralische und finanzielle Förderung steht. *Eine Jurisdiktion*, statt zwei oder sogar drei wie im Süden, *unter Beachtung und Pflege der Riten* würde sich auf die Dauer segensreich für die innere Festigung des katholischen Christentums auswirken und bisher nur schwach geahnte Aspekte der Weltkirche: ihre Weite, Vielfalt, Zusammengehörigkeit offenbaren. Es muß sich auch bitter rächen, wenn die innerhalb des lateinischen Ritus gegründeten Klöster keinen Nachwuchs mehr erhalten. Eine weitere Aufspaltung der *Klöster* in Häuser mit syrischem Ritus und lateinischem Ritus ohne gemeinsame Spitze, sondern mit getrennten Marschrouten, muß sich verhängnisvoll auswirken, um so vieles mehr, als es schon jetzt der Fall ist, wo wir einen syrischen und einen lateinischen Karmel in Kerala kennen.

Was zunächst für eine Vereinheitlichung der Jurisdiktion und der Klöster gesagt war, gilt auch für das *Bildungswesen*. Die Schulen als wichtigstes Instrument aller missionarischen Bemühungen nach der unmittelbaren Seelsorge sollten *nicht so sehr den Ritengeist als den katholischen Geist* betonen. Eine Konzentration ihrer Kräfte auf eine echte Katholizität der Erziehung und eine Konzentration auch im materiellen und finanziellen Bereich sind ein Gebot der Stunde: nicht z. B. eine Schule des lateinischen Ritus und eine des syrischen Ritus im gleichen Ort nebeneinander, die sich in beschämender Weise Konkurrenz machen müssen. Angesichts des ganz allgemein herrschenden Mangels an ausreichenden finanziellen Mitteln und an geeigneten qualifizierten Lehrkräften wäre eine Zusammenlegung dringendes Erfordernis, nicht zuletzt im Hinblick auf die überwiegende andersgläubige Umgebung. Ja, es geht so weit, daß in katholischen Schulen kein gemeinsamer, sondern *nach Riten getrennter Katechismusunterricht* erteilt wird; daß die Kinder nicht gemeinsam beten können, weil sie verschiedene Unterrichtsbücher haben (Raum Trivandrum). Gemeinsame Lehrmittel müßten eine selbstverständliche Forderung sein. Wie sollten diese Kinder sonst zum Bewußtsein der Einen Kirche kommen?

2. Zusammenarbeit im Sinne christlicher Einheit

Solange die gegenwärtigen Schwierigkeiten im eigenen Hause nicht gelöst sind, ist eine Annäherung beider auf dem Missionsfeld konkurrierenden christlichen Bekenntnisse, d. h. eine Verständnisbereitschaft im Sinne eines Gesprächs kaum möglich. Was Schriften und Statistiken unausgesprochen besagen, nämlich, daß über die eigene Christengruppe nicht hinaus gesehen und hinaus gedacht wird, daß es schier unmöglich ist, zuverlässiges Zahlenmaterial über die Gesamtzahl der Christen in den Teilräumen zu erhalten, das ist noch viel schwerer im Bereich menschlicher Kontakte. Es ist bedrückend zu beobachten, wie wenig Wissen um den Nachbarn und wie wenig Verständnis untereinander vorhanden ist, bedrückend angesichts der nichtchristlichen Umwelt. Die Verhältnisse in Trivandrum und Nagercoil, wo katholische und protestantische Mission aufeinander stoßen, bieten eine Fülle solcher Beispiele. Hier sollte eine *große Aufgabe zunächst einmal für die heranwachsende Priestergeneration liegen*: echte Kontakte zu schaffen, über die Unterschiede und Gemeinsamkeiten *ein besseres Tatsachenwissen* zu erwerben und im gemeinsamen Gespräch *Möglichkeiten einer Zusammenarbeit* im missionarischen, kulturellen und politischen Bereich zu erwägen.

3. Landeskundliche Schulung

Dringend erforderlich erscheint es, zum besseren Verständnis der eigenen missionarischen Arbeit und zur Ausweitung des Horizontes, ein *konkretes Bild von der Umwelt des Tätigkeitsfeldes im landeskundlichen Sinne* zu erhalten. Eine Bestandsaufnahme der Christendörfer nach ihrer geographischen, soziologischen, wirtschaftlichen, religiösen und kulturellen Seite erscheint gerade in unserer Zeit, die sich so sehr um die Linderung der Not in den Entwicklungsländern bemüht, eine vordringliche Aufgabe. Ich konnte bei meinen Begegnungen immer wieder feststellen, eine wie geringe Landes- und Ortskenntnis bei unseren missionarischen Kräften draußen – bei Männern wie Frauen, bei westlichen wie einheimischen – vorhanden ist; aber wie groß andererseits das Interesse und das Bedürfnis ist, über den begrenzten Arbeitskreis hinauszusehen und ihn besser einordnen zu können. Eine geographisch-soziologische Schulung im weiten Sinne müßte aufgebaut werden, um mit den brennenden Fragen der Gegenwart Schritt halten zu können (Kurse, Erfahrungsaustausch, Ortsstudien, Exkursionen). Hier könnte einiges aus den Erfahrungen der protestantischen Missionen übernommen werden.

4. Förderung von Wirtschaft, Gesundheits- und Bildungswesen im Sinne katholischer Einheit

Bisher hat jede Ritengemeinde bzw. jedes Bistum entsprechend den verfügbaren Mitteln und entsprechend der Initiative seiner Menschen, Priester wie Laien, den materiellen und geistigen Lebensstandard zu verbessern gesucht. Das ist selbstverständlich in sehr unterschiedlicher Weise gelungen. Infolge der langen, gewollten und ungewollten Isolierung der römisch-katholischen Thomas-Christen ist die Entwicklung ihrer Gemeinden hinter denen des lateinischen Ritus zurückgeblieben, die nicht nur westliche Hilfsquellen in stärkerem Maße haben, sondern durch die vielfältigen Kontakte mit dem Westen auch Anregungen und einen weiteren Horizont erhalten haben. Es sollte nicht übersehen werden, daß gerade das Letztere vorrangig vor der finanziellen Unterstützung ist. Denn die materielle Stellung der Thomas-Christen ist ja bei weitem besser als die der lateinischen Christen. Zwar gibt es erstaunlich bittere Armut auch unter den Thomas-Christen; die besitzende, wohlhabende Schicht ist aber nicht unbeträchtlich. Entscheidend für die materielle Rückständigkeit ihres Lebensstandards ist vielmehr das durch ihren Mangel an Kontakten, durch lange und bewußte Isolierung hervorgerufene Fehlen von Initiative, Anregungen, Vorbildern. Die Thomas-Christen wissen darum, und manche ihrer Führer sind bemüht, hier aufzuholen und den *Anschluß an die moderne Welt* zu erreichen; *dabei müßte ihnen auf allen Sektoren geholfen werden* — allerdings im Sinne der katholischen Einheit und nicht zwecks Stärkung des Ritengeistes. Man kann sich des Eindrucks nicht erwehren, daß in der Schulpolitik gesellschaftliche Gesichtspunkte maßgebend sind (und das sind immer auch Ritengesichtspunkte!), nicht aber eine wirklich *katholische Erziehung*. Ganz im argen liegt nach vielen Berichten der Religionsunterricht. Doch diese Dinge machen eine Schule überhaupt erst katholisch, und um derentwillen sollten die Eltern ihre Kinder in solche Schulen schicken. Schulen sind allen voran zu einer *Prestigeangelegenheit* geworden, auch der Bau von Hospitälern in jüngster Zeit, weil das für soziale Gesinnung gilt, die modern geworden ist. Eine echte sachliche Planung für das, was dem Volke not tut, besteht leider nirgends.

Hier liegt also eine fundamentale Aufgabe für die *Erziehung des Priester- und Schwesternnachwuchses*: denn mit Verordnungen und Richtlinien ist nicht geholfen. Eine Erneuerung von Grund auf ist notwendig. Diese müßte sich, worauf an einem Einzelbeispiel schon auf Seite 198 hingewiesen wurde, in der gesamten geistigen Orientierung auf diese wesentlichen katholischen Aufgaben einstellen. Dabei müßte auch das *Laienapostolat*, die Arbeits- und Vertrauensgemeinschaft zwischen Priester und Laien, eine Wirklichkeit werden. Laien werden bisher wenig oder gar nicht zu Rate gezogen, obwohl Kerala doch einen hoch entwickelten Laienstand hat, freilich noch in Ritengrenzen aufgewachsen. Eine Verteilung der Aufgaben und eine Verantwortlichkeit für die Aufgaben müßten in katholischem Geist erfolgen. Die Entklerikalisierung und Mitverantwortung der Laien ist in Kerala aus politischen und religiösen Gründen geradezu ein Gebot der Stunde.

Ein großer Verlust für Kerala ist das lange Fehlen eines jeglichen *Einflusses der Gesellschaft Jesu*, der sich doch auf allen anderen Missionsfeldern Indiens und Ceylons — soweit meine Beobachtungen nur — so spürbar und segensreich auswirkt. Die historischen Gründe sind bekannt. Es ist aber gerade in der gegenwärtigen kritischen Situation Keralas dringed, daß keine Zeit mehr verloren wird, ihre Arbeit in Kerala wieder zu verankern, das katholische Bildungswesen anzuheben, als Sauerteig zu wirken und überall da sich klärend und lenkend einzuschalten, wo geistige Auseinandersetzungen im Fluß sind[37]. Sie sind dringend nötig in Colleges, Seminaren, in Tagungsstätten, in der Sozialarbeit. *Daß* das Bildungswesen manche Mängel aufweist, liegt auch daran, daß einerseits der alles beherrschende Karmeliterorden von seiner Spiritualität her sich seit je anderen Aufgaben zugewandt hat und das Bildungswesen qualitativ, nicht etwa quantitativ vernachlässigte, andererseits die Gesellschaft Jesu seit langem hier nicht mehr gewirkt hat. Ein kleiner, aber auch wieder typisch ritenbegrenzter Versuch ist jüngst gemacht worden: Drei Patres der Gesellschaft Jesu wurden nach Ernakulam in die Studentenseelsorge gerufen. Sie sind aber in ihrer Arbeit an die lateinische Erz-

---

[37] Gegenwärtig werden verschiedene Aufgaben im obigen Sinne übernommen.

diözese gebunden, die bekanntlich auf gleichem Boden steht wie die syrische von Ernakulam. Der indische Pater unter ihnen entstammt zudem dem syrischen Ritus.

5. Einsatz und Schulung missionarischer Kräfte

Um die Welt der indischen Christen besser verstehen zu können, erscheint es erforderlich, die neuen zeitgemäßen Formen des Apostolats auch dorthin zu tragen. Die Abgeschlossenheit und Isolierung der Großzahl unserer Missionarinnen ist zur Erfüllung bestimmter Aufgaben auch heute notwendig. Darüber hinaus bedarf die moderne Mission aber all der Helfer, die im lebendigen, unmittelbaren Kontakt mit der Bevölkerung und ihren Lebensproblemen stehen. Die englischen und amerikanischen Missionen haben ganz zweifellos auch deshalb Erfolg, weil sie unter ihren Missionaren über einen großen Stab Frauen verfügen, die als Lehrerinnen, Ärztinnen, Krankenschwestern und Fürsorgerinnen in den Dörfern und Instituten arbeiten, aber inmitten der Einheimischen leben. Die große Beweglichkeit, die sie auszeichnet, die nicht abreißenden Kontakte mit ihrer westlichen Welt, die dadurch gegebenen ständigen Anregungen und Schulungsmöglichkeiten machen sie weit und schützen sie vor jeglicher sehr leicht drohenden Verengung des Horizontes. Auf katholischer Seite haben wir dieser großen Menge protestantischer Missionshelferinnen eine nur beängstigend kleine Zahl geeigneter katholischer Laienhelferinnen gegenüberzustellen. Wenn wir in der heutigen, vom Einbruch materialistischer und kommunistischer Weltanschauung gezeichneten indischen Welt die Christen in geistiger und materieller Hinsicht wirksam unterstützen wollen, bedarf es aber ganz dringend einer solchen *Avant-Garde unter den Missionaren, deren wichtigste Kennzeichen Beweglichkeit, Dynamik, Vertrautheit mit den Gegenwartsproblemen*, beste intellektuelle Schulung neben allen selbstverständlichen grundlegenden Apostolatseigenschaften sein müßten. Wir brauchen dringend solche Kräfte, die in der antichristlichen Welt nicht weithin sichtbar den Stempel des Ordenskleides tragen.

Ganz wesentlich erscheint aber für diese wie für die Ordensmissionare, soweit sie aus dem Westen stammen, daß wir ihnen weit mehr, als das bisher geschieht, ermöglichen, ihre *geistigen und physischen Kräfte* in regelmäßigen längeren Urlauben, wie es unter den protestantischen Missionaren eine Selbstverständlichkeit ist, *wiederaufzufrischen*. Auf diesen Mangel ist es zweifellos zurückzuführen, daß vielfach protestantische Schulen über leisungsfähigere Lehrkräfte verfügen als katholische, daß protestantische Missionare widerstandsfähiger sind als katholische. Es müßten Mittel und Wege gefunden werden, um auch der katholischen Missionsarbeit zu ihrem Segen diese Chancen zu gewähren.

Nigeria und die vielen Stämme

aus Sievers, A.: Nigeria. Stammesprobleme eines neuen Staates im tropischen Afrika, Frankfurt 1970, S. 7–13

„Und diese dreizehn Studenten gehören acht verschiedenen Stämmen und Sprachen an, aber sie repräsentieren das EINE NIGERIA", so wurde der Verfasserin dieser Schrift zum Abschied von einer ihrer Studentengruppen unter Überreichung eines Erinnerungsfotos und nach vielen „Palavern" in Seminarübungen über Afrika, Nigeria, seine Stämme und ihre Beiträge zur Entwicklung des Landes gesagt. „Einheit in der Vielheit" also? Zweifellos das Ideal vieler Intellektueller im Lande, heiß ersehnt ganz besonders von der westlich gebildeten jungen Generation, die in diesem Geiste erzogen wird. Sie hat gelernt, und es erfüllt sie mit Genugtuung, daß Nigeria als ein *Musterland* für das gilt, was in Westafrika optimal möglich ist:

für die „Indirect Rule"[1],

für die kleinbäuerlichen weltwirtschaftlich bedeutsamen Exportkulturen und – erst seit den letzten Jahren – für die bedeutende Erdölförderung, die dem Land einen wichtigen Platz in der Weltwirtschaft sichern,

für eine vielseitige Wirtschaftsstruktur und relativ ausgeglichene Außenhandelsbilanz, für die Verkehrsschließung des riesigen Landes bis an den Rand der Wüste,

für den volkreichsten Großstaat ganz Afrikas, zusammengesetzt aus vielen Stämmen, konzentriert und wohl verteilt in mehreren Kernräumen im Süden wie im Norden. Mit seiner großen Ausdehnung in west-östlicher und süd-nördlicher Richtung über jeweils 800 bis 1100 Kilometer ist Nigeria zum *Inbegriff von Westafrika* geworden. In Nigeria sind alle wesentlichen Klima- und Vegetationszonen Westafrikas, alle Feldfrüchte und Landbauzonen, die Hälfte der westafrikanischen Bevölkerung und ein Viertel der westafrikanischen Fläche vereinigt. Es birgt die bedeutendsten Tore Westafrikas zum Meer (Lagos) und zur Wüste (Kano).

Und dieses *„One Nigeria"*, Inbegriff und Musterland Westafrikas, mit 56 Mio. Menschen und rund 1 Mio. qkm Fläche volkreichster und einer der flächengrößten Staaten Afrikas, der schwarze Riese Tropisch-Afrikas – dieses Land hat in den allerletzten Jahren eine tragische Aktualität erlangt. Die Föderation Nigeria wurde am 15. Januar 1966 vom ersten Staatsstreich, mit harten Konsequenzen, geschüttelt. Im Augenblick erfolgte er zwar recht überraschend, aber er entlud sich doch nach zahlreichen jahrelangen Spannungen. Es hat wohl keine Schrift gegeben, die Land und Volk von Nigeria behandelt und nicht die Frage nach dem Bestand und der Zukunft des Staates stellte. Die *Einheit Nigerias* war vom Augenblick ihrer Geburtsstunde im Jahre 1914

---

[1] „Indirect Rule" heißt soviel wie indirekte, mittelbare Verwaltung, deren Initiator Lord Lugard in Nigeria war und die dann auf weitere britisch-afrikanische Besitzungen übertragen wurde. Er konnte sich der gut funktionierenden inneren Verwaltung in den Emiraten des Nordens bedienen und stellte ihr einige britische Berater zur Seite, deren Tätigkeit sich auf gewisse Kontrollfunktionen wie Aufrechterhaltung der Ordnung und des Friedens, Unterdrückung von Korruption und Sklavenhandel beschränkte.

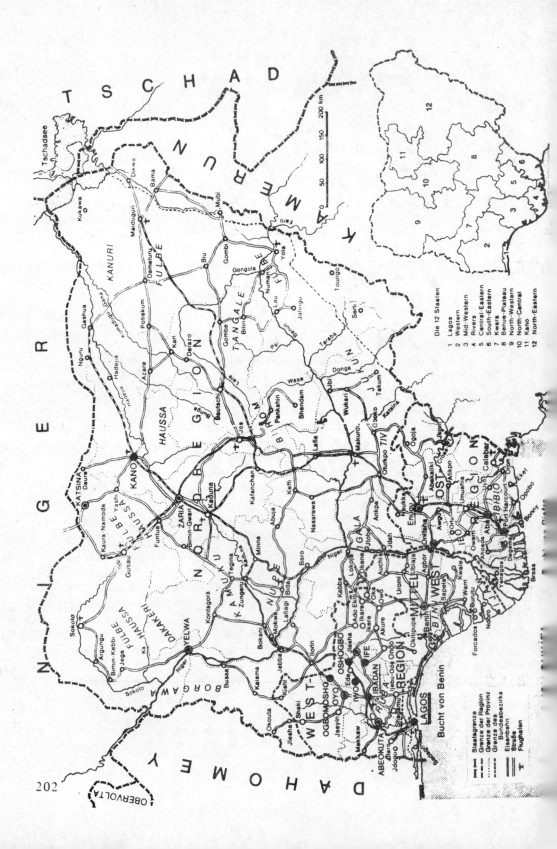

an gefährdet. Sie entsprach machtpolitischen Erwägungen im Rahmen der Aufteilung Afrikas unter die damaligen Kolonialmächte und dem britischen Bedürfnis nach wirtschaftlicher Zusammenfassung. Nigeria war eine künstliche Schöpfung Großbritanniens. Damit wurden so heterogene Naturlandschaften und Stämme in einem *Vielvölkerstaat* zusammengeschlossen, wie sie zwischen der Sahararandzone mit ihrem mohammedanischen, kulturell nord- und ostwärts orientierten Savannenstämmen und der äquatornahen, feuchtheißen Guineaküste mit ihren weithin christlich beeinflußten und westlich gebildeten Waldstämmen leben. Solange eine Kolonialmacht die Geschicke kontrollierte, wurden die großen Nord-Süd-Gegensätze nicht offen ausgetragen, wenn es auch immer wieder zu blutigen Stammesauseinandersetzungen kam. Die Briten hofften außerdem auf eine neu heraufkommende nigerianisch, nicht mehr tribalistisch, d. h. stammespolitisch denkende Generation. Aber schon die Vorbereitung der Unabhängigkeit stieß auf viele Schwierigkeiten trotz allem Drängen britisch und amerikanisch erzogener nationalistischer Führerpersönlichkeiten. Die Briten versuchten mit Behutsamkeit, Nigeria schrittweise in die Unabhängigkeit (1.10.1960) zu führen. Dabei trat ein Phänomen zutage, das schon vorher latent vorhanden war, nämlich die seit Ende des zweiten Weltkrieges mit dem wirtschaftlichen Aufschwung Nigerias verstärkte regionale Mobilität und damit der Kontakt der Stämme untereinander. Der Bildungsvorsprung des Südens, vor allem der Ibo, die in den letzten Jahrzehnten die zunächst führenden Yoruba überrundet hatten, wurde sichtbar, die Haussa und Fulani des Nordens mußten mit Erschrecken demgegenüber ihre Rückständigkeit und wirtschaftliche Unterlegenheit feststellen. Dem Norden – den feudal herrschenden Emiren – konnte also nur daran gelegen sein, das Datum der Unabhängigkeit hinauszuschieben. Der *Tribalismus* wurde zum Problem Nummer Eins. Die seinerzeit in Großbritannien umstrittene regionale Dreiteilung Nigerias durch Lord Lugard wurde zum Anlaß regionalistisch-tribalistischer Politik. 1954 erhielt Nigeria eine föderative Verfassung. Das Ziel war, ein Gleichgewicht zwischen den drei Regionen zu erhalten, in denen jeweils eine der drei großen tribalistisch strukturierten Parteien die unumstrittene Führung hatte. Die vielen Stammesminoritäten in den einzelnen Regionen fühlten sich benachteiligt und verursachten neue Spannungen. Spaltungsversuche in den Regionen vor und nach Erreichung der Unabhängigkeit drohten die Einheit der Föderation immer wieder zu sprengen. Die Abtrennung des von den Edo und kleineren Stämmen bewohnten Raumes um Benin von der Yoruba-beherrschten Westregion im Jahre 1963 als kleine vierte Mittelwest-Region ist ein Ausdruck dieser fortdauernden Stammes-Spannungen, die also nicht nur auf den Nord-Süd-Gegensatz beschränkt sind. Die Krise verschärfte sich von einem Anlaß zum anderen. Die vielen Kontroversen um die stammespolitisch manipulierte Volkszählung 1962/63, die Bundeswahlen vom Dezember 1964 und die Regionalwahlen im Westen vom Oktober 1965 brachten Spannungen, Aufruhr und blutige Unruhen bis zur Zerreißprobe. Auf diesem Hintergrund muß der Staatsstreich junger Ibo-Offiziere gesehen werden, dem vor allem politische Führer des Nordens zum Opfer fielen, dann der Versuch des Ibo-Generals Ironsi, die Einheit Nigerias zu erhalten, als er die Macht übernahm, schließlich der Gegenschlag der verbitterten Führung des Nordens im Mai und September/Oktober 1966 in Gestalt blutiger Anti-Ibo–Pogrome im Norden, denen wahrscheinlich Tausende zum Opfer fielen und die einen wahren Exodus von mindestens 1,5 Mio. in das schon übervolle Stammesland im Süden auslösten. Viele von ihnen waren einst auf Arbeitsuche in den Norden gewandert. Ein zweiter Staatsstreich der Armee folgte am 30. Juli 1966, diesmal von Haussasoldaten ausgelöst aus Mißtrauen gegen die Iboführung; und schließlich fiel im Mai 1967 die erdölreiche Ostregion mit ihrer Ibomehrheit ab und rief die autonome Republik Biafra aus, gefolgt vom Gegenschlag der nigerianischen Bundesregierung, die Truppen entsandte, um Biafra in die Föderation zurückzuzwingen. Der damit entfesselte Bürger- bzw. Stammeskrieg einer noch so zäh sich verteidigenden Ibominderheit gegenüber einer Übermacht nicht nur an Menschen, sondern vor allem an fremder Materialhilfe, wirft die große Frage nach den Möglichkeiten einer Lösung der aus Tribalismus und Regionalismus entstandenen Staatsprobleme auf, eine Frage, die eine durchaus afrikanische ist und zu Vergleichen mit anderen Länderschicksalen zwingt, wobei die immer sehr komplexen Hintergründe freilich verschieden aussehen. Wäre eine weitere Aufteilung der Regionen ein Gewinn für die Einheit der Föderation, wie sie vom Nachfolger General Ironsis vorgeschlagen war, von Oberstleutnant Gowon, seines Zeichens Angehöriger einer Stammesminorität unter den Bergstämmen des Nordens und Christ? Dagegen wehren sich mit Nachdruck die führenden Stämme, besonders die feudalen Führer des Nordens, die ihren Machtbereich geschmälert sehen. Und eine Aufteilung Nigerias in unabhängige Staaten? Aber wie viele angesichts einiger großer und rund 100 kleiner Stämme? Oder ein loser Staatenbund auf der Grundlage der kürzlich gebildeten zwölf statt der bisherigen vier Staaten?[2] Eine einfache Antwort läßt sich darauf nicht finden. Versuchen wir zunächst, das Land und seine Menschen, die vielen Stämme, zu analysieren und dann am Schluß die Frage nach den Integrationsmöglichkeiten in Nigeria, dem Land der Menschen am unteren Niger, zu stellen.

Schrifttum zu den Beiträgen aus Sievers, Nigeria (1970):

Buchanan, K. M. und J. C. Pugh, Land and People in Niegeria. London 1962[3].
Harrison Church, R.J., West Africa. London 1963[4].
Federal Census Office: Census 1952 und 1963.
Grove, A. T., Land and Population in Katsina Province. Kaduna 1957.
Kaufmann, H., Nigeria. Die Länder Afrikas, Bd. 1. Bonn 1962[2].
Northern Nigeria Statist. Yearbook 1964.
Smith, M., Baba of Karo. London 1964.
Statist. Bundesamt (Hrsg.), Allgem. Statistik des Auslandes: Länderbericht Nigeria. Stuttgart 1967.
v. Wendorff, G., Zur Volkszählung in Nigeria 1963. Geogr. Rundsch. 1965, S. 238–242.

---

[2] Hier folgen wir der bis Mai 1967 geltenden Regionalgliederung.

Im Brennspiegel: Lagos und Kano, ein Vergleich zweier nigerianischer Zentren

aus Sievers, A.: Nigeria. Stammesprobleme eines neuen Staates im tropischen Afrika, Frankfurt 1970, S. 13—23

Wer von Europa nach Nigeria reist, landet im Direktflug in nur vier bis fünf Stunden entweder in *Lagos* oder in *Kano*. Die meisten haben Lagos zum Ziel, die Bundeshauptstadt, von wo aus recht gute Verbindungen in alle vier Regionen bestehen. Alle die jedoch, deren Ziel der weite Norden ist — und das sind zunehmend viele, weil ein Großteil der Entwicklungsprojekte im rückständigen Norden gelegen ist — sie fliegen direkt Kano an. Was Lagos für den Süden, ist in begrenzterem Maße Kano für den Norden. Lagos und Kano sind die wichtigsten *Eingangstore Nigerias*. Der Flug dorthin versetzt uns mit einem Sprung in zwei sehr typische Beispiele der westafrikanischen Stadt, deren kulturgeographische Heterogenität wie in einem Brennspiegel zusammengefaßt ist:

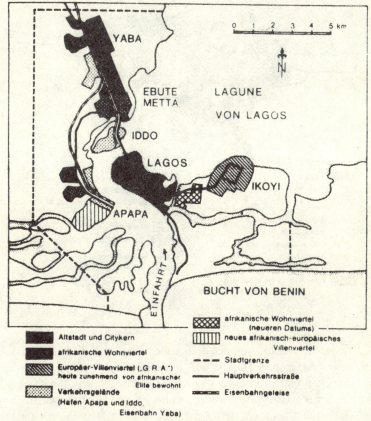

Abb. 1: Lagos. Lage und Viertelbildung

physisch-geographische Umwelt, geschichtliche Entwicklung, Bevölkerungszusammensetzung, Siedlungsbild, Wirtschaftsstruktur und funktionale Bedeutung.

Zunächst wird dem unbefangenen Europäer viel Gemeinsames, nämlich Schwarzafrikanisches, auffallen. Das ist das Menschengewimmel auf den Straßen, die Kopflasten, die Männer, Frauen und Jugendliche, ja Kinder tragen. Das sind die wohlgenährten Babys, die von den Müttern bei der Arbeit und auf ihren Wegen auf dem Rücken, in Tücher gewickelt, getragen werden. Das ist der Kontrast zwischen der kolonialzeitlichen City mit ihren breiten asphaltierten Straßen und den vielen Hochhäusern mit

Abb. 2: Kano. Lage und Viertelbildung

moderner Tropenarchitektur und der drangvollen Enge und Überfülltheit der benachbarten Wohnsiedlungen und Märkte, auf denen alles nur Denkbare an westafrikanischen, europäischen und asiatischen Waren gehandelt wird, von den unansehnlichsten fliegenumschwärmten Lebensmitteln bis zu den apartesten afrikanischen baumwollenen Druckstoffen und neuesten japanischen Transistorgeräten. Der afrikanische Markt findet in der ganzen Welt nicht seinesgleichen.

Abgesehen von diesem zunächst typisch Afrikanischen unterscheiden sich Lagos und Kano ganz wesentlich in der Physiognomie, bestimmt gleichermaßen von Natur und Mensch. *Lagos* liegt auf dem 6. Breitengrad, ist meerverbunden, die größte Hafenstadt Westafrikas und erstreckt sich über engbegrenzte Laguneninseln zum sumpfigen Festland hin; schwüle Treibhausluft lagert das ganze Jahr über der Stadt. *Kano* liegt auf dem 12. Breitengrad und dehnt sich am äußersten Wüstenrand weit aus: „Hafen", Endstation für die traditionellen „Wüstenschiffe", die Kamele, und ihre moderne Konkurrenz, die Geländewagen, die die Sahara von hier aus auf uralter Karawanenroute queren: eine nur kurze heftige Regenzeit, sonst Lufttrockenheit und Hitze und in den „Winter"monaten der ausdörrende, staubbeladene Harmattan kündet die Nähe der Sahara an. Üppige *Vegetation* hier: Kokos- und Ölpalmen, Kolabäume, Bananenstauden und andere tropische Fruchtbäume, Mangroven und saftige Grasteppiche; dort das fahle Gelb verdorrender und verstaubter Vegetation: schattenspendende Schirmakazien, mächtige Baobabs (Affenbrotbäume) und Euphorbien, die den Saft zu speichern vermögen, Dum- und Borassuspalmen spiegeln die Kargheit der Sudansavanne wider und lassen die Anmut der grünen Guineawaldlandschaften vermissen. Die 1963 665000 Seelen zählende Bevölkerung[1] setzt sich in *Lagos* heute nur noch zu 44% aus Yoruba zusammen[2]. 1952 zählten sie 70%, Lagos war einst also entsprechend seinem Hinterland eine Yorubastadt. Der Zustrom von anderen Stammesangehörigen, besonders von Ibo, hat in den letzten Jahrzehnten zu einer Stammesumschichtung in Lagos geführt und die Hauptstadt zu einem Schmelztiegel gemacht. *Kano* zählt zwar nur 295000 Einwohner (1963), aber es kommen noch einige Hunderttausend Kleinbauern hinzu, die – buchstäblich! – unmittelbar vor den Toren Kanos dichtgedrängt siedeln und in das Leben der Stadt fest integriert sind. Die Bevölkerung setzt sich ganz überwiegend aus mohammedanischen Haussa und Fulani zusammen, an deren Spitze der Emir von Kano steht. Hier sind im Rahmen der Pax Britannica im Laufe der letzten Jahrzehnte viele durch einen höheren Bildungsstand ausgezeichnete und auch handelseifrige Yoruba und Ibo aus dem Süden zugewandert.

Siedlungsgenetisch zerfallen alle nigerianischen Städte – und das sind die Yorubaund die Haussastädte – in zwei Teile, in die Afrikanerstadt und in die Europäerstadt. Sie sind kaum als bloße Viertel zu bezeichnen, weil sie weit auseinander liegen, typisch für alle ehemaligen britischen Kolonien[3]. Ob bei den Haussa *(Kano)* oder bei den Yoruba *(Lagos)*: auf uns Europäer wirken diese afrikanischen Städte zunächst gestaltlos mit ihrem Gewirr von Gehöften aus Lehm und Wellblech. Dem Kenner stellen sie sich als ein wohlorganisiertes soziales System dar. Die Zweiteilung dieser Städte bedarf einer weiteren Untergliederung in *Viertel* mit einer bestimmten charakteristischen Bevölkerungsgruppe, die sich von der anderen deutlich absetzt, und mit entsprechend verschiedenartigen Funktionen. Innerhalb der Afrikanerstadt muß zwischen der Altstadt mit der bodenständigen Bevölkerung, sprich: Stamm, und der Neustadt („Sabon

---

[1] Mit Mushin, dem angrenzenden Fabrikort, sogar fast 1 Million.

[2] Für 1963 teilt *G. v. Wendorff* (Zur Volkszählung in Nigeria 1963; in: Geogr. Rundsch. 1965, S. 238–242) noch nicht veröffentlichte Zahlen mit.

[3] Außerdem gibt es in Nigeria eine Reihe britisch-kolonialer Neugründungen für Verwaltungszentren wie die Regionalhauptstädte Kaduna (Norden) und Enugu (Osten/Biafra) und andere, die Afrikan*erviertel* nach sich gezogen haben.

Gari") unterschieden werden, gegründet erst während der Kolonialzeit, als infolge der wirtschaftlichen Entwicklung und Integration zwischen Nord und Süd und Südost und Südwest die Binnenwanderungen begannen und den Nord-Süd-Gegensatz auslösten. Die britische Verwaltung wies diesen Zugewanderten oder auch vorübergehend dort lebenden Händlern vor den Toren der Altstadt eine neue Stadt zu mit mehreren stammesgebundenen Vierteln oder doch wenigstens Straßenzügen annähernd westlichen Grundrisses (Geradlinigkeit). Die nigerianischen Städte sind also seit der kolonialzeitlichen Stammesmobilität mehr oder weniger ein *Spiegelbild der Stammesheterogenität*. Dafür sind *Lagos* und *Kano* typische Beispiele. Lagos ist eine Mischung zwischen der eintönigen, schäbigen Wellblechdächerstadt, wie sie für alle Yorubastädte typisch ist, großenteils aus ebenerdigen Häusern und Hütten bestehend, ländlichen Charakter atmend, und einer Regierungs- und Hafenmetropole mit ihren eher internationalen mannigfachen Stilelementen und einer beachtlichen Anzahl von Mittelklasse-Wohnvierteln. Hier ist die in den zwei Jahrzehnten nach dem zweiten Weltkriege entstandene neue *nigerianische* Elite konzentriert. Lagos hat als Bundesterritorium trotz Yorubastadtvierteln eine nigerianische Prägung erhalten, von einer großen Dynamik beseelt, hinter der tatsächlich die Wirtschaftskraft und die in der föderativen Verfassung zusammengeschlossenen politischen, nationalen, überregionalen Interessen stehen. Fast symbolhaft wirken in diesem Sinne die imponierenden Fassaden repräsentativer Bundesbauten, Banken und Handelshäuser. Die Haussa leben in eigenen neueren Wohnvierteln (mit Moscheen), ebenso die Ibo und die zugewanderten Yoruba, während die Yoruba-Altstadt auf Lagos Island eine Ausweitung und Aufspaltung erfuhr, als ehemalige Sklaven aus Brasilien sich ansiedelten und portugiesische Gebräuche, auch im Häuserstil, mitbrachten, so daß dieses „brasilianische Viertel" sich von dem völlig übervölkerten Altstadtkern mit seinen in Sanierung begriffenen Slums sichtbar abhebt. Abseits, auf der nehrungszugewandten luftigeren Seite entstand das britisch-koloniale Viertel: Verwaltung, Handelshäuser, während die Missionen mit ihren Schulen, Krankenhäusern sich dort und in den Afrikanervierteln ansiedelten. Auf der anschließenden, von Afrikanern noch unbewohnten Laguneninsel Ikoyi Island entstand im Laufe der Zeit das parkreiche Bungalow-Viertel für höhere Kolonialbeamte, heute mehr und mehr von der nigerianischen Elite bewohnt[4]. Die großen repräsentativen Bundesbauten (Regierung, Parlament usw.) entstanden im locker bebauten, auch parkreichen Kolonialverwaltungsviertel. Gegenüber, im Schutz der Nehrungen, entstanden spät, erst 1926, als Ozeanschiffe durch die Einfahrtrinne fahren konnten, die modernen Hafenanlagen von Apapa mit ihren Handels- und Lagerhäusern und lösten die bescheidenen Anlagen auf der Lagos-Insel ab.

Kano ist eine viel ältere Stadt, denn sie war immer schon die große westafrikanische Sudanmetropole. Sie war früher ost- und nordwärts in die arabische und mediterrane Welt orientiert. Erst seit Beginn des 19. Jahrhunderts, im Heiligen Krieg der mohammedanischen Fulani gegen die Ungläubigen, im Dschihad, richtete sich das Interesse südwärts in das heidnische Gebiet. Die Briten setzten dem islamischen Vorstoß von Süden her die Pax Britannica entgegen und entwickelten den Norden für weltwirtschaft-

---

[4] Überall im exbritischen Afrika „G. R. A." abgekürzt genannt: Government Residential Area.

liche Bedürfnisse: für Baumwolle und Erdnüsse. Damit erhielt Kano zu seiner kulturellen und Handelsbedeutung im Rahmen der sudanisch-arabischen Welt eine weltwirtschaftliche hinzu, die seitdem die Stadt als größtes Emporium des mittleren Sudan an den Süden, ans Meer gebunden hat. Kanos Siedlungsbild spiegelt diese älteren und jüngeren Funktionen sehr deutlich wider. Es erscheint noch heterogener als das von Lagos. 20 km lang sind die einst strategisch bedeutenden, jetzt verfallenden Lehmmauern. In ihrem Schutz liegt die typisch sudanische Altstadt, wie in kleinerem Umfange alle alten, noch so kleinen Städte des Nordens sie aufweisen. Sie besteht aus dichtgedrängten Lehmhäusern; ihre gelbe Farbe, flache, oft zinnengekrönte Dächer, eine die Gehöftgruppe umgebende Mauer, die ihr einen burgartigen Charakter verleiht, bestimmen das Stadtbild. Dazwischen winden sich enge Gassen, in denen es von Menschen wimmelt. Wie das alte Lagos hat auch Kano ein Zentrum: dort in der Enge der Insel der Oba-Palast[5], hier der ausgedehnte Emirspalast mit Park und einer Stadt von Angehörigen, Leibwächtern, Beamten im Schutze der gewaltigen umgebenden Mauer, daneben das weite Gelände der modernen Moschee, die die alt-sudanische abgelöst hat. Vor den Toren im Osten, in Fage, siedelten sich im Gefolge der Kolonialherren Levante-Händler an (Libanesen, Syrer: „syrisches Viertel") mit ihren Geschäften und Handelshäusern für die Bedürfnisse der Europäer und der neuen nigerianischen Elite. Weiter östlich, völlig getrennt, entstand die Neustadt, Sabon Gari, eine Wellblechdächerstadt für Yoruba und Ibo aus dem Süden mit ihren eigenen Märkten, Kirchen und Schulen (die Yoruba: protestantische Gemeinschaften, die Ibo: Katholiken). Weit draußen, viele Meilen entfernt, liegt wie überall im Sudan Tudun Wada, die Siedlung für Nicht-Mohammedaner aus dem Norden, sogenannte heidnische Bergstämme und heidnisch gebliebene Haussa, die im Zuge des wirtschaftlichen Aufschwungs in kolonialer Zeit zugewandert sind. Zu beiden Seiten des ausgedehnten Bahngeländes siedelten sich die Briten an: das Handels- und Verwaltungsviertel und die parkreichen Wohnviertel (Bompai und Nassarawa) mit den für die Briten so typischen Sportanlagen im Süden, wo Granithügel das Landschaftsbild reizvoller gestalten. Vor den Toren der Altstadt ragen die Erdnußpyramiden vor eigenen Gleisanlagen als Wahrzeichen der weltwirtschaftlichen Bedeutung hoch über die Umgebung hinaus.

Die funktionale Bedeutung der beiden großen nigerianischen Zentren erwächst aus ihrer geographischen Lage und geschichtlichen Entwicklung. *Kano* wird schon im 10. Jahrhundert urkundlich erwähnt. Und *Lagos* war noch ein bescheidenes namenloses Fischer- und Bauerndorf an der Lagunenküste, als *Kano* im 15. Jahrhundert auf dem Höhepunkt seines Ruhmes als südlicher Ausgangspunkt für den Transsahara-Karawanenhandel stand. Zur Zeit, als die Reiterheere der islamischen Fulaniherrscher den sudanischen Haussa-Norden befehdeten und, von missionarischem Eifer getrieben, unter ihre Gewalt brachten, wurde *Lagos* eine britische Kolonie unter allmählicher Ausdehnung auf das Festland (1861–1895). Britische Missionare und Kaufleute kamen und begannen die neue Kolonie wirtschaftlich und kulturell zu entwickeln. 1901 war die Eisenbahnlinie nach Ibadan im Herzen des Yorubalandes fertiggestellt, und der junge Kakaoanbau begann sich auf Lagos auszuwirken. Lagos' entscheidende Entwicklung setzte

---

[5] Oba = Yorubahäuptling.

aber erst nach dem ersten Weltkrieg ein, nachdem 1912 die Eisenbahnlinie bis Kano erbaut war und 1914 Lagos durch die Vereinigung von Südnigeria und Nordnigeria in der neuen Kolonie Nigeria zum wichtigsten Zentrum geworden war. *Kano* wurde damit zwar an den Süden und an die Weltwirtschaft angeschlossen, seine Bedeutung wuchs und wurde vielseitiger, aber es konnte und wollte auch nicht die westlich geprägte Entwicklung von Lagos einholen: hier hat bis heute der Emir das entscheidende Wort und ist die unbestrittene Autorität. Das Sallahfest zum Abschluß des Fastenmonats Ramadan mit seiner uns mittelalterlich anmutenden Farbenpracht der Gewänder, mit seinen Kettenpanzern, Lanzen, Fahnen und Schwertern bei der großen Huldigung der Häuptlinge hoch zu Roß vor dem Emir und seinem Gefolge illustriert in eindrucksvoller Weise, daß der nigerianische Sudan eine völlig andere kulturelle Welt ist als der Guineaküsten-Süden; da gibt es nichts Gemeinsames, was als „nigerianisch" bezeichnet werden könnte[6]. *Kano* ist nach wie vor, trotz weltwirtschaftlich starker Entwicklung in den allerletzten Jahrzehnten, das große zentral*sudanische* Zentrum, *Lagos* das international verbindende *nigerianische* Tor, das ohne den Hintergrund der ganzen großen Föderation, des *One Nigeria*, seine heutige Bedeutung nicht hätte.

---

[6] Dazu gehört z. B. auch die Tatsache, daß in Nigeria drei Rechtssysteme nebeneinander bestehen: das britische und islamische sind geschriebenes Recht, das sogenannte „native law and custom" ist ein traditionelles Recht mit vielen Varianten, das schriftlich nicht fixiert ist. Das britische Recht erstreckt sich über ganz Nigeria, auch das native law, jedoch auf lokale Rechtsprechung beschränkt und darin seinerzeit von der britischen Verwaltung respektiert. Das islamische Recht ist im Norden beheimatet. Die Folge ist Rechtsunsicherheit und Uneinheitlichkeit. Neuerdings zeichnet sich eine Tendenz zur Vereinheitlichung ab, die sich u. a. darin äußert, daß gegenwärtig im Norden Rechts- und Verwaltungsbefugnisse, die bisher die Emire ausübten, auf ein höchstes beschlußfassendes Organ der Lokalverwaltung („Native Authority" der Kolonialzeit) übergehen – ein bemerkenswertes Zeichen der Demokratisierung im Norden.

Stammeskulturlandschaften: Haussaland – sudanisches Afrika
Islam, Erdnüsse, Baumwolle

aus Sievers, A.: Nigeria. Stammesprobleme eines neuen Staates im tropischen Afrika, Frankfurt 1970, S. 81–96

Die Bezeichnung „Haussaland" bezieht sich auf den von den mohammedanischen Haussa bewohnten Norden Nigerias, begrenzt auf die Landschaft der „Haussa High Plains", der Haussa-Hochebenen, die sich nach Norden zu senken, um in die Weite der Saharasandflächen unterzutauchen. Haussaland wird auch gern, und das charakterisiert den Raum viel deutlicher, als wichtigster Teil des nigerianischen Sudan bezeichnet, einmal im Hinblick auf den sudanischen Vegetationstyp der Savanne, der diesen nördlichsten Teil Nigerias beherrscht und zum anderen als Hinweis auf den sudanisch-islamischen Kulturbereich Afrikas. Das Haussaland erstreckt sich über den mittleren und hohen Norden Nigerias, vom etwa 11. nördlichen Breitengrad (südlich Zaria) bis zum 15. (nördlich Kano und Daura), und reicht von der nordwestlichen Landesgrenze westlich Sokoto bis zur Provinzgrenze zwischen Kano und Bornu im Nordosten. Bornu ist ein sehr altes, stark arabisiertes Kanuri-Emirat, das nicht nur eine besondere Kulturlandschaft darstellt, sondern auch klimatisch zum Tschadseebereich gehört. Südlich schließt ans Haussaland der Middle Belt, der ärmste Teil der Nordregion.

Die Haussa Nigerias leben zu 99% in der Nordregion. Sie sind zwar als Händler in allen größeren Städten Südnigerias sehr bekannt, leben dort auch in eigenen Vierteln, aber anders als die Ibo und Yoruba des Nordens haben die meisten ihren Hauptwohnsitz im Norden. Sie dominieren unter den Stämmen der Nordregion, erreichen aber doch keinen höheren Anteil als ein Drittel[1]. Sie erreichen im oben definierten Haussaland zwischen 40 und 68%, nämlich:

Provinz (Emirat) Sokoto . . . . 68% (und Fulani 15%)
Provinz (Emirat) Kano . . . . 65% (und Fulani 28%)
Provinz (Emirat) Katsina . . . . 40% (und Fulani 35%)
Provinz (Emirat) Zaria[2] . . . . 45% (und Fulani 10%)

Wir können schätzen, daß in diesem als Haussaland bezeichneten Nordraum der Provinzen Sokoto, Katsina, Kano und Nord-Zaria rund 13,5 Mio. Menschen auf 180 000 km² leben, das ist ein Viertel der nigerianischen Bevölkerung auf einem Fünftel der Fläche. Haussaland nimmt also in der Föderation eine bedeutende Stellung ein. Hier lebt knapp die Hälfte aller „Northerners" auf nur einem Viertel der Nordregions-Fläche. Haussaland ist der dichtest besiedelte Raum des Nordens. Der Anteil der Haussa dürfte hier etwa 8,4 Mio. betragen, also 62% der Bevölkerung. Was sie gemeinsam haben, was sie eint, sind Sprache und islamische Kultur. Als Sudanneger der Savannen, der Kontaktzone zwischen dem weißen Nordafrika und dem äquatorialen Schwarzafrika, tragen sie in Hautfarbe und Körperbau hamitischen Einschlag. Rechnen wir noch die Fulani als

[1] Nach der Stammesstatistik von 1952.
[2] Die Provinz Zaria gehört nur mit dem nördlichen, allerdings auch viel dichter besiedelten Drittel, zum echten Haussaland, während die weit größere Südhälfte zum Middle Belt gehört, dünn und verstreut und überwiegend von einer Vielzahl heidnischer Splitterstämme besiedelt ist.

mit den Haussa verwandte Stammesgruppe hinzu (s. Zahlen oben), dann ist der mohammedanische Kulturanteil im Haussaland noch beträchtlich größer. Islamisch-orientalische Lebensformen müssen sich hier im mittleren Sudan mit schwarz-afrikanischen, von Naturreligionen geprägten Traditionen auseinandersetzen. In den Savannenlandschaften des Sudan entstehen aber auch andere Lebens- und Wirtschaftsformen als in den Wüsten und Halbwüsten des echten Orients. Zu dieser *schwarzafrikanischen Form islamischer Kultur* tragen die haussasprechenden Händler als die wichtigsten westafrikanischen Zwischenhändler bei, die zwischen den vielen Stämmen der Wald- und Savannenräume vermitteln.

Die beherrschenden Teile des Haussalandes sind die Hausa High Plains im Raum von Zaria, d. h. in der nördlichen Mitte, und im hohen Norden, im Raum von Kano-Katsina und Sokoto. Sie erreichen bei Zaria eine Höhe von 700—750 m ü. M. Über die geologisch sehr alte, leicht gewellte altkristalline Rumpffläche erheben sich wiederholt, so besonders im Raum von Zaria, runde kleine „Kopjes" (Köpfchen) und imposante Inselbergfelsen bis zu 300 m, Zeugen einer noch älteren afrikanischen Rumpffläche. Die Wasserscheide zwischen dem Niger und den zum Tschadsee nordostwärts entwässernden Strömen ist entsprechend weit in den Norden vorgeschoben, nördlich von Zaria. Bis zur Nordgrenze Nigerias gegen die Republik Niger senken sich die Hochebenen bis auf 400 m. Auch das Sokoto-Becken im äußersten Nordwesten ist durch landschaftliche Monotonie, durch große Ebenheiten gekennzeichnet. Anstelle von granitenen Inselbergkuppen lagern hier auf der präkambrischen Rumpffläche kreidezeitliche und tertiäre grobe Sande, die zum Sokoto R. kantig abbrechen.

In Klima und Vegetation ergibt sich die bekannte Ost-West gerichtete westafrikanische Zonengliederung. Die höheren Ebenen um Zaria unterscheiden sich von den nach Norden abdachenden Ebenen mit ihren großen weiten trockenen Flußtälern im Nordwesten und Nordosten nur graduell. Die Übergänge von der Feucht- zur Trockensavanne, d. h. von der Guineasavanne zur Sudansavanne, sind allmählich. Diese Tatsachen spiegeln sich sehr klar in den Anbaumöglichkeiten wider. Das Getreide der westafrikanischen Savanne ist die Hirse. Die Haussa sind *Hirsebauern*. Hirse ist ihre Grundnahrung. In der nördlichen Guineasavannenlandschaft überwiegt die als „Guineakorn" bezeichnete, maisähnliche Sorghum- oder Negerhirse (Andropogon sorghum) und findet die Baumwolle gute Bedingungen, weshalb diese Zone auch als „Baumwollgürtel" (Cotton Belt) Nigerias bezeichnet wird. Der für den Anbau geeignete fruchtbare Boden findet sich, zusammen mit ausreichenden Niederschlägen und Trockenheit während der Reifezeit, im Raum Zaria — Gusau — Sokoto, d. h. bis in die Sudansavanne hinein. Baumwollanbau ist in Nigeria seit rund 400 Jahren schon bekannt. Für den europäischen Export wurde sie zunächst im Raum Abeokuta angebaut, in der Westregion, wo die klimatischen Anbaubedingungen sich allerdings als nicht konkurrenzfähig mit anderen Exporträumen erwiesen haben. Die sehr bekannte Yorubaweberei beruhte früher ganz auf der heimischen Baumwolle. Heute stammen 98% der Ernten aus der Nordregion, überwiegend aus dem schmalen Baumwollgürtel, der sich entlang der eigens für seine Erschließung geschaffenen Eisenbahnlinie[3] und Straße Jos — Zaria — Gusau — Kaura

---

[3] Zwischen Jos und Zaria inzwischen stillgelegt.

Namoda erstreckt und zweifellos ausdehnungsfähig wäre. Erst ein Drittel der Ernte verbraucht der bedeutende nigerianische Binnenmarkt, der jüngst durch Textilfabriken in Kaduna, Kano und Lagos erheblich gestärkt wurde. Immer noch wird ein Großteil des Textilbedarfs durch Importe gedeckt (etwa (70%). Die Baumwolle ist für die meisten Haussabauern dieses Raumes die „cash crop", wie der Kakao für die Yorubabauern und die Ölpalmprodukte für die Ibo.

In der trockenen Sudansavannenlandschaft des hohen Nordens beherrscht anstelle des Guineakornes die trockenresistente, anspruchslosere Kolben- oder Fingerhirse (millet, Pennisetum typhoideum) die bäuerlichen Felder für den Eigenbedarf. Als „cash crop" tritt an die Stelle von Baumwolle auf den leichten sandigen Böden die ebenfalls trockenresistente Erdnuß, so daß die Sudansavanne auch „*Erdnußgürtel*" (Groundnut Belt) genannt wird. Zwar nimmt der Binnenmarkt viel auf[4], aber trotzdem bleibt Nigeria mit etwa 8% Anteil der Welt drittwichtigster Erdnußerzeuger[5]. Die Erdnußtransporte über die sehr strapazierten Schienen- und Straßenwege zwischen Kano (und weniger Maiduguri) und Lagos (und weniger Port Harcourt) spielen im Verkehr zwischen dem Norden und Süden eine bedeutende Rolle. Kano ist aber nicht nur der bei weitem bedeutendste Stapelplatz des Nordens für den Export über die Seehäfen des Landes, sondern – neben Sokoto und Katsina – auch noch für Häute und Felle (Rinder, Schafe, Ziegen)[6]. Denn die Erzeugnisse der Fulani-Nomadenwirtschaft haben hier ihre großen Zentren. Hier treffen sich Haussa und Fulani ebenso wie auf den lokalen Märkten des Nordens zum Austausch ihrer Produkte.

Für das ganze bäuerliche Haussaland ist ferner die Bewässerungswirtschaft unter dem Haussanamen „*Fadama*"*kultur*, nämlich Sumpf- (Naß-) kultur, charakteristisch – ein deutlicher arabischer Einfluß! Wir finden sie überall in den breiten Flußtälern während der Trockenzeit, auf den periodisch trockenen Flußsandbetten und Flußterrassen. Für den Binnenhandel sind die Produkte der Bewässerungswirtschaft als „cash crops" von nicht zu unterschätzender Bedeutung, obwohl es auch hier an genauen Zahlen mangelt. Zuckerrohr und Reis spielen die wichtigste Rolle. Tabak wird für den Binnenmarkt zunehmend angebaut. Europäische („exotische") Gemüsekulturen wie Tomaten, Zwiebeln, Kartoffeln, Bohnen, Kohlsorten, Möhren werden auf die großen nigerianischen Märkte geschickt. Im verkehrsgünstigen Raum von Zaria bis Kano ist die Bewässerungswirtschaft am stärksten vertreten (s. S. 215f.), während der Raum um Sokoto zwar ein bedeutender konsumorientierter Standort ist, aber für den überregionalen Binnenmarkt zu verkehrsentlegen ist.

Das *Haussadorf* vermittelt uns einen Einblick in die sudanisch-islamische Kulturlandschaft. Es ist kompakt angelegt. An die Zeit feudaler Fehden erinnert z. T. auch heute noch wie in den Emirsstädten die Umwallung. Das Siedlungsbild hat manche Ähnlichkeiten mit einem orientalischen Dorf: Gehöft an Gehöft grenzend, aus gelbbräunlichem, in der Sonne getrockneten Lehm erbaut, mit den für Trockenräume

---

[4] Schätzung: 100 000 bis 200 000 t/Jahr.

[5] Im Export ist die Erdnuß heute (1965) seit dem Erdölboom auf den dritten Platz mit 14% abgesunken.

[6] Die deutsche Lederwarenindustrie ist ein wichtiger Käufer. Bekannt ist die Haut der Sokotoziege für die Glacelederfabrikation.

typischen Flachdächern und Zisternen, mit der mauerumwehrten Abgeschlossenheit nach außen und dem auf die Binnenhöfe gerichteten Familienleben. „Purdah", d. h. Abgeschlossenheit, schließt in Schwarzafrika nicht auch noch die Verschleierung der Frau ein[7]. Das sichtbar größte Gehöft gehört dem Chief, dem Häuptling, der dem Emir unmittelbar untersteht. Statussymbol ist die künstlerische Gestaltung der Zaure und in jüngster Zeit die „Garage" und das Auto. Die Zaure ist die Eingangshütte (oder -haus) zum Gehöft, ein runder oder – modern – ein rechteckiger Bau. Sie hat die

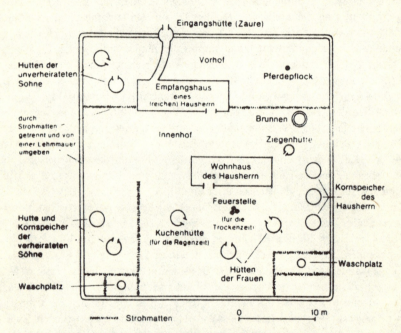

Abb. 1: Grundriß eines Haussa-Gehöftes (Gida).

einzige Öffnung zur Außenwelt und spielt im sozialen Leben der Haussa eine große Rolle. Deshalb auch ihre Ausschmückung bei gehobenem sozialen Status. Sie ist gewissermaßen die Empfangsdiele, der „Palaver"raum[8] mit den Gästen. In die Höfe und Häuser bzw. Hütten der Großfamilie kommt kein fremder Mann hinein. Trotzdem spielt die Haussafrau im außerhäuslichen Arbeitsprozeß eine ganz konkrete Rolle: wie im Süden hat sie ihre eigenen Einnahmen aus dem lokalen Handel mit Pfennigware („petty trade" = Kleinhandel) und aus dem von ihr bearbeiteten Gemüseland in der Nähe des Dorfes. In den fernen „Busch" geht der Mann.

---

[7] Die Einbeziehung der Mädchen in die modernen Bildungsmöglichkeiten steht bei den Haussa in den allerersten Anfängen.
[8] Port. „plavra", d. h. Wort, bezog sich einst auf die Besprechung zwischen Portugiesen und Afrikanern und wurde dann auf die Rede- und Diskussionsfreudigkeit der Afrikaner ausgedehnt.

Die Haussadörfer sind nicht durch Straßen gegliedert, sondern Pfade winden sich zwischen den ummauerten Großfamiliengehöften mit ihren vielen Häusern, Hütten und Höfen hindurch. Marktorte haben einen weiten Platz mit schattenspendenden Bäumen in der Mitte des Ortes für den von weither besuchten Markt, Treffpunkt auch für die nomadisierenden Fulani, deren Frauen hier ihre Milchprodukte tauschen. Gegenüber dem Süden fällt der Mangel an Schulen, auch kultischen Einrichtungen ins Auge. Es gibt weder Kirchen noch Moscheen und Minaretts in den Dörfern, allenfalls Versammlungshäuser, die sich in nichts von den Hütten der Bauern unterscheiden. Moscheen sind auf größere Zentren bzw. auf den Sitz des Emirs beschränkt. Die traditionelle sudanische Moschee gleicht dem schlichten lehmbeworfenen bäuerlichen Gehöft und steht wie eine zinnengekrönte trutzige kleine Burg neben dem weitläufigen Emirspalast. Zaria bietet auch heute noch ein gutes Beispiel, während viele Moscheen leider der Angleichungssucht ans orientalische Beispiel zum Opfer gefallen sind und „modernisiert", d. h. unafrikanisch wurden.

Baumwoll- und „Fadama"land bei Zaria

Im Zentrum des Haussalandes, wo die Hochebenen 700–750 m ü. M. liegen, unterbrochen von gelegentlichen Inselberggruppen, befindet sich der einzige größere Verkehrsknotenpunkt, von den Briten bald nach der Eroberung des Nordens angelegt: *Zaria*. Die Stadt liegt im Herzen des Baumwollgürtels, konnte an die umwallte Altstadt mit dem Sitz eines der größten Emirate des Nordens anknüpfen und an die alte Bewässerungskunst, der sich die Haussa mit Fleiß und Sorgfalt hingeben. Zaria bedeutet heute aber noch mehr. Die Stadt ist in Anknüpfung an ein seit längerem bestehendes College 1962 zum Bildungszentrum der ganzen Nordregion entwickelt worden, dessen wichtigste Neugründungen Ahmadu Bello University und Advanced Teacher' College, d. h. für die Sekundarlehrerbildung, sind. Ein bedeutungsvoller Schritt im bisher so rückständigen Norden.

Kein Raum Nigerias zeichnet sich durch eine solche Vielseitigkeit landwirtschaftlicher Betätigung aus wie dieser zentrale Norden, gegründet auf Regenzeitfeldbau im Sommer bis Herbst und trockenzeitlichen Bewässerungsanbau. Diese Vielfalt reicht von Hirseanbau als der ernährungswirtschaftlichen Grundlage im Haussaland – Guineakorn mehr als Fingerhirse – über Baumwollanbau als der wichtigsten Marktfrucht und Erdnußanbau – wenn auch von zweitrangiger Bedeutung, weil die Böden hier zu schwer sind – bis hin zu bewässertem Zuckerrohr- und Gemüseanbau. Viehwirtschaft fehlt nicht, wird aber von den nomadisierenden Fulanihirten betrieben, wenn auch z. T. eine lockere Integration mit der bäuerlichen Haussawirtschaft besteht. Schweinehaltung kann bei den mohammedanischen Haussa nicht erwartet werden, dafür aber Hühnerhaltung für den Eigenbedarf und städtischen Markt.

Wer in der sommerlichen Regenzeit durch das saftiggrüne Land fährt, ist von der Üppigkeit und Dichte des Feldbaues, vom Fleiß der Bauern bei der Errichtung der Hochbeete für nässeempfindliche Kulturen wie Erdnuß, Baumwolle, Gemüse angesichts der Regenfluten beeindruckt. Anders als die Waldneger des Südens müssen sich die Sudanneger im Norden mühen, um die nur sechsmonatige Regenzeit für den Feldanbau zu nutzen. In der Nachbarschaft der Siedlungen liegen die intensiv bebauten und rotierenden Felder, ob Stadt oder Land – eine jede Stadt, so auch Alt-Zaria (die umwallte Altstadt), enthält einen hohen Anteil bäuerlicher Bevölkerung, charakteristisch für ganz Westafrika[9]. Weiter weg liegt der „Busch", in dem Brandrodungsfelder verstreut liegen, die nur während der Reife- und Erntezeit beaufsichtigt zu werden brauchen und wohin das Fulanivieh im Sommer getrieben wird. Aber auch schon der Gürtel der Intensivkulturen um die Siedlung erfordert oft weite Wege („Buschpfade"). Grundsätzlich unterscheidet der Haussabauer drei Lagen: das Trockenland im „Busch", d. h. auf der Hochebene, wo die Böden ausgelaugt sind; das Trockenland an den sehr sanften Hängen mit guten Lehmböden (Cotton Soil), das für den Ackerbau bevorzugte Land; und drittens das Sumpfland in den breiten Flußniederungen, in Haussa „Fadama" genannt.

Diese Niederungen sind während der Regenzeit überflutet, können aber in der Trockenzeit bis zu ihrem Höhepunkt im März/April für Fadama-, d. h. Bewässerungskulturen genutzt werden. Selbst wenn in den Flußbetten und auf den Flußterrassen nur noch Wasserlachen und Wasserlöcher vorhanden sind, ab Januar/Februar wird mit Hilfe der primitiven, aus den arabischen Ländern bekannten und zweifellos von dort auch stammenden Schadufbewässerungsmethode[10] gartenmäßiger Feldgemüsebau, Zuckerrohr- und Tabakanbau bis in den März/April hinein betrieben, solange der Grundwasservorrat reicht. Das hängt von der von Jahr zu Jahr schwankenden Länge und Stärke der Regenzeit ab. Die wertvollen Bewässerungskulturen werden gegen streunende Herden eingezäunt. Die Fadamakulturen dienen nur zum kleinen Teil der Deckung des familieneigenen Bedarfs; hauptsächlich bedeuten sie heute im Zeichen der wichtigen Verkehrsverbindung Nord-Süd und des Anwachsens nichtlandwirtschaftlicher Bevölkerung in den Städten, besonders des Südens mit seinen Ballungsräumen, eine wichtige Einnahmequelle nach der Baumwolle.

Die Bodenpflegearbeiten beginnen nach Einsetzen der ersten kräftigen Regen im April oder auch erst Mai, wenn der steinharte Boden bereits die Feuchtigkeit aufgesogen hat. Die erste *Ernte* bringt die Fingerhirse schon nach drei Monaten, im August/September. Im September/Oktober folgt die Erdnußernte. Guineakorn, die Hauptfrucht der nördlichen Guineazone um Zaria herum, kann im Oktober geerntet werden. Zugleich beginnt auf den flächenmäßig geringen Fadamafeldern die Zuckerrohrernte bis zum Dezember, währenddessen die Baumwollfelder in rosa Blüte stehen und von Dezember bis Februar abgeerntet werden. Damit sind die wichtigsten Ernten abgeschlossen. Sichtbar beherrschen sie das Straßenbild: etwa die Erntewagen zur Zeit der Guineakornernte, die schweren Zuckerrohrbündel, und schließlich – am sichtbarsten – die Baumwolle, in Bündel gepreßt, auf Eseln, als Kopflast und auf dem Fahrrad. Auf den Guineakornfeldern wird auf einem kleinen, gegen Viehfraß eingezäunten Feld Kassava (Manioka) angebaut und im Laufe der Trockenzeit für den Familienbedarf abgeerntet.

Im Leben des zusätzlich Bewässerungsanbau betreibenden Haussabauern gibt es wenig Ruhezeiten wie etwa beim Kakaobauern oder gar beim Ölpalmgärtner. Immer-

---

[9] Vgl. auch Ibadan und Kano S. .

[10] In einem Ledersack wird mit Hilfe eines Holzgerüstes das Wasser aus dem Loch bzw. dem Fluß geschöpft und mittels kleiner handgegrabener Kanälchen in die Beete geleitet.

hin gehören die trockenen Monate nach der Baumwollernte – im hohen Norden nach der Erdnußernte –, wenn der Bauer sie zur Sammelstelle des Marketing Board gebracht und dafür den Festpreis ausgezahlt bekommen hat, also bares Geld in der Hand hat, zum Reisen und Festefeiern; Hochzeiten und andere Familienfeste finden nur in dieser Jahreszeit statt. Märkte werden besucht, neue Tuche gekauft. Der Markthandel, immer schon eine echt afrikanische buntbewegte Begebenheit, feiert in dieser Zeit Triumphe.

Im Erdnußgürtel von Kano-Katsina

Die Erdnuß ist für den gesamten Sudan von Senegal bis zum Sudanstaat die weitaus wichtigste Exportfrucht. Sie findet auch in der nigerianischen Sudansavanne ausgezeichnete Wachstumsbedingungen: eine kurze, etwa viermonatige Regenzeit (Mai/Juni – August/September), die ausreicht, um die Erdnüsse zum Reifen zu bringen, und einen lockeren sandigen Boden, in dem die Erdnüsse zu Beginn der Trockenzeit ausreifen können. Im Juni werden die gut durchfeuchteten und vorbereiteten Hochbeete bestellt, von Oktober bis Dezember – nach vier bis fünf Monaten – werden die Büschel geerntet. Nach Entfernung der Schalen mit der Hand, häufiger jetzt auch maschinell, bringt der Bauer seine Nüsse in Säcken zum Markt – wie beim Baumwolltransport: auf dem Esel oder dem Fahrrad, als Kopflast – und erhält den vom Marketing Board vor der Regenzeit schon festgesetzten, also garantierten Preis. Der Erdnußanbau ist überall im Haussaland sehr populär, die Nüsse und das Öl sind ein sehr beliebtes Nahrungsmittel, ein Erdnuß-Stew ist als Mahlzeit sehr geschätzt.

Im Erdnußgürtel von Kano-Katsina spielt der Export über den Groundnut Marketing Board eine beherrschende Rolle. Die hohen Erdnußpyramiden im Norden und Süden von Kano, in Reih und Glied angeordnet, sind das Wahrzeichen dieses größten Zentrums des mittleren Sudan. Die Erdnußsäcke werden hier pyramidenartig im Freien gestapelt, bis sie von eigenen Gleisanlagen aus für den Export mit der Bahn nach Süden verfrachtet werden.

Rings um Kano und Katsina, aber auch um die kleineren Städte der Sudansavanne, breitet sich ein *Gürtel besonders intensiver Landwirtschaft*. Viele Bauern leben traditionell noch innerhalb der Stadtmauern und legen weite Wege zu ihren kleinen Feldern vor den Toren der Umwallung zurück. Aber selbst der Farmgürtel hat eine Bevölkerungsdichte, wie sie sonst nur im Lagos-Territorium, im Kakaogürtel und im Palmölgürtel des Südens erreicht bzw. übertroffen wird. Diese landwirtschaftliche Konzentration um die alten umwallten Städte des Nordens hängt mit dem Schutzbedürfnis in der Zeit feudaler Fehden und Kriegszüge und zum anderen mit dem leicht bearbeitbaren sandigen Boden und zusätzlichem Fadamaland im Bereich der nur periodisch wasserführenden Ströme zusammen. Der Boden wird mit allem verfügbaren Mist intensiv gedüngt, Esel bringen ihn aus der Stadt heraus auf die Felder. Im innersten Gürtel von 16 km Breite um Kano siedeln fast 400 Menschen/km², in einem äußeren Gürtel von weiteren 32 km noch 1,58/km². In diesem dichtbesiedelten Raum zwischen Kano und Katsina mit über 40 umwallten Städten leben weit über eine Mio. Menschen.

Die meisten Bauern sind eher als Gärtner anzusprechen. Ihre Betriebsflächen liegen unter 0,4 ha (1 acre), Brache und Ödland sind unbekannt, Rotation wird geübt, jedes Fleckchen Land wird mit großer Sorgfalt während der Regenzeit bebaut. Harrison Church vergleicht die Intensität des Anbaus geradezu mit Flandern! „Busch" gibt es hier nicht — ein sehr unafrikanisches Bild für eine Savannenlandschaft. Grove nimmt an, daß im Vergleich zur vorbritischen Zeit vor 70 Jahren heute die doppelte Menge Land in Kultur ist, und zwar durch intensivere Nutzung des stadtnahen Gürtels, weniger durch Ausdehnung. Die Grundlage jeder kleinbäuerlichen intensiven Landwirtschaft ist der Hirseanbau, und zwar die der Trockensavanne mit ihrer kurzen Regenzeit adäquate Fingerhirse. Guineakorn wird wegen dieses Risikos wenig angebaut. Als Exportkultur wird Erdnuß angebaut. Als Rotations- und Zwischenkulturen werden eine Fülle weiterer Feldfrüchte für den Eigenbedarf und Markt angebaut: Bohnen, Süßkartoffeln, Kassava, sogar im Schatten der Bäume Cocoyam, Mais und Gurken. Baumwolle, Pfeffer, Zuckerrohr, Reis auf eingezäunten Gartenbeeten, z. T. auch auf Fadamaland. Feld- und gartenmäßiger Anbau werden mit- und nebeneinander betrieben. Der *jahreszeitliche Rhythmus* sieht etwa folgendermaßen aus: Fingerhirse wird als erste Frucht gesät (Juni) und auch geerntet (August/September). Als Zwischenfrüchte sind Guineakorn — schon allein wegen des Risikos — und Erdnüsse häufig, Erdnüsse werden aber überwiegend allein angebaut. Sie werden im Juni/Juli gepflanzt und im November geerntet, so auch Guineakorn. Berechnungen über die Anbauanteile sind in afrikanischen Ländern zwar schwer durchzuführen, aber schätzungsweise werden auf einem Viertel der bebauten Felder Erdnüsse angebaut, auf den übrigen Feldern Fingerhirse und Guineakorn[11].

Während die Trennung von Großviehhaltung und Ackerbau für afrikanische Verhältnisse sehr typisch ist, hat sich in diesen dichtbevölkerten ländlichen Strichen des sudanischen Nordnigeria in den letzten Jahrzehnten, von den Briten noch angeregt, das *Mixed Farming* mit einigem Erfolg bewährt, eine Ackerbauwirtschaft mit Rinderhaltung zur Mistgewinnung. Diese Bauern müssen mindestens 8 ha Land besitzen, um ein paar Kühe mit Nutzen zu halten. Solche größeren „Kuhbauern" pflügen und düngen ihre Felder, während die Masse der kleinen Bauern als „Handbauern" bezeichnet werden, die die Feldarbeit mit Hilfe der bekannten einfachen afrikanischen Werkzeuge verrichten, mit Buschmesser, Hacke, Handpflug. Die wenigen größeren Kuhbauern gehören im allgemeinen der herrschenden Schicht im Dorfe an, oftmals seßhaft gewordenen Fulani, während die meisten Haussa Kleinbauern, Handwerker und Händler sind. Zu jedem Dorf gehören periodisch auch eine Reihe von Fulanihirtenfamilien, die das Vieh der größeren Bauern auf den Stoppelfeldern in der beginnenden Trockenzeit hüten und für die Düngung dieser Felder sorgen. Daran haben weit mehr Schafe, Ziegen und Esel teil als Kühe.

[11] Nach Untersuchungen 1952 im Raum Katsina. Vgl. Grove, a. a. O., S. 43 Groves Untersuchung einiger Dörfer im dichtbesiedelten *Raum von Katsina* bringt einige Zahlen, die als recht typisch gelten mögen. Im Weiler Illale (1952: 423 E.) sind 84% der Gesamtfläche Ackerland und davon nur 10% Brachfelder; nur 14% entfallen auf Weideland. Im Marktdorf Bindawa (1952: 4358 E.), im gleichen Distrikt gelegen, sind 63,5% der Gesamtfläche Ackerland, davon auch wieder nur 10% brachliegende Felder; 31% Weideland, 1,5% Dornbuschland, 1% Forstreserve, 0,3% gehöftnahe Gärten und 0,2% Fadamagärten. Diese Zahlen stimmen mit den Distriktzahlen überein. Als Viehbestand werden angeführt: 60 Pferde, 733 Rinder, 400 Esel, 350 Schafe und 3000 Ziegen. Geflügel wird nicht eigens aufgeführt, wird aber überall gehalten.

Die *Sozialstruktur der Dörfer* ist im sudanischen Norden sehr kompliziert. Haussa, halbnomadische und seßhafte Fulani haben sich im Laufe der letzten 50 Jahre vermischt, seit die Pax Britannica für die Befriedung im Lande sorgte und viele der früher nur in befestigten Dörfern und Städten lebenden Bauern in die Felder hinauszogen und sich dort in Streulage ihrer Gehöfte ansiedelten. Viele ehemalige Sklaven sind dabei, die von ihren einstigen Herren mit Land ausgestattet wurden und die die ärmere bäuerliche Schicht bilden. Die Fulani sprechen hier nicht Ful, sondern Haussa und stehen diesen näher als ihren nomadischen Stammesbrüdern. Aber die herrschende Schicht (Häuptling, Richter, Mallam, d. h. Lehrer, etc.) in einer jeden sudanischen Siedlung, ob Stadt oder Dorf, bezeichnet sich gern als Fulani.

Wir dürfen uns aber nicht täuschen: Afrika ist weithin noch – und das gilt bis auf einige Ausnahmen auch für die nigerianische Savannenlandschaft – der Erdteil des unbegrenzten Raumes. Dies ist auch der Eindruck desjenigen, der aus dem nigerianischen Süden mit seinem Waldland in den Norden mit seinen unermeßlich weiten, sanft gewellten parkartigen Grasebenen kommt. Das brachliegende „*Busch*"-land, alles als Folge der gebräuchlichen Brandrodungen Sekundärformen minderer Qualität und minderen Wuchses, ist der beherrschende Eindruck. Siedlungen und intensiv bestellte Felder, geschweige denn Fadamafelder liegen weit auseinander und sind flächenmäßig sehr begrenzt. Die Buschfeuer im Januar/Februar, nach der Baumwollernte, sind ein typisches Zeichen der Trockenheit. Nach der letzten großen Ernte liegt das meiste Land verdorrt, gelb und fahl da. Im Busch wird abgebrannt (Brandrodung) für die Bestellung im nächsten Sommer, die Stoppelfelder werden erst von den Fulaniherden abgeweidet und dabei gedüngt, dann abgebrannt. Schwarze, abgebrannte und in Überzahl gelb-fahle Flächen und ausdörrende Harmattanstaubwinde im Januar/Februar bestimmen die trockenzeitliche Savannenlandschaft. Sie erreicht in den sogenannten heißen Monaten zur Zeit des Zenitstandes der Sonne (März–Mai), also unmittelbar vor Erwartung der ersten Gewitterregen zur Einleitung der Regenzeit, ihren Höhepunkt.

III.
VON DER FELDFORSCHUNG ZUM DIDAKTISCHEN TRANSFER

Ceylon im Erdkundeunterricht

aus: Schule und Mission Heft III/1968, S. 144–154

Vorbemerkungen

Ceylons Bedeutung innerhalb des Erdkundeunterrichts

Ceylon wird zumeist – d. h. in der gesamten länder- und völkerkundlichen Literatur – als ein Anhängsel an Indien behandelt. Dafür gibt es viele Gründe. Die wichtigsten seien genannt:

1. Ceylon ist ein nur sehr kleiner Teil des riesigen Subkontinentes Vorderindien. Seine 12 Mio. Menschen (1967) spielen angesichts 472 Mio. Indern (1965) und 103 Mio. Pakistanern (1965) eine nur sehr bescheidene Rolle.
2. Ceylon ist ein Glied des indischen Kulturkreises. Die Träger der Kultur in Ceylon entstammen der indischen Festlandkultur. Dem indischen Festland entstammt auch Ceylons Gesellschaftsordnung.
3. Ceylons Inselgestalt stellt gewissermaßen die Fortsetzung Südindiens dar, und zwar in ihrem erdgeschichtlichen Werdegang, in ihren Oberflächenformen, in ihrer klimatischen Gliederung und entsprechend in ihrem Pflanzenkleid.
4. Indien, Pakistan und Ceylon waren bis 1947 bzw. 1948 Glieder des britischen Kolonialreiches, des Empire; das damalige ungeteilte Indien als Kaiserreich Indien und Ceylon als Kronkolonie. Sie alle haben deshalb mancherlei Merkmale gemeinsam.

Aus diesen Gründen wird Ceylon im Erdkundeunterricht aller Systeme selten besondere Beachtung geschenkt. Die vielen stofflichen Probleme, die die Behandlung Indiens und Pakistans angesichts ihrer heute so großen Bedeutung in der Völkerfamilie und ihrer gewichtigen geographischen Lage innerhalb Monsunasiens und mit dem Blick über den Indischen Ozean nach Afrika und Australien hin stellt, rücken die noch so schöne und reiche Tropeninsel in den Hintergrund. Daran wird auch der Fernflugtourismus, für den – auch bei uns – Ceylon eines der beliebtesten Ziele geworden ist, nichts ändern.

Schwerpunkte für eine Darstellung Ceylons im Erdkundeunterricht

Die didaktische Frage sollte lauten: Vermittelt die Insel Ceylon dennoch auch dem deutschen Schüler Bildungsinhalte von Rang, die es lohnend machen, ihr im Zusammenhang mit Indien und Südasien besondere Beachtung zu schenken? Von elementarer Bedeutung erweisen sich

1. der Ceylontee, 2. die tropische Höhengliederung und 3. der relativ hohe Entwicklungsstand der einstigen britischen Kronkolonie.

Tee wird überwiegend als Plantagenkultur angebaut und bestimmt den Export in einseitiger Weise, bedeutet aber auch heute noch den ganzen Reichtum der Insel. Die günstigen natürlichen Anbaubedingungen erwachsen dem Tee aus der Höhengliederung der Insel: in nur 100 km Luftlinie von der Küste liegt das „Tee-Hochland" in Höhen von 1500 bis 2500 m. Daß Ceylon als „kostbare Perle im britischen Juwelenschatz", wie sie gern bezeichnet wurde, und als „Musterkolonie" galt, ist nicht zuletzt der Erziehungstätigkeit der Missionen zu verdanken, aus der eine stattliche Intelligenzschicht unter der Westküstenbevölkerung hervorgegangen ist. Sie hat einen entscheidenden Beitrag zum relativ hohen Bildungsstand und damit auch zur Leistungshöhe der Exportwirtschaft der Insel geleistet, so einseitig die wirtschaftliche Entwicklung auch sein mag. Doch dies ist eine Frage des kolonialen Schicksals als Plantagenland und damit von weiterer (also vierter) Bedeutung im didaktischen Sinne. Dafür dürfte es nur wenige ebenso eindrucksvolle Beispiele innerhalb der Länderkunde geben — etwa Malaya mit seinem durch Kautschukplantagenkultur hervorgerufenen Reichtum.

Altersstufen- und Zeitplanung

Diese drei bis vier Kerngedanken sollten den Inhalt unterrichtlicher Bemühungen ausmachen und im Anschluß an die vorausgegangenen großen indischen Themen im Rahmen einer indischen Unterrichtseinheit entfaltet werden[1]. Dafür bietet sich zunächst der länderkundliche Unterricht im 7. bzw. 8. Schuljahr an. Die Dauer des auf Seite 231f. abgedruckten Unterrichtsentwurfs sollte den begrenzten zeitlichen Möglichkeiten Rechnung tragen; sie dürfte eine bis zwei Unterrichtsstunden kaum überschreiten. Allerdings erscheint der vierte Kerngedanke geeignet, im fächerübergreifenden Unterricht exemplarische Bedeutung zu erhalten, etwa unter dem Thema „Vom Kolonialismus zur Unabhängigkeit" oder „Entwicklungsländer und Entwicklungshilfe"[2]. Eine solche Unterrichtseinheit würde sich natürlich über fünf bis zehn Stunden erstrecken bzw. hängt in ihrem Umfang davon ab, wieviel Gewicht — Beispiele, weltweit oder räumlich eng begrenzt, Anteil weiterer Fächer: Deutsch, Geschichte, Religion, Gemeinschaftskunde — dem Thema gegeben werden soll.

Stoffsammlung

Flächengröße: rund 65 000 qkm (wie Bayern)
Bevölkerung: 12 Mio. (1967 Schätzung, 1964: 11 Mio.)
Geographische Breitenlage: 10 bis 6° n. Br.

---

[1] Unterrichtseinheiten über Indien sind verschiedentlich im pädagogischen Schrifttum — allerdings sehr verstreut — zu finden: z. B. von *Sievers-Pundsack* in Kath. Frauenbildung 1961, S. 161 ff. und von *Sievers* in „Christi Wort in aller Welt" — s. Schrifttumsverzeichnis Seite 13.
[2] Vgl. entsprechende Entwürfe bei *Pundsack* und *Sievers* in „Christi Wort in aller Welt" (mit missionsgeographischem Akzent") und bei *Sievers* in Katech. Bl. 1961, Heft 2 — s. Schrifttumsverzeichnis Seite 13.

Landschaftliche Gliederung der Insel

Der entscheidende geographische Gesamteindruck ist der einer beträchtlichen räumlichen Differenzierung der Insel im natur- und kulturgeographischen Bereich, ja geradezu eines Reichtums an Gegensätzlichkeiten. Das widerspricht dem herkömmlichen Bild, das wir gemeinhin von Ceylon haben. Die Insel wird gern als Endland bezeichnet, als die eigentliche Südspitze Vorderindiens. Die Landschaften Südindiens setzen sich fort, jener *Dreiklang* aus westlicher Küstenebene, mauerartig ansteigendem, 2500 m hohem Gebirge und östlicher Küstenebene. Die Insel gliedert sich entsprechend.

1. in ein feuchtheißes, nur 50 bis 60 km breites westliches Küstentiefland,
2. in das festungsartige zentrale Gebirge mit Hochlandcharakter und
3. in ein ebenfalls schmales, aber nur periodisch feuchtes östliches Küstentiefland.

Die *Tiefebenen* nehmen mehr als drei Fünftel der Insel ein. Die nördliche Hälfte Ceylons ist reines, nur periodisch feuchtes Tiefland, die südliche Hälfte dagegen weist ein auf engem Raum zusammengedrängtes, ausgeprägtes und steiles Relief auf, jenen *Gebirgsklotz*, der Ceylons ganze Mannigfaltigkeit, Schönheit und Reichtum darstellt. Auf einer Luftlinie von nur 100 km, auf kurvenreicher guter Autostraße von 180 km oder mit der Bahn gelangt man aus der ungesunden Treibhausschwüle von Colombo, der Haupt- und Welthafenstadt (mit Trabantenstädten 800 000 E. 1963), hinauf in das erfrischende kühle Hochland von Nuwara Eliy in 1900 m Höhe.

Die *Temperaturen* tragen typisch äquatoriale und ozeanische Züge in der Ausgeglichenheit, zum andern die Abhängigkeit vom Relief. Die Jahresschwankung beträgt in der Ebene um nur 2° C, das Jahresmittel in Colombo 27° C, in Kandy (= Bergland, 500 m) 25° C, im Hochland (1900 m) nur 15,5° C. Diese Kontraste zwischen Tiefebenen und Gebirge werden durch die ungleiche Verteilung der *Niederschläge* verschärft, bedingt durch die jahreszeitlich wechselnden Monsunwinde. Verschwenderische Südwestmonsun-Niederschläge mit Durchschnittswerten von 2300 mm fallen im Südwesten (Maximum: April bis Juni), ein Drittel der Insel, die sogenannte „Feuchtzone", tränkend und üppige Regenwaldvegetation hervorbringend, sofern sie nicht längst für Plantagenkulturen gerodet worden ist. Demgegenüber sind die Nordostmonsun-Niederschläge zwar im Gebirge wieder sehr hoch, aber im Norden und Osten, in den Ebenen der sogenannten „Trockenzone", mit Durchschnittswerten von 1870 mm schwach und unsicher (Maximum: November bis Januar).

Der Osten und mittlere Norden sind von *Grassavannen* und weithin auch von laubwerfendem und immergrünem *Wald* („Dschungel") bedeckt und dünn besiedelt. Nur dort, wo künstlich bewässert werden kann, wird Reis angebaut. Spärliche *Dornbusch- und Sukkulentenvegetation* kennzeichnet die trockensten Küstenstriche im Nordwesten und Südosten, die weder vom Südmonsun noch vom Nordmonsun beregnet werden.

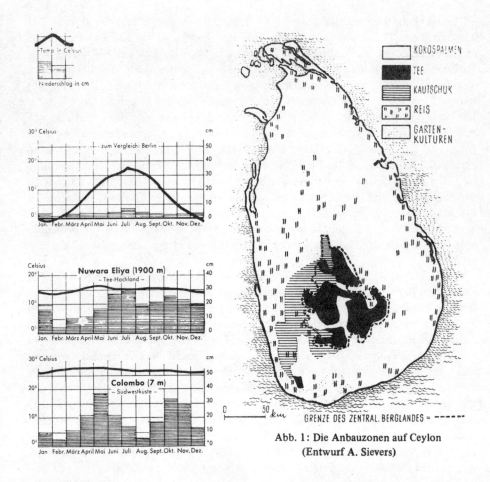

Abb. 1: Die Anbauzonen auf Ceylon
(Entwurf A. Sievers)

Bevölkerungsstruktur

Die Bevölkerung *verteilt* sich sehr ungleichmäßig über die Insel. 80 % drängen sich auf einem Drittel, dem feuchten Südwesten, d. h. in der Feuchtzone zusammen. Und hiervon entfallen fast 10 % allein auf Colombo mit seinen Trabantenstädten. Von den für die weite Trockenzone verbleibenden 20 % lebt allein ein Drittel auf der Jaffna-Halbinsel im äußersten Norden. Mit dieser Ausnahme ist die Trockenzone überaus dünn besiedelt.

Die Feuchtzone gehört zu den dichtest besiedelten ländlichen Räumen der Welt und erreicht fast so hohe *Dichtewerte* wie Bengalen und die Malabarküste von Indien. Die weithaus größte Konzentration zeigt die Südwestküste. Im Bergland von Kandy wird eine zweite hohe Dichte erreicht. Es ist bemerkenswert, daß die Teegroßplantagenlandschaften in Höhenlagen zwischen 1500 und 2300 m wegen ihres großen Arbeiterbedarfs zu relativ hoher Bevölkerungsdichte führen.

Seit erfolgreicher Malariakontrolle nach der letzten großen Epidemie von 1935 und seit besserer Gesundheitsfürsorge auf dem Lande *wächst* die Bevölkerung in einem bedrohlichen Maße. Binnen 20 Jahren, von 1946 bis 1966, ist sie um 75 % gewachsen *("Bevölkerungsexplosion")*. Ceylon liegt mit an der Spitze aller Länder, ohne daß es bisher nennenswerte wirtschaftliche Ausweitungsmöglichkeiten gäbe. Es gibt wenige Länder, die unter einem ähnlichen *Bevölkerungsdruck* leiden. Nur 30 % der Insel sind Kulturland, ein Teil davon nicht bebaut. Die *Landnot* bzw. die Landlosigkeit ist in jüngster Zeit zu einem der Kernprobleme Ceylons geworden, und zwar begrenzt auf den südwestlichen Küsten- und Gebirgsraum und ebendort auf das bäuerliche Land, das 60 % der Kulturfläche einnimmt. Weitere 40 % entfallen auf Plantagenland. Die durchschnittliche Besitzgröße beträgt nur 12 ar. Ein Viertel des Landvolkes ist völlig landlos, die Hälfte besitzt weniger als 0,4 ha. Das geht soweit, daß selbst die Fruchtbäume, d. h. deren Ernte, unter den Erben aufgeteilt werden. Der größte Teil der Landbevölkerung fristet also ein kümmerliches Dasein. Mit nur 1970 Kalorien gehört Ceylon trotz der Fülle der agrarischen Erzeugnisse zu den „hungrigsten" Ländern der Welt.

Wie überall in Südasien ist auch in Ceylon das gesellschaftliche Bild sehr bunt. Der Pluralismus bezieht sich auf die ethnischen, sprachlichen, religiösen und sozialen Gruppen, die häufig korrespondieren. Die ceylonesische Bevölkerung setzt sich im wesentlichen aus *vier Volksgruppen* zusammen. Die *Singhalesen* stellen zwei Drittel, die *Tamilen* knapp ein Viertel der Gesamtbevölkerung[3]. Die drittgrößte Gruppe stellen mit 6 % der Bevölkerung die sogenannten Moors, Nachfahren arabischer Seefahrer und Händler, stark gemischt mit der einheimischen Bevölkerung. So klein die Gruppe auch sein mag, ihr wirtschaftlicher Einfluß ist groß. Die vierte Gruppe, die sogenannten Burgher und Eurasier (weiße und halbweiße Bevölkerung aus kolonialer Zeit) ist zahlenmäßig verschwindend klein (0,5 %). Sie gehören durchweg der besitzenden Intelligenzschicht Ceylons an, sind englischgebildete Christen, stellen bisher den Großteil der höheren Beamten und leben in den wenigen größeren Städten (Colombo usw.). In den vergangenen Jahren war als Folge der ungewissen innenpolitischen Zukunft ein Exodus im Gange. So verlor die Insel wertvolle Führungskräfte zum Schaden der wirtschaftlichen Entwicklung.

Im großen und ganzen entspricht der ethnischen die Aufgliederung in *Religionsgemeinschaften*: 64 % der Bevölkerung sind *Buddhisten*, 20 % *Hindu*, 9 % Christen und 7 % Mohammedaner. Die buddhistischen Singhalesen verleihen als beherrschende Volksgruppe der Insel weithin den Charakter eines buddhistischen Landes, das sich vom indischen Festland darin abhebt und sich – bei aller räumlichen Ferne – stärker nach Hinterindien hin verbunden fühlt. Für südasiatische Verhältnisse liegt der Anteil der *Christen* mit 9 % erstaunlich hoch – ein Erbe der portugiesischen Kolonialzeit (1505 bis 1658), denn allein 84 % der Christen sind römisch-katholisch. Singhalesen wie Tamilen sind daran gleichermaßen beteiligt, die Burgher fallen zahlenmäßig nicht ins Gewicht, wohl aber als Elite. Fischer, Teearbeiter und Intelligenz – das sind die drei

---

[3] Die indische Hälfte unter den Tamilen besitzt allerdings nicht die ceylonesische Staatsangehörigkeit, aber sie steht seit langem im ceylonesischen Arbeitsprozeß und muß deshalb mit einbezogen werden.

großen sozialen Gruppen, die die Masse der katholischen Christen Ceylons stellen, unter ihnen zahlenmäßig am stärksten die Fischer (Karava-Kaste). Die Reisbauern treten dahinter stark zurück, weil sie einer Bauernkaste mit alter buddhistischer Tradition angehören.

Daraus versteht sich die *geographische Verbreitung der Christen*, die deutliche Schwerpunkte zeigt (vgl. Kartenskizze). Ähnlich der „christlichen Fischerküste" von Kerala in Südwestindien können wir auch an der ceylonesischen Westküste einen solchen Streifen finden (I), auf dem allein zwei Drittel aller Ceylonchristen leben. Eine zweite Verdichtung findet sich auf der Jaffna-Halbinsel im Norden unter den Fischern und Bauern (II), die dritte unter den indisch-tamilischen Plantagenarbeitern im Hochland (III).

So dicht die Kirchen in den christlichen Küstenstrichen stehen, so dicht scharten sich auch die Missionsschulen und karitativen Anstalten um sie herum zu einem großen *Missionszentrum*. Die Volksschulen mußten 1960 dem Druck des Bandaranaike-Regimes weichen und wurden verstaatlicht. Die Mehrzahl der nach englischem Muster aufgebauten höheren Schulen konnten bisher unter großen Opfern als Privatschulen ohne staatliche Zuschüsse gehalten werden (vgl. wieder den Beitrag von Wiedenmann, Seite 136). Die Stärke der Missionsarbeit war der systematische Aufbau eines *Bildungswesens*. Was wäre Ceylon heute ohne diesen Beitrag! Wie in Indien weisen die christlichen Gegenden den bei weitem höchsten Anteil der Lesekundigen auf.

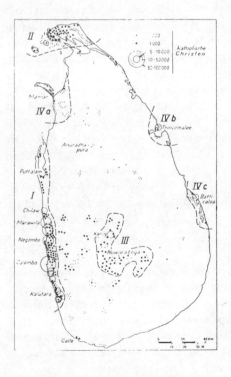

Abb. 2: Verbreitung der kath. Christen in Ceylon

(Aus A. Sievers, Ceylon – Gesellschaft und Lebensraum in den oriental. Tropen, Wiesbaden 1964)

Einfluß der geschichtlichen Entwicklung auf die heutige Kulturlandschaft

Ceylon ist wie Indien und andere Länder des tropischen Asiens altes Hochkulturland. Die Trockenzonenabschnitte des Nordens, Ostens und Südostens wurden frühzeitig besiedelt, zwischen dem fünften vorchristlichen und zwölften nachchristlichen Jahrhundert, und mit künstlich bewässertem Reis, mit Hilfe von Stauteichen und Kanälen, bebaut. Erst seit dem 15. Jahrhundert wurde das südwestliche feuchtheiße Küstentiefland und erst im 17. Jahrhundert das ebenso feuchte Bergland von Kandy, das letzte singhalesische Königreich, besiedelt und in Kultur genommen, das Teeplantagenhochland sogar erst am Ende des vorigen Jahrhunderts – Landschaften, die heute Kernräume der Insel darstellen, in denen 80 % der Menschen leben. Sie wurden seit dem Jahre 1505 während einer 450-jährigen europäischen Kolonialherrschaft dreier sehr verschiedenartiger Kulturnationen entwickelt, die jede auf ihre Weise die Insel prägten:

die Portugiesen von 1505 bis 1658,
die Holländer bis 1796 und
die Briten bis 1948 –

also jeweils rund 150 Jahre. Das Interesse der Portugiesen war sehr begrenzt: räumlich auf die Küsten, wirtschaftlich auf die damaligen Kostbarkeiten wie Perlen, Elfenbein, Edelsteine und Zimt. Handelseifer und Missionseifer gingen Hand in Hand. Sie übten einen nachhaltigen Einfluß auf die Menschen (Fischer!) des Küstenlandes aus, indem sie die Christianisierung mit Erfolg betrieben. Die Holländer beschränkten sich ebenfalls auf den Küstenraum, handeltreibend und den Zimtanbau fördernd; ihr Einfluß ist weniger nachhaltig gewesen. Erst die Briten haben von der *ganzen* Insel Besitz ergriffen, die gesamte feuchte Westseite mit weltwirtschaftlich bedeutenden Plantagenkulturen überzogen und ihr damit ein völlig neues Gesicht verliehen. Die bäuerliche Reiswirtschaft wurde davon wenig berührt, aber erheblich eingeengt. Seitdem konzentriert sich Ceylons völkisches und wirtschaftliches Leben ganz ausschließlich auf Colombo, den einzigen großen Exporthafen der Insel. Die Erlangung der Unabhängigkeit 1948, ein Jahr nach Indien, leitet eine neue Entwicklung im Osten ein, also in der Trockenzone. Anknüpfend an das frühgeschichtliche Erbe, erhält dieser in der britischen Kolonialzeit vernachlässigte Raum wichtige Impulse: Bewässerungsbauten, Erweiterung der Reisanbaufläche, Gründung neuer moderner Siedlungen und nicht zuletzt damit verbunden die Aufnahme überschüssiger Bevölkerung aus den Ballungsräumen.

Wirtschaftsstruktur: die Tee-Insel

Ceylon gilt als ein *klassisches Plantagenland*. 96% seiner Ausfuhr bestehen aus Tee, Kautschuk und Kokosprodukten. Davon entfallen allein zwei Drittel auf Tee, der dem Hochland entstammt. Das gesamte Hochland ist eine einzigartige geschlossene *Teeplantagenlandschaft*, in der der Teestrauch als Monokultur regiert. Und trotzdem wäre damit ein einseitiges Bild gezeichnet. Das Gesicht der Insel bestimmen Plantagen *und* bäuerliches Reis- und Fruchthainland. Unter britischem Einfluß verschob sich jedoch die Bedeutung Ceylons zu so zugkräftigen Genußmitteln hin wie Kaffee und Tee. Infolge einer Pilzkrankheit wurde der Kaffeestrauch innerhalb weniger Jahre am Ende des vorigen Jahrhunderts durch den Teestrauch ersetzt. Der Anschluß an die Weltmarktwirtschaft brachte allerdings eine gefährliche Krisenempfindlichkeit und Abhängigkeit vom britischen Konsumenten mit sich. Und trotzdem sind die Ceylonesen ein Bauernvolk geblieben, das mit dieser Plantagenentwicklung nur wenig gemein hat, damit nicht Schritt halten kann und am wirtschaftlichen Reichtum Ceylons keinen Anteil hat. Sie sind auf der Stufe der antiken Reisbauernkultur nicht etwa stehengeblieben, sondern sind unter die für die damaligen Zeiten unerhörten Errungenschaften sogar herabgesunken. Die schöne und reiche Insel zeigt zugleich viele typische Merkmale der Entwicklungsländer.

Das Wohl der Insel hängt also von der Plantagenwirtschaft ab. Tee, Kautschuk, Kokospalmen nehmen zwei Drittel der Plantagenfläche ein und haben weltwirtschaftliche Bedeutung. Mit seinem Tee-Export steht Ceylon nach Indien an zweiter Stelle; er stellt 62% aller Exportgüter. Tee ist auf Ceylon also *der* Devisenbringer. Die besonderen klimatischen Anbaubedingungen der einzelnen Plantagenkulturen ergeben eine klare Höhengliederung:

westliches Küstentiefland – Kokosplantagenzone,
Hügel- und Bergland (100 bis 700 m) – Kautschukplantagenzone,
Berg- und Hochland (600 bis 2300 m) – Teeplantagenzone.

Im Tee-Hochland: Zwar überrascht es zunächst, wie viele Teeplantagen selbst im feuchtheißen Süden des Tieflandes vorhanden sind. Doch der gute aromatische Tee stammt nur aus Höhen über 1000 m, wo sich das Blatt langsamer und zarter entwickelt und der Theingehalt höher ist. Bis 2300 m hinauf reichen die sorgfältig terrassierten Teehänge, nur noch um weniges von den Nebelwaldkuppen der höchsten Berge überragt. Und diese höchsten Lagen um 2000 m herum sind es sogar, die den teuersten Tee hervorbringen. Der Teestrauch findet im Hochland ganz ausgezeichnete Wachstumsbedingungen. Das Hochlandklima ist mit seinen sehr hohen Südwestmonsun-Niederschlägen bestens geeignet (vgl. Klimadiagramm Seite 225). Abgesehen von einer kurzen Ruhepause in den niederschlagsarmen Monaten Februar bis März wird Tee ohne wesentliche jahreszeitliche Abhängigkeit geerntet. Die Zeit der Regenmaxima von Mai bis Juli bringt die besten Ernten hervor. Große, modern eingerichtete, dreistöckige Factories („Fabrik", d. h. hier Aufbereitungsanstalt) sind über das wellige Hochland weit verstreut, hell leuchtend inmitten dem moosgrünen Teppich der Teepolster, betupft mit den lichten schattenspendenden Bäumen – ein Bild, fast wie aus einer deutschen Mittelgebirgslandschaft. Tee wird im Hochland nur in Plantagengroßbetrieben von 80 bis sogar 400 ha Größe angebaut. Diese Betriebe sind so durchrationalisiert, daß sie den besten Tee und die höchsten Erträge produzieren. Hier oben sind die Teeplantagen immer noch zum großen Teil in britischem Besitz, wenigstens noch unter britischer Kontrolle. Das Leben einer indisch-tamilischen Plantagenarbeiterfamilie ist hart und arbeitsam, aber im Vergleich zum „bäuerlichen" Leben der Masse landloser Singhalesen entschieden sicherer und sozialer. Vater, Mutter und die Kinder über 12 Jahre arbeiten in der Teeplantage. Sie leben in zumeist ärmlichen „Kuli Lines", linienartig aneinandergereihten einstöckigen Steinbauten mit Wellblechdächern. Die meisten dieser dunkelhäutigen Tamilen sind Hindu, aber christliche Grabkreuze mitten zwischen Teebüschen und manche Kirchen und Kapellen zeugen von nicht wenigen Christen unter ihnen. Diese indischen Tamilen verrichten die niedrigste Arbeit im Sinne des Kastengeistes, die die einheimischen höherkastigen Singhalesen nur sehr ungern tun würden. Aus diesem Grunde haben die britischen Kolonialherren sie einst herübergeholt. Sie werden heute, in Anbetracht der Bevölkerungsexplosion, als eine Belastung empfunden.

Die Herzmitte ist jedoch das *bäuerliche, dörfliche Land* und nicht das Plantagenland. Die Singhalesen sind immer schon Reisbauern gewesen. Der *Reisanbau* (Naßreis auf Alluvial- und Talböden) nimmt eine zentrale Stellung im Wirtschaftsleben Ceylons ein, und doch kann er mit der schnell wachsenden Bevölkerung nicht Schritt halten. Rund 50% des Reisbedarfs müssen eingeführt werden, d. h. mit dem Tee-Export bezahlt werden (vgl. Außenhandelstabelle unten). Mit Hilfe künstlicher Bewässerung haben es die Singhalesen seit frühen Zeiten verstanden, dem Reisbau eine weit größere Verbreitung zu geben (Trockenzone), als es unter natürlichen Bedingungen möglich wäre. Der Reisbau dominiert im Osten in einer ganz eindeutigen Weise, da die Vielfalt der Kulturen, wie sie die westliche Feuchtzone kennt, fehlt. Dem Anbau im Bergland verleihen kunstvoll angelegte Reisterrassen eine besondere Note. Ein singhalesischer Bauernbesitz besteht aus drei Teilen: aus dem tiefgelegenen nassen Reisland (im Bergland auch auf terrassierten Hängen), aus dem höhergelegenen, d. h. trockenen Gartenland, d. h. einem Palmhain mit dem Haus und gelegentlichen Gemüse- und Knollenanbau und das dem entfernteren Brandrodungsland mit extensivem Feldbau. Üppigkeit und Zauber (nicht aber Pflege!) haben das „Tropenparadies" Ceylon geprägt.

Außenhandel

Colombo ist die Drehscheibe des Ceylonhandels und Weltverkehrs im indischen Ozean in einem Umfange, wie er nur von Singapur und Bombay erreicht bzw. übertroffen wird. Schiffstonnage 1959: 9,2 Mio. t. Colombo ist einer der größten künstlichen Häfen der Welt, dessen Tor nach Westen geöffnet ist, seinem wichtigsten Handelspartner entgegen.

Wichtigste *Ausfuhr*erzeugnisse: Wertanteil (1959)		Wichtigste *Einfuhr*erzeugnisse: Wertanteil (1959)	
Tee	62%	Reis	14%
Kautschuk	18%	Weizenmehl	5%
Kokosöl	7%	Fisch(prod.)	4%
Kopra	3%	Maschinen	5%
and. Kokosprodukte	7%	Transporteinrichtungen	9%
usw.		Textilien	9%
		usw.	

Wichtigste *Ausfuhr*länder: Wichtigste *Einfuhr*länder:
Gesamtanteil (1962) Gesamtanteil (1962)

Commonwealth-Länder	53%	Commonwealth-Länder	43%
davon: Großbritannien	30%	davon: Großbritannien	20%
USA	12%	Rep. Indien[4]	12%
China	8%	Japan	11%
(BRD zum Vergleich	3%)	Burma[5]	11%
		(BRD zum Vergleich	4%)

Entwurf einer Unterrichtsskizze von Ceylon

Thema: „Tee aus Ceylon"

Einstiegsmöglichkeiten: Vom Teetrinken – eine Packung Ceylontee, singhalesische Tänze (z. B. im Fernsehen)

Bildungsinhalt	Auswahlgesichtspunkt	Geplante Begegnung
1. Ceylon, der „Perltropfen" Vorderindiens (erste Orientierung)	Lage zu Indien Lage im Kreuzpunkt des Indischen Ozeans Breitenlage: tropisches Monsunklima Bevölkerung: indische Abstammung – Singhalesen und Tamilen	Wandkarte, Atlas, Faustskizze
2. Eine Fahrt ins Gebirge	Höhengliederung der Insel: feuchtheiße Westküste („im Treibhaus" – Pflanzenwelt, Anbau) Bergland von Kandy (500–1000 m): bäuerliche Reisterrassen, moderne Plantagen: Kautschuk, Tee Tee-Hochland (1500 bis 2300 m): Teeplantagen	Höhenprofil oder Kausalprofil Dias Schilderung (s. Text) Klimadiagramme

---

[4] Textilien vor allem
[5] Reis vor allem

Fortsetzung der Tabelle von S. 231:

Bildungsinhalt	Auswahlgesichtspunkt	Geplante Begegnung
3. Ceylon-Tee	Tee, ein monsunasiatisches Plantagenprodukt Ceylon bietet günstige Wachstumsbedingungen (Klima) Tee: Wachstum, Ernte, Verarbeitung Die Teeplantagen und ihre Arbeiter Ceylontee gelangt nach Bremen	Schilderung (s. Text) Lehrerdarbietung Teepackung Dias Atlas
4. Buddhistische Tempel und christliche Kirchen prägen Ceylon	Bevölkerung: ethnische Zusammensetzung – Religionen Buddhismus und Christentum: Tempel in den Reisfeldern, Kirchen an der Westküste und in den Teeplantagen – geschichtliche Entwicklung Christlicher Beitrag (Bildungswesen, wirtschaftliche Entwicklung) Entwicklungshilfe bei den Fischern (MISEREOR u. a.)	Schilderung, Bilder von einer buddhistischen Prozession, von singhalesischen Tänzen (Reistanz, Tempeltanz) Berichte, Bilder aus Missionszeitschriften bzw. von Missionaren

Anmerkungen: Die Ceylonesische Botschaft, 532 Bad Godesberg, Mittelstraße 38, verfügt über Informationsmaterial, z. B. instruktive farbige Werbeplakate. Tee-Importfirmen (z. B. Paul Schrader, Bremen, Teerhof 21) haben Ceylon-Postkarten mit Teebildern usw.

Unterrichtshilfen

Schrifttum:

Sievers, Angelika: Ceylon, Gesellschaft und Lebensraum in den orientalischen Tropen. – Geograph. Handbücher. Wiesbaden: Steiner 1964. XXXII und 398 Seiten, Abb. (der vorliegende Beitrag fußt auf diesem Werk und folgenden kleineren leicht erreichbaren Aufsätzen).

TABULA GRATULATORIA

Stud.-Dir. Helmut Backhaus und Frau Elsbetti, Vechta
Prof. Dr. Hanno Beck, Bonn-Bad Godesberg
Akadem. Oberrat Dr. Jürgen Blenck, Bochum
Prof. Dr. Erwin Boehm und Frau Hanna Boehm, Freiburg
Prof. Dr. Hanna Bremer, Köln
Prof. Dr. Hanns J. Buchholz, Hemmingen
Prof. Dr. Dr. Dr. Manfred Büttner, Bochum
Prof. Dr. Willi Czajka, Göttingen
Prof. Dr. Manfred Domrös, Mainz
Joachim Eisleb, Vechta
Prof. Dr. Bruno Fautz, Köln
OStR.Gerhard Fuhrmann, Bad Kreuznach
OStD. P. Osmar Gogolok, Mettingen
Prof. Dr. Erwin Grötzbach, Eichstätt
OStR'in Erika Haberl, Kempten
Dr. Wolfgang Haberl, Kempten
Prof. Dr. phil. Hartmut Hacker, Vechta
Prof. Dr. Alwin Handschmidt, Vechta
Trude Hauser, Vechta
Prof. Dr. Gudrun Höhl, Mannheim
Prof. Dr. Burkhard Hofmeister, Berlin
Prof. Dr. Armin Hüttermann, Marbach
Viola Imhof, Erlenbach/Schweiz
Lehrer Hubert Kahmann, Belm
Akadem. Oberrat Rudolf Kasperlik, Vechta
OStR. Josef Kenkel, Vechta
Rektor Rainer Kersten und Frau Erika Kersten, Melle
R' Lehrerin Ursula Klaas, Lingen
Prof. Dr. theol., Lic. phil. Franz Josef Kötter, Vechta
Konrektorin Sophie-Marie Kohstall, Bad Iburg
Konrektor Bernd Koopmeiners, Visbek
Dr. Willy Künzel, Ebersberg
Dr. Joachim Kuropka, Vechta
Dr. Hermann von Laer, Vechta
Prof. Dr. Bernhard Linke, Vechta
Dr. Horst-Alfons Meißner, Osnabrück
Dir. a.D. Prof. Dr. Emil Meynen, Bonn-Bad Godesberg
Prof. Dott. Elio Migliorini, Rom/Italien
Prof. Dr. Herbert Morgen, Wiesbaden

Prof. Dr. Heinrich Müller, Vechta
R'Lehrerin Elli Müller, Göttingen
Prof. Dr. Gottfried Pfeifer, Freiburg
Prof. em. Dr. Helene Ramsauer, Oldenburg
Prof. Dr. Ralph Sauer, Vechta
Prof. Dr. Astrid Schmitt-v. Mühlenfels, Vechta
Schulrat Werner Schröder, Kiel-Kronshagen
Prof. Dr. Enno Seele, Vechta
OstDir. i.R. Dr. Marianne Sievers, Wuppertal
Siegfried Sulzbacher, Laubach
Prof. Dr. Jürgen C. Thöming, Vechta
Prof. Dr. Hildegard Wiegmann, Vechta
Rudolf Willenborg, Vechta
Priv.-Doz. Dr. Hans-W. Windhorst, Vechta

Ceylonesisches Fremdenverkehrsamt, Europäisches Zentralbüro, Frankfurt/M.
Deutsche Stiftung für internationale Entwicklung, Bad Honnef
Geographisches Institut der Rheinisch-Westfälischen Technischen Hochschule, Aachen
Geographisches Institut der Universität Stuttgart (TH), Bibliothek, Stuttgart
Geographisches Institut, Würzburg
Universitätsbibliothek Erlangen-Nürnberg, Wirtschafts- und Sozialwissenschaftliche Zweigbibliothek, Nürnberg
Universitätsbibliothek, Saarbrücken

Dies.: Das singhalesische Dorf. In: Geograph. Rundschau 1958, Seite 294–303.
Dies.: Die völkischen Spannungen in Ceylon und ihre Grundlagen. In: Geograph. Rundschau 1962, Seite 357–365.
Dies.: Christentum und Landschaft in Südwest-Ceylon. In: Erdkunde 1958, Seite 107–120.
Dies.: Das Christentum in Ceylon. In: Stimmen der Zeit 1958, Seite 410–419.
Dies.: Ceylon. In: Gr. Herder Atlas. Herder: Freiburg 1958, Seite 334–336.
Dies.: Ceylon. Ein Strukturbericht. In: Geograph. Taschenbuch 1964/65, Seite 236–255. Steiner: Wiesbaden 1964.
Harms Erdkunde: Band III, Asien. 10. Auflage. List: München 1964.
Bonn, Gisela: Neues Licht aus Indien: Brockhaus: Wiesbaden 1958. (Darin ein Abschnitt über Ceylon).
Krebs, Norbert: Vorderindien und Ceylon. Nachdruck: Wiss. Buchgesellschaft: Darmstadt 1965 (Ceylon 8 Seiten).
Alsdorf, Ludwig: Vorderindien Westermann: Braunschweig 1955 (Ceylon 6 Seiten).
Sievers, Angelika (Hrsg.): Christi Wort in aller Welt. Patmos: Düsseldorf 1965. (Darin: Christentum in Asien – Indien, Entwicklungsländer – Missionsländer, Unterrichtsentwürfe mit vielen Literaturangaben).
Sievers, A. und *Pundsack*, E.: Die Unterrichtseinheit Indien. In: Katholische Frauenbildung 1961, Seite 161–169.
Sievers, Angelika: Das Unterrichtsthema „Hunger und Krankheit in der Welt". In: Katechet. Blätter 1961, Heft 2 (Beispiele aus Kerala).
Katholische Missionen, Freiburg: 4/1967, Seite 131; 6/1965, Seite 202; 5/1963, Seite 170; 5/1962, Seite 169, 5/1961, Seite 166.

Dia-Reihen:

Teeplantagen auf Ceylon, We 1235, Georg-Westermann-Verlag, 33 Braunschweig, Georg-Westermann-Allee 66.
Teeverarbeitung (Ceylon), K 76015, VDia, 69 Heidelberg, Dischinger Straße 8.
Ceylon, 1539, Harasser & Überla, 858 Bayreuth, Karl-Marx-Straße 1.
Ceylon, R 514, Institut für Film und Bild, München (Bildstellen).

Die Relevanz der Entwicklungsländer im Geographiestudium
Gedanken zur Konzeptualisierung

aus: Poeschel, H.-C./D. Stonjek (Hrsg.), Studien zur Didaktik der Geographie
in Schule und Hochschule = Osnabrücker Studien zur Geographie, Bd. 1
Osnabrück 1978, S. 247–267

1. Hinführung zum Thema

1.1. Die Relevanz der Entwicklungsländer[1] für unser heutiges Weltverständnis ist inzwischen unbestritten. Ihr wirtschaftliches, soziales, politisches Gewicht, ihre Probleme, ihre partnerschaftliche Rolle und Notwendigkeit für die Industrieländer sind tägliche Bestandteile unserer Massenmedien geworden, wobei die Fernsehprogramme eine besonders stark ausstrahlende Wirkung haben. Im Laufe der siebziger Jahre ist die Berichterstattung jeglicher Art in sachlicher und regionaler Hinsicht differenzierter geworden.

1.2 Die Relevanz der Entwicklungsländer in den Lehramts-Studiengängen wird dem gegenüber nicht überall mit jener Deutlichkeit gesehen, die sie verdiente. Seit A. *Kolbs* Vortrag auf dem Kölner Geographentag (1961), vor allem aber seit C. *Troll* wiederholt und nachdrücklich zur Thematik sprach (Bonn 1960, Basel 1963, London 1964), ist die Entwicklungsländerforschung als ein wichtiger Anruf an die geographische Wissenschaft erkannt worden. Und trotzdem ist die Frage nach den Inhalten, nach den Methoden, nach dem Rang innerhalb Fachwissenschaft und Fachdidaktik recht kontrovers geführt worden. Es sei hier nur an die lang anhaltende, oft hartnäckig vertretene Meinung in Diskussionen und Publikationen erinnert, die Entwicklungsländer seien ein Teil der Länderkunde und gehörten damit immer schon zum Arbeitsfeld der Geographen. In den siebziger Jahren, seit Abschluß der ersten Entwicklungsdekade mit ihren Bestandsaufnahmen, sind viele Überlegungen zur Konkretisierung des geographischen Beitrages in Forschung, Hochschullehre und Erdkundeunterricht angestellt worden.

In diesem Beitrag soll versucht werden,
– die Frage nach dem Rang der Entwicklungsländer im Lichte fachwissenschaftlicher Studienziele zu beantworten und
– Überlegungen zum Standort der Entwicklungsländer im Studiengang Geographie und zwar in Fachwissenschaft und Fachdidaktik anzustellen.

---

[1] Im folgenden wird dem Begriff „Entwicklungsländer" aus geographischen Gründen der Vorzug vor dem politischen Begriff „Dritte Welt" gegeben.

2. Der Rang der Entwicklungsländer im Lichte fachwissenschaftlicher Studienziele

An den Raumstrukturen und vor allem an den Entwicklungsprozessen von Entwicklungsländern lassen sich beispielhaft herausarbeiten:
— die Begründung des Zusammenhanges zwischen unterschiedlichen Lebensformen, Wirtschaftsordnungen, Wertvorstellungen und Verhaltensweisen und natürlichen und historisch gewachsenen Raumstrukturen (*Engelhard/Heinritz/Wirth* und Empfehlungen des *Zentralverbandes* 1977)
— das Typische gemeinsamer Merkmale ebenso wie die regionale und sachliche Differenzierung
— insonderheit die pluralistischen Gesellschaften als sozialgeographisch differenzierendes Phänomen in den Entwicklungsländern (*Troll* 1966).

Die Spannung zwischen wissenschaftlich fundierter Erkenntnis und persönlichem Werturteil führt zu fruchtbarer Auseinandersetzung um die Versachlichung. Aus den bisher genannten Studienzielen erwächst schließlich
— die Erkenntnis partnerschaftlicher Zusammenhänge zwischen Industrie- und Entwicklungsländern, insbesondere die sozioökonomisch begründete Verflechtung der Völker untereinander („One World" — Begriff).

In den wichtigsten Schritten heißt dies: die Fähigkeit zu erwerben,
— den Nord-Süd-Gegensatz
— Entwicklungskriterien und ihre Effizienz
— Zusammenhänge zwischen Bevölkerungsexplosion und Nahrungsspielraum
— die wechselseitige Abhängigkeit gesellschaftlicher Gruppen
mit fachwissenschaftlichen Methoden zu analysieren und zu beurteilen. Die Fragestellungen sind vorrangig sozialgeographisch (im Sinne *Uhligs*) orientiert.

Die fachwissenschaftlichen instrumentalen Studienziele sind identisch mit denen, die das Grundstudium im besonderen kennzeichnen: nämlich auf jenen fachspezifischen Methoden und Techniken aufbauend, kleinräumige Regionalanalysen in empirischer Forschung (Feldforschung) oder großräumige Regionalanalysen mit literarischen, statistischen und kartographischen Medien zu erarbeiten. Wie und wann dies im Studium zu operationalisieren ist, sei weiter unten dargestellt.

3. Überlegungen zum Standort der Entwicklungsländer im Studiengang Geographie

3.1 Kritische Sichtung bisheriger Entwürfe

In den kürzlich veröffentlichten und damit zur Diskussion gestellten Studiengangsentwürfen bzw. -empfehlungen traten unter den fachwissenschaftlichen Inhalten Entwicklungsländer als klein- und großräumige Regionalbeispiele für die verschiedenen Problemfelder (Pluralismusphänomene als Hemmnis und Chance, wirtschaftlich-technische Defizite in ihren Auswirkungen auf Wirtschaftsstruktur und Wirtschaftsprozesse, Wechselwirkung von Bevölkerungsexplosion und Nahrungsspielraum usw.) mit sehr unterschiedlichem Gewicht auf. Echte Konzepte, die einen sinnvollen Studienaufbau und eine systematisch wie regional bewußt beschränkte, also vom Fach und vom Berufsziel her wohlbegründete Auswahl von Studieninhalten erkennen lassen, gibt es erst in Ansätzen (vgl. dazu auch *Bronger* 1974 und *Schulze* 1978). Die jüngst vorgelegten Empfehlungen (1977), die vor allem auf den Entwürfen des *Schulgeographenverbandes* (1975) und des Erlanger Teams (*Wirth* u. a. 1975) aufbauen, können schon deshalb kein Konzept darstellen, weil sie überhaupt erst einmal einen möglichst flexiblen, an allen Hochschulen akzeptablen Rahmen schaffen wollen; und zwar einen Rahmen für die erste Phase der Ausbildung von Geographielehrern, nicht aber für den Diplomstudiengang Geographie. Dabei sind wir uns bewußt, daß im umstrittenen Diplomstudiengang Geographie die Entwicklungsländerforschung als potentielles Berufsfeld innerhalb des Hauptstudiums einen höchst relevanten Studieninhalt darstellen muß (vgl. Bochumer nicht veröffentlichte Studiengangsentwürfe, Heft der Berufsgeographen 1975). Damit wird also der allgemein hohe Rang der Entwicklungsländerthematik als ein in unserer Gegenwart wesentlicher geographischer Studieninhalt unterstrichen. Es geht nicht nur um Unterrichtsrelevanz, sondern gleichermaßen um Forschungsrelevanz, um Beteiligung am Erkenntnisprozeß einer interdisziplinären raumbezogenen Wissenschaft. In jüngerer Zeit ist viel von der Notwendigkeit einer wirklichkeitszugewandten, anwendungsorientierten Fachwissenschaft gesprochen worden (Schulgeographenverband 1975). So ist denn auch der Themenbereich Entwicklungsländerforschung in den Empfehlungen (1977) an zwei Stellen innerhalb der Hauptstufe (= Hauptstudium) aufgeführt; 1. als Themenbereich „Raumentwicklungsplan in Entwicklungsländern" (mit Sachbeispielen) in der Angewandten Geographie und 2. als Themenbereich „Regionale Geographie von Entwicklungsländern" in der Regionalen Geographie. Und zwar liegt hier das Vergleichs- bzw. Kontrastkonzept mit jeweils zuvor genannten, in etwa gleichlautenden Industrieländer-Themen zugrunde. Kritisch vermerkt sei hier freilich, daß sich solche Empfehlungen praktisch nur auf Sekundarstufe II beziehen, während für Sekundarstufe I theoretisch viele Wahlpflichtmöglichkeiten bestehen, aber doch nur insgesamt 10 Pflichtstunden dafür zur Verfügung stehen. Hier wäre nicht nur eine Akzentuierung, sondern ein Konzept für Inhalt und Organisation zu entwickeln, damit auch ein zukünftiger S I-Lehrer auf einem soliden Studienfundament aufbauen kann. Immerhin offenbaren diese Empfehlungen von 1977 einen deutlichen Schritt nach vorn in Richtung konkreter Thematik im Vergleich zu den frühen unakzentuierten Vorschlägen (*Wirth* u. a. 1975).

3.2 Exkurs: Kritische Sichtung von Unterrichtsmaterialien

Als Exkurs ist an dieser Stelle die Situation im Erdkundeunterricht bzw. sind die vorliegenden entsprechenden Materialien zur Meisterung der Entwicklungsländerthematik zu skizzieren. Unbestritten ist inzwischen im Rahmen der Gesellschaftslehre, Gemeinschaftskunde und des gesellschaftswissenschaftlichen Aufgabenfeldes der vorrangige Beitrag zur Geographie zum Thema — freilich, wie bekannt, nach großen fachdidaktischen Anstrengungen auf allen amtlichen und akademischen Ebenen.

In der Sekundarstufe I wird heute im 9. bzw. 10. Schuljahr der Entwicklungsländerthematik ein gebührender Platz eingeräumt. Die jüngsten Schulbücher (Schroedel: Dreimal um die Erde, Klett: Geographie, Westermann: Welt und Umwelt) bringen in ihren jeweils dritten, letzten Bänden für die Abschlußklasse problemfeldorientierte Texte zum Thema, zum Teil an regionalen Beispielen veranschaulicht und unterstützt durch Statistiken, Graphiken, Fotoabbildungen. Als Lehrer-Handreichungen sind solche regionalen Beiträge insbesondere fachdidaktisch positiv zu bewerten wie *Birkenhauers* „Indien zwischen gestern und morgen" (1972), die entsprechenden Hefte der Informationen zur Politischen Bildung, die Schriftenreihen „Schule und Dritte Welt" (BMZ ab 1970) und „Themen zur Geographie und Gemeinschaftskunde".

Für die Kollegstufe kann die Problem- und Materialzusammenstellung *Storkebaums*, „Entwicklungsländer und Entwicklungspolitik" (1973[1], 1977[3]) — jeweils Ausschnitte aus der systematischen wie regionalen Forschung bringend — als eine sehr gute Einführung in die Problemstellung gelten mit der Zielsetzung, an die originale Literatur heranzuführen. Die spezifischen amtlichen Stellen (z. B. BMZ) halten zur weiteren Unterstützung textliche und statistische Materialien bereit, die auch für universitäre Studien- und Forschungszwecke geeignet sind.

3.3 Standortvorschlag in einem Lehramtsstudiengang Geographie

3.3.1 Prämisse

Der folgende Standortvorschlag bezieht sich auf das Studiengangs-Konzept Geographie, wie es seit mehreren Jahren, inspiriert durch die Reformbestrebungen der neuen Universität Osnabrück, an der Abteilung Vechta entwickelt worden ist (*Sievers* 1974, 1976 und 1978, *Windhorst* 1974, *Hüttermann/Windhorst* 1977 und 1978). Die Überlegungen, die zu einem solchen Konzept führten, mögen anregend auch auf andere universitäre Standorte wirken, an denen man sich um die Konzeptualisierung eines Studienganges Geographie müht. Kurz zusammengefaßt ist der Ausgangspunkt der Überlegungen
— die Einführung der Regelstudienzeit
— daraus folgend: die Notwendigkeit der Studienstraffung
— die Verbindung von fachwissenschaftlichem und fachdidaktischem Studium (lt. Prüfungsordnung)
— die Bildung von fachwissenschaftlich-fachdidaktisch relevanten Schwerpunkten.

Das Konzept wurde zunächst für den 1973 für die Universität Osnabrück vorgeschriebenen einphasigen Studiengang zur Ausbildung von S I- und S II-Lehrern (9 bzw. 11 Semester) entwickelt und wird seither praktiziert. Das einphasige Experiment läuft jedoch vorzeitig aus und an seine Stelle tritt ein reformiertes, d. h. fachwissenschaftlich-fachdidaktisches Studiengangsmodell, für das in der Geographie — abgewandelt infolge der geringeren Integrationsmöglichkeiten — das Konzept beibehalten wird. Den Einwänden, bei einem praxisorientierten schwerpunkthaften Fachstudium sei

1. „Unterrichtsrelevanz" entscheidend (Diskussion Schulgeographenverband/*Wirth* u. a. 1975) und erfahre
2. das Geographiestudium eine aus wissenschaftlichen Gründen nicht verantwortbare Einengung (*Wirth* u. a. 1975),

kann durch ein fachwissenschaftlich abgesichertes Konzept begegnet werden.

Das Vechtaer Studienmodell beschränkt sich bewußt auf zwei regionalgeographisch kontrastierende Schwerpunkte, die uns allgemeingeographisch und regionalgeographisch in der Gegenwart unverzichtbar erscheinen, nicht aus Modernitätsgründen, sondern mit Rücksicht auf geographische Grundsatzüberlegungen. Das Studium kristalisiert sich um zwei projektartige Schwerpunkte:

— Im ersten Studienabschnitt (= Grundstudium) einen nahräumlichen Schwerpunkt: „Struktureller Wandel im nordwestniedersächsischen Raum: zur Entstehung und Problematik eines agrarischen Intensivgebietes". In diesem Erfahrungsraum werden die grundlegenden geographischen Kategorien erarbeitet.
— Im zweiten Studienabschnitt (= Hauptstudium) einen fernräumlichen Schwerpunkt: „Dritte Welt" (bzw. „Entwicklungsländer"), in dem die o. a. Kategorien weitergeführt, d. h. global erarbeitet werden.

Über die bereits mehrjährigen Erfahrungen mit dem Konzept und Organistionsplan des ersten Studienabschnittes ist kürzlich ausführlich berichtet worden (*Hüttermann/Windhorst* 1978). Das Konzept dieser ersten Phase enthält im wesentlichen zwei Studienziele:

1. Inhaltlich: Die Erkenntnis, daß der Lebens- und Wirtschaftsraum des Menschen ein räumliches System darstellt, in dem er selbst der dominierende Faktor ist; außerdem daß durch die wirtschaftende Tätigkeit der sozialen Gruppen Physiognomie, Struktur und Funktionalität der räumlichen Systeme verändert werden (über den Erwerb von Einzelfähigkeiten vgl. a. a. O. S. 11 f.). Diese Erkenntnisse erwachsen ganz wesentlich in originaler Begegnung.
2. Methodisch: Anwendung grundlegender Arbeitsmethoden der Geoökologie und der empirischen Sozial- und Regionalforschung (Geländepraktika, Datenerwerb und -beurteilung, Arbeitsberichte).

Grundsätzlich ist es belanglos, wie der Nahraum als Untersuchungsgebiet strukturiert ist, ob es sich um ein Agrargebiet wie am Standort Vechta, um ein Industriegebiet oder ein Ballungsgebiet handelt. Jedoch gibt dieses im ersten Studienabschnitt analysierte Untersuchungsgebiet die geographischen Hauptthemen vor, die vorrangig bearbeitet werden und um die sich nachgeordnet Überblicke über andere grundlegende Teilgebiete der Geographie gruppieren. Diese skizzierten Arbeitsweisen sind echte Beiträge zum „forschenden Lernen". Die so erzielte Motivation der Studenten wird noch verstärkt durch die gleichzeitige Einsicht, daß diese ihre Studien als Bausteine in die nordwestniedersächsische Landesforschung eingebettet sind, ein Arbeitsfeld, dem sich der Lehrkörper verpflichtet fühlt (*Sievers* 1974, Forschungsstelle für Nordwestniedersächsische Regionalforschung unter besonderer Berücksichtigung des Agrarsektors). Das ergibt eine Arbeitsgemeinschaft, die wohl auch an anderen Hochschulorten existiert, aber selten mit der beschriebenen fachwissenschaftlich wie fachdidaktisch konzipierten Zielsetzung.

Die Skizzierung des bereits zur Diskussion gestellten ersten Studienabschnittes erscheint notwendig, um die Besonderheiten, d. h. die Kontrasterfahrung im zweiten Studienabschnitt besser zu verstehen. Mit seiner gezielten fernräumlichen Begrenzung auf Räume der Dritten Welt wird ganz wesentlich der uns Mitteleuropäern besonders fremdartige Tropengürtel – zunächst geoökologisch begriffen – angesprochen. Das Studienziel ist die Erkenntnis, daß innerhalb dieser klimatischen Spannweite sich sehr differenzierte sozioökonomische Prozesse abspielen, deren Möglichkeiten und Hemmnisse nicht zuletzt vom Phänomen des kulturellen bzw. ethnisch-religiösen Pluralismus gestaltet oder beeinflußt werden. Methodisch ist davon auszugehen, daß der Student während des Hauptstudiums kaum in der Lage sein wird, diesen kulturökologischen Ansatz auf empirischem Wege zu vollziehen, wie es der Nahraum ermöglicht. Er muß sich der anderen Arbeitsmethoden, die er bereits beim ersten Schwerpunkt kennengelernt hat, bedienen und hier vor allem anhand kritischer Literaturstudien (Texte, Karten, Statistiken, Bilder), auf den empirisch gewonnenen Erfahrungen aufbauend, insbesondere wirtschafts- und sozialräumliche Analysen erarbeiten und entsprechende Prozesse und die sie gestaltenden Faktoren kritisch beurteilen lernen. Hypothesenbildung und Evaluation haben im „Fremdraum" einen besonderen Stellenwert. Dafür ist die vorangegangene, vorrangig empirisch verlaufende Studienphase das beste Fundament. Nachdem die Grundlagen der Fachwissenschaft erarbeitet sind, bietet der fernräumliche Schwerpunkt im Hauptstudium die notwendigen Transfereinübungen und fordert systematisch zum räumlichen Vergleichen auf. Dies könnte natürlich an den verschiedensten relevant erscheinenden Regionalbeispielen eingeübt werden; z. B. böten sich die USA und die Sowjetunion an. Wenn hier stattdessen schwerpunkthaft Beispielen aus Entwicklungsländern der Vorzug gegeben wird, so schließt dies ein, daß wichtige Problemfelder mit anderen Regionalbeispielen in Begleitkursen erarbeitet werden können. Entscheidend für die Wahl von Problemfeldern in Entwicklungsländern anstelle in weiteren Industrieländern ist die Erkenntnis, daß durch den strukturanalytischen Transfer sehr unterschiedliche Entwicklungsprozesse herausgearbeitet werden, die die Wechselbeziehungen Mensch – Raum zu problematisieren imstande sind.

3.3.2 Thematische Schwerpunkte

Folgende Aspekte sind zu bedenken:
- Kriterienkatalog (Klassifizierungsmerkmale)
- Regionale Anwendungsbeispiele, die die Vielschichtigkeit der Entwicklungsländerprobleme verdeutlichen
- Einbau von Fallstudien (Case Studies)
- Berücksichtigung des interdisziplinären Charakters der Thematik.

Der Kriterienkatalog als Klassifikationsmerkmal, der zur Einstufung eines Landes oder Raumes als Entwicklungsland und zu einer quantitativen und qualitativen Gewichtung führt, ist vielschichtig und betrifft naturräumliche wie wirtschafts- und sozialräumliche Defizite, die teils als „typisch", teils als regionale Differenzierung klassifiziert werden müssen:

- das Kriterium des niedrigen Pro-Kopf-Nationaleinkommens der Bevölkerung wird häufig als quantitative Klassifikation besonders herausgestellt (*Bobek* u. v. a.). Seine Ursachen sind vielschichtig, wozu wichtige geographische Beiträge geleistet werden können.
- sozialräumliche Defizite wie Hunger, Bevölkerungsexplosion und Analphabetentum können (Indien), aber müssen keineswegs (Schwarzafrika) interdependent sein. Statistische Mittelwerte können die Evaluation verfälschen.
- wirtschaftlich-technische Defizite wie maschinelle Ausstattung, Stromerzeugung, Bodenbestellung (Saatgut, Düngung, Bodenpflege und -erschöpfung), Besitzverteilungsmuster (u. a. Dual Economy), Dominanz der Landwirtschaft (und darin der Selbstversorgerwirtschaft) haben ebenfalls vielschichtige Ursachen mit der weitesten regionalen Verbreitung („typisch"). Der Grad der Industrialisierung muß keineswegs Indikator sein.
- naturräumliche Defizite wie Unfruchtbarkeit vieler tropischer Böden und Häufigkeit klimatischer Katastrophen (Dürren, Überschwemmungen, Stürme) ergeben ein regional äußerst differenziertes Bild.
- ob der vor allem ethnisch-kulturelle Pluralismus in einem großen Teil von Entwicklungsländern sich als ein Defizit, d. h. also die fortschrittliche Entwicklung hemmend erweist — wie in vielen Untersuchungen der letzten zwei bis drei Jahrzehnte herausgestellt — oder ob die unterschiedlichen Qualifikationen gesellschaftlicher Gruppen sich als positive Beiträge im Rahmen räumlicher Entwicklungsprozesse erweisen: das Pluralismus-Phänomen zählt zweifellos zu den potentiellen Kriterien eines Entwicklungslandes.

Regionale Anwendungsbeispiele, die die Komplexität von Entwicklungsproblemen, aber ebenso ihre räumliche Differenzierung verdeutlichen, müssen zweierlei berücksichtigen: das Land (= Staat), das als Entwicklungsland gekennzeichnet ist, und den Raum innerhalb eines Landes, der sich von besser oder gut entwickelten Nachbarräumen durch eine Häufung negativer Kriterien im vorhin skizzierten Sinne abhebt. Beispiele gibt es dafür auch in den Industrieländern: etwa entwicklungsschwächere Räume bei uns (z. B. Rhön, Teile Nordwestniedersachsens) oder wir denken an das Nordsüdgefälle innerhalb Italiens — beide Beispiele sind geeignet genug, einführend oder begleitend (als Exkurs etwa) studiert zu werden, weil sie am ehesten empirisch erfaßt werden können (z. B. Exkursion nach Nord- und Süditalien unter dieser Thematik). Kein Entwicklungsland weist Räume einheitlicher Struktur auf (Beispiel: Amazonien und die Küstenstaaten Südost-Brasiliens), so daß die Bewertung „Entwicklungsland" ein geographisch revisionsbedürftiges Pauschalurteil darstellt, eine der wichtigsten Erkenntnisse innerhalb der Gesamtthematik, nicht zuletzt im Hinblick auf staatsbürgerliche Aufgaben (Entwicklungspolitik und Entwicklungshilfe).

Überlegungen zur Auswahl besonders geeigneter Regionalbeispiele sind thematischer (Entwicklungskriterien, Strukturmerkmale), politischer und personeller Natur. Sie müssen sich mit wichtigen Argumenten begründen lassen. Wenn möglich, sollte politisch relevanten Räumen bzw. Ländern der Vorzug gegeben werden, aber auch — zum Vergleich unterschiedlich verlaufender Prozesse — das Phänomen der Kulturräume bzw. -erdteile berücksichtigt werden. Die wenigen Beispiele, die sich in den engen Grenzen eines Hauptstudiums, insbesondere in der S I-Ausbildung, erarbeiten lassen, müssen anhand unterschiedlicher Strukturen und sowohl „typischer" wie unterschiedlicher Entwicklungskriterien ausgewählt werden. Daß in diese Überlegungen die Landeskenntnisse bzw. eigene regionale Forschungsschwerpunkte der Lehrenden einbezogen werden müssen, um auf indirektem Wege eine originale Begegnung zu ermöglichen, sei betont. Das ist bei der heutigen personellen Besetzung des Faches durchweg möglich. Hier ist lediglich intendiert, das didaktisch (im w. S.) Verantwortbare herauszustreichen und den Zufälligkeitscharakter von Auflistungen zu eliminieren, wie es in der Diskussion der siebziger Jahre häufig geschah. Um dies an einem konkreten Beispiel zu exemplifizieren, sei hier jene Auswahl wiedergegeben, die am Geographischen Seminar in Vechta über mehrere Jahre in Seminaren und Vorlesungen erarbeitet worden ist und zu positiven Erfahrungen in bezug auf Operationalisierung und studentische Motivation im Gedanken an Transfer im zukünftigen Unterricht geführt hat:

Gesamtthema: Strukturbeispiele von Entwicklungsländern

Aufgliederung

1. Einführung ins Thema:
1.1. Begriff „Entwicklungsland", Kriterien, Verbreitung
1.2. Regionale Differenzierung der Entwicklungsländer und das Pluralismus-Phänomen: ethnischer Pluralismus – religiöser Pluralismus – wirtschaftlicher Pluralismus – pluralistischer Ausdruck der Städte
2. Sozial- und wirtschaftsgeographische Differenzierung regionaler Strukturbeispiele
2.1. Begründung regionaler Beispiele
2.2. Beispiel Indien: Entwicklungswege in Indien – grüne Revolution und Industrialisierung
2.2.1. Grundtatsachen über Indien: die Bevölkerungsexplosion – die pluralistische Gesellschaft als Hemmnis – das Wirtschaftspotential
2.2.2. Die Problematik der „grünen Revolution": Begriff und Ziele – ein regionales (Dorf-)Beispiel – Rentenkapitalismus als Hemmnis
2.2.3. Die Problematik der Industrialisierung: wichtigste Industriezweige und ihre Grundlagen – Bodenschätze und ihre regionale Verbreitung – Beispiel Rourkela: Zielsetzung und Hemmnisse
2.3. Beispiel Brasilien: Hoch- und unterentwickelte Räume
2.3.1. Grundtatsachen über Brasilien: der Koloss Lateinamerika: Dimensionen – die brasilianische Gesellschaft: keine Rassendiskriminierung – das Wirtschaftspotential
2.3.2. Entwickelter Südosten, Brasiliens Industrieregion: Grunddaten – Phasen der Entwicklung – Volta Redonda und die Industrieregion heute – Sao Paulo, das industrielle Herz Brasiliens

2.3.3. Unterentwickeltes Amazonien: Grunddaten – Phasen der Entwicklung – Kriterien der Unterentwicklung – die Transamazonica als Entwicklungsfaktor
2.4. Beispiel Nigeria: Süd-Nord-Gegensatz und -Gefälle
2.4.1. Grundtatsachen über Nigeria: schwarzafrikanischer „Tribalismus" vs. regionale Mobilität: Stammesgruppen und Stammesdenken in Nigeria – Unterschiedliche Durchdringung in Süd und Nord – das Wirtschaftspotential: Aktive und passive Räume
2.4.2. Kriterien der Entwicklung im Ibo-Land: entwicklungsfördernde Stammeseigenschaften (Problem der kulturellen Identität) – ländliche Struktur des Ibo-Landes – Infrastruktur zwischen Palmöl und Erdöl
2.4.3. Kriterien der Entwicklung im Haussa-Land: die Stadt im islamischen Norden: Kano im Vergleich zu Lagos – arabische Einflüsse: Bewässerungswirtschaft und Händlergeist der Haussa – islamische Hemmnisse: Feudalismus und Infrastruktur
3. Zusammenfassung: sozial- und wirtschaftsgeographische Aspekte regionaler Differenzierung: Vergleich der regionalen Beispiele (synoptische Darstellungsmethode)

Verfahren

Für die literarisch-kartographische Erarbeitung eines jeden Entwicklungslandes ist ein studentisches Team verantwortlich. Die Einzelthemen werden untereinander aufgeteilt, einzeln bearbeitet und miteinander durchdiskutiert, bevor sie im Plenum vorgetragen und anschließend gemeinsam diskutiert werden. Dabei helfen stichwortartige und statistische Unterlagen. Die Kurzreferate haben unterschiedliche Strukturen: Vermittlung von „Grundtatsachen" (geographische Hintergrundinformationen), Darstellung von Entwicklungsprozessen und -kriterien, Fallstudien.

Auswahlmotive:

1. Jedes Land repräsentiert einen anderen, historisch differenziert gewachsenen Kulturerdteil. Das bedeutet infolgedessen auch zeitlich differenzierte Entwicklungsprozesse.
2. Die Einzelthemenformulierung weist bereits auf die unterschiedlichen natürlichen und sozioökonomischen Raumstrukturen hin.

Der Einbau von Fallstudien (Case Studies) sollte nicht nur bei empirischer Erarbeitung (s. erster Studienschwerpunkt: Struktureller Wandel am Beispiel des Langförderner Geestraumes), sondern auch bei thematischer Fragestellung in fernräumlichen Beispielen wie den Entwicklungsländern erfolgen, um die Zielvorstellungen nicht nur durch überblickartige Analysen zu gewinnen, sondern auch durch eine räumliche und sachliche Eingrenzung zwecks überschaubarer Analysen und Evaluation. Die geographische Forschung hält dafür eine Fülle von Fällen bzw. Kleinraumstudien bereit, die es in den entwicklungsthematischen Kontext einzubringen gilt – eine gleichzeitig methodisch wichtige Einübung in die Benutzung literarischer, statistischer und kartographischer Quellen. Im abschließenden interkontinentalen Vergleich entstehen wertvolle Einsichten in die sehr differenzierten sozioökonomischen Prozesse in den Entwicklungsländern und ihren Teilräumen. Fallstudien-Beispiele zum Thema finden sich in der o. a. Seminarthemenaufgliederung (z. B. Rourkela, Dorfbeispiel usw. usw.). Unter geographischen Fallstudien sollten nicht, wie so häufig, Länder-(Staaten-)Studien verstanden werden.

Der interdisziplinäre Charakter der Entwicklungsländerforschung ist ein weiterer motivierender Faktor für die schwerpunkthafte Auseinandersetzung gerade mit den vorrangig im Tropengürtel gelegenen Entwicklungsländern. Dem Studenten wird an Beispielen dieser Länder und Räume deutlich, ein wie grundlegender Faktor für die Beurteilung historischer Entwicklungen und politischen Handelns der räumliche Bezug und die Wechselwirkung Mensch — Raum ist. Solche Einsichten wurden erstmalig im Langfördener Projekt gewonnen durch Querverbindungen zur Biologie (Ökosysteme), Soziologie (empirische Sozialforschung, Agrarsozialstruktur), Politikwissenschaft (wirtschaftspolitische Probleme). Eine Ausweitung interdisziplinärer Studien auf weltweite Problemfelder erscheint folgerichtig.

3.3.3. Fachdidaktische Überlegungen zur Entwicklungsländerthematik

Zunächst sei an die Reformbestrebungen der Universität Osnabrück im Hinblick auf „integrierte", d. h. Fachwissenschaft und Fachdidaktik miteinander verbindende einphasige Lehramtsstudiengänge erinnert, die sich, wenn auch in einem aus Organisationsgründen eingeschränkten Umfange auf den seit dem Wintersemester 1977/78 entwickelten reformierten zweiphasigen Lehramtsstudiengang beziehen. Wenn die Umsetzung fachwissenschaftlicher Themenkreise des ersten Studienschwerpunktes in erste Unterrichtsversuche aus didaktischen Gründen nur ein bescheidener Anfang sein kann, so muß im fortschreitenden erziehungswissenschaftlichen und fachwissenschaftlichen Studium eine gezielte fachdidaktische und unterrichtspraktische Arbeit erfolgen, d. h. eine sinnvolle Verknüpfung von fachwissenschaftlichen und fachdidaktischen Studieninhalten mit dem Ziel unterrichtspraktischer Umsetzung spätestens in der zweiten Phase (Referendariat). Das ist von der Schule aus — angesichts des Schwergewichtes, das die Entwicklungsländer-Thematik im sozialkundlichen Bereich und im gesellschaftswissenschaftlichen Aufgabenfeld heute hat — ohne Schwierigkeiten operationalisierbar, da die fachdidaktische Schulung bereits auf der Universität erwünscht ist, um den Praxistransfer zu erleichtern. Jene enge Verklammerung, die fachwissenschaftliche, fachdidaktische und unterrichtspraktische Studienanteile in einem einphasigen Lehramtsstudiengang gewährleisten, ist freilich in keinem zweiphasigen Studiengang möglich. Hinzu kommt die Einführung der Regelstudienzeit, die gerade für den erst nach einer Reihe von Fachsemestern fruchtenden fachdidaktischen Themenkatalog eine so starke Beschränkung bedeutet, daß befürchtet werden muß, jene auch in den Empfehlungen von 1977 ausgesprochene Verknüpfung von fachwissenschaftlichen und fachdidaktischen Lehrveranstaltungen bleibt zumindest für die 6semestrige S I-Lehrerausbildung auf der Strecke.

Um so nachdrücklicher soll deshalb auf eine beispielhafte fachwissenschaftlich-fachdidaktische Verklammerung des vorgestellten zweiten Schwerpunktthemas verwiesen werden: Im Anschluß an die fachwissenschaftlich orientierten Veranstaltungen (Seminare, Vorlesungen) und nach einer Einführung in die fachdidaktischen Grundlagen des Erdkundeunterrichts, in Unterrichtsplanung und Medieneinsatz werden Unterrichtsbeispiele zum Thema „Entwicklungsländer im Erdkundeunterricht" (bzw. im interdisziplinären Unterricht) erarbeitet.

Zielvorstellungen: Im Anschluß an das fachwissenschaftlich orientierte Seminar (und ggf. weitere Thema-Veranstaltungen) sollen didaktische Überlegungen angestellt werden, wie das heute ebenso aktuelle wie ambivalent diskutierte Thema der Entwicklungsländer, Entwicklungshilfe, Entwicklungspolitik einen angemessenen Stellenwert im Unterricht – hier im Erdkundeunterricht bzw. im sozialkundlichen Bereich – erhalten kann.

Auf der Grundlage der in den Vorsemestern gewonnenen Einsichten in Raumstrukturen, Problemkreise und ihre regionalen Differenzierungen sollen insbesondere erarbeitet werden
— didaktische Analysen des Gesamtkomplexes und regionaler Entwicklungsprozesse
— die Formulierung von Lernzielen des Gesamtkomplexes und regionaler Prozesse
— eine kritische Analyse vorliegender didaktischer Materialien (Richtlinien, Handreichungen, Texte, Unterrichtsentwürfe)
— Entwürfe von Unterrichtsbeispielen (Einheiten/Sequenzen, Stunden) nach unterschiedlichen, zuvor erarbeiteten Konzepten als formale Einübung und geistige Auseinandersetzung. Diese Beispiele aus konkreten Lebenssituationen ermöglichen es, den Transfer von theoretischer Aneignung (vorangegangene fachdidaktische Veranstaltungen) zur Praxis vorzubereiten.

Arbeitsplan: (Durchführung in dieser Form 1974/75)

1. Einführung
1.1. Die sachlich-menschliche Problematik
1.2. Fachdidaktische Zielsetzung
1.3. Arbeitsmethode
1.4. Literatur zum Thema
2. Didaktische Vorüberlegungen zum Thema
2.1. Relevanz der Thematik im Unterricht
2.2. Didaktische Analyse
2.3. Erarbeitung von Lernzielen
2.4. Materialanalyse
3. Erarbeitung von Unterrichtsbeispielen zum Thema
3.1. Diskussion von Themenvorschlägen, Erarbeitung verschiedener Konzepte
3.2. Einzel- bzw. Gruppenarbeit: Ausarbeitung von Studentenentwürfen (in Hausarbeit anstelle Seminarstunden)
3.3. Interpretation und Diskussion der Entwürfe

Neben den inzwischen zahlreichen fachdidaktischen Beiträgen zum Thema Entwicklungsländer (und Entwicklungshilfe, Entwicklungspolitik) muß besonders auf die Bemühungen um die Entwicklung von Unterrichtsreihen seitens des RCFP (1974, 1976) hingewiesen werden, weil sie als ein „Paket" von Unterrichtsmaterialien zu verstehen sind. Wichtig deshalb, weil mit Hilfe moderner Medien die Entwicklungsländerprobleme für den Schüler aktualisiert, ja geradezu zu einer semi-originalen Begegnung werden sollen und Entwicklungsstrategien aufgezeigt werden, die eine Beteiligung an Entscheidungsprozessen simulieren. Daß es wünschenswert wäre, empirische Entwicklungsländerforschung und fachdidaktisch-unterrichtspraktische Überlegungen und Modelle in einer Hand zu wissen, um eine Operationalisierbarkeit zu gewährleisten, sei hier nur am Rande erwähnt. Dies wird im deutschen Sprachraum leider ein Wunschbild bleiben, die Briten und Franzosen tun sich aus historischen Gründen darin leichter.

3.3.4. Das Organisationsmodell

Dieses richtet sich nach den Ausgestaltungsmöglichkeiten, die im Rahmen der Regelstudienzeit für S I- und S II-Studiengänge im Hauptstudium gegeben sind (Empfehlungen 1977: S I 10 Wochenstunden Fachwissenschaft und 2 (+ 4) Fachdidaktik, S II 38 und 2 (+ 4). Die geringe Stundenzahl bei der S I-Ausbildung legt in jedem Fall nur einen Schwerpunkt nahe, um Verzettelung zu vermeiden und an einem Thema globalen Charakters Forschungsstrategien und geographische Arbeitsweisen kennenzulernen und prozessuale Vorgänge und Entwicklungsplanungen im Fernraum analysieren zu lernen. Was sich im einphasigen Studium als projektartiger Komplex in vor allem horizontaler Anordnung durch die Verklammerung von Fachwissenschaft, Fachdidaktik und Unterrichtspraxis darstellt (s. Schema), wird im zweiphasigen Studium auf die theoretische Verklammerung von Fachwissenschaft und Fachdidaktik eingeengt. In Vechta konnten wegen des vorzeitigen Abbruchs der einphasigen Ausbildung keine Erfahrungen mehr mit dem geplanten komplexen Organisationsmodell gesammelt werden, es war aber bereits entwickelt worden und soll deshalb hier zur Diskussion gestellt werden:
In der zweiphasigen Ausbildung ist das Modell um die Praxisspalte verkürzt und bedarf deshalb keiner schematischen Darstellung.

In der S II-Ausbildung lassen sich für das Hauptstudium Überlegungen zu zwei kontrastierenden Studienschwerpunkten mit thematischen Wahlmöglichkeiten entsprechend der studentischen Interessenlage anstellen, die in Vechta bisher noch nicht entwickelt wurden. Der Schwerpunkt „Entwicklungsländer" (bzw. Entwicklungsländer u. Entwicklungspolitik im gesellschaftswissenschaftlichen Aufgabenfeld) ist im Sinne des vorangegangenen Konzeptes zu ergänzen und zu vertiefen. Dabei stellen Planungsstrategien für die Raumentwicklung im allgemeinen und im Agrarsektor im besonderen ein spezielles Studienziel dar. Auch sollte der interdisziplinäre Gehalt des Themas durch eine Basisverbreiterung in wenigstens einer der Nachbarwissenschaften (z. B. Soziologie oder Wirtschaftswissenschaft oder Politikwissenschaft) betont werden.

Semester	Fachwissenschaftliche Inhalte	Fachdidaktische Inhalte	Praxisinhalte
1.–4.	1. Studienschwerpunkt mit Begleitkursen (vgl. Einzelheiten bei HÜTTERMANN/WINDHORST 1977 u. 1978)		
5.–6.	2. Studienschwerpunkt „Entwicklungsländer" Themenbeispiele: 1. Einführung: Industrieländer und Entwicklungsländer (Kriterien u. Phänomene) oder: Entwicklungsdisparitäten oder: Entwicklungstheorien 2. Strukturprobleme von Entwicklungsländern: (mit Fallstudien) - räumlich und sachlich differenziert –		Blockpraktika (eigenverantw. Unterricht)
7.–9.	Begleitende fachwissenschaftliche Veranstaltungen im Wechsel: Weltwirtschaftsstrukturen Wirtschaftsstruktureller Vergleich der Weltmächte (USA, UdSSR, China) Wirtschaftsstruktureller Vergleich von EG und COMECON Zusammenfassung der Schwerpunkte I, II: Raumplanung und Umweltschutz in unterschiedlich strukturierten Räumen		

4. Zusammenfassung

Während in unserem Studienkonzept die ersten 4 Semester Grundstudium mit Studienschwerpunkt I noch überwiegend fachwissenschaftlich gepärgt sind (Grundlegung!) und gleichzeitig eine erste allgemeine Praxisorientierung und fachdidaktische Einführung beginnt, ist der Studienschwerpunkt II „Entwicklungsländer" konkret auf die verstärkt einsetzende Unterrichtspraxis (Unterrichtsversuche und selbständiger

Unterricht) in einem einphasigen Studiengang ausgerichtet. Das Thema erscheint dafür besonders gut geeignet. Hier wird die Integration von Theorie und Praxis anschaulich realisiert. In einem, wenn auch wie immer gearteten reformierten zweiphasigen Studiengang bleibt die Integration wesentlich theoretischer Art, schon aus Gründen der Studienzeitbegrenzung. Unmittelbar anknüpfend an die Vechtaer Studiengangskonzeption erhebt sich die Frage, ob nicht mit einer solchen Konzentration auf nur wenige – hier zwei – Schwerpunkte, wie immer sie berufsfeldbezogen ausgewählt sein mögen und wie immer sie auch eine Regelstudienzeit realisieren helfen mögen, der Sinn eines akademischen Studiums in einer bedenklichen Weise in Frage gestellt wird. Diese Frage ist mit dem Blick auf eine Straffung der Studieninhalte nicht neu, sie sollte hier zur Diskussion gestellt werden und zu alternativen Konzepten herausfordern. Die sehr begrenzten Fachstudienmöglichkeiten im Hauptstudium der S I-Lehramtsausbildung zwingt unseres Erachtens geradezu zu einer Konzeptualisierung mit dem Ziel einer thematischen Konzentration, wobei die regionalen Beispiele als Konkretisierungsräume dienen.

Literatur

Birkenhauer, Josef: Indien zwischen gestern und morgen. Hannover, Frankfurt, Paderborn 1972.
Bobek, Hans: Zur Problematik der unterentwickelten Länder. In: Mitt. Österr. Geogr. Gesellsch., 1962, S. 1–24.
Bronger, Dirk: Probleme regionalorientierter Entwicklungsländerforschung: Interdisziplinarität und die Funktion der Geographie. In: Vhdl. Dtsch. Geographentag, Kassel 1973. Wiesbaden 1974, S. 193–215.
Bundesministerium für wirtsch. Zusammenarbeit (Hrsg.): Schule und Dritte Welt. Texte und Materialien f. d. Unterricht. Bonn 1970 ff.
dass.: Wissenschaftliche Schriftenreihe. Bonn.
Engelhardt, Wolf Dieter; *Heinritz,* Günter; *Wirth,* Eugen: Das Grund- und Hauptstudium der Geographie an Universitäten. In: Geogr. Rdsch., 1975, S. 480–488.
Hüttermann, Armin u. *Windhorst,* Hans-Wilhelm: Erfahrungen mit einem viersemestrigen Projekt, Teil I u. II. In: Geographie und ihre Didaktik, 1977, S. 111–121 u. 1978, S. 9–24.
Hug, Wolfgang: Entwicklungsländer. I. u. II. In: Informationen zur politischen Bildung. Bonn 1969.
ders.: Die Entwicklungsländer im Schulunterricht. Hamburg 1962.
Informationen zur politischen Bildung: Entwicklungshilfe. Bonn 1970.
Kolb, Albert: Entwicklungsländer im Blickfeld der Geographie. In: Vhdl. Dtsch. Geographentag. Köln 1961, Wiesbaden 1962.
RCFP – Raumwiss. Curriculum-Forschungsprojekt: 1. Materialien zu einer neuen Didaktik der Geographie, Heft 1, München 1974 und 4, 1976. 2. Der Erdkundeunterricht, Sonderheft 3, 1976.
Schulze, Willi: Die Dritte Welt in Schule und Lehrerausbildung. In: *Ernst,* Eugen, *Hoffmann,* Günter (Hrsg.): Geographie für die Schule. Braunschweig 1978, S. 204–220.
Sievers, Angelika: Vorbemerkungen zu Windhorst, Hans-Wilhelm: Arbeitsvorhaben zur wirtschafts- und siedlungsgeographischen Analyse eines agrarischen Intensivgebietes. In: *Krüger,* R. (Hrsg.): Beispiele zur hochschuldidaktischen Konzeption des Geographiestudiums. Beihefte zur Geogr. Rdsch. 4 (1974) S. 14–25.

dies.: Zur Konzeption einer einphasigen Ausbildung von Geographielehrern an der Reform-Universität Osnabrück. In: Geographie und ihre Didaktik 4 (1976) 14—17.
dies.: Die Alternative: Einphasige Lehramts-Ausbildung. In: *Kreuzer,* Gustav (Hrsg.): Didaktik der Geographie. Hannover 1978 (im Druck).
Storkebaum, Werner: Entwicklungsländer und Entwicklungspolitik. Braunschweig 1977³. = Raum u. Gesellschaft 7, Westermann-Colleg.
Trauth, Gerhard u. *Ihde*, Gustav: Curriculumrevision auch in der Ausbildung der Geographielehrer. In: Geogr. Rdsch. 27 (1975) S. 470—472.
Troll, Carl: Die räumliche Differenzierung der Entwicklungsländer in ihrer Bedeutung für die Entwicklungshilfe. Wiesbaden 1966. = Erdkundl. Wissen H. 13.
    darin besonders: Die Entwicklungsländer, ihre kultur- u. sozialgeographische Differenzierung (8—34). Die geographische Strukturanalyse in ihrer Bedeutung für die Entwicklungshilfe (35—63) und: Die pluralistischen Gesellschaften der Entwicklungsländer. Ein Beitrag zur vergleichenden Sozialgeographie (64—128).
Verband Deutscher Schulgeographen, Ausschuß „Ausbildung": Vorschlag für einen Studienplan zur Ausbildung von Geographielehrern für die Sekundarstufe I und II. In: Geogr. Rdsch. 27 (1975), S. 472—479.
Windhorst, Hans-Wilhelm: Arbeitsvorhaben zur wirtschafts- und siedlungsgeographischen Analyse eines agrarischen Intensivgebietes. In: *Krüger*, R. (Hrsg.): Beispiele zur hochschuldidaktischen Konzeption des Geographiestudiums. Beihefte zur Geogr. Rdsch. 4 (1974), S. 14—25. (1974 b).
Wirth, Eugen: Ein Entwurf von Lernzielen für den geographischen Hochschulunterricht. In: Geogr. Rdsch. 26 (1974) S. 435f.
Zentralverband d. Dtsch. Geographen (Ausschuß): Empfehlungen zur Ausbildung von Geographie-Lehrern für die Sekundarstufe I und II. In: Geogr. Rdsch. 29 (1977), S. 343—346.

Probleme der Bildungshilfe und Hochschuldidaktik in Nigeria

Festvorlesung aus Anlaß der Immatrikulationsfeier am 5. November 1968

aus: Pädagogische Hochschule Niedersachsen, Abteilung Vechta,
Hochschulnachrichten 1969, S. 2–8

Einführung

Das Thema, das ich zu diesem Vortrag glaubte wählen zu sollen – nämlich: Probleme der Bildungshilfe und Hochschuldidaktik in Nigeria, besonders auf die Ausbildung von Geographielehrern angewandt – ist in *zweifacher* Hinsicht von *aktueller Bedeutung* und findet von daher seine Rechtfertigung als ein nüchterner und realistischer Erfahrungsbericht trotz seines gar nicht festlichen Charakters:

1. ist erst in jüngster Zeit die Hebung des Bildungswesens, die *Bildungshilfe in den* Entwicklungsländern als ein vordringliches, ja als ein *fundamentales Projekt* vor allen anderen erkannt worden – erstaunlich spät nach dem Anlaufen einer Vielfalt von Projekten auf dem sozialökonomischen, technischen und hygienischen Sektor.

2. ist das regionale Objekt *Nigeria*, an dem die Problematik der Bildungshilfe exemplifiziert werden soll, von einer *tragischen Aktualität*. Die tribalistischen Spannungen in diesem Land, die ein kompliziertes Phänomen darstellen und die die Bildungshilfe erschweren, wie wir noch darlegen werden, sind kein nigerianischer Sonderfall, sondern sind typisch für *alle* schwarzafrikanischen Länder, die bekanntlich koloniale Schöpfungen, künstliche Gebilde sind, aber nicht geschichtlich gewachsene Größen. Der Name *Nigeria* für das im Entstehen begriffene, vom *Niger* durchteilte größte britische Kolonialland in Afrika wurde z. B. angeregt von einer englischen Journalistin, der späteren Lady Lugard, Frau des Schöpfers der berühmt gewordenen Indirect Rule. *Nigeria ist* keine afrikanische Idee. Und auch durch die Schicht der im westlichen Sinne Gebildeten, durch die nigerianische *Elite*, gerade auch die studentische Jugend, geht der Zwiespalt zwischen der rational begründeten Idee eines „One Nigeria" und den traditionellen primären Bindungen an Sippe (Clan) und Stamm.

Die folgenden Überlegungen sollten vor dem Hintergrund dieser so typisch afrikanischen Spannungen gesehen werden, auch wenn wir nicht ständig darauf aufmerksam machen können.

Meine Ausführungen setzen sich, daran sei erinnert, mit persönlichen Erfahrungen auseinander, die ich im Auftrage der UNESCO, also im internationalen Dienst, als sogenannter International Civil Servant von 1964 bis 1966, während zweier akademischer Jahre sammeln konnte. Ich war als Senior Lecturer mit dem Aufbau eines Geography Department am jüngst errichteten Advanced Teachers' College in Zaria, dem neuen Bildungszentrum von Nordnigeria, betraut. Ein solches Teachers' College mit „Pädagogische Hochschule" zu übersetzen, trifft den Sachverhalt nicht genau, ich werde mich deshalb im folgenden des angelsächsischen Begriffes bedienen. Wie alle zehn von UNESCO dorthin entsandten internationalen Experten war ich als Head of Department für die Leitung verantwortlich.

Ich will die Überlegungen und Erfahrungen mit den Bemühungen Afrikas und Nigerias um die Hebung des einheimischen Bildungswesens, und zwar speziell der Lehrerbildung beginnen. Als konkretes Beispiel soll dann das Teachers' College in Zaria mit seinen besonderen regionalen Problemen, mit Studienzielen und Studienaufbau skizziert werden. Und drittens soll mein Fachgebiet, die Geographie, bzw. die Hochschuldidaktik des Faches Anlaß zu ganz konkreten Reflexionen über die Afrikanisierung des Bildungsplanes sein. Diese Afrikanisierung ist eine faszinierende, aber auch delikate Aufgabe.

Zur Hebung des einheimischen Bildungswesens

Um Führungskräfte für den wirtschaftlichen Aufbau der Entwicklungsländer überhaupt erst einmal bereitzustellen, gehören heute *Bildungsprojekte* zu den größten und wichtigsten Entwicklungsaufträgen, die an die Vereinten Nationen und damit an UNESCO herangetragen werden. Wie in allen Entwicklungsländern, so mangelt es im *tropischen Afrika* im besonderen an den dazu notwendigen höheren Schulen, aus denen sich die Studierenden für die jungen afrikanischen Universitäten rekrutieren. Erst wenige einheimische qualifizierte Lehrkräfte stehen zum Unterricht an höheren Schulen zur Verfügung, ohne die die höheren Schulen nicht vermehrt werden können. Dieser ungeheuer große Nachholbedarf kann aber nur mit internationaler Hilfe, und zwar nur gezielt – neben der noch so guten bilateralen Hilfe – gedeckt werden. Für ein solches *Schwerpunktprogramm* wie die *höhere Lehrerbildung in Afrika* reichen die finanziellen Mittel der UNESCO nicht aus. Während diese Organisation die sachliche und personelle Verantwortung übernimmt, wird die Finanzierung vom United Nations Development Programme getragen, einem für Großaufgaben der Vereinten Nationen 1962 eigens gegründeten Fond.

Nigeria wurde am 1. Oktober 1960 unabhängig, in jenem Jahr, das durch die Entkolonialisierung Afrikas gekennzeichnet war und das deshalb auch das „Afrikanische Jahr" genannt wird. Es gehörte zu den bemerkenswertesten, weisen Entscheidungen der nigerianischen Führer, als eine der vorrangigsten und fundamentalen Aufgaben des jungen Staates die *Hebung des einheimischen Bildungswesens* zu betrachten. Ohne eine breite Bildungsschicht keine moderne Entwicklung – dieser inzwischen zum Slogan gestempelte Ausspruch wurde im Verlauf der Entkolonialisierung afrikanischer Länder eine bittere Erkenntnis. Nigeria ist mit 56 Millionen Einwohnern (1963) das volkreichste, aber auch eines der flächengrößten und dynamischsten Länder Afrikas. In jeder der großen Regionen Nigerias – in der Nordregion, Ostregion und Westregion – und im Bundesterritorium Lagos wurden mit Unterstützung der UNESCO sehr bald, zumeist schon Ende 1962, je ein Advanced Teachers' College errichtet, insgesamt also vier für das ganze große Land, das viermal so groß wie die Bundesrepublik ist. Die bildungsmäßigen und materiellen Voraussetzungen, unter denen die Arbeit begonnen werden konnte, waren regional allerdings recht verschieden. Die Colleges im Süden Nigerias können immerhin auf eine längere Bildungsarbeit zurückblicken und verfügen über eine gewisse Anzahl von qualifizierten einheimischen Lehrkräften und Absolventen höherer Schulen. Die Ibo sind trotz allem Traditionsmangel am bildungsfreudigsten. Die alten Handelsbeziehungen und die zwar spät, aber sehr positiv aufgenommenen missionarischen Bemühungen fielen im Iboland auf einen fruchtbaren Boden und haben ihnen einen Vorsprung auch vor den Yoruba des Westens gegeben. Ganz anders ist die Situation für das einzige UNESCO-College des Nordens in Zaria. Der islamisch-feudalistische Norden Nigerias ist ausgesprochen bildungsrückständig und wird von den fortschrittlichen Stämmen des Südens zu Recht als „unterentwickelt" gerade auch in den gegenwärtigen innenpolitischen Auseinandersetzungen bezeichnet. Der Norden schaut religiös-kulturell immer noch nach den sudanisch-islamischen Ländern. Den Feudalherrschern kann an einer Emanzipierung des Nordens begreiflicherweise nicht viel gelegen sein, doch damit entfernt sich der Norden von der Idee des „One Nigeria", wovon wir gegenwärtig Zeugen sind.

Als Nigeria unabhängig wurde, besaß der Norden – und das sind zwei Drittel des Landes und mehr als die Hälfte der Gesamtbevölkerung – nicht mehr als fünf höhere Schulen, Secondary Schools, die einige wenige Schüler zur Universitätsreife führten. Inzwischen sind sie auf rund 20 angewachsen. Sie werden noch auf viele Jahre hinaus von ausländischen Lehrkräften getragen werden müssen, d. h. von britischen und anderen Commonwealthangehörigen, unterstützt vom amerikanischen Friedenskorps das zwar viel guten Willen und Idealismus zeigt, aber schließlich sich aus blutigen beruflichen Anfängern und noch dazu in schwieriger Situation zusammensetzt. An akademischen Bildungseinrichtungen besaß zum Zeitpunkt der Unabhängigkeit das ganze Land nur ein einziges University College, Ibadan in der Westregion, im Stammesraum der Yoruba. Es war aber nicht selbständig, sondern aus Niveaugründen an die Londoner Universität angeschlossen und konnte mehr als den Bachelor-Grad, den ersten akademischen Grad, nicht verleihen. Inzwischen sind vier weitere Universitäten mit allen akademischen Rechten – wenigstens theoretisch – im Lande errichtet worden, darunter in Zaria die Ahmadu Bello Universität für den großen Norden, genannt nach dem beim ersten Staatsstreich 1966 ermordeten islamischen Ministerpräsidenten der Nordregion.

Daß im großen Ganzen die britische koloniale Tradition im Bildungswesen Nigerias fortgeführt wird, wird niemand verwundern, der den Respekt der Commonwealthländer vor der *britischen Bildungstradition* kennt.

Das Advanced Teachers' College in Zaria als Beispiel für den Studienaufbau innerhalb der höheren Lehrerbildung in Nigeria

Zaria wurde zum Bildungszentrum für den weiten Norden. Die Stadt gehört mit ihren rund 170000 Einwohnern (wenn wir der Statistik Glauben schenken wollen) zu den wenigen größeren Städten des Nordens, die schon zu Beginn der kolonialen Erschließung kurz vor dem ersten Weltkrieg, eine vorrangige Stellung dank ihrer geographisch günstigen zentralen Lage als Umschlagplatz für den fruchtbaren Baumwollgürtel in der nördlichen Guineasavanne erhalten hatte. Die koloniale Neustadt lehnt sich locker an die mittelalterliche umwallte Altstadt und Residenz eines Emirs an. Die bodenständige, d. h. nicht zugewanderte Bevölkerung gehört den Haussa, also haussa-sprechenden Stämmen an.

Für das *College in Zaria* stehen dank der vorhin erwähnten internationalen Unterstützung moderne *Bauten* auf dem Reißbrett, während die reichen Mittel für eine moderne, besten westlichen Institutionen vergleichbare Ausstattung mit Lehrmitteln, Apparaten und Büchern für die Bibliothek die durch die primitiven Raumverhältnisse erschwerte Arbeit erleichtern. Zu den pionierhaften Zügen zählt natürlich auch die Suche nach geeigneten einheimischen *Dozenten* aus dem Norden, angesichts der gegenwärtigen Stammeskonflikte ein doppelt schweres Problem. Aus eigener Kraft kann der Norden vorläufig nur wenige Lehrkräfte bereitstellen, und auch sie kommen aus dem äußersten Süden der Nordregion (nämlich südlich vom Niger), wo eine ältere Missionsschultradition besteht. Die bisherige Zusammensetzung wird auf viele Jahre noch ähnlich aussehen: unter rund 30 Dozenten ein Drittel internationale (UNESCO)-Experten, ein Drittel nigerianische, zumeist sehr junge, unerfahrene Dozenten und der Rest, die Lücken ausfüllend, britische, australische, kanadische Dozenten, die mit Regierungskontrakten ins Land kommen, selten aber, wie auch die Nigerianer, Erfahrungen in der Lehrerbildung mitbringen (Graduierte: Bachelor- und teils auch Mastergrade).

Auch die *Studierenden* entstammen bisher nur zu einem Drittel dem „echten" Norden, d. h. den Nordstämmen, während die Mehrzahl aus der von den christlichen Missionsschulen getragenen älteren Bildungstradition südlich vom Niger stammt. Die Nordregierung läßt nur Studienbewerber zu, die in der Nordregion geboren sind („Northerners"). Zur Illustration mögen eigene Aufzeichnungen, Teilnehmerlisten der Geographiestudenten dienen[1]. Sie können als typisch gelten. Von diesen 120 Studierenden im Studienjahr 1964/65 waren 18% Haussa und Fulani, 7% Kanuri; d. h. nur ein Viertel gehörte zu den im Norden vorherrschenden mohammedanischen Nordstämmen. Hinzu kamen 11% Birom und Angehörige weiterer kleinerer Bergstämme des Jos-Plateaus, heidnische Stämme, unter denen es relativ große Missions- und Bildungserfolge gibt. Aus den zahllosen kleinen Splittergruppen des mittleren Nordens (besonders aus dem ausgedehnten Emirat Zaria) kamen nur 26%. Aus dem verkehrsentlegenen äußersten Südosten der Nordregion, aus dem Raum um den Benue-Strom, stammten mit 8% Tiv-Stammesangehörige, ein rauhes, zähes Volk, das dem Gedanken nigerianischer Einheit schon seit Jahren zu schaffen macht. Mit 41% stellten Angehörige der verschiedenen Yoruba-Stammesgruppen aus den den Niger säumenden südlichsten Nordprovinzen Ilorin und Kabba die meisten Studenten. (Die Yoruba stellen in der Westregion die vorherrschenden Stämme.) In diesen mittleren Nigerraum gehört auch die kleine Gruppe der Nupe, ein ausgesprochenes Fischer-, Schiffer- und Handwerkervolk. Nur 3% der Studenten waren Nupe. Daß nur relativ wenige der im Norden geborenen Ibo (6%)

---

[1] Auch in der Immatrikulationskartei des Colleges wird nach Stammeszugehörigkeit gefragt. Sie wird aber aus naheliegenden innenpolitischen Gründen nicht statistisch ausgewertet. Die Stämme unterscheiden sich in erster Linie sprachlich voneinander, die ethnische Gruppierung ist angesichts der seit frühen historischen Zeiten erfolgten zahlreichen innerafrikanischen Wanderungsbewegungen eine ganz andere Frage. Nigeria ist daran stark beteiligt.

schon vor den schweren Anti-Ibo-Pogromen des Jahres 1966 in Zaria studierten, liegt an der Minderheit, die sie in den Städten des Nordens als Techniker, Angestellte und Beamte darstellten. *Zur Zeit* ist ein Abwandern auch vieler Yoruba aus dem Haussa-Norden in den Süden zu beobachten — aus Furcht vor weiteren Stammesverfolgungen. Damit verliert der Norden mehr und mehr von seinen wenigen eigenen Fachkräften. Diese den Aufbau des Bildungswesens auf den höheren Ebenen so sehr beschattenden Stammesprobleme können auch kaum von folgenden kleinen, aber bemerkenswerten Erlebnis gemildert werden. Eine kleine Seminargruppe von Geographiestudenten verabschiedete sich von mir kurz nach den ersten schweren blutigen Anti-Ibo-Pogromen, die wir in Zaria um Pfingsten 1966 erleben mußten, mit einem Erinnerungsfoto. Die 13 Studenten dieser Gruppe, so sagte ihr Sprecher, gehören acht verschiedenen Stämmen und Sprachen an, aber sie fühlten sich doch alle als *Nigerianer*.

Nicht nur die Stammesstruktur, auch der soziale Hintergrund ist für die Bildungsplanung ein wichtiges Kriterium. Abgesehen von den damaligen Ibostudenten entstammten die Studenten *aller* anderen Stammesgruppen bei weitem der Landwirtschaft („farmer", „farming") — zwei Drittel. Die Geographie konnte also mit besonderem Interesse bei ihnen rechnen. Einige gaben als Beschäftigung des Vaters an: „Chief" (Häuptling), „ruling" (!), Dorf- und Distrikt-„Head" (7%); Händler 5%, z. T. mit Landwirtschaft kombiniert (sehr typisch); Handwerker 4% (Weber, Tischler, Elektriker); nur 13% christliche und mohammedanische Lehrer und Geistliche, Verwaltungsbeamte und Angestellte. Da die traditionellen afrikanischen Beschäftigungen sich nicht immer scharf voneinander trennen lassen, können die Berufsangaben nur Anhaltspunkte zur sozialen Orientierung bieten.

Die Vorbildung läßt sich nicht mit der unsrigen vergleichen, denn es gibt ja erst seit kurzem einige wenige höhere Schulen. Bisher entstammen die meisten Lehrerstudenten den **Primary Teachers' Colleges** (Volksschullehrerseminaren) und haben z. T. erhebliche Lehrerfahrung in den Oberklassen der Volksschule nach britischem Muster. Nach sieben **Volksschuljahren** wird man in Nigeria in die Volksschullehrerausbildung aufgenommen; bis 1962 also die einzige Möglichkeit, Lehrer zu werden. Von Jahr zu Jahr, mit den **wachsenden Bildungsmöglichkeiten**, können aber auch Bewerber mit dem **W.A.S.C., dem West African School Certificate,** dem Mittelstufen-Abschluß, aufgenommen werden. Es gibt im britischen System keine Zulassungsidentität bei Pädagogischer Hochschule und Universität. Was den afrikanischen Studenten an modernem Denkunterricht mangelt, ersetzen sie durch Lerneifer und Wissensdurst. Einen lebendigen Unterricht zu gestalten, ist bei den palaverfreudigen Afrikanern nie ein Problem, ja eine große Freude.

Diese für Nigeria und andere afrikanische Länder neue Studienform erfreut sich allerdings noch keiner rechten Popularität, denn einzig und allein ein „Degree", ein akademischer Grad, hat echte Zugkraft und vermag die sozialen Ambitionen des Nigerianers zu befriedigen. Es zeigte sich bald beim Aufbau von Universität und Teachers' College, daß in Wahrheit nur der Universität alle Hingabe und aller Stolz gehört, daß aber der Aufbau der (höheren) Lehrerbildung unter dem schlechten Ruf der bisherigen Volksschullehrerausbildung zu leiden hat und von keinem echten Interesse in der Führungsschicht und öffentlichen Meinung getragen wird. Die Bitte an UNESCO und inzwischen auch an amerikanische Universitäten um Unterstützung beim Aufbau einer höheren Lehrerbildung ist im Norden ein Politikum, aber kein echtes Bedürfnis. Man möchte dem progressiven Süden gegenüber nicht benachteiligt sein. Das heißt aber keineswegs, daß der Andrang zu den neuen „höheren" Teachers' Colleges nicht groß sei – ganz im Gegenteil. Man benutzt jede Möglichkeit, um auf der sozialen Stufenleiter emporzusteigen. Auf dem Weg über das N.C.E. gelangt man bei gutem Examenserfolg in die bis dahin versperrte Universität. Damit erhält Nigeria allerdings nicht unbedingt die *Lehrer*, die es so bitter nötig braucht.

Die Geographie in der nigerianischen Lehrerbildung

Nach dieser allgemeinen Übersicht seien nun einige Überlegungen zur Organisation und Struktur des Geographiestudiums für die Zwecke des Unterrichts in den unteren Klassen der höheren Schulen Nigerias dargelegt, wie sie für das College in Zaria anzustellen waren. Die Aufstellung eines Studienplanes im Rahmen und in Abstimmung mit anderen Fachbereichen war eine der Hauptaufgaben meines Auftrages. Ohne einen festumrissenen Studienplan, sprich: Stoffplan, den im britischen System viel strapazierten Syllabus, geht es nicht. Ich hatte das Glück, nicht allererste Pionierarbeit in meinem Fach leisten zu müssen, denn ein kanadischer Fachkollege hatte bereits für ein Jahr den Anfang gemacht: buchstäblich aus dem Nichts heraus, ohne Bücher, ohne Atlanten, ohne Karten, ohne Studienplan. Was angeschafft werden mußte, kam zumeist nach vielen Monaten aus Europa. Mein Vorgänger hinterließ mir nur sehr torsohafte Notizen, allererste Überlegungen zu einem Studienplan für das erste Studienjahr. Ein volles akademisches Jahr lag zwischen seinem Ausscheiden und meiner Ankunft. Die dringlichste Aufgabe war, den ersten Examensjahrgang des Colleges vorzubereiten.

Die *Organisation des Geography Department in Zaria* kann als typisch für die Verhältnisse in den anglophonen tropisch-afrikanischen Ländern gelten, in denen fast überall aus kolonialhistorischen Gründen zwischen den küstennahen fortschrittlichen und den küstenfernen rückständigen Zonen zu unterscheiden ist. Auf drei Geographiedozenten (von denen einer ein blutiger Anfänger war, ein junger amerikanischer Friedenskorpsmann) entfallen rund 100 Geographiestudenten in drei Jahrgängen, darunter nur fünf bis sechs Frauen. Die Übungsgruppen müssen aus Raum- und Effektivitätsgründen klein gehalten werden. Der Sammlungsraum ist für die Fülle von wertvollem Material viel zu klein, vor allem aber in Anbetracht der langen Trockenzeit, mit Diaserien und Apparaten, Globen, Typenreliefs, Atlanten und Büchern ist für den Anfang erstaunlich gut. Den deutschen Zuhörer mag es verwundern, daß es im britisch orientierten Raum keine befriedigenden länderkundlichen Handbücher gibt und daß die fachdidaktische Literatur unbefriedigend ist. Das neue UNESCO Source Book of Geography Teaching, das es inzwischen auch in französischer und spanischer Übersetzung gibt, ist neuerdings zwar eine gute erste Hilfe für den Geographielehrer in Entwicklungsländern, läßt aber viele Wünsche an didaktischem Tiefgang offen.

Bei der Planung für ein dreijähriges Geographiestudium für den Unter- und Mittelstufenlehrer an weiterführenden Schulen, den Secondary Schools, tritt zu den uns geläufigen Prinzipien für einen modernen, gegenwartsbezogenen Erdkundeunterricht (u. a. Heimatbezogenheit, Weltverständnis, Auswahl der Inhalte, besonders in der Länderkunde Dynamik betreffend) die sogenannte *Afrikanisierung*, d. h. Africanisation oder besser *African Approach des Lehrplanes*, etwa als afrikanische Sicht oder afrikanischer Schwerpunkt zu interpretieren. Seit mit Unterstützung der UNESCO das Bildungswesen in den jungen unabhängigen Staaten ausgebaut wird, ist die „Afrikanisierung" der nationalen Bildungsprogramme eine primäre Forderung geworden. Mehr oder weniger sind fast alle Fächer davon betroffen, von besonderer Relevanz sind aber Geographie und Geschichte. Bereits 1961 wurden diese Bestrebungen zum ersten Mal auf der Konferenz von Addis Abeba angesprochen, als es um die allgemeinen Entwicklungsprogramme im afrikanischen Bildungswesen ging. 1962 wurden sie auf der Konferenz von Tananarivo für das sogenannte höhere Bildungswesen (higher education) spezifiziert, zu dem auch die Lehrerbildung zählt, und noch im gleichen Jahr wurde als unmittelbares Resultat der Addis-Abeba-Plan entworfen, der die nationalen Bildungspläne auf die sozialökonomischen Entwicklungsprogramme abstimmen sollte. Inzwischen sind einige Jahre ins Land gegangen. Was ist effektiv geschehen?

In der Planung für Zaria mußte die Afrikanisierung berücksichtigt werden, sollte der UNESCO-Auftrag recht verstanden sein. Der Rahmen der Afrikanisierung und ihre Möglichkeiten für den Aufbau des Geographiestudiums mußten also durchdacht werden. An konkreten Materialien, d. h. an didaktischen Anregungen und Textbüchern ist noch nichts vorhanden, weder im anglophonen noch im frankophonen Raum Afrikas. Gewisse Anregungen vermag das Neue UNESCO Source Book for Geography Teaching (1965) zu geben. Aus dieser ersten Veröffentlichung ist für die speziell-afrikanischen Bedürfnisse eine wiederum von UNESCO geförderte Tagung in Addis Abeba (Dezember 1965) erwachsen, die den sehr konkreten Auftrag hatte, ein auf die afrikanischen Verhältnisse abgestelltes Source Book zu planen. Der afrikanische Geographielehrer ist bis jetzt noch viel zu sehr auf die europazentrischen bzw. im Falle Nigerias auf die Commonwealthländer ausgerichteten Lehrbücher angewiesen. Eine genuin afrikanische, gar nigerianische oder westafrikanische Sicht ist noch nicht vorhanden. Das sieht für Nigeria konkret folgendermaßen aus. Für die Behandlung der Allgemeinen Geographie werden die für die britischen Grammar Schools verfaßten Textbücher mit einer Fülle ausgesprochen britischer Beispiele in Text, Bild und Skizze benutzt. Das gleiche gilt für die Länderkunde, bei der mit Hilfe britischer Textbücher natürlicherweise und ausführlich von Großbritannien ausgegangen wird und dann ein größeres Gewicht auf bestimmte Commonwealthländer gelegt wird als auf andere geographisch vielleicht viel relevantere Länder. Australien und Kanada neben Großbritannien spielten bisher eine wichtigere Rolle und waren also auch bei den Zaria-Studenten besser bekannt als z. B. Indien, die Vereinigten Staaten oder — allergrößtes Stiefkind — die Sowjetunion. Die Ströme Afrikas, seine Völker und Stämme, die großen Binnenwanderungen, die Geographie der Tropen in allen Bereichen, insbesondere in der Kulturgeographie, Entwicklungsprobleme — um nur einige wenige Beispiele zu nennen — hatten keinen Platz. Stattdessen wissen die Nigerianer erstaunlich gut Bescheid über — beispielsweise — Lancashire, die Themse, über Riasküsten und den schottischen Grabenbruch. Ähnliches ließe sich für die frankophonen Länder Afrikas nachweisen.

Der neue Lehrplan in den Höheren Schulen Nigerias und entsprechend auch die *Studienplanung* für Geographie in den neuen Advanced Teachers' Colleges muß in der Allgemeinen Geographie wie in der Länderkunde also vom Heimatraum ausgehen. Dieser Heimatraum muß zunächst als Stammesraum verstanden werden, später als Föderation Nigeria. Im Sinne originaler Begegnung birgt er einen hohen Erkenntniswert. Er allein bietet die fruchtbare Vergleichsbasis für den „Gang über die Erde", der im britischen System auch in allen Schulen systematisch und regional durchgeführt wird, wobei die regionale Reihenfolge schon lange nicht mehr im Sinne konzentrischer Kreise: vom Nahen zum Fernen, sondern in regionalen Schnitten verstanden wird. Die Allgemeine Geographie muß eigens für – mindestens – Afrika, wenn nicht für Westafrika konzipiert werden. Was auf der Ebene der Schulen noch gehen mag, wird aber in Lehrerbildung und Universität zu einem schier unlösbaren Problem für die nächsten Jahrzehnte – auch im Rahmen der internationalen und bilateralen Bildungshilfe. Auflagenhöhe, Ausstattung, Preis spielen dabei eine wichtige Rolle. Auch die Westafrikaausgabe des Philips College Atlas für die höheren Schulen ist ein unbefriedigender Kompromiß[2]. Anschauungsmittel aus afrikanischer Sicht sind noch nicht vorhanden – wird die Investierung finanziell also jemals lohnen? Am ehesten noch für die Diaserien und Unterrichtsfilme zum Thema Afrika, die deshalb bisher nicht befriedigen, weil sie thematisch für Europäer konzipiert sind und ihnen eine didaktische Konzeption überhaupt mangelt. Der touristische Gesichtspunkt afrikanischer Safari-Exotik dominiert.

Der *Studienplan für das Fach Geographie* wurde *für das College in Zaria* unter den skizzierten didaktischen Erfordernissen entworfen und seither praktiziert. Er ähnelt denen in den anderen Colleges, ist aber konsequenter „afrikanisch". Während heute in den Schulen der Lehrplan mit Nigeria beginnt, ist für die Lehrerstudenten die länderkundliche Darstellung Nigerias und Afrikas erst im dritten Jahr mit vier Wochenstunden Hauptstudieninhalt. Ein weiteres besonderes Merkmal ist die völlige Neugestaltung des globalen länderkundlichen Kurses geworden. Dieser auch vierstündige Kurs erstreckt sich über das ganze zweite Studienjahr. (Im britischen System laufen alle Studienveranstaltungen jahrweise und nicht trimesterweise.) Nach kolonialbritischer Tradition hatte der länderkundliche Kurs im wesentlichen die nördlichen gemäßigten Breiten zum Inhalt. Der Hauptakzent lag auf Großbritannien, auf Westeuropa im britischen Verständnis, einschließlich Rheinstrom, Bundesrepublik Deutschland und Schweizer Alpen, und auf einigen Commonwealthländern (Kanada mehr als die Vereinigten Staaten usw.), wie früher schon angedeutet wurde. Zweifellos hat die Länderkunde der nördlichen gemäßigten Zonen einen besonders bildenden Wert auch für den Afrikaner, nicht zuletzt im Hinblick auf das weltgeschichtliche und politische Verständnis. Vorrangig muß aber eine länderkundliche Erhellung der Tropen ganz allgemein und ihrer kulturell, wirtschaftlich und politisch bedeutsamsten Räume und Länder sein, um die eigene afrikanische Welt überhaupt erst einmal einordnen zu können. Ist es z. B. nicht von genuin afrikanischem Interesse, die geographische Umwelt und die Lebensbedingungen des Negertums in der Neuen Welt kennen zu lernen? Und von besonderem nigerianischen Interesse, das Sklavenschicksal der Yoruba und anderer Stämme von der

---

[2] Mit dem Sydow-Wagner-Atlas zur Erdkunde (Lautensach) an Qualität nicht entfernt zu vergleichen.

nigerianischen „Sklavenküste" in Brasilien zu verfolgen, d. h. dies Land unter solchen Aspekten näher kennen zu lernen? Das „Brasilianische Viertel" in Lagos mit seinem portugiesischen Häuserstil erinnert noch an die befreiten und heimgekehrten Yorubasklaven. Der länderkundliche Kurs wird also aufgeteilt in a) die Geographie der Tropen und anschließend erst in b) die der nördlichen Breiten in begrenzter Auswahl von den Vereinigten Staaten über Großbritannien bis zur Sowjetunion. Am Anfang des Fachstudiums, im ersten Jahr, steht im britischen System immer die sogenannte Fundamental Geographiy, auch Systematische Geographie genannt und in der deutschen Terminologie als Allgemeine Geographie bezeichnet. Wenn auch hier eine Afrikanisierung nicht äußerlich sichtbar wird, so ist sie thematisch doch auf zweifache Weise enthalten: einmal, was Auswahl und Schwerpunkte, Reihenfolge der Themenkreise betrifft und zum anderen, was die regionalen Beispiele betrifft. Z. B. ist der geomorphologische Formenschatz der Tropen für den Afrikaner vorrangig *vor* etwa dem glazialen Formenschatz (was nicht heißen soll, daß er unwichtig ist). Oder: die große Differenzierung der Tropenklimate muß bei Afrikanern viel gründlicher behandelt werden als europäische Klimate. Oder: für den Vulkanismus ist nicht der Vesuv wie in den europäischen Geographiebüchern das Paradebeispiel, sondern für die Westafrikaner der Kamerunberg, für die Ostafrikaner der Kilimandscharo.

Über den großen materialen Studieninhalten, die – verkürzt ausgedrückt – afrikanisiert werden, dürfen die didaktisch-methodischen Veranstaltungen nicht vergessen werden. Für sie gilt sinngemäß das gleiche. Ja, mehr noch: hier ist der Ort, wo die didaktische Besinnung auf die Afrikanisierung der Bildungsinhalte erfolgt. Und die dritte, spezifisch geographische Gattung von Studieninhalten: **kleine Feldstudien** als auch **Exkursionen**. Kartenarbeit und auf Beobachtung gegründete **größere Arbeiten** schöpferischen Gepräges zur Heimatforschung, wie wir hier sie **als fruchtbar empfinden**, – sie sind ein erfolgversprechendes Novum. Selbständige **Denkleistungen** sind bislang nur selten gefordert worden.

Zusammenfassung

Fassen wir die fachdidaktischen Überlegungen zusammen: Neu ist vor allem die Betonung der afrikanisch-*tropischen* Ausgangsbasis. Die geographischen Gesetzmäßigkeiten tropischer Räume, ihre Differenzierung und ihre Folgeerscheinungen gerade auch im Kulturbereich müssen in besonderer Weise dem auf die vordringlich sozialökonomische Entwicklung seines Landes ausgerichteten Afrikaner vor Augen gestellt werden. An geeigneten übersichtlichen Darstellungen mangelt es vorläufig noch. Trotzdem zählt die erste Erfahrung mit einem auf afrikanische Studierende zugeschnittenen länderkundlichen Kurs über die Tropen zu den besonders fruchtbaren Ergebnissen. Hier muß zielstrebig weitergeschritten werden. *Der Durchbruch zu völlig neuen, nicht mehr europazentrisch orientierten Vorstellungen von allgemein-geographischer und länderkundlicher Bildungsrelevanz ist ein Gebot der Stunde für die meisten der heutigen Entwicklungsländer.*

Verzeichnis der Publikationen

1. Geographie im Lager. – In: Geogr. Anz. 1934, 304–305.
2. Die koloniale Machtstellung der Vereinigten Staaten in Mittelamerika und Westindien. – In: Kolon. Rdsch. 1937, 270–278.
3. Die Rindviehwirtschaft der Vereinigten Staaten von Amerika. Futtergrundlagen und betriebswirtschaftliche Eigenart. – Veröff. d. Inst. f. Meereskd. a. d. Univ. Berlin, NF, B: Histor.-volkswirtschaftl. Rh., H. 14, Berlin 1939, 119 S. (= Diss.).
4. Die Bodennutzung Großbritanniens im Lichte der Statistik. – In: Peterm. Geogr. Mitt. 1940, 321–329.
5. Merkmale der Binnenwanderung in den Vereinigten Staaten. Ergebnisse der amerikanischen Forschung. – In: Raumforsch. u. Raumordn. 1940, 506–514.
6. Methodische Anregungen für landwirtschaftsgeographische Untersuchungen. – In: Zeitschr. f. Erdk. 1941, 415–419.
7. Zur Geographie der landwirtschaftlichen Betriebsgrößen. I. Eine vergleichende Betrachtung nordostdeutscher Diluviallandschaft. – In: Raumforsch. u. Raumordn. 1942, 144–126.
8. Die natürlichen Grundlagen der ländlichen Besitzverfassung; ein methodischer Beitrag (Sievers und Morgen). – In: Raumforsch. u. Raumordn. 1941, 368–377.
9. Schrifttum zur Landwirtschaftsgeographie. Ein Überblick über das letzte Jahrzehnt. – a) In: Forschungsdienst 1942, 205–248. b) Köhler-Verlag: Leipzig 1944. 64 S. = Berichte z. Raumf. u. Raumordn.
10. Der Einfluß der Siedlungsformen auf das Wirtschafts- u. Sozialgefüge des Dorfes. – In: Berichte ü. Landw. 1943, 1–52.
11. Agrargeographisches Profil vom Agro Pontino hinauf auf den Vorapennin. Studien zur ländlichen Kulturgeographie von Latium. – In: Zeitschr. f. Erdk. 1944, 197–214.
12. Der Landkreis Scheinfeld, Regierungsbezirk Mittelfranken. Bearb. von ... u. A. Sievers (Kapitel VI: Wirtschaft u. Verkehr). Verlag Kraus: Scheinfeld 1950. 250 S.
13. Mitarbeit am Topograph. Atlas: Die Landschaften Niedersachsens, Hsgb. E. Schrader. Landesvermess.amt, Hannover 1954, 1. Aufl. Nr. 60: Südl. Cloppenb. Geestrand bei Vechta i. O. – Wachholz: Neumünster 1970, 4. Auflage.
14. Eine Forschungsreise nach Ceylon. – In: Erdk. i. d. Schule 1956, 193–199.
15. Zur Bedeutung der Wirtschaftsgeographie in Volksschule und Lehrerbildung. – In: Zeitschr. f. Wirtschaftsgeographie 1957, 169–173.
16. Gedanken zur Frauenbildung in Indien; Eindrücke von einer Studienreise. – In: Kath. Frauenbildg. 1958, 25–32.
17. Das Christentum in Ceylon. – In: Stimmen d. Zeit 1957/58, 410–419.

18. Christentum und Landschaft in Südwest-Ceylon; eine sozialgeographische Studie. – In: Erdkunde, Archiv f. wiss. Geogr. 1958, 107–120. Ktn. Abb.

19. Das singhalesische Dorf. – In: Geograph. Rdsch. 1958, 294–303.

20. „Dr. Angelika Sievers erzählt von Ceylon" (Ergänzungen zur Schulfunksendung). – In: Schulfunkheft d. Süddtsch. Rundfunks 1958, 426–426.

21. Mitarbeit am Gr. Herder Atlas: Ceylon – Abschnitt. Freiburg 1958.

22. Forschungsreise nach Ceylon und Südindien. Ein Bericht. – In: Kath. Frauenbildung 1959, 730–733.

23. Mission und Schule: Christliche Dörfer an der Malabarküste. – In: Kath. Frauenbildg. 1959, 797–810.

24. Das Unterrichtsthema „Hunger und Krankheit in der Welt" (eine sozialgeogr. Materialzusammenstellung). Katechet. Material z. Fastenaktion „Misereor". – Beiblatt z. d. Katechet. Blätt. 1961, H. 2. 9–19.

25. Die Unterrichtseinheit „Indien"; ein Beitrag zur Betrachtung tropischer Entwicklungs- und Missionsländer im Erdkundeunterricht. – In: Kath. Frauenbildg. 1961, 161–169. (Sievers und Pundsack, ehem. Schülerin).

26. Neue Beiträge zur Wirtschafts- und Sozialgeographie Ceylons, ein Überblick über das letzte Jahrzehnt. – In: Erdk., Archiv f. wiss. Geogr. 1961, 237–240.

27. Die Christengruppen in Kerala (Indien), ihr Lebensraum und das Problem der christlichen Einheit. Ein missionsgeographischer Beitrag. – In: Zeitschr. f. Missionswiss. u. Religionswiss. 1962, 161–187.

28. Entwicklungsprobleme Ceylons. – In: Entwicklungshilfe u. Entwicklungsland. = Westfäl. Geogr. Studien. Münster, H. 15, 1962, 65–79.

29. Die völkischen Spannungen Ceylons und ihre Grundlagen. – In: Geogr. Rdsch. 1962, 357–365.

30. Ceylon. Strukturbericht. – In: Geogr. Taschenb. 1964/65, 236–255. Steiner: Wiesbaden 1964.

31. Ceylon. Gesellschaft u. Lebensraum in den orientalischen Tropen. Eine sozialgeograph. Landeskunde. = Bibl. Geogr. Handbücher, Steiner: Wiesbaden 1964. XXXII u. 398 S.

32. Christi Wort in aller Welt. Eine geograph. Darstellung der wichtigsten Missionsländer (Hsgb. u. Mitverf.). = Schr. z. katechet. Unterweisung, Bd. 13. Patmos: Düsseldorf 1965, 290 S.

33. Blatt L 3314 Vechta. – In: Deutsche Landsch., Geograph.-landeskdl. Erläuterungen z. Topograph. Karte 1: 50 000. 2. Liefg. Bad Godesberg 1965, 34–41. 2. Aufl. 1969.

34. Distribution and socio-economic structure of Christian groups in Kerala (India). In: Abstracts of Papers. 20th Internat. Geogr. Congress, London 1964, 289.

35. Erfahrungen in der afrikanischen Lehrerbildung. Bericht über eine zweijährige UNESCO-Mission in Nigeria. – In: Kath. Frauenbildg. 1967, 472–480.

36. Ceylon im Erdkundeunterricht. – In: Schule u. Mission 1968, 144–154.

37. Zur Ausbildung von Geographielehrern in Nigeria. Ein Beitrag zur Bildungshilfe der UNESCO in Entwicklungsländern. – In: Geograph. Rundsch. 1969, 109–112.

38. Probleme der Bildungshilfe und Hochschuldidaktik in Nigeria. Festvorlesung. – In: Pädagogische Hochschule Niedersachsen, Abt. Vechta, Hochschulnachrichten 1969, 2–8.

39. Arbeiten zur Geographie des Oldenburger Münsterlandes und benachbarter Landschaften. Aus dem Geograph. Seminar d. Pädagogischen Hochschule Niedersachsen, Abt. Vechta. – In: Jahrbuch f. d. Oldenburger Münsterland. 1970. Vechta 1969, 208–211.

40. Nigeria. Zum Verständnis der Stammesprobleme im tropischen Afrika. = Themen zur Geographie u. Gemeinschaftskd., hrsgb. v. W. W. Puls, Nr. 7449. Diesterweg: Frankfurt 1970. 120 S.

41. Südasien. In: Illustr. Welt- u. Länderkd. (Hsgb. E. Hinrichs), Bd. III. Stauffacher: Zürich 1970, 201–258.

42. Landeskundliche Erläuterung von Blatt Vechta der Topographischen Karte 1:50000 (L 3314). In: Jahrbuch f. d. Oldenb. Münsterland 1971. Vechta 1970, 179–187.

43. Geographisch – landeskundlicher Schrifttumsbericht zum Oldenburger Münsterland. – In: Jahrbuch f. Oldenb. Münsterland 1971. Vechta 1970, 226–228.

44. Die Lehrerausbildung in Nigeria. Ein Beispiel für die Phasen der Bildungshilfe in Tropisch-Afrika. – In: Päd. Rundsch. 1973, 915–929.

45. a. Ceylon (Sri Lanka). – In: Länder, Völker, Kontinente (Hsgb. G. Fochler-Hauke), Bd. III. Bertelsmann Lexikon Verlag: Gütersloh 1974, 126–131. b. verbess. Aufl. 1977.

46. Vorbemerkungen zu Windhorst, H.-W.: Arbeitsvorhaben zur wirtschafts- und siedlungsgeographischen Analyse eines agrarischen Intensivgebietes. – In: Krüger, R. (Hsgb.): Beispiele zur hochschuldidaktischen Konzeption des Geographiestudiums. = Beihefte z. Geogr. Rdsch. 4 (1974), 14.

47. Zur Konzeption einer einphasigen Ausbildung von Geographielehrern an der Reform-Universität Osnabrück. – In: Geogr. u. ihre Didaktik 4 (1976), 1, 14–17.

48. Die Relevanz der Entwicklungsländer im Geographiestudium. Gedanken zur Konzeptualisierung. – In: H.-Cl. Poeschel u. D. Stonjek (Hgb.): Studien zur Didaktik der Geographie in Schule und Hochschule. Osnabrück 1978, 247–267. = Osnabrücker Studien z. Geographie, Bd. 1.

49. L 3314 Vechta. Ausschnitt aus dem Oldenburger Münsterland. – In: H. Schroeder-Lanz u. O. Werle (Hgb.): Deutsche Landschaften, Geogr.-landeskundl. Erläuterungen z. Topograph. Karte 1:50000. Auswahl A. Trier 1979, 53–63.

50. Die Alternative: *Ein*phasige Lehramts-Ausbildung? – In: G. Kreuzer (Hsgb.): Der Geographielehrer. Seine Aus-, Fort- und Weiterbildung. Schroedel: Hannover 1981, 91–103. = Auswahl, Reihe B, Band 104.

51. Socio-geographical impressions of the Inland Sea Region through German eyes. – In: K. Fujiwara and K. W. Thomson (Ed.): Essays related to the Geography of the Seto Inland Sea. Hiroshima 1982, 43–46. = Research and Sources Unit for Regional Geography, University of Hiroshima, Special Publication No. 12.

52. Geographische Aspekte des Ferntourismus in Südasien. Ein Strukturvergleich von Sri Lanka (Ceylon) und Thailand. – In. Kathol. Bildung 83, 1982, 321–333.

53. Massentourismus und Ferntourismus. Schrifttumsbericht zu einer aktuellen Problematik im Erdkundeunterricht. In: Geographie u. Schule 4, Heft 19, 1982 43–44.

54. Ländliche Siedlungen. – In: E. Kühlhorn u. A. Hüttermann (Hgb.): Histor.-Landeskundliche Exkursionskarte von Niedersachsen 1:50000, Blatt Vechta. Erläuterungsheft. Göttingen 1982, –. = Veröff. d. Instituts f. histor. Landesforschung d. Universität Göttingen. (Im Druck).

55. Konfliktbereiche im südasiatischen Tourismus, dargestellt am Beispiel Sri Lanka (Ceylon) – In: A. Sievers, Südasien ... Reimer: Berlin 1982, 165–177. = Kleine Geograph. Schriften, Band 4.

56. Konfliktbereiche im südasiatischen Tourismus (Beispiel Sri Lanka/Ceylon). Kurzfassung des Vortrages auf dem 43. Deutschen Geographentag in Mannheim, 6.10. 1981. – In: Verhandl. d. 43. Deutsch. Geographentages in Mannheim 1981. Wiesbaden 1982.

57. Der Tourismus in Sri Lanka (Ceylon), seine Entwicklung, innovative Bedeutung und Regionalstruktur. Ein sozialgeographischer Beitrag zum Tourismusphänomen in tropischen Entwicklungsländern, insbesondere in Südasien. (in Druckvorbereitung) 1983, ca. 160 Seiten.

58. Ferntourismus in Südasien – Fallstudie Sri Lanka (Ceylon). Steiner: Wiesbaden 1984. = Wiss. Paperbacks, Geograph. Fallstudien, Hgb. H.-W. Windhorst u. G. Stäblein. (Abschluß d. Manuskr. 1983).

CARL RITTER
– Geltung und Deutung –

Beiträge des Symposiums anläßlich der Wiederkehr
des 200. Geburtstages von Carl Ritter, November 1979 in Berlin (West)
Herausgegeben von **Karl Lenz**, Gesellschaft für Erdkunde zu Berlin
236 Seiten mit 28 Abbildungen und 4 Falttafeln.
Broschiert DM 78,–   ISBN 3–496–00183–6

Carl Ritter und Alexander von Humboldt gelten als Begründer der modernen Geographischen Wissenschaft. 1820 auf den ersten Lehrstuhl für Geographie in Deutschland an die Berliner Universität berufen, zählt Ritter bald zu den einflußreichsten Persönlichkeiten der Stadt, dessen Wirken große Anerkennung fand.
Der vorliegende Band enthält 14 Beiträge über Carl Ritters Persönlichkeit und Werk, in denen versucht wird, seine Stellung in der Entwicklung der geographischen Wissenschaft zu bestimmen, wichtige Aspekte seines Werkes herauszustellen und seinen Einfluß auch außerhalb Deutschlands zu verfolgen.

Paul Gallez
DAS GEHEIMNIS DES DRACHENSCHWANZES
– Die Kenntnis Amerikas vor Kolumbus –

Vorwort von Hanno Beck
Übersetzung aus dem Französischen von Wolf-Dieter Grün

185 Seiten mit 52 Abbildungen.
Paperback DM 38,–
ISBN 3–496–00109–7

Die Geschichtsbücher, die von der Entdeckung Amerikas durch Christoph Kolumbus im Jahre 1492 ausgehen, stimmen nicht mehr. Paul Gallez, der in Bonn studiert hat und heute als Professor in Argentinien lehrt, konnte jetzt nach langjährigen Forschungen den sensationellen Nachweis erbringen, daß schon lange vor Kolumbus Expeditionen „das ganze Innere des Kontinents entdeckt und seine Einzelheiten enthüllt" haben.   Sonntag Aktuell

Rainer Vollmar
INDIANISCHE KARTEN NORDAMERIKAS
Beiträge zur historischen Kartographie vom 16. bis 19. Jahrhundert
180 Seiten mit 191 Abbildungen und 9 Faltplänen. Mit englischem Summary.
Paperback DM 68,–   ISBN 3–496–00129–1
Leinen DM 78,–   ISBN 3–496–00155–0

Zum ersten Mal wird hier eine umfangreichere Sammlung von kartographiegeschichtlichen Beispielen indianischer Herkunft aus Nordamerika vorgestellt. Sie ist als wissenschaftliches Bezugswerk und kulturhistorische Dokumentation angelegt, die sich mit bisher vernachlässigten ethnokartographischen Darstellungen und Einflüssen beschäftigt.
Zahlreiche historische Abbildungen ergänzen und illustrieren den Band. Der Einführungstext und das theoretische Kapitel über kognitive Karten stellen die Skizzen und Karten in den Zusammenhang ihrer Entstehung, ihres Gebrauchs und ihrer neuen wissenschaftlichen Betrachtung.

DIETRICH REIMER VERLAG BERLIN

Fred Scholz / Jörg Janzen (Hrsg.)
NOMADISMUS – EIN ENTWICKLUNGSPROBLEM?

Abhandlungen des Geographischen Instituts
—Antropogeographie, Band 33

250 Seiten, 6 Fotos, 25 Karten und Diagramme
Broschiert DM 22,– / ISBN 3–496–00310–3

Der Band umfaßt 20 Beiträge und gibt das Ergebnis eines interdisziplinären Symposiums mit internationaler Beteiligung wieder, das im Frühjahr 1982 an der FU Berlin veranstaltet worden ist. Inhaltlicher Schwerpunkt bildet die Frage nach den Partizipationsmöglichkeiten der nomadischen Bevölkerung an der modernen wirtschaftlichen und gesellschaftlichen Entwicklung der Länder innerhalb des altweltlichen Trockengürtels. Die räumliche Streuung der vorgestellten Fallstudien reicht von Senegal im Westen bis zur Mongolei im Osten. Theoretische Beiträge leiten die regionalen Studien ein.

W. Scharfe / H. Vollet / E. Herrmann (Hrsg.)
KARTENHISTORISCHES COLLOQUIUM BAYREUTH '82

Vorträge und Berichte

Herausgegeben von Wolfgang Scharfe, Hans Vollet und Erwin Herrman in Verbindung mit dem Arbeitskreis „Geschichte der Kartographie" der Deutschen Gesellschaft für Kartographie und dem Historischen Verein für Oberfranken.

Ca. 240 Seiten mit zahlreichen Abbildungen
Paperback, DIN A4, ca. DM 68,– / ISBN 3–496–00692–7

Günther Drobisch
PARK AND RIDE

VIII und 285 Seiten mit zahlreichen graphischen Darstellungen, Karten und Tabellen
Broschiert ca. DM 28,– / ISBN 3–496–00531–9

Die Arbeit beschreibt eindringlich die Zerstörung unserer Städte durch die auch noch heute bestehende Planungspriorität für den Individualverkehr (Pkw-Verkehr).
Ein Umdenken in diesem Bereich der Stadtplanung ist dringend geboten. Der Autor, Diplom-Geograph, stellt in seiner Arbeit Lösungsmöglichkeiten und Alternativen vor und spricht mit seinem Buch sowohl den Fachmann als auch den interessierten Bürger an.

Braun / Kämmer / Müller / Schumann
(Arbeitsbereich: Theoretische, Empirische und Angewandte Stadtforschung am Geographischen Institut der Freien Universität Berlin)
COMPUTERATLAS BERLIN

Sozial- und Wirtschaftsstruktur von Berlin (West)

Berlin 1980, 60 Seiten, davon 50 z. T. mehrfarbige thematische Computerkarten, Format 29 x 38 cm
Vorbestellpreis DM 36,–   nach Erscheinen DM 40,– / ISBN 3–496–00515–7

DIETRICH REIMER VERLAG BERLIN